# 计算机辅助设计与制造

主编 杜 雷 林朝斌

ZHEJIANG UNIVERSITY PRESS
浙江大学出版社

**图书在版编目（CIP）数据**

计算机辅助设计与制造 / 杜雷，林朝斌主编. —杭州：浙江大学出版社，2021.10

ISBN 978-7-308-21418-6

Ⅰ. ①计… Ⅱ. ①杜… ②林… Ⅲ. ①计算机辅助设计 ②计算机辅助制造 Ⅳ. ①TP391.7

中国版本图书馆 CIP 数据核字（2021）第 099335 号

**计算机辅助设计与制造**

主编　杜　雷　林朝斌

---

**责任编辑**　王　波
**责任校对**　吴昌雷
**封面设计**　续设计
**出版发行**　浙江大学出版社
（杭州市天目山路 148 号　邮政编码 310007）
（网址：http://www.zjupress.com）
**排　　版**　杭州好友排版工作室
**印　　刷**　杭州杭新印务有限公司
**开　　本**　787mm×1092mm　1/16
**印　　张**　18
**字　　数**　450 千
**版 印 次**　2021 年 10 月第 1 版　2021 年 10 月第 1 次印刷
**书　　号**　ISBN 978-7-308-21418-6
**定　　价**　49.00 元

---

# 内容提要

本书系统阐述了CAD/CAM技术基本理论、基本知识，为便于学习与应用，对UG与PowerMILL软件在CAD/CAM/CAE方面的应用与操作方法进行了介绍，并引入了一些工程应用和开发实例。

全书共分为4篇，第1篇分为4章，主要内容包括CAD/CAM技术概述、计算机图形处理技术基础、计算机辅助工程分析、计算机辅助工艺过程设计、计算机辅助数控加工编程和CAD/CAM集成技术与计算机集成制造等；第2篇分为7章，介绍了UG NX 10.0的图形建模、装配以及工程图生成功能的应用方法；第3篇分为3章，主要介绍使用UG注塑模向导功能模块进行注塑模设计，以及对模具进行有限元分析的方法和步骤；第4篇为1章，主要介绍使用PowerMILL Pro 2010进行数控加工自动编程的基本方法。

本书取材新颖，内容全面，由浅入深，循序渐进，强调内容的完整性和实用性，理论与实际结合紧密，注意基本理论与后续章节内容的相互呼应。此外，各章后均总结了该章的重点和难点并附有思考与练习。

本书主要用作高等院校机械工程及自动化专业、机械电子工程、材料成型及控制工程等专业的教学用书，也可用作高职高专、成人高校相关专业的教材，还可供从事机电产品设计与制造的研究人员、工程技术人员和工程管理人员学习参考。

# 前　言

应用CAD/CAM技术可以提高产品设计效率、缩短产品生产周期、降低产品成本、提高产品质量。UG是集CAD/CAM/CAE功能为一体的软件系统，其功能覆盖了从概念设计、工程分析、加工制造到产品发布的整个过程，为机械设计、模具设计与电器设计单位提供一整套完整的设计、分析和制造解决方案。PowerMILL是一套世界领先的CAM系统，具有功能强大、易学易用的特点，可快速、准确地产生能最大限度发挥CNC数控机床生产效率的、无过切的粗加工和精加工刀具路径，确保生产出高质量的零件和工模具。

本书在全面阐述CAD/CAM技术基本理论基础上，介绍了UG与PowerMILL软件在CAD/CAM/CAE方面的应用与操作方法。在CAD/CAM技术基本理论部分的编写中，注意与后面章节软件应用部分前后呼应，重点介绍了有限元分析理论和方法、计算机图形处理技术和数控加工编程技术，为后续应用软件的学习打下一定的理论基础；在软件应用部分的编写中，以机械设计、模具设计以及机械零件数控加工为主线，使读者在掌握基础理论的前提下，初步掌握一整套完整的产品设计、分析和制造软件使用方法。采用基本命令与实际案例相结合的方法，图文并茂，以提高可读性。各章附有参考文献和思考题与练习题。具体内容如下。

(1)CAD/CAM技术基础篇：全面阐述了CAD/CAM系统的组成结构、功能及其集成技术；重点介绍了有限元分析的原理和方法、计算机图形处理技术、CAPP理论和设计方法以及数控加工编程理论与方法。

(2)UG NX基础篇：介绍UG的参数化建模与绘图模块，使读者能掌握较为复杂的三维机械图形设计及装配方法，并以此为基础，生成二维工程图纸。

(3)模具设计篇：介绍在参数化建模与绘图基础上，使用UG的注塑模向导进行模具设计以及CAE分析的方法。

(4)数控加工篇：初步介绍使用PowerMILL Pro 2010的数控加工参数设置、粗精加工策略产生复杂刀具路径的方法和步骤，附有典型加工实例。

本书由台州学院杜雷、林朝斌主编。具体编写分工：杜雷编写了第1章、第3章、第4章、第5章、第6章，林朝斌编写了第9章、第10章、第11章、第12章、第13章、第14章、第15章，南京工程学院方锡武编写了第2章，陕西科技大学刘言松编写了第7章、第8章。全书由杜雷拟定编写大纲，并对全部书稿进行修改和定稿。

全书重点是CAM/CAM基础理论、UG的三维图形的生成与编辑、模具设计模块的使用方法以及复杂曲面数控程序生成方法，读者对象为大中专院校机械与材料成型专业的师生以及工程技术人员。

由于编者的水平和经验所限，本书在内容上肯定会存在疏漏和差错，恳请专家和同行批评指正。

编　者

2021年1月

# 目　　录

## 第一篇　CAD/CAM 技术基础篇

# 第二篇　UG NX 基础篇

# 第三篇　模具设计篇

# 第四篇　数控加工篇

# 第一篇　CAD/CAM 技术基础篇

# 第1章　CAD/CAM技术概述

【内容提要】

本章通过概述CAD/CAM技术，介绍了CAD/CAM的基本概念与系统结构、CAD/CAM系统的软硬件，同时简单介绍了CAD/CAM系统中工程数据库、计算机辅助工程分析的相关内容，以及CAD/CAM集成的相关概念、PDM技术、计算机集成制造系统、并行工程、虚拟制造系统等内容。

【学习提示】

学习中应注意理解相关的概念，重点在于把握CAD/CAM系统的总体构成。

## 1.1　CAD/CAM的基本概念与系统结构

计算机辅助设计(Computer Aided Design，CAD)和计算机辅助制造(Computer Aided Manufacturing，CAM)技术利用计算机协助人们完成产品的设计与制造，是传统技术与计算机技术的有机结合。CAD/CAM技术是一项涉及多个学科的综合性应用技术，是现代制造技术的核心技术。CAD/CAM的应用已涉及计算机科学、计算数学、几何造型、图形显示、数据结构、工程数据库、科学可视化、计算机仿真、数控加工、机器人和人工智能等多个学科领域。

目前，CAD/CAM技术不仅广泛用于航空航天、电子和机械制造等产品生产领域，而且逐渐发展到服装、装饰、家具和制鞋等应用领域。CAD/CAM技术的普及和应用不仅对传统制造业提出新的挑战，而且对新兴产业的发展、劳动生产率的提高、材料消耗的减少、国际竞争能力的增强具有重要作用。

### 1.1.1　CAD/CAM的基本概念

**1. CAD**

计算机辅助设计是利用计算机完成产品设计的过程。CAD技术经过近半个世纪的发展，其概念和内涵不断地拓展。目前，较为常用的对CAD技术含义的描述是:工程技术人员在人和计算机组成的系统中，以计算机为辅助工具，辅助人们进行产品设计、绘图、分析、优化与文档制作等设计活动，以达到提高产品设计质量、缩短产品开发周期、降低产品成本的目的。CAD技术的一个明显的特征是人与计算机的有机结合，通过人机交互方式进行产品设计。CAD系统的功能通常可归纳为建立几何模型、工程分析、动态仿真和自动绘图四个方面。因而，一个完整的CAD系统，需要计算分析方法库、图形系统、工程数据库等设计资源的支持。计算分析方法库包括有限元分析、可靠性分析、动态分析和优化设计等；图形系统包括几何造型、自动绘图(含二维工程图、三维实体图等)、动态仿真等；工程数据库是对设计过程中需要使用和产生的数据、图形、文档等进行输入、输出和管理。

**2. CAM**

计算机辅助制造是指利用计算机系统，通过数值控制方法控制数控机床和其他数字控制生产设备，进行产品制造的规划、设计和管理，实现产品的自动加工、装配、检测和包装等制造过程。CAM通常可分为广义CAM和狭义CAM两类。广义CAM是指利用计算机辅助进行与制造过程直接或间接有关的所有活动，包括工艺设计、工装设计、数控自动编程、生产作业计划、物料作业计划、生产过程控制、质量控制等；狭义CAM通常主要是指数控程序的编制，包括刀具路径规划、刀位文件生成、刀具轨迹仿真和NC(Numerical Control，数控)代码生成等。

**3. CAD/CAM集成**

CAD/CAM系统的集成有信息集成、过程集成和功能集成等多种形式。在实际应用中，CAD/CAM多指信息集成，即把CAD、CAE、CAM、CAPP等各种功能软件有机集成起来，用统一的执行程序来控制和组织各功能软件信息的提取、转换和共享，从而达到系统内部信息的畅通和系统各功能模块协同运行的目的。CAD/CAM系统集成如图1.1所示。

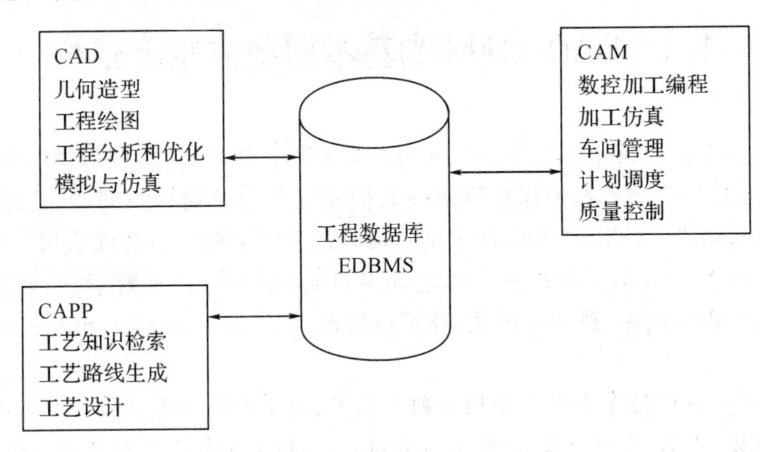


图1.1 CAD/CAM系统集成

### 1.1.2 CAD/CAM系统的组成

一般来说，CAD/CAM系统由硬件系统和软件系统组成。一个特定的CAD/CAM系统适用于某一类产品的设计和制造，如机床CAD/CAM系统主要用于进行机床的设计和制造，电子CAD/CAM系统主要用于设计制造印制板或集成电路。不同的CAD/CAM系统由于使用要求的不同，其硬件和软件的配置存在很大的差异，但其系统的基本原理、逻辑功能和系统结构是基本相同的。

CAD/CAM系统的硬件系统由计算机(或工作站)及其外围设备组成，其中外围设备主要包括输入/输出设备和数控设备等。小型CAD/CAM应用系统的硬件主要是微型计算机和绘图机、打印机、激光成型机等外围设备；大型CAD/CAM应用系统的硬件设备可能包括不同档次的工作站和数控机床、仿真设备、坐标测量机等外围设备。

CAD/CAM系统的软件系统由系统软件、支撑软件和应用软件组成。系统软件是直接与计算机硬件发生关系的软件，起到管理系统和减轻应用软件负担的作用，它主要是指操作系统。常见的操作系统有UNIX、DOS、Windows、Linux等。UNIX操作系统主要用于大型机、工作站平台，其余操作系统用于微型计算机平台。支撑软件是指商品化的CAD/CAM软件系统，通过使用支撑软件可以缩短搭建面向特定用途的CAD/CAM系统的周期。常见的CAD/CAM支撑软件主要有AutoCAD、Pro/E、UG、I-DEAS、CATTA和SolidWorks等。应用软件是指面向特定应用开发的CAD/CAM软件，用户可根据需要自行开发。通常为了使支撑软件在一个具体的应用领域发挥更大的作用，往往需要对其进行二次开发，形成面向特定应用的CAD/CAM软件系统。目前已商品化的CAD/CAM软件系统基本上都具有丰富的二次开发功能。

组建一个CAD/CAM系统，在选择软硬件时要权衡考虑。一般来说，硬件和软件是相互关联的，大部分CAD/CAM软件对硬件都有一定的配置要求。同时还需对软硬件的型号、性能以及厂商进行全方位的考虑。

### 1.1.3　CAD/CAM系统的基本类型

CAD/CAM系统可按功能和硬件配置进行分类。CAD/CAM系统按照其功能一般可分为通用型和专用型两种。通用型CAD/CAM系统功能适用范围广，而专用型CAD/CAM系统是为了满足某些行业实现某种特殊功能而开发的。

CAD/CAM系统按照系统所用的主要硬件配置的类型不同，主要分为以下三类。

**1. 大型机CAD/CAM系统**

大型机CAD/CAM系统一般采用具有大容量的存储器和极强计算功能的大型通用计算机为主机，一台计算机可以连接几十至几百个图形终端、字符终端及其他图形输入输出设备。其主要优点是计算速度极快，并可利用系统的大型数据库对整个系统的数据实行综合管理和维护。其主要缺点是：一旦CPU失效，则所有用户都不能工作；由于计算机数据库处于中央位置，数据容易被破坏；终端距离不能太远；系统的响应速度将随着计算机的总负荷增加而降低。大型机CAD/CAM系统的主机通常为大型计算机，具有代表性的主机如DEC公司的VAX8800、9000系列，IBM公司的43XX、30XX和3090E系列等。

**2. 工作站组成的CAD/CAM系统**

工作站组成的CAD/CAM系统是以工作站为基础的CAD/CAM系统。一台工作站只能一人使用，并且具有联网功能，其处理速度很快，国内外应用较多的工作站型号有美国的Apollo、SUN、HP、VAX和SGI。高档型的工作站都有3D图形加速器（如Turbo GX、SX、ZX等），可支持实时动态显示。

**3. 微机CAD/CAM系统**

随着微机性能的不断提高，以微机为主处理机的微机CAD/CAM系统除了用于进行二维绘图以外，还可以进行三维几何造型和有限元分析计算等工作。随着微机运行速度的提高、内存容量的扩大，微机CAD/CAM系统在许多方面已完全替代了中、低档工作站组成的

CAD/CAM 系统。微机已能与大型机、工作站联网成为整个网络的一个节点，共享大型机和工作站的资源。这样，大型机系统、工作站系统和微机系统就不再相互割裂，而成为一个有机的整体，在网络中发挥各自的优点。

### 1.1.4 CAD/CAM 系统的基本功能

CAD/CAM 技术是计算机在工程和产品设计与制造中的应用。设计过程中的需求分析、可行性分析、方案论证、总体构思、分析计算和评价以及设计定型后产品信息传递都可以由计算机来完成。整个设计与制造过程如图 1.2 所示。

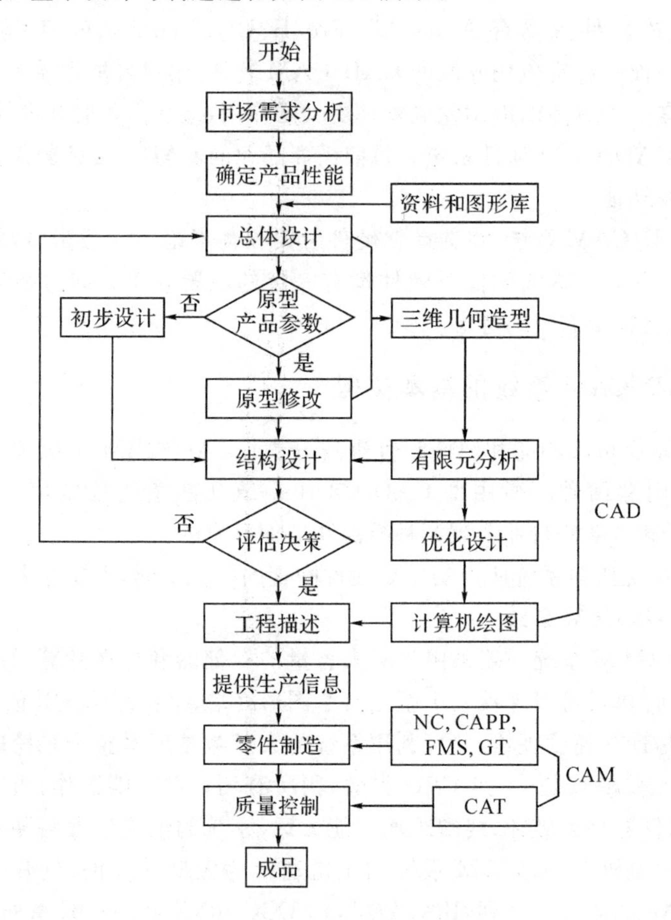


图 1.2 CAD/CAM 系统工作过程流程图

用于不同领域的 CAD/CAM 系统，由于要求各不相同，一般具有不同的功能。但对于机械制造领域的 CAD/CAM 系统来说，从初始的设计要求、产品设计的中间结果到最终的加工指令，都是信息不断产生、修改、交换、存取的过程，系统应能保证方便用户随时观察、修改阶段数据，实施编辑处理。因此机械 CAD/CAM 系统一般应具备以下几个方面的功能。

**1. 几何建模**

几何建模是 CAD/CAM 系统图形处理的核心。在产品设计构思阶段、总体设计和结构设计阶段，为了便于对产品进行观察和修改，一般都采用三维建模表示产品模型。CAD/CAM 系统应能够描述基本几何实体及实体间的关系；能够提供基本体素，便于用户获取所设计产品的几何形状、大小等方面信息；能够动态地显示三维图形，便于用户实时、准确地观察和检查设计对象的正确性。几何建模通常包括曲线造型、曲面造型和实体造型等。系统必须具备几种功能较强的表示方法，如 Spline 曲线、昆氏曲面(Coons surface)、贝塞尔曲面(Bezier surface)、B 样条曲面(B-Spline surface)、构造实体几何表示法(Construction Solid Geometry，CSG)、边界表示法(Boundary Representation，B-Rep)、混合表示法和空间单元表示法等。

**2. 参数化设计**

CAD/CAM 系统应能使产品的模型参数化，设计者在任何时候修改尺寸，系统都会自动完成相应模型形状的改变；能真正将初次设计从生产过程中分离出来，通过标准化减少零件的数量，增加设计成果的储备，以最快的速度适应市场变化，满足用户的需求。

**3. 几何特性计算**

CAD/CAM 系统在构造了产品的几何模型之后，应能根据几何模型计算相应物体的体积、质量、表面积、重心位置、转动惯量、回转半径等几何特性和物理特性，为工程分析提供必要的基本参数和数据，同时便于材料供应部门及时准备各种材料。

**4. 工程分析**

CAD/CAM 系统应能在产品设计过程中对整个产品及其重要零部件进行静、动力(应力、应变和系统固有频率)的分析计算；对高温环境下工作的产品还要进行热变形(热应力、应变)的分析计算；对飞行器或水利工程的产品还要进行流场及其流动特性的分析计算。在 CAD/CAM 系统中工程分析常用的方法是有限元法，一个较完善的有限元分析系统应包括前处理、分析计算和后处理三个部分。前处理是对被分析的对象进行有限元网格自动划分；分析计算是计算应力、应变、固有频率等数值；后处理是对计算的结果用图形(等应力线、等温度线等)或用深浅不同的颜色来表示应力、应变、温度值等，使用户可方便、直观地看到分析的结果。

**5. 优化设计**

CAD/CAM 系统应具有优化求解的功能，也就是在某些条件的限制下，使产品设计中的预定指标达到最优。优化包括总体方案的优化、产品零件结构的优化、工艺参数的优化等。优化设计是现代设计方法学的一个组成部分，一个产品的设计实际上就是寻优的过程。

**6. 模拟仿真**

CAD/CAM 系统应能在内部建立一个工程设计的实际系统模型，并通过运行仿真软件，代替、模拟真实系统的运行，用以预测产品的性能、产品的制造过程和产品的可制造性。如利用数控加工仿真系统从软件上实现零件试切的加工模拟，从而减少制造费用、缩短产品设计周期。模拟仿真通常有加工轨迹仿真，机械运动学模拟，机器人仿真，工件、刀具、机床的碰撞、干涉检验等。

**7. 数据管理**

CAD/CAM 系统应具有处理和管理有关产品设计、制造等方面信息的功能，以实现设计、制造、管理的信息共享，并达到自动检索、快速存取、不同系统间传输和交换的目的。CAD/CAM 系统中数据量大、种类繁多，既有几何图形数据，又有属性语义数据，既有产品定义数据，又有生产控制数据，既有静态标准数据，又有动态过程数据，结构还相当复杂。为了统一管理这些数据，在 CAD/CAM 系统中必须有一个工程数据库管理系统以及在它管理之下的工程数据库。

**8. 数控加工信息处理**

CAD/CAM 系统应具有二至五坐标数控机床加工零件的处理能力，包括自动编程和动态模拟加工过程的功能。

**9. 工程绘图**

CAD/CAM 系统应具备将几何模型的三维图形直接向二维图形转换的功能，同时还需有处理二维图形的能力，包括基本图元的生成、标注尺寸，图形的编辑（如比例变换、平移、图形拷贝、图形删除等）及显示控制、附加技术条件等功能。

## 1.2 工程数据库

### 1.2.1 数据库技术

**1. 数据管理技术的发展**

CAD/CAM 过程是一个信息的建立、查询和交换的过程，如何组织和管理数据将直接影响到整个 CAD/CAM 系统的运行效率。数据管理技术就是对数据进行收集、组织、存储、检索、加工、传播、利用和维护等一系列活动的总和，是数据处理的核心。数据管理经历了由低级到高级的发展过程，大致可分为人工管理、文件管理和数据库管理三个阶段。每一阶段的发展以数据存储冗余不断减小、数据独立性不断增强、数据操作更加方便和简单为标志。

(1)人工管理阶段

在计算机出现之前，人们运用常规的手段进行记录、存储和对数据进行加工，并主要使用人的大脑来管理和利用这些数据。20 世纪 50 年代中期以前，计算机主要用于科学计算，外存储器的存储介质尚没有可直接存取的磁盘，也无管理数据的软件，数据的管理也主要是人工管理。

(2)文件管理阶段

20 世纪 50 年代后期到 60 年代中期，数据管理技术得益于计算机的处理速度和存储能力的惊人提高，硬件方面有了磁盘、磁鼓等直接存取设备，软件方面有了包含于操作系统中的专门管理数据的软件，常称为文件系统。这一时期的数据管理主要采用文件系统，可按文件的名字来进行访问，数据可以长期保存在计算机外存上，可以对数据进行反复处理，并支持文件的查询、修改、插入和删除等操作。

(3)数据库管理阶段

20 世纪 60 年代后期，计算机性能得到进一步提高，出现了大容量磁盘，存储容量大大增加且价格下降。随着计算机应用范围的扩展，计算机处理的数据量越来越大，数据对象也日趋复杂，为了更好地管理这些数据，数据库技术应运而生。数据库是以一定的数据结构形式存放在计算机外存储器内的相互有关的数据集合，统一管理数据的专门软件系统称为数据库管理系统。数据库的特点是数据不再只针对某一个特定的应用，而是面向全组织，具有整体的结构性，共享性高，冗余度减小，具有一定的程序与数据之间的独立性，并且对数据进行统一的控制。

**2. 数据库系统的基本组成**

数据库系统是为适应数据处理的需要而发展起来的一种较为理想的数据处理的核心机构，是一个实际可运行的存储、维护和向应用系统提供数据的软件系统，是存储介质、处理对象和管理系统的集合体。数据库系统由软硬件、数据库应用人员和数据库组成。

数据库系统的软件提供了支持数据库系统运行的软件应用环境，包括操作系统、数据库管理系统及应用程序。数据库管理系统是数据库系统的核心软件，数据库由数据库管理系统统一管理，其主要功能包括数据定义、数据操纵、数据库的运行管理和数据库的建立与维护。

数据库系统的硬件提供了支持数据库管理系统和各种应用程序运行的硬件设备环境，包括存储所需的外部设备。硬件的配置应满足整个数据库系统的需要，一般要求数据库系统的硬件具有较高的处理速度、较大的内存和外存容量。

数据库应用人员包括数据库管理员、系统分析员、程序员和用户。数据库管理员负责数据库的总体信息控制，创建、监控和维护整个数据库，其基本职责包括决定数据库的内容与结构、定义和存储数据、监控数据库的使用和运行、确保和维护数据的完整性与一致性、定义与维护数据库用户权限、更新数据库等。

### 1.2.2 工程数据库概述

**1. 工程数据库的概念**

工程数据库是指适合于CAD/CAM等工程应用领域的数据库，是用于存储工程数据的一个数据集合。工程数据库是按照应用的要求，为某一类或某个工程项目设计的结构合理、使用方便、效率较高的数据库及其应用系统。它包含了几何的、物理的、工艺的以及其他技术实体的特性和它们之间的关系。工程数据库中数据形式多样、关系复杂、动态性强，数据库管理系统除了要处理大量的表格数据、曲线数据、函数数据、说明数据外，还必须处理图形数据，同时在设计过程中数据库中的数据还必须能动态地改变，以反映设计、分析结果。

工程数据库对解决综合工程问题起到关键作用，同时又是综合工程系统的中心，能存储和管理各种工程图形，并能为工程设计提供各种服务。工程数据的复杂性决定了工程数据库必须要具有不同于商用管理数据库的表示、处理和检测工程数据的功能。工程数据库设计的好坏，将直接影响整个应用系统的效率、维护性、使用性。

**2. 工程数据库的功能**

与一般数据库比较，工程数据库主要有以下功能。

(1)支持多用户工程应用程序和并行设计。工程数据库必须适应多个工程应用程序，能被多个工程应用程序同时访问，以支持不断发展的新的应用环境。而且现代设计工作绝不是一人能胜任的，为提高工程设计质量，加快进度，必须开展并行作业，使若干名设计人员既能同时工作，又可达到资源共享。这就要求工程数据库能随时提供数据并存储数据，提供多用户使用和进行并行设计。

(2)支持交互式、试探性设计。在工程中解决一个问题往往是一个多次重复、反复修改的过程，这就需要工程数据库必须适合设计过程中的试凑、重复和发展的特点，在特殊情况下允许暂时的、不一致数据的存在，并能加以管理，以便于以交互式作业方式对设计构思不断深入、反复修改、逐步完善,最后达到满意的效果。

(3)支持动态模式的修改和扩充。产品的计算机辅助设计是一个变化频繁的动态过程,不仅数据变化频繁,而且数据的结构也会有所改变,这就要求工程数据库具有动态修改和易于改变数据结构的能力,其模式要非常灵活,能被修改和扩充,且要有较高的数据独立性。

(4)支持存储和管理不同数据库版本。在工程设计中,不可避免地要经过多次修改,存在几种设计版本的情况是经常发生的,每一个设计版本尽管不同,但均满足设计所要求的全部功能,这就需要工程数据库提供存储和管理一个涉及多个数据库版本的功能。

(5)支持工程事务的处理。在工程应用中,解决一个工程问题需要花费很长时间,涉及的数据量也很多,这种解决工程问题的过程称为工程事务。由于工程事务需要一个较长时间的处理过程,中间出现意外错误或人为中断的可能性较高,这就需要工程数据库应具备处理工程事务的能力。

## 1.3 计算机网络及数据通信

计算机网络是计算机技术和通信技术相结合的产物。计算机网络是利用通信线路将具有独立功能的多台计算机及其外部设备连接起来,在网络操作系统、网络管理软件及网络通信协议的管理和协调下,实现资源共享和信息传递的计算机系统。

**1. 网络的构成**

典型的计算机网络主要由四种组件组成:服务器、客户机、传输介质和网络协议。

(1)服务器。服务器是网络环境中的高性能计算机,具有承担服务并且保障服务的能力,能响应网络上的其他计算机(客户机)提交的服务请求,并提供相应的服务。服务器配备大容量存储器并安装数据库系统,用于数据的存放和数据检索。服务器上运行网络操作系统,允许网络上的多个用户访问其软件程序和数据文件,同时提供文件、通信和打印等各种网络服务并肩负网络管理的功能。按服务器主要提供的网络服务的不同,可将服务器分为文件服务器、数据库服务器和应用程序服务器等。

(2)客户机。客户机是连接服务器,享用服务器共享资源的计算机。客户机使用服务器共享的文件、打印机和其他资源,是用户与网络打交道的设备。要成为客户机的计算机,必须安装相应的硬件和网络通信软件,负责数据的输入、运算和输出。例如,具有通用功能的客户机需要安装能够访问服务器文件和共享打印服务的软件。一台计算机可以同时成为许多服务器的客户机。

(3)传输介质。传输介质是指在网络中传输信息的载体,网络中各节点之间的通信和数据交换通过传输介质来进行。计算机网络使用多种传输介质,常用的传输介质分为有线传输介质和无线传输介质两大类。有线传输介质主要有电缆、光纤,电缆传输电信号,光纤传输光信号。常见的电缆包括同轴电缆和双绞线。无线传输介质主要是指电磁波,根据频谱可将其分为无线电波、微波、红外线、激光等,信息被加载在电磁波上进行传输。

(4)网络通信协议。网络通信协议就是为完成网络通信而制订的规则、约定和标准,是有关网络通信的一整套规则。网络协议由语法、语义和时序三大要素组成。

**2. 网络的功能**

计算机网络以共享为目的,其功能主要表现为资源共享和信息交换。

(1)资源共享。资源共享是计算机网络的核心目标。通过计算机网络,可以在全网范围内提供对处理资源、存储资源、输入输出资源等硬件设备的共享。通过计算机网络,用户可以远程访问各类大型数据库,可以得到网络文件传送、远地进程管理和远程文件访问等服务,从而避免软件研制上的重复劳动以及数据资源的重复存贮。

(2)信息交换。信息交换是计算机网络的基本功能,计算机网络为分布在各地的用户提供了强有力的通信手段,用于实现客户机与服务器、客户机与客户机之间的数据传输和信息交换。

此外,通过网络控制中心的实时检测和动态分配机制,可对大型项目实施分布式处理,实现不同计算机系统的负荷均衡、协同工作,以提高工作效率。

**3. 网络拓扑结构**

计算机网络的类型很多,通常按照规模的大小分为局域网(LAN)和广域网(WAN)。局域网是指在某一区域内由多台计算机互联成的计算机组;广域网就是我们通常所说的Internet,它是一个遍及全世界的网络。局域网覆盖的地理面积小,可以使用多种通信物理媒体,在较短的物理距离内,达到远比广域网高得多的数据传输速率。CAD/CAM系统通常使用范围较为集中、上机人员较多、工作量较大、计算机使用率较高,因此CAD/CAM系统应用的网络系统应基于局域网来考虑。局域网专用性非常强,具有比较稳定和规范的拓扑结构,常见的局域网拓扑结构可分为星形结构、树形结构、总线形结构和环形结构几种形式。

(1)星形结构

星形结构是由中央节点(如集线器)与各个节点连接组成。集线器是网络的中央布线中心,各计算机通过集线器与其他计算机通信,星形结构中各节点必须通过中央节点才能实现通信。星形结构的优点是结构简单,传输速度快,建网容易,便于控制和管理。如果增加或去掉某个计算机,不会影响网络的其余部分,更改容易,也容易检测和隔离故障。星形结构的缺点是中央节点负担较重,容易形成系统的"瓶颈",网络可靠性低、共享能力差,线路的利用率也不高。一旦中央节点出现故障,则整个网络将会瘫痪。

(2)树形结构

树形结构是一种分级结构,任意两个节点之间不产生回路,每条通路都支持双向传输。树形结构的优点是扩充方便、灵活,寻查链路路径比较简单,成本低,易推广。树形结构的缺点是除叶节点及其相连的链路外,任何一个工作站或链路产生故障会影响整个网络系统的正常运行。树形结构适合于分主次或分等级的层次型管理系统。

(3)总线形结构

总线形结构是由一条高速公用主干电缆(即总线)连接若干个节点构成网络。各个计算机共用这一条总线,网络中所有的节点通过总线进行信息的传输。总线形结构的优点是结构简单灵活,建网容易,价格低廉,使用方便,性能好。总线形结构的缺点是主干总线对网络起决定性作用,总线故障将影响整个网络;一旦发生故障,则需要检测总线在各计算机处的连接,不易管理。总线形结构适用于将差别较大的设备联入网中,是最常用的局域网拓扑结构之一。

(4)环形结构

环形结构是由各节点首尾相连形成一个闭合环形线路。信息在环路上以固定方向流动,即沿一个方向从一个节点传到另一个节点。环形结构的优点是结构简单,建网容易,信息流控制比较简单,用户多时也有较好的性能。环形结构的缺点是当节点过多时,将影响传输效率,不利于扩充;一旦环路中的某一台计算机出了故障,整个网络就会受到影响。

**4. 网络通信协议**

CAD/CAM 系统中常用的网络通信协议有 TCP/IP 协议、ISO/OSI 参考模型、MAP/TOP 协议等。

(1)TCP/IP 协议

TCP/IP 出现于 20 世纪 70 年代,是美国国防部为其 ARPANET 广域网开发的网络体系结构和协议标准,20 世纪 80 年代被确定为因特网的通信协议。TCP/IP 是一组通信协议的代名词,是由一系列协议组成的协议族。它本身只有两个协议集:TCP 为传输控制协议,IP 为互联网协议。TCP/IP 定义了电子设备如何连入因特网,以及数据如何在它们之间传输的标准。TCP/IP 提供了许多网络服务,目前大多数 CAD/CAM 网络均把它作为实用的网络协议。

(2)ISO/OSI 参考模型

ISO/OSI 参考模型是国际标准化组织(ISO)为网络通信制定的协议,是一个定义连接异种计算机标准的主体结构,它为连接分布式处理的开放系统提供了基层。模型的基本构造技术是分层技术,利用层次结构,将开放系统的信息交换问题分解到一系列较易控制和实现的层次中,每个层次都在完成信息交换的任务中充当一个相对独立的角色,具有特定的功能。根据网络通信的功能要求,它把通信过程分为七层,分别为物理层、数据链路层、网络层、传输层、会话层、表示层和应用层,每层都规定了完成的功能及相应的协议。

(3)MAP/TOP 协议

MAP/TOP 协议是两个协议的总称。MAP(Manufacturing Automatic Protocol)是美国通用汽车公司于 1982 年提出的用于生产自动化的局域网协议。TOP(Technology and Office Protocol)是由美国波音公司于 1985 年提出的用于办公自动化的协议。MAP、TOP 的开发背景相似,都采纳了 ISO/OSI 的七层协议模型,并在许多层次上有相同的定义。MAP 和 TOP 都使用以太网,并且通常联合使用。MAP 为生产厂房中终端、生产设备和机器人等定义局域网,在不同厂家生产的计算机、可编程控制器和数控机床、机器人等设备之间有效地实现传输数据文件、NC 程序、控制指令和状态信号等信息功能。TOP 定义前端办公室的连接,在不同厂家的计算机和可编程设备间提供文字处理、文件传输、电子邮件、图形传输、数据库访问和事务处理等服务功能。MAP 适用于生产车间、单元控制级,TOP 适用于工厂管理及工程设计,MAP、TOP 正好从工厂两大主要信息交换领域即技术、管理信息和生产控制信息方面规定了相应的通信协议。MAP 和 TOP 已在工厂自动化领域获得了广泛的应用,且其应用范围正在不断扩大。但 MAP/TOP 协议仍处于发展完善之中,目前国内应用尚不普遍。

## 1.4　计算机辅助工程分析

### 1.4.1　CAE 技术概述

CAE(Computer Aided Engineering)技术是计算力学、计算数学及相关工程科学与现代计算机技术相结合而形成的一种综合性、知识密集型的技术，是用计算机辅助求解复杂工程和产品结构强度、刚度、屈曲稳定性、动力响应、热传导、三维多体接触、弹塑性等性能的分析计算，以及结构性能的优化设计等问题的一种数值模拟分析技术。

在机械设计和制造领域，早期的 CAE 主要是指有限元分析和机构的运动学及动力学分析。近年来随着计算机技术的迅速发展，CAE 已经从对产品性能的简单校核，逐步发展到用计算机对工程和产品进行性能和安全可靠性的分析和优化，对产品未来的工作状态和运行行为进行模拟，以及早发现设计缺陷。随着计算机技术向更高速和更小型化的发展和分析软件的不断开发和完善，CAE 技术应用得越来越广泛并成为衡量一个国家科学技术水平和工业现代化程度的重要标志。

### 1.4.2　有限元法概述

有限元法(Finite Element Method，FEM)是目前工程技术领域中实用性最强、应用最广泛的数值模拟方法。常用的数值模拟方法主要是有限差分法和有限元法。有限差分法的数学模型简单，推导简单，易于理解，占用内存较少，但计算精度一般。有限元法根据变分原理对单元进行计算，然后进行单元总体合成，模拟精度高。

有限元法的基本思想早在 20 世纪 40 年代初期就有人提出，但真正用于工程中则是在电子计算机出现后。1956 年，美国波音飞机制造公司的特纳(M. J. Turner)、克拉夫(R. W. Clough)等人在分析大型飞机结构时，第一次采用直接刚度法给出了用三角形单元求解平面应力问题的正确解答，从而开创了利用电子计算机求解复杂弹性平面问题的新局面。1960 年，克拉夫在一篇题为“平面应力分析的有限单元法”的论文中首先使用“Finite Element”(有限元或有限单元)这个术语。60 余年来，有限单元法的应用已由弹性力学平面问题扩展到空间问题、板壳问题，由静力平衡问题扩展到稳定性问题、动力问题和波动问题，分析的对象从弹性材料扩展到塑性、黏塑性和复合材料等，从固体力学扩展到流体力学、传热学、电磁学等领域。目前，该方法已广泛应用于航空、宇航、土木建筑、机械制造、材料加工、水利工程、汽车、船舶、铁道、石化、能源、电子电器、国防军工、科学研究等各个领域(部分应用领域的有限元分析问题见表 1.1)。在工程设计和分析中有限元分析得到了越来越广泛的重视。目前，结构仿真中的静力分析、动力分析、稳定性计算，特别是结构的线性、非线性分析(几何、材料非线性)、屈曲分析等，都可以借助大型的有限元分析软件如 NASTRAN、ANSYS 等进行。

有限元法的基本思想是将一个连续的物体离散化，即将其分割成彼此用节点相互连接的有限个单元，单元之间通过节点相互连接，并将载荷和位移也移植到节点上，用有限个节点上的未知参数表征单元的特性，然后用适当的方法求出各节点的未知参数，进而求出整个物体的近似解。随着单元尺寸的不断缩小，单元数目的增加，所求得的近似解不断改进，最后得到真实解。根据已知的数据按照有限元法规定的运算步骤，首先可求出各节点的位移、应力等，最后，可求出整个结构各点的数值解。有限元法包括物体离散化、单元分析和整体分析三个主要的解题步骤。

**表 1.1　部分应用领域的有限元分析问题**

| 应用领域 | 静平衡问题 | 特征值问题 | 瞬态问题 |
| --- | --- | --- | --- |
| 机械设计 | 应力集问题，机械装置的应力分布 | 机械装置或零件的自然频率及稳定型 | 在动载荷下的断裂问题 |
| 传热分析 | 同体和流体中温度的稳态分布 | | 固体和流体中的瞬态热流 |
| 核工程 | 核反应堆的结构分析，及各组成部分的稳态温度分布 | 各种容器结构的自然频率及稳定性 | 核反应堆结构的动态分析，及非稳态温度的分布 |
| 生物医学工程 | 骨骼的应力分析，心脏瓣膜的力学分析，假肢的承载性能 | | 骨骼的冲击特性，解剖结构的动力学分析 |
| 土木工程结构 | 框架、房顶、桥梁等结构的分析 | 结构的自然频率，振型及结构的稳定型 | 应力波的传递，对非周期性载荷的响应 |

**1. 物体离散化**

将一个工程结构离散为由各种单元组成的计算机模型，这一步称作单元划分。离散后单元与单元之间利用单元的节点相互连接起来；单元节点的设置、性质、数目等，视问题的性质、描述变形形态的需要和计算机进度而定(一般情况下，单元划分越细，描述变形情况越精确，即越接近实际变形，但计算量越大)。所以，有限元中分析的结构不是原有的物体或结构，而是由众多单元以一定方式连接成的离散物体。这样，用有限元分析计算所获得的结果只是近似的。如果划分的单元数目多而合理，则获得的结果就与实际情况相符合。

如图 1.3 所示的变截面悬臂梁轴，这类轴的静力分析是求沿 $x$ 方向各剖面的挠度 $v(x)$ 和转角 $\theta(x)$。在其自由端处作用垂直载荷 $W$，梁的剖面为矩形，梁的宽度 $B$ 不变，而高度 $H_x$ 是距离 $x$ 的函数 $H_x=f(x)$。显然，$v(x)$ 和 $\theta(x)$ 是一个变量 $x$ 的函数，为最简单的一维问题。

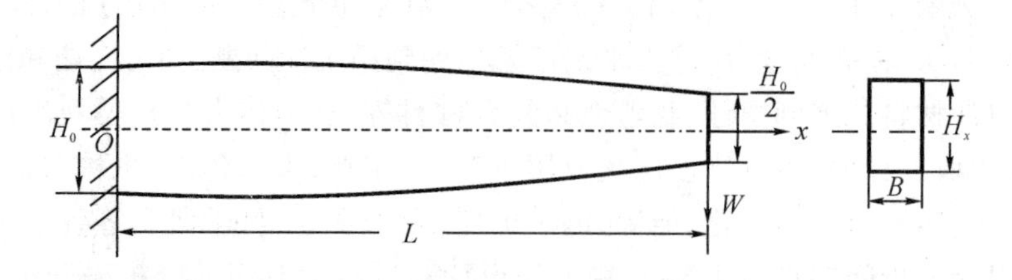


图 1.3　变截面悬臂梁轴

由材料力学的弯曲理论可知，距离固定端 $x$ 处的弯矩 $M$ 为

$$M=EI\frac{\mathrm{d}^2 v}{\mathrm{d}x^2}=W(L-x) \tag{1.1}$$

如果剖面高度 $H_x$ 与距离 $x$ 的函数 $H_x=f(x)$ 不是简单的线性关系，就很难求得微分方程式(1.1)的精确解析解。对于此类问题，过去常用的一种解决办法是作简化假设，把问

题简化为一个能够处理的类型，这样往往会导致不太准确的答案。

随着计算机应用的日益广泛，另一种解决办法是保留问题的复杂性，使用有限差分法寻求近似的数值解。将如图 1.3 所示的整个连续体划分成规则的差分网络，用差分代替微分，将微分方程式(1.1)离散为差分方程。这就是有限元法的离散化。如图 1.4 所示，悬臂梁轴是一个弹性连续体，可以看成由无限个质点组成，由于本例是一维问题，只需采用杆单元，图中只划分成 10 个杆单元，每个杆单元有两个节点 $i$ 和 $j$，共 11 个节点。把连续体转化成由这些有限个单元组成的集合体，相邻单元之间只在节点处互相连接在一起，传递力和位移，这一过程称为离散化。

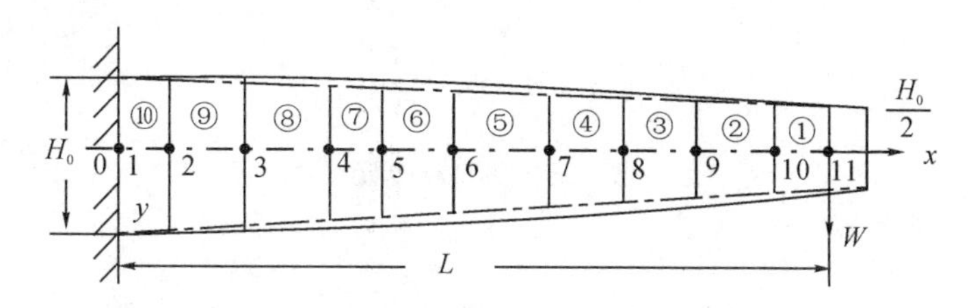


图 1.4　变截面悬臂梁轴的有限元模型

**2. 单元分析**

(1)选择位移模式。在有限元单元法中，选择节点位移作为基本未知量时，称为位移法；选择节点力为基本未知量时称为力法；取一部分节点位移和一部分节点力为基本未知量时称为混合法。位移法易于实现计算机自动化，所以，在有限元法中位移法应用范围最广。当采用位移法时，物体或结构物离散化之后，就可把单元中的一些物理量如位移、应变和应力等由节点位移来表示。这时可以对单元中位移的分布采用一些能逼近原函数的近似函数予以描述。通常，在有限元法中，我们就将位移表示为坐标变量的简单函数。这种函数称为位移模式或位移函数。

(2)分析单元的力学性质。根据单元的材料性质、形状、尺寸、节点数目、位置及其含义等，找出单元节点力和节点位移的关系式，这是单元分析中的关键一步。此时需要应用弹性力学中的几何方程和物理方程来建立应力和位移的方程式，从而导出单元刚度矩阵，这是有限元法的基本步骤之一。

(3)计算等效节点载荷。物体离散化后，是用节点的载荷来表征单元中的力。对于实际的连续体，载荷是从单元的公共边传递到另一个单元中的。因而，这种作用在单元边界上的面力、体力、集中力等都需要等效地移植到节点上去，也就是用等效的节点载荷来代替所有作用在单元上的力。

取图 1.4 中一个典型的杆单元 $e$，如图 1.5 所示。因为单元很小，可以近似认为是等截面梁。其长度为 $L_m$，弹性模量为 $E_m$，剖面二次矩为 $I_m$，并承受纯弯曲应力。节点处受力 $V$ 和力矩 $M$ 作用，有垂直位移 $v$ 和转角 $\theta$。

首先构造杆单元 $e$ 的位移模式。单元位移模式就是指单元内任意一点的位移 $[f]^e$ 如何被表述为其坐标 $x$ 的函数。由于单元很小，对于每个单元来说，可以构造一个假想的单元位移插值函数来近似描述单元内实际的位移规律。为了求导方便，通常采用多项式形式。由于杆单元有两个节点 $i$ 和 $j$，每个节点有两个自由度 $v$ 和 $\theta$，一共有四个节点位移值 $[\Delta]^e=[v_i, \theta_i, v_j, \theta_j]$，可以用来确定具有四个待定系数的三次多项式：

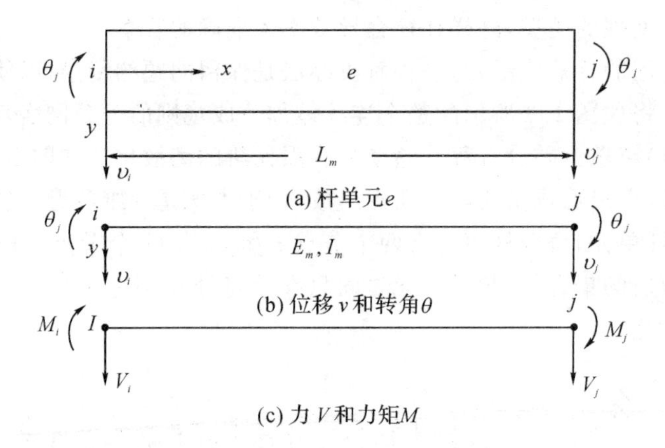


图 1.5　典型杆单元

$$[f]^e = v(x) = c_1 + c_2 x + c_3 x^2 + c_4 x^3 \tag{1.2}$$

式中：$c_1 \sim c_4$ 为待定系数。该三次多项式可以满足杆单元 $e$ 具有刚体平移、刚体旋转、弯曲应变和剪切应变。由材料力学的弯曲理论可知，杆单元 $e$ 中弯曲微元体的弯矩 $M$ 和剪切力 $Q$ 的计算公式为

$$\begin{cases} M = E_m I_m \dfrac{\mathrm{d}^2 v}{\mathrm{d}x^2} = E_m I_m (2c_3 + 6c_4 x) \\ Q = \dfrac{\mathrm{d}M}{\mathrm{d}x} = 6E_m I_m c_4 \end{cases} \tag{1.3}$$

可以建立杆单元 $e$ 的刚度矩阵为

$$[K]^e = \frac{E_m I_m}{L_m^3} \begin{bmatrix} 12 & & \text{对称} & \\ 6L_m & 4L_m^2 & & \\ -12 & -6L_m & 12 & \\ 6L_m & 2L_m^2 & -6L_m & 4L_m^2 \end{bmatrix} \tag{1.4}$$

**3. 建立总体平衡方程组**

利用力的平衡条件和边界条件把各个单元按原来的结构重新连接起来，形成整体的有限元方程，然后求解节点位移。

$$[\boldsymbol{K}][\boldsymbol{\Delta}] = [\boldsymbol{P}] \tag{1.5}$$

式中：$[\boldsymbol{K}]$为整体刚度矩阵；$[\boldsymbol{P}]$为节点载荷向量；$[\boldsymbol{\Delta}]$为节点位移向量。

有限元法根据所选的未知量和分析方法的不同，可以分为两种基本解法——位移法和力法。位移法是以节点位移为未知量，在选择适当的位移函数的基础上，进行单元的力学特性分析，在节点上建立平衡方程，然后解出节点位移，再由节点位移求得应力。力法是以节点力为未知量，在节点上建立位移连续方程，解出节点力后，再计算节点位移和应力。有限元分析过程如图 1.6 所示。

随着现代设计要求的不断提高，有限元分析软件发展趋势如下：应用平台逐渐向 PC 发展；CAD 与 CAE 的集成，完善了有限元的前后处理技术，让产品设计工程师也可以使用；应用范围不断扩展；在软件应用上，能越来越方便地构造有限元模型。有限元软件将不断满足设计工程师的需要，成为用户的得力助手，达到事半功倍的效果。

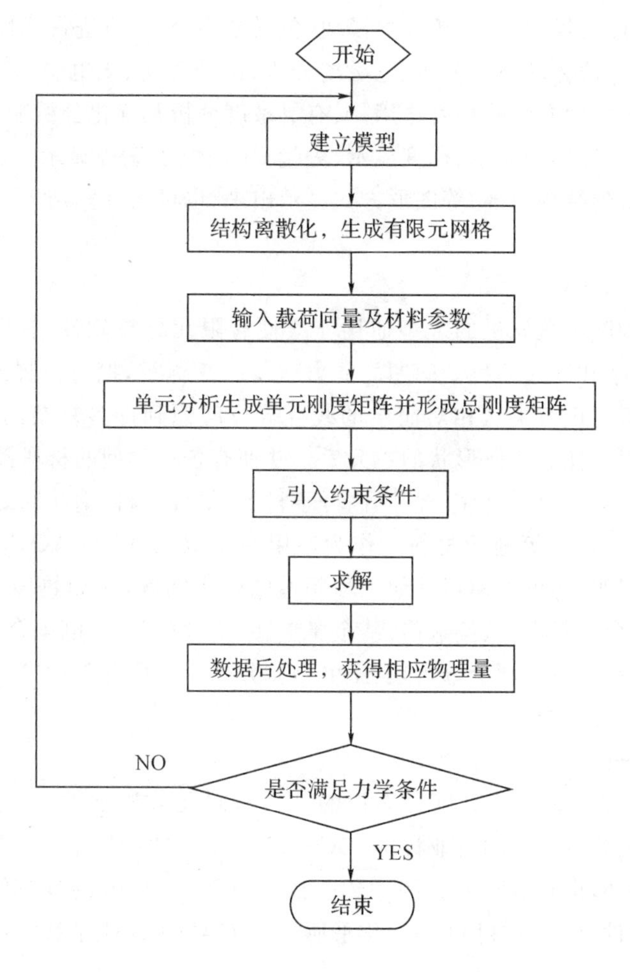


图 1.6　有限元分析流程

### 1.4.3　有限元分析软件简介

美国国家宇航局(NASA)在 1965 年委托美国计算科学公司和贝尔航空系统公司开发的 NASTRAN 有限元分析系统，是目前世界上规模最大、功能最强的有限元分析系统。从那时到现在，世界各地的研究机构和大学也发展了一批规模较小但使用灵活、价格较低的专用或通用有限元分析软件，主要有 ADINA、ANSYS、MSC. Nastran、MSC. Marc、MSC Fatigue、ABAQUS、SAP、ALGOR、DEFORM、LS-DYDN、MADYMD、FLUNET、ASKA、PAFEC、SYSTUS 等。

**1. ANSYS**

ANSYS 软件是融结构、热、流体、电场、磁场等分析于一体的大型通用有限元分析软件，由美国的 ANSYS 公司开发。它能与多数 CAD 软件实现数据的共享和交换，如 Creo、UG、CATIA、Nastran、Solidworks、Auto CAD 等，是现代产品设计中的主要 CAE 工具之一。ANSYS 广泛应用于航空、航天、电子、车辆、船舶、交通、通信、建筑、电子、医疗、国防、石油、化工等众多行业。

ANSYS 软件主要包括三个部分：①前处理模块，主要提供实体建模及网格划分工具，可以方便地构造有限元模型；②分析计算模块，包括结构分析（可进行线性分析、非线性分析和高度非线性分析）、流体动力学分析、电磁场分析、声场分析、压电分析以及多物理场的耦合分析，可模拟多种物理介质的相互作用，具有灵敏度分析及优化分析能力；③后处理模块，可将计算结果以彩色等值线显示、梯度显示、矢量显示、粒子流迹显示、立体切片显示、透明及半透明显示（可看到结构内部）等图形方式显示出来，也可将计算结果以图表、曲线形式显示或输出。

**2. ABAQUS**

ABAQUS是国际上最先进的大型通用非线性有限元分析软件，它以强大的非线性分析功能以及解决复杂和深入的科学问题的能力赢得广泛称誉，拥有世界最大的非线性力学用户群。ABAQUS可以解决从相对简单的线性分析问题到许多复杂的非线性问题，它包括一个丰富的、可模拟任意几何形状的单元库。并拥有各种类型的材料模型库，可以模拟典型工程材料的性能，其中包括金属、橡胶、高分子材料、复合材料、钢筋混凝土、可压缩超弹性泡沫材料以及土壤和岩石等地质材料。作为通用的模拟工具，ABAQUS除了能解决大量结构（应力/位移）问题，还可以模拟其他工程领域的许多问题，例如热传导、爆炸冲击、流固耦合、疲劳断裂、复合材料损伤、接触连接、金属塑性、质量扩散、热电耦合分析、声学分析、岩土力学分析（流体渗透/应力耦合分析）及压电介质分析等。拥有NASA、罗克希德-马丁、波音、空中客车等长期合作的用户。

**3. MSC. Nastran**

MSC. Nastran是一款具有高度可靠性的结构有限元分析软件，经过多年的开发和改进，逐步成为有限元分析领域的行业标准。MSC. Nastran的计算结果与其他质量规范相比已成为最高质量标准，得到有限元界的一致公认，MSC. Nastran的计算结果常被视为评估其他有限元分析软件精度的参照标准，几乎所有的CAD/CAM系统都开发了其与MSC. Nastran的直接接口。

MSC. Nastran不但容易使用而且具有十分强大的软件功能，也在不断地进行完善，如增加新的单元类型和分析功能、提供更先进的用户界面和数据管理手段、进一步提高解题精度和矩阵运算效率等。MSC. Nastran可针对实际工程问题和系统需求通过模块选择、组合获取最佳的应用系统，进行线性静力、固有模态、屈曲分析、热传导、动力分析、点焊接、气动弹性和非线性分析等，同时还可以进行优化分析。MSC. Nastran的超单元、自动模态综合（ACMS）和分布式并行（DMP）算法功能对超大模型能进行十分有效的计算分析。

**4. MSC. Marc**

MSC. Marc是功能齐全的高级非线性有限元软件，具有极强的结构分析能力。可以处理各种线性和非线性结构分析，包括线性/非线性静力分析、模态分析、简谐响应分析、频谱分析、随机振动分析、动力响应分析、自动的静/动力接触、屈曲/失稳、失效和破坏分析等。

**5. COMSOL Multiphysics**

COMSOL Multiphysics以有限元法为基础，通过求解偏微分方程（单场）或偏微分方程组（多场）来实现真实物理现象的仿真，被当今世界科学家称为“第一款真正的任意多物理场直接耦合分析软件”。COMSOL Multiphysics以高效的计算性能和杰出的多场双向直接耦合分析能力模拟科学和工程领域的各种物理过程，实现了高度精确的数值仿真。

# 1.5 CAD/CAM集成技术及其应用

## 1.5.1 CAD/CAM集成的概念

在过去的几十年中,包括CAD、CAPP、CAM等在内的计算机辅助单元技术得到了快速的发展,并在产品设计自动化、工艺过程设计自动化和数控编程自动化等方面发挥了重要作用。但是由于CAD、CAPP和CAM系统在其历史上都是各自独立地发展起来的,它们的数据模型彼此不相容,各系统之间很难实现信息传递和交换,更不能实现信息资源的共享。例如,采用独立的CAD系统设计的产品设计结果不能为CAPP、CAM等系统所直接接收,必须通过人工将它们转换为其他系统所需的输入数据,才能输入给其他系统进行处理,这不仅造成了物资和时间上的浪费,影响了工程设计的效率,而且在数据传递和转换的过程中还有可能造成错误,降低产品数据的可靠性。传统制造概念与过程如图1.7所示。

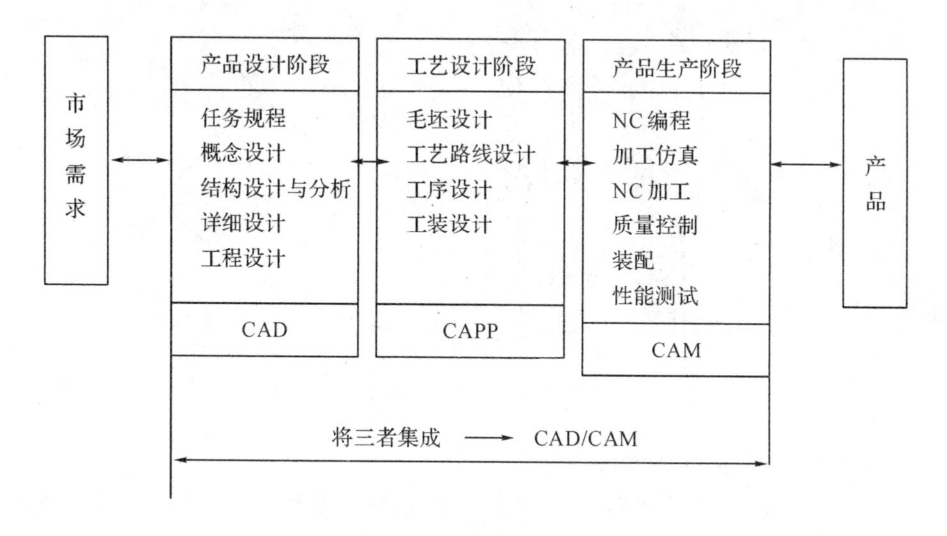


图1.7 传统制造概念与过程

自20世纪70年代以来,人们开始研究CAD、CAPP与CAM系统间的数据和信息的自动传递和转换问题,并提出了CAD/CAM集成的概念。目前,CAD/CAM集成技术还未形成统一的定义,一般认为,CAD/CAM集成技术是指研究CAD、CAPP、CAM等各单元和系统之间信息的自动交换和共享的技术,通过集成技术的研究,使这些系统有机地结合起来,形成一体化的CAD/CAM集成系统。

CAD/CAM系统的集成有信息集成、过程集成等不同层次。信息集成是指在不同的CAD、CAM应用系统之间实现数据共享。过程集成是指高效、实时地实现各种CAD、CAM应用间的数据资源共享和应用程序间的协同工作,从而将孤立的应用过程集成起来形成一个协调一致的系统。目前CAD/CAM系统的集成主要是指信息集成,即是指把CAD、CAE、CAPP和CAM等各种应用软件有机地结合在一起,用统一的控制程序和逻辑来控制和组织各应用软件信息的提取、转换和共享，从而达到系统内信息的畅通和系统协调运行的目的。CAD/CAM 系统集成的基本组成如图 1.8 所示。

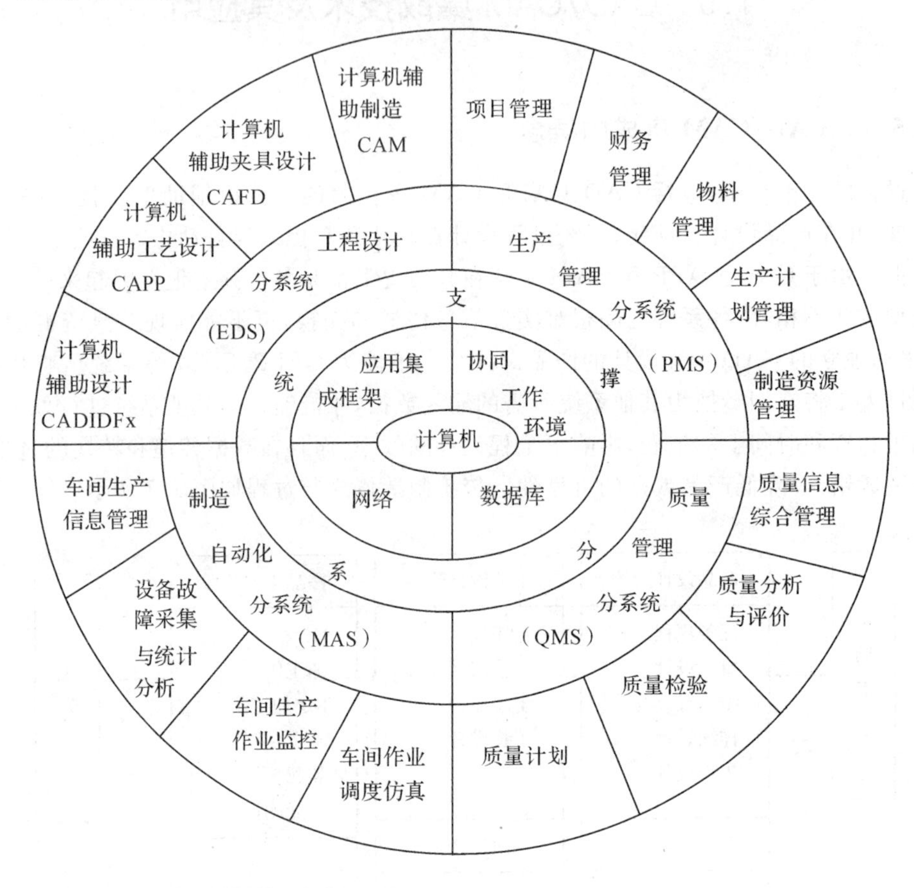


图 1.8　CAD/CAM 系统集成的基本组成

**1. CAD/CAM 系统的集成方法**

CAD/CAM 系统集成的关键是信息集成，即信息的交换和共享。不同应用系统的数据模型和结构的差异及复杂性，给 CAD、CAPP 和 CAM 系统之间实现数据交换和共享带来了难度。根据 CAD、CAPP 和 CAM 系统间信息交换方式和共享程度的不同，CAD/CAM 系统的集成方法主要有以下几种：

(1)基于专用数据交换接口的集成

在所有的 CAD/CAM 集成方法中，基于专用数据交换接口的集成是应用最早的一种集成方法。利用这种方法实现系统集成时，各应用系统都在各自独立的数据模式下工作，相互间的数据交换需要专用的数据交换接口。当系统 A 需要系统 B 的数据时，需要一个专用的数据交换接口程序将系统 B 的数据格式直接转换成系统 A 的数据格式。该数据交换方式原理简单，交换接口程序易于实现，运行效率较高。但由于各应用系统所建立的产品模型各不相同，专用的数据交换接口无通用性，因而不同的系统要开发不同的接口，当有 $N$ 个应用系统时，专用数据交换接口的最大数量为 $N(N-1)$个。且当应用系统的数据结构发生变化时，引起的修改工作量也较大。

(2)基于数据交换标准格式接口文件的集成

为了克服基于专用数据交换接口的集成的缺点,后来采用标准数据格式接口文件作为系统集成的接口。这种集成方法的基本思想是建立一个与各应用系统无关的标准数据接口文件,各应用系统都需要通过开发前置和后置数据转换接口来解决系统间数据的输出和输入问题。当有 $N$ 个应用系统时,该集成方法下实现数据转换的前、后置数据转换接口的最大数目为 $2N$ 个,当增加一个应用系统时,所需增加的数据接口的数量为 2 个。目前国际上已开发出多个公用数据交换标准,比较典型的有 IGES、STEP 和 GKS 等。

(3)基于统一产品模型和数据库的集成

这是一种将 CAD、CAPP、CAM 作为一个整体来规划和开发,从而实现较高水平层次的数据共享和集成的方法。在这种集成方法下,集成产品模型是实现系统集成的核心,建立一个基于整个产品生命周期的产品定义数据模型是实现这种集成方法的前提和基础。采用这种集成方法,各应用系统通过公共数据库及统一的数据库管理系统实现数据的交换和共享,这样可以克服用文件形式实现系统间集成方法的弊端,避免了数据文件格式的转换,消除了数据冗余,使集成系统达到真正的数据一致性、准确性和共享性,确保了数据的安全性和可靠性。

**2. CAD/CAM 系统集成的关键技术**

CAD/CAM 系统集成的关键是信息集成,即 CAD、CAE、CAPP 和 CAM 系统间的数据交换和共享。其实质就是借助于计算机辅助系统使产品开发活动更高效、更优质、更自动地进行。实现 CAD/CAM 系统集成的关键技术主要包括以下方面。

(1)定义数据模型技术

建立一个基于整个产品生命周期的、完善的产品定义数据模型是进行 CAD/CAM 系统信息集成的基础和核心,也是解决 CAD、CAPP、CAM 之间的数据交换与信息共享的关键问题。在 CAD/CAM 系统范围内建立相对统一的、基于特征的产品定义模型,它不仅能够支持设计与制造各阶段所需的产品定义信息,包括几何信息、拓扑信息、工艺和加工信息等,而且还能够提供符合人们思维方式的高层次工程描述特征信息,能充分表达工程师的设计和制造意图。

(2)数据交换技术

数据交换的目的是在不同的计算机之间、不同的数据库之间和不同的应用软件之间进行数据通信。解决产品数据交换技术的有效途径是制定国际性的数据交换规范和网络协议,保证数据传输能在各系统之间方便、流畅地进行。为了提高数据交换的速度,保证数据传输过程完整、可靠和有效,必须采用通用的标准化数据交换标准。

(3)数据管理技术

随着 CAD/CAM 技术的自动化、集成化、智能化和网络化程度的提高,集成产品数据管理问题日益复杂。如何使 CAD/CAM 各应用系统能有效地进数据共享,尽量避免数据文件和格式的转换,保证数据的一致性、安全性和保密性,是 CAD/CAM 集成的核心问题。基于统一产品模型和数据库的集成模式,采用工程数据库管理系统来管理集成数据,可以从根本上提高数据共享的效率和系统的集成程度,使各系统之间直接进行信息交换,真正实现 CAD/CAM 之间的信息交换与集成。采用工程数据库管理方法已成为开发新一代 CAD/CAM 集成系统的主流。

### 1.5.2 CAD/CAM集成过程中数据交换标准

产品数据是指产品从设计、制造、销售到使用等产品全生命周期内各个阶段有关产品的数据的总和。一个完整的产品数据模型不仅是产品数据的集合，而且能反映出各类数据的表达方式以及相互间的关系。产品数据在产品的全生命周期中通过不同系统在各个阶段的数据采集、传递和加工处理过程中不断形成和完善，只有建立在一定表达方式基础上的产品模型，才能有效地为各种应用系统所接受。因此产品数据及其交换将在产品全生命周期的不同阶段和不同过程中不断补充和完善。

**1. 数据交换技术的发展**

自20世纪70年代以来，美国国家标准化协会(ANSI)和国际标准化组织(ISO)等组织先后制订了许多用于产品数据交换的标准，有力地促进了数字化CAD/CAM技术和系统的推广和应用。1980年，ANSI接受初始图形交换标准IGES(Initial Graphics Exchange Specification)作为产品数据交换标准。1983年，国际标准化组织设置了184委员会(TC184)下设第四委员会(SC4)，其研究领域是产品数据表达与交换。ISOTC 184/SC4制定的标准称为STEP(Standard for the Exchange of Product model data)，STEP文本在1988年的东京国际标准化组织会议上作为草案表决通过，1989年在国际标准化组织会议上获得通过，1991年发布了STEP 1.0版本。

除了IGES和STEP外，在数据交换标准发展的过程中，也产生了不少其他的多种产品数据交换标准规范，其中典型的包括SET、PDDI、VDA-FS、CAD*I等。

**2. DXF标准**

DXF是Autodesk公司开发的用于AutoCAD与其他软件之间进行CAD数据交换的CAD数据文件格式。其作用是供外部程序和图形系统或不同的图形系统之间交换图形信息。DXF是一种开放的矢量数据格式，可以分为两类：ASCII格式和二进制格式。ASCII可读性好，但占有空间较大；二进制格式占有空间小、读取速度快。由于AutoCAD的广泛使用，DXF也被广泛使用，DXF格式已成为一种事实上的标准。绝大多数CAD系统都能读入或输出DXF文件。

**3. IGES标准**

IGES是用于描述产品几何实体信息的集合，通过实体对产品的形状、尺寸以及产品的特性信息进行描述，实体是IGES文件中最基本的信息单位。实体可分为几何实体和非几何实体，几何实体是定义与物体形状有关的信息，包括点、线、面、体以及实体集合的关系；非几何实体提供了将有关实体组合成平面视图的手段，并用尺寸标注和注释来丰富完善平面视图模型。IGES中的实体分为几何、尺寸标注、结构和属性这四种。IGES可以处理CAD/CAM系统中的大部分信息。当前各种流行的CAD/CAM软件和系统，如I-DEAS、AutoCAD、Pro/E和UG等软件都提供其IGES标准数据接口。

**4. STEP标准**

STEP是以一种中性文件机制提供的产品模型数据交换标准，是一套关于产品整个生命周期中的产品数据的表达和交换的国际标准。它规定了产品设计、制造乃至产品全生命周期内所需的有关产品形状、材料、加工方法、装配顺序等方面的信息定义方法，并对产品数据交换进行了描述。STEP在制订过程中，广泛吸取了IGES等标准的优点，但STEP与

IGES 相比，无论在开发标准的方法论上，还是在标准的结构和内容上，都有重大的突破和创新。STEP 所具有的开放性和可扩展性使其能够满足 21 世纪工业设计和制造领域的需要。目前，许多机械 CAD/CAM 软件系统均把 STEP 列为数据交换标准。

### 1.5.3　产品数据管理技术(PDM)

产品数据管理(Product Data Management，PDM)是伴随着产品设计过程本身出现的，这一概念于 20 世纪 80 年代初提出。当时这一技术的目的主要是为了解决大量工程图纸、技术资料的电子文档管理问题。随着先进制造技术的发展和企业管理水平的不断提高，PDM 的应用范围逐渐扩展到设计图纸和电子文档的管理、材料明细表(Bill of Material，BOM)管理以及工程文档的集成、工程变更请求/指令的跟踪管理等领域，同时成为 CAD/CAM 集成的一项不可缺少的关键技术。

**1. PDM 系统的体系结构**

PDM 系统的体系结构由用户界面层、功能模块与开发工具层、框架核心层和系统支撑层组成。

(1)用户界面层

向用户提供菜单、对话框等交互式的图形界面，支持命令的操作与信息的输入/输出，以方便用户以直观的方式进行各种命令操作，是实现 PDM 各种功能的媒介。

(2)功能模块及开发工具层

向用户提供电子仓库、文档管理、工作流程管理、零件分类与检索、工程变更管理、产品结构与配置管理、集成工具等各种 PDM 系统功能，同时还提供一系列开发工具与应用接口，满足不同用户对 PDM 系统的实际应用要求。

(3)框架核心层

提供实现 PDM 各种功能的核心结构与架构，是实现 PDM 各种应用功能的核心。通过采用面向对象的方法建立系统内部的信息模型和管理模型，并通过对象管理机制实现产品信息的管理。由于 PDM 系统的对象管理框架具有屏蔽异构操作系统、网络、数据库的特性，因此能将用户与系统底层的异构操作系统、网络和数据库等环境隔离开来，用户在应用 PDM 系统的各种功能时，实现了对数据的透明化操作、应用的透明化调用和过程的透明化管理。

(4)系统支撑层

主要指系统底层的操作系统、网络和数据库平台。目前一般采用分布式网络技术和客户机/服务器结构，以关系数据库系统为 PDM 的支撑平台。通过关系数据库提供的数据操作功能，支持 PDM 系统对象在底层数据库的管理。通过提供各种中性接口，以保证一种 PDM 系统可以支持多种类型的硬件平台、操作系统、数据库和网络协议。

**2. PDM 系统的主要功能**

PDM 系统的主要功能包括数据仓库、文档管理、产品配置管理、项目管理、集成工具等方面。

(1)数据仓库

数据仓库是 PDM 系统中最基本和最核心的功能，是实现 PDM 其他应用功能的基础。利用数据仓库可以方便、直观地实现文档的管理以及全局共享。数据仓库一般建立在数据库系统基础上，提供的数据操作功能包括权限管理、文件的检入和检出、数据对象的归档、改变数据对象的状态与属主、数据对象的动态浏览与导航、按数据对象属性的检索等。

(2)文档管理

PDM 系统基于数据仓库技术，在文档分类的基础上，提供的文档管理功能包括文档的分类与归档管理、文档的浏览与批注、文档的定义与编辑、文档的版本管理、文档的入库与出库、文档的安全控制。

(3)产品配置管理

PDM 系统中的产品配置管理以数据仓库为底层支持，以材料明细表(BOM)为核心，把定义最终产品的所有工程数据和文档联系起来，实现对产品数据的组织、管理和控制。产品配置管理的功能包括产品结构定义与编辑、产品结构视图管理、产品结构查询与浏览、产品配置的版本管理。

(4)项目管理

项目管理是在项目实施过程中实现其计划、组织、人员及相关数据的管理与配置，进行项目运行状态的监视，完成计划的反馈。

(5)集成工具

PDM 系统中的集成工具提供了一系列应用接口，从而使得其他应用系统能通过它们直接对 PDM 对象库中的对象进行操作，实现应用系统之间的信息共享与统一管理。也可以在 PDM 对象库中增添新的对象类，从而实现外部应用与 PDM 系统的紧密集成。集成工具的主要功能包括图形界面/客户编程、系统/对象编程、工具封装。

### 1.5.4 计算机集成制造系统(CIMS)

计算机集成制造(Computer Integrated Manufacturing，CIM)的概念在 1973 年由美国学者约瑟夫・哈林顿(Joseph Harrington)博士首先提出。其基本观点如下：企业的各种生产经营活动是不可分割的整体，要统一考虑；整个生产制造过程实质上是信息的采集、传递和加工处理的过程，最终形成的产品可以看作是数据的物质表现。CIM 是企业组织、管理与运行的一种新哲理。它运用现代多种先进科学技术实现企业的信息流、物质流及资金流的集成和优化运行，是企业赢得市场竞争的经营战略思想。40 多年来，CIM 的概念已从典型的离散型机械制造业扩展到化工、冶金等连续或半连续制造业。尽管现代 CIM 的内涵和实践有了很大的发展，但哈林顿博士关于 CIM 的两个基本观点仍然是 CIM 的核心思想。

计算机集成制造系统(Computer Integrated Manufacturing System，CIMS) 是按 CIM 哲理建成的复杂的人机系统，是在计算机技术、信息处理技术、自动控制技术、现代管理技术等基础上，将企业的全部生产、经营活动所需的各种分散的自动化系统有机地集成起来，适用于多品种、中小批量生产的高效益、高柔性、高质量的智能制造系统。CIMS 不是现有生产模式的计算机化和自动化，它是在新的生产组织原理和概念指导下形成的一种新型生产实体。

CIMS 与传统的自动化有所不同，它的主要特征是集成化和智能化。CIMS 涉及的自动化不是企业各个环节的自动化或计算机及其网络的简单相加，而是它们的有机集成。CIMS 是自动化程度不同的多个子系统的集成，如管理信息系统(MIS)、制造资源计划系统(MRPII)、计算机辅助设计系统(CAD)、计算机辅助工艺设计系统(CAPP)、计算机辅助制造系统(CAM)、柔性制造系统(FMS)等。

**1. 管理信息系统(MIS)**

管理信息系统(MIS),以MRPII为核心,包括预测、经营决策、各级生产计划、生产技术准备、销售、供应、财务、成本、设备、工具、人力资源等管理信息功能。该系统通过信息的集成,达到缩短产品生产周期,降低流动资金占用、提高企业应变能力的目的。

**2. 工程设计系统(CAD/CAPP/CAM/CAE)**

工程设计系统(CAD/CAPP/CAM/CAE)通过计算机来辅助产品设计、工艺设计、制造准备以及产品性能测试等工作,目的是使产品开发活动更高效、更优质、更自动化地进行。

**3. 柔性制造系统(FMS)**

柔性制造系统(FMS)由数控机床、加工中心、清洗机、测量机、运输小车、立体仓库、机器人以及多级分布式控制计算机等设备及相应的支持软件组成。根据产品工程技术信息、车间层加工指令,完成对零件毛坯的作业调度及制造,是CIMS信息流和物料流的结合点。

**4. 质量保证系统(CAQ)**

质量保证系统(CAQ)包括质量决策、质量检测、产品数据的采集、质量评价、生产加工过程中的质量控制与跟踪功能。CAQ伴随从产品设计、制造、检验到售后服务的整个过程,保证从产品设计、产品制造、产品检测到售后服务全过程的质量。

**5. 计算机网络(NET)**

计算机网络(NET)即企业内部的局域网,支持CIMS各子系统的开放型网络通信系统。采用国际标准和工业标准规定的网络协议,可以实现异种机互联、异构局域网和多种网络的互联。满足各应用分系统对网络支持服务的不同需求,支持资源共享、分布处理、分布数据库和实时控制。

**6. 数据库系统(DBMS)**

数据库系统(DBMS)支持CIMS各子系统的数据共享和信息集成,是覆盖企业全部信息的数据管理系统。在逻辑上是统一的,在物理上可以是分布式的数据管理系统,以实现企业数据的共享和信息集成。

1985年,美国科学院对麦克唐纳道格拉斯飞机公司、迪尔拖拉机公司、通用汽车公司、英格索尔铣床公司和西屋公司等五家CIMS实施处于领先地位的公司进行调查和分析,他们认为CIMS实施以来:产品质量提高200%～500%;生产率提高40%～70%;设备利用率提高200%～300%;生产周期缩短30%～600%。

在我国,中强电动工具有限公司是国内最大的专业电动工具制造商之一,中强公司的CIMS工程主要由计算机网络/数据库分系统、工程设计(CAD)分系统、产品数据管理(PDM)分系统、企业资源计划(ERP)分系统等四部分组成。在中强公司CIMS工程中,主要应用软件均采用了国产软件,如IntelCAD和PDM软件是上海思普信息技术有限公司的自主软件产品,ERP系统选用的是万通软件有限公司自主研究开发的ERP系统软件。中强公司应用国产软件实施CIMS工程,不仅提高了企业管理水平,同时也获得了良好的经济效益,响应市场的速度提高了30%,新产品开发度加快了25%以上,生产率提高了17%。

### 1.5.5　并行工程(CE)

传统的产品开发过程是一种串行的过程,各阶段的工作是按顺序方式进行的,即一种流水线的产品开发过程。常常造成设计的反复修改,形成了设计、制造、修改设计、重新制造的大循环,严重影响产品的上市时间、质量和成本,导致产品开发周期较长、开发成本过高、质量无法保证等问题。为了克服传统的串行开发方式的固有缺点,人们提出了并行工程的概念。

并行工程(Concurrent Engineering,CE)是一种新型企业组织管理哲理,旨在提高产品质量,降低产品成本和缩短开发周期。1988 年 R. I. Winner 在美国国防分析研究所(IDA) R-338 研究报告中给出的并行工程的定义是"并行工程是一种系统的集成方法,它采用并行方法处理产品设计及其相关过程。这种方法力图使产品开发人员从一开始就考虑到产品从概念形成到产品报废的全生命周期中的所有因素,包括质量、成本、进度及用户需求等"。

并行工程对产品的开发采用并行模式,产品开发人员从一开始就考虑到产品的全生命周期,将生产条件等作为设计环节的约束条件加以考虑,开发过程的各阶段工作协同进行,以便及早发现与其相关过程不相匹配的地方,及时评估、决策,以达到缩短产品开发周期、提高质量、降低成本的目的。并行工程有以下特点:

**1. 并行性**

并行工程克服了产品串行开发方式的固有弊病,把时间上有先有后次序的工作变为同时考虑和尽可能同时处理或并行处理,在设计阶段就同时进行加工、装配、检验等工艺设计,并对工艺设计的结果进行计算机仿真,以克服传统串行产品开发过程大反馈造成的长周期与高成本等缺点,可使开发产品的周期大大短于传统的串行工程。并行工程与传统生产方式之间的本质区别在于并行工程把产品开发的各个活动看成是一个集成的过程,并从全局优化的角度出发,对集成过程进行管理与控制,在并行方式中信息流是双向的,而不是串行方式中那样的单向的信息流。

**2. 协同性**

并行工程强调设计人员的群体协同工作。现代产品的特性已越来越复杂,产品开发过程涉及的学科门类和专业人员也越来越多,如何取得产品开发过程的整体最优是并行工程追求的目标,其中关键是如何很好地发挥设计人员的群体作用。为了设计出便于加工、装配、维修、使用的产品,就必须由具备合理的人才结构的各部门人员组成小组协同工作,并由有较强的管理才能、组织才能,熟悉产品开发过程的多学科知识,懂得系统工程的理论和方法的项目负责人组织实施,并行地进行产品及有关过程的设计,尤其要注意概念设计阶段的并行协调。

**3. 系统性**

并行工程把产品开发过程看成是一个有机整体,设计、制造、管理等过程不再是相互独立的单元,各单元之间都存在着不可分割的内在联系,要将它们纳入一个整体的系统来考虑。并行工程强调从全局考虑问题,产品开发人员从一开始就考虑到产品整个生命周期中的所有因素,设计过程不仅出图纸等设计资料,还要进行质量控制、成本核算等工作。

美国波音飞机制造公司投资 40 多亿美元研制波音 777 型喷气客机,采用庞大的计算机网络来支持并行设计。从 1990 年 10 月开始设计到 1994 年 6 月仅花了 3 年零 8 个月就试制成功,进行试飞,一次成功,即投入运营。在实物总装后,用激光测量偏差,飞机全长 63.7m,从机舱前端到后端 50m,最大偏差仅为 0.9mm。

### 1.5.6　虚拟制造系统(VMS)

虚拟制造技术(Virtual Manufacturing Technology，VMT)是由多学科知识形成的综合系统技术。它以计算机仿真技术为基础，对设计、制造等产品制造的整个过程进行统一建模，在产品设计阶段，模拟出产品制造全过程，预测产品的可制造性、性能、制造成本，从而改进产品的设计。其目的为优化产品设计、降低成本、缩短开发周期、提高生产效率。

虚拟制造系统(Virtual Manufacturing System，VMS)是基于虚拟制造技术实现的制造系统，是现实制造系统(Real Manufacturing System，RMS)在虚拟环境下的映射，是各制造功能的虚拟集成。它的可视化集成范围包括与设计相关的各系统的功能，如用户支持、工程分析、材料选用、工艺计划、工装分析，甚至包括制造企业全部功能(如计划、操作、控制)的集成。虚拟制造系统生产的产品是可视的虚拟产品，它具有真实产品所必须具有的特征。虚拟制造系统拥有产品和相关制造过程的全部信息，包括虚拟设计、制造和控制产生的数据、知识和模型信息。

**1. 虚拟制造技术的特点**

虚拟制造技术和虚拟制造系统涉及整个产品开发和制造过程的方方面面。对于产品来说，涉及整个产品生命周期的各个方面；对于制造过程来说，涉及整个工厂的各个方面。与实际制造相比较，虚拟制造的主要特点如下：

(1)产品与制造环境都是虚拟模型；

(2)分布式工作环境；

(3)结果的高度可信。

**2. 虚拟制造的关键技术**

虚拟制造技术涉及面很广，如环境构成技术、建模与仿真技术、过程特征抽取、制造特征数据集成、决策支持工具、接口技术、虚拟现实技术等。其核心关键技术如下：

(1)建模技术

虚拟制造系统是现实制造系统在虚拟环境下的映射，是现实制造系统的模型化、形式化和计算机化的抽象描述和表示。根据建模对象的不同，虚拟制造系统的建模应包括产品模型、生产模型和工艺模型。

1)产品模型

在虚拟制造系统中，要使产品实施过程中的全部活动集成，就必须具有完备的产品模型，所以虚拟制造下的产品模型是动态的，不是单一的静态特征模型，它能通过映射、抽象等方法提取产品实施中各活动所需的模型。

2)生产模型

生产模型主要由设备模型、车间布局模型、生产调度模型、制造过程模型、过程监控模型以及这些模型之间的关联模型等组成。生产模型的主要目的是预测未来的产品行为和评估生产过程中产品的可制造性。

3)工艺模型

工艺模型是将工艺参数与影响制造功能的产品设计属性联系起来，以反映生产模型与产品模型之间的交互作用。工艺模型必须具备以下功能：工艺仿真、制造规划、产品性能分析与评价、成本分析与评价。

(2)仿真技术

计算机仿真就是应用计算机运算系统的数学模型来表达对被仿真系统的分析。由于仿真是以系统模型为对象的研究方法与技术,不干扰实际生产系统,同时仿真可以利用计算机的快速运算能力,用较短时间模拟实际生产中较长的生产周期,因此可以缩短决策时间,避免资金、人力和时间的浪费。

(3)虚拟现实技术

虚拟现实技术是在为改善人与计算机的交互方式,提高计算机可操作性的过程中产生的,是多学科相结合而产生的一项综合技术。它综合利用计算机图形系统、各种显示和控制等接口设备,在计算机上生成一种可交互的三维虚拟环境。这种用来产生可交互的三维虚拟环境的计算机系统称为虚拟现实系统(Virtual Reality System, VRS)。

美国波音飞机公司的波音 777 飞机是世界上首家以无图纸方式研发并制造的飞机,其设计、装配、性能评价及分析均采用了虚拟制造技术,使其开发周期从过去的 8 年缩短到 5 年(其中制造周期缩短 50%),研发成本大大降低(如减少设计更改费用 94%),而且使最终产品一次接装成功。通用动力公司 1997 年建成了第 1 个全数字化机车虚拟样机,并且进行了产品的设计、分析、制造及夹具、模具工装设计和可维修性设计、覆盖件设计、整车仿真设计等。

## 1.6 本章小结

本章介绍了 CAD/CAM 的基本概念与系统结构、CAD/CAM 系统的软硬件,同时简单介绍了 CAD/CAM 系统中工程数据库、计算机辅助工程分析的相关内容,以及 CAD/CAM 集成的相关概念、PDM 技术、计算机集成制造系统、并行工程、虚拟制造系统等内容。读者可以结合本书后续内容进一步理解这些基本概念和知识。

## 参考文献

[1] 许尚贤.机械设计中的有限元法[M].北京:高等教育出版社,1992.
[2] 童秉枢,李学志,吴志军,等.机械 CAD 技术基础[M].北京:清华大学出版社,1996.
[3] 袁红兵.计算机辅助设计与制造教程[M].北京:国防工业出版社,2007.
[4] 蒋建强,赵季春.机械 CAD/CAM 技术及应用[M].北京:清华大学出版社,2010.
[5] 扎伊德.通晓 CAD/CAM(影印版)[M].北京:清华大学出版社,2007.

# 习　题

**问答题**

1.1　CAD、CAM的含义是什么？

1.2　查阅资料，简述当前CAD/CAM系统中常用输入、输出设备的特点。

1.3　查阅资料，讨论CAD/CAM技术的最新进展和发展趋势。

1.4　查阅资料，讨论当前主流的商业化CAD/CAM软件的主要功能。

1.5　简述有限元分析的基本思想。

1.6　试述CAD/CAM技术集成的必要性。

1.7　简述PDM的含义，分析其主要功能和作用。

1.8　查阅资料，讨论CIMS的关键技术。

1.9　简要分析实施CIMS的意义和效益。

1.10　简述虚拟制造的概念。

# 第 2 章　计算机辅助图形处理技术

**【内容提要】**

本章首先介绍了计算机辅助图形处理技术的基本知识，然后重点论述了计算机图形变换方法和投影图的生成方法，同时还论述了计算机辅助绘图技术和辅助建模技术，最后介绍了图形接口技术。

**【学习提示】**

学习中应与计算机辅助设计软件（如 AutoCAD、Pro/E 等）相结合，在使用中理解一些概念和方法；另外注意运用比较的方法理解描述物体的三维模型的 3 种模型方法（线框模型、表面模型、实体模型）。

机械产品的 CAD/CAM 过程，首先是产品的二维图纸设计或三维模型设计，然后是计算机仿真技术的产品检验和试切，最后才是数控加工。这些过程很多环节是以交互式图形处理的为基础的，因此计算机图形处理技术是 CAD/CAM 系统的重要组成部分。图形在计算机里怎么表达？怎么存放？计算机又如何解读图形？这些问题牵涉到计算机图形辅助处理的相关知识。计算机辅助图形处理技术涉及多学科领域，如计算机科学、计算数学、几何造型、图形显示、数据结构、计算机仿真等。目前，其在人们的日常生活和工作中已经有了非常广泛的应用，如计算机辅助工业设计、辅助建筑设计、多媒体教育和训练、动画制作、电影特技等方面。本章主要介绍计算机辅助图形处理技术相关知识，主要包含图形变换、绘图技术、建模技术以及图形数据交换接口技术等。

## 2.1　计算机辅助图形处理基本知识

### 2.1.1　图形的基本元素及其定义

本节将介绍图形基本元素点、边、面、体等的定义。

**1. 点**

点在图形中分端点、交点、切点和孤立点等。但在二维平面图和三维立体模型定义中一般不存在孤立点，在计算机图形表达中，任何复杂的几何对象都是通过有限的点来表示。在自由曲线和曲面的描述中常用到三种类型的点，即控制点、型值点和插值点。

(1)控制点。用来确定曲线和曲面的位置与形状，而相应曲线和曲面不一定经过的点，如图 2.1(a)所示。

(2)型值点。用来确定曲线和曲面的位置与形状，而相应曲线和曲面一定经过的点。如图 2.1(b)所示。

(3)插值点。为提高曲线和曲面的输出精度，在型值点之间插入的一系列点。

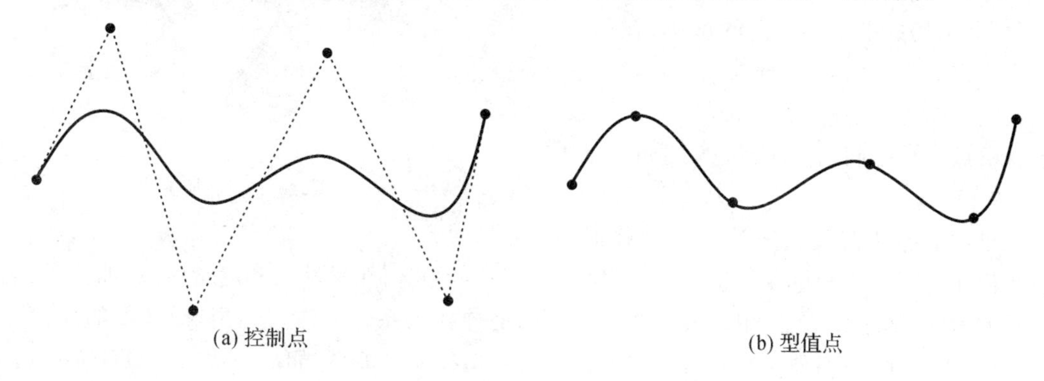


图 2.1　曲线和曲面控制点和型值点

**2. 边**

边是一维几何元素，是面与面的交界，直线边由其端点(起点和终点)定界；曲线边由一系列型值点或控制点表示，也可用显式、隐式方程表示。

**3. 面**

面分平面和曲面两种类型，平面是二维几何元素，而曲面一般是三维几何元素。面是形体上一个有限、非零的区域。面有方向性，一般用其外法矢方向作为该面的正向。定义面的方向，在面面求交、交线分类、真实感图形显示等方面都有重要作用。

**4. 环**

环是有序、有向边(直线段或曲线段)组成的封闭边界，如图 2.2 所示。环中相邻边共享一个端点，其他边不能相交。环有内、外之分，确定面的最大外边界的环称之为外环，通常其边按逆时针方向排序。而把确定面中内孔或凸台边界的环称之为内环，其边与相应外环排序方向相反，通常按顺时针方向排序。基于这种定义，在面上沿一个环前进，其左侧总是面内，右侧总是面外。

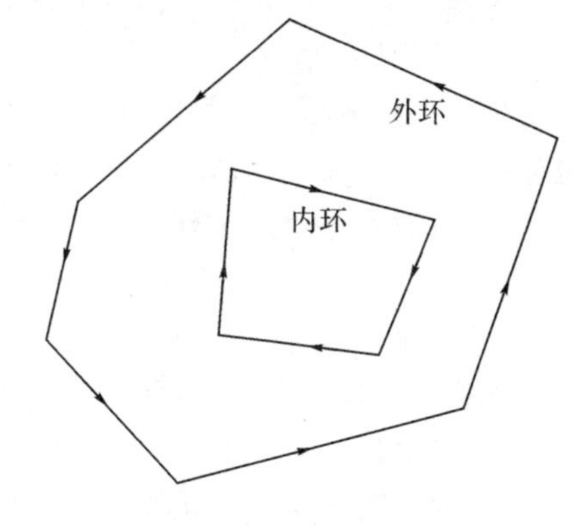


图 2.2　外环与内环

**5. 体**

体是三维几何元素，由封闭表面围成，其边界是有限面的并集，也是欧氏空间中非空、有界的封闭子集。为了保证几何造型的可靠性和可加工性，要求形体上任意一点的邻域在拓扑上应是一个等价的封闭圆，即围绕该点的形体邻域在二维空间可以构成一个单连通域，满足这个定义的形体称为正则形体。

**6. 体素**

体素是可以用有限个尺寸参数定位和定形的体。常用的有以下三种形式：

(1)直接由尺寸确定的简单基本体，如长方体、圆柱体、圆锥体、圆环体、球体等，如

图 2.3所示。

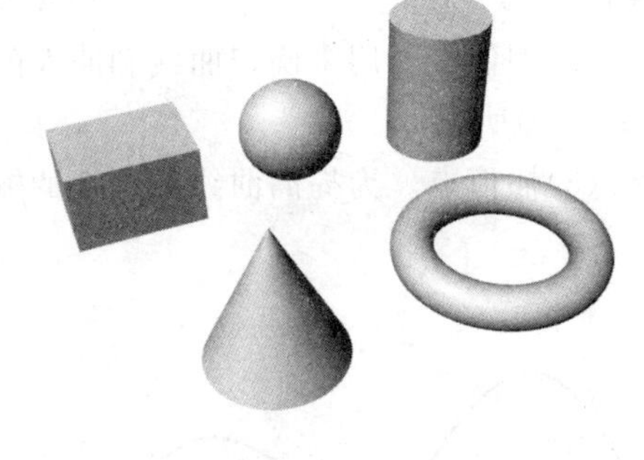

图 2.3 简单基本体

(2)由参数定义的一条(或一组)截面轮廓线沿一条(或一组)空间参数曲线作扫描运动而产生的形体。

(3)用代数半空间定义的形体,在此半空间中点集可定义为:$\{(x, y, z) \mid f(x, y, z) \leqslant 0)\}$。此处的 $f$ 应是不可约多项式,多项式系数可以是形状参数。半空间定义法只适用于正则形体。

**7. 形体**

当用上述几何元素表达一个形体时,必须知道几何元素间的两种重要信息:①几何信息,用以表示几何元素性质和度量关系,如位置、大小和方向等;②拓扑信息,用以表示几何元素间的连接关系。形体表达中,最基本的几何元素为点、边和面,这三种元素间可组成各种不同的拓扑连接关系,如面—边、边—点、面—点、点—面、点—边、边—面等,从而构成较复杂的形体。

### 2.1.2 表示形体的坐标系

几何元素的定义和图形的输入、输出都是在一定的坐标系下进行的,为了便于用户理解和操作,对于不同类型的形体、图形和图纸,在其处理的不同阶段需要采用不同的坐标系系统。常用的坐标系有以下五种:

**1. 用户坐标系**

用于定义用户整个图形的范围和参照,与用户定义的形体和图素的坐标系一致。用户坐标系包括如下几种:

(1)直角坐标系

这是绘图和造型中最常用、最基本的坐标系,也称为笛卡儿坐标系。直角坐标系分为左手坐标系和右手坐标系两种。空间任一点 $P$ 的位置可表示成矢量 $\boldsymbol{P}=\boldsymbol{x}_i+\boldsymbol{y}_j+z_k$,$(\boldsymbol{i},\boldsymbol{j},\boldsymbol{k})$是相互垂直的单位矢量,又称为基底。直角坐标系中的任何矢量都可以用$(\boldsymbol{i},\boldsymbol{j},\boldsymbol{k})$的线性组合表示。

(2)仿射坐标系

若把直角坐标系中的$(\boldsymbol{i},\boldsymbol{j},\boldsymbol{k})$放宽成三个不共面(即线性无关)的矢量 $\boldsymbol{\alpha}$、$\boldsymbol{\beta}$、$\boldsymbol{\gamma}$,则空间任一位置矢量也可以用它们的线性组合表示,即 $OP=a\boldsymbol{\alpha}+b\boldsymbol{\beta}+c\boldsymbol{\gamma}$,则 $O-\boldsymbol{\alpha\beta\gamma}$ 构成了仿射坐标系,其基底不要求是相互垂直的单位矢量,从而扩展了形体的表示域。

(3)圆柱坐标系

对于回转体,常用圆柱坐标系来表示和计算,如图 2.4,$N$ 为 $P(x,y,z)$在 $XOY$ 面上的垂足,它在 $XOY$ 平面上的极坐标为$(R,\theta)$,则称$(R,\theta,z)$为点 $P$ 的圆柱坐标,圆柱坐标与直角坐标的关系为

$$x=R\cos\theta;y=R\sin\theta;z=z$$

$$R=\sqrt{x^2+y^2};\cos\theta=x/R;\sin\theta=y/R$$

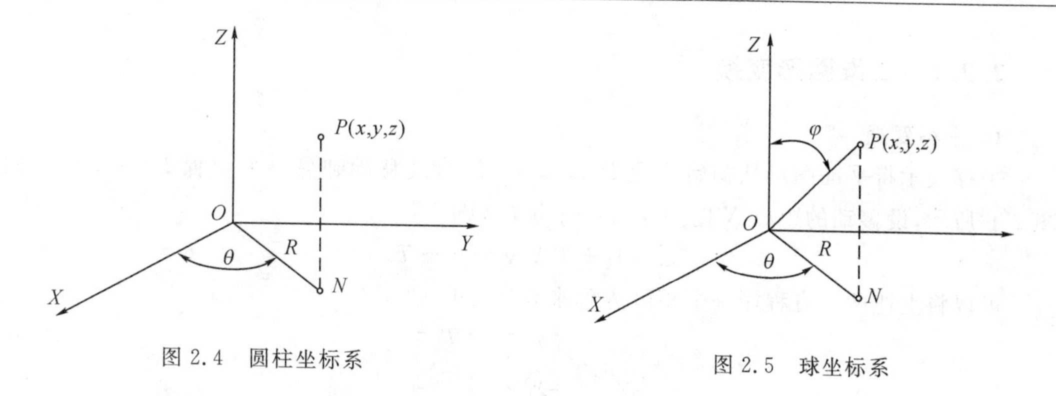


图 2.4　圆柱坐标系　　图 2.5　球坐标系

(4)球坐标系

对于球面上的点,常用球坐标系来表示和计算,如图 2.5 所示,$N$ 为 $P(x,y,z)$在 $XOY$ 面上的垂足,$OP$ 与 $Z$ 轴夹角为 $\varphi$,则 $P$ 点的球面坐标表示为

$$r=\sqrt{x^2+y^2+z^2}\text{；}\tan\varphi=\sqrt{x^2+y^2}/z\text{；}\cos\theta=x/\sqrt{x^2+y^2}$$

**2. 造型坐标系**

它是右手三维直角坐标系,用来定义基本形体或图素。对于定义的每一个形体和图素都有各自的坐标原点和长度单位,这样可以方便形体和图素的定义。这里定义的形体和图素经过调用可放在用户坐标系中的指定位置,因此造型坐标系可以看作是局部坐标系,而用户坐标系可以看作是全局(整体)坐标系。

**3. 观察坐标系**

它是左手三维直角坐标系,可以在用户坐标系的任何位置、任何方向定义。它主要有两个主要用途:①用于指定裁剪空间,确定形体的哪一部分要显示输出;②通过定义观察(投影)平面,把三维形体的用户坐标变换成规格化的设备坐标。

**4. 规格化的设备坐标系**

它也是左手三维直角坐标系,用来定义视图区。应用程序可指定它的取值范围,其约定的取值范围是(0.0, 0.0, 0.0)到(1.0, 1. 0, 1. 0)。用户图形数据经转换成规格化的设备坐标系中的值,可提高应用程序的可移植性。

**5. 设备坐标系**

为便于输出真实图形,设备坐标系也采用左手三维直角坐标系,用来在图形设备(显示器)上指定窗口和视图区。它通常也是定义像素或位图的坐标系。

## 2.2　图形变换

任何工程图都可视为点的集合,图形变换的实质就是对图形的各顶点进行坐标变换。本节先讨论二维图形变换(如平移、旋转、缩放)的一般过程,得出这些变换方程的一般矩阵表达式,以提高图形变换表达的效率,再讨论三维图形变换和投影变换的表达式。

## 2.2.1 二维图形变换

### 1. 平移变换

平移表示将平面图形从初始位置 $P_0(x_0, y_0)$沿直线移动到另一个位置 $P'(x', y')$，如图 2.6 所示，设移动的距离 $X$ 向为 $T_x$，$Y$ 向为 $T_y$，则

$$x'=x_0+T_x,\ y'=y_0+T_y$$

可以将上述两个方程用一个矩阵方程来表达，即

$$\begin{bmatrix} x' \\ y' \end{bmatrix}=\begin{bmatrix} x_0 \\ y_0 \end{bmatrix}+\begin{bmatrix} T_x \\ T_y \end{bmatrix}$$

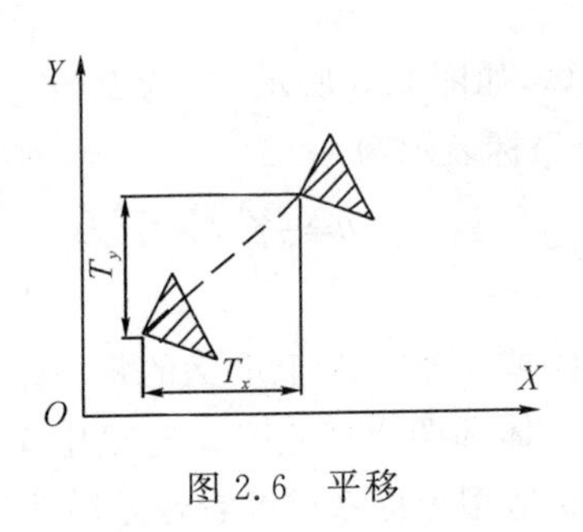

图 2.6 平移

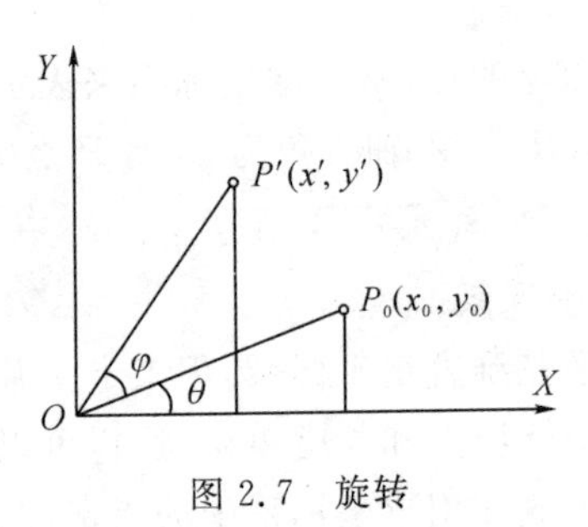

图 2.7 旋转

### 2. 旋转变换

二维图形变换中，主要讨论图形绕原点的旋转变换，规定逆时针旋转时角度取正值。如图 2.7 所示，$P_0$ 绕原点转过角度 $\varphi$ 后，其坐标为

$$x'=r\cos(\theta+\varphi)=r\cos\theta\cos\varphi-r\sin\theta\sin\varphi$$

$$y'=r\sin(\theta+\varphi)=r\sin\theta\cos\varphi+r\cos\theta\sin\varphi$$

因为初始位置 $x_0=r\cos\theta$，$y_0=r\sin\theta$，所以

$$x'=x_0\cos\varphi-y_0\sin\varphi$$

$$y'=y_0\cos\varphi+x_0\sin\varphi$$

可以将上述两个方程用一个矩阵方程来表达，即

$$\begin{bmatrix} x' \\ y' \end{bmatrix}=\begin{bmatrix} \cos\varphi & -\sin\varphi \\ \sin\varphi & \cos\varphi \end{bmatrix}\cdot\begin{bmatrix} x_0 \\ y_0 \end{bmatrix}$$

### 3. 比例变换

比例变换通过将物体每个点的 $x$、$y$ 坐标乘以各自的比例因子 $s_x$、$s_y$ 而得到变换后的坐标，从而改变物体的尺寸，这里主要是针对原点进行缩放，$s_x$ 表示沿 $X$ 轴方向缩放的比例因子，$s_y$ 表示沿 $Y$ 轴方向缩放的比例因子，公式表示如下：

$$x'=x_0\cdot s_x \quad y'=y_0\cdot s_y$$

可以将上述两个方程用一个矩阵方程来表达，即

$$\begin{bmatrix} x' \\ y' \end{bmatrix}=\begin{bmatrix} s_x & 0 \\ 0 & s_y \end{bmatrix}\cdot\begin{bmatrix} x_0 \\ y_0 \end{bmatrix}$$

**4. 对称变换**

与 $Y$ 轴对称的点，坐标为：$x'=-x_0$，$y'=y_0$，写成矩阵形式为

$$\begin{bmatrix} x' \\ y' \end{bmatrix}=\begin{bmatrix} -1 & 0 \\ 0 & 1 \end{bmatrix}\cdot\begin{bmatrix} x_0 \\ y_0 \end{bmatrix}$$

与 $X$ 轴对称的点，坐标为：$x'=x_0$，$y'=-y_0$，写成矩阵形式为

$$\begin{bmatrix} x' \\ y' \end{bmatrix}=\begin{bmatrix} 1 & 0 \\ 0 & -1 \end{bmatrix}\cdot\begin{bmatrix} x_0 \\ y_0 \end{bmatrix}$$

与原点对称的点，坐标为：$x'=-x_0$，$y'=-y_0$，写成矩阵形式为

$$\begin{bmatrix} x' \\ y' \end{bmatrix}=\begin{bmatrix} -1 & 0 \\ 0 & -1 \end{bmatrix}\cdot\begin{bmatrix} x_0 \\ y_0 \end{bmatrix}$$

**5. 齐次坐标表达变换**

上面的四种变换都可以用矩阵形式来表示，但平移变换与旋转变换、对称变换、比例变换还没有完全统一起来，这里引入齐次坐标概念，可以将几种变换用统一公式来表达。所谓齐次坐标就是 $n$ 维向量 $(x_1,x_2,\cdots,x_n)$ 用 $n+1$ 维向量 $(x_1,x_2,\cdots,x_n,h)$ 来表示。如一个二维矢量(2,4)的齐次坐标可以表示为(2,4,1)、(4,8,2)、(1,2,0.5)等。通常将 $n+1$ 维齐次坐标分量 $h=1$ 时所对应的 $n$ 维向量定义为真实空间向量。使用齐次坐标，可以将以上变换统一表达为一个变换矩阵与原始坐标的乘积(对称变换略)，如

平移变换：$\begin{bmatrix} x' \\ y' \\ 1 \end{bmatrix}=\begin{bmatrix} 1 & 0 & T_x \\ 0 & 1 & T_y \\ 0 & 0 & 1 \end{bmatrix}\cdot\begin{bmatrix} x_0 \\ y_0 \\ 1 \end{bmatrix}$

旋转变换：$\begin{bmatrix} x' \\ y' \\ 1 \end{bmatrix}=\begin{bmatrix} \cos\theta & -\sin\theta & 0 \\ \sin\theta & \cos\theta & 0 \\ 0 & 0 & 1 \end{bmatrix}\cdot\begin{bmatrix} x_0 \\ y_0 \\ 1 \end{bmatrix}$

比例变换：$\begin{bmatrix} x' \\ y' \\ 1 \end{bmatrix}=\begin{bmatrix} s_x & 0 & 0 \\ 0 & s_y & 0 \\ 0 & 0 & 1 \end{bmatrix}\cdot\begin{bmatrix} x_0 \\ y_0 \\ 1 \end{bmatrix}$

**6. 复合变换**

有些变换并非上述简单的变换，而是需要多个变换组合才能实现。

**【例题 2.1】**将三角形绕点 $R(x_r, y_r)$ 旋转 $\theta$ 角度，如图 2.8(a)，必须按以下 3 步骤进行：

(1)将坐标原点移至 $R$ 处，如图 2.8(b)所示；

(2)绕原点旋转 $\theta$ 角，如图 2.8(c)所示；

(3)将坐标原点移至原来位置，如图 2.8(d)所示。

整个变换过程其实是上述三个步骤的变换矩阵的乘积，表达为

$$\begin{bmatrix} x' \\ y' \\ 1 \end{bmatrix}=\begin{bmatrix} 1 & 0 & -x_r \\ 0 & 1 & -y_r \\ 0 & 0 & 1 \end{bmatrix}\cdot\begin{bmatrix} \cos\theta & -\sin\theta & 0 \\ \sin\theta & \cos\theta & 0 \\ 0 & 0 & 1 \end{bmatrix}\cdot\begin{bmatrix} 1 & 0 & x_r \\ 0 & 1 & y_r \\ 0 & 0 & 1 \end{bmatrix}\cdot\begin{bmatrix} x_0 \\ y_0 \\ 1 \end{bmatrix}$$

**【例题 2.2】**将三角形以 $F$ 点为基准进行比例放大，$X$ 向比例因子为 $s_x$，$Y$ 向比例因子为 $s_y$，如图 2.9(a)所示，其变换过程按以下 3 步骤进行：

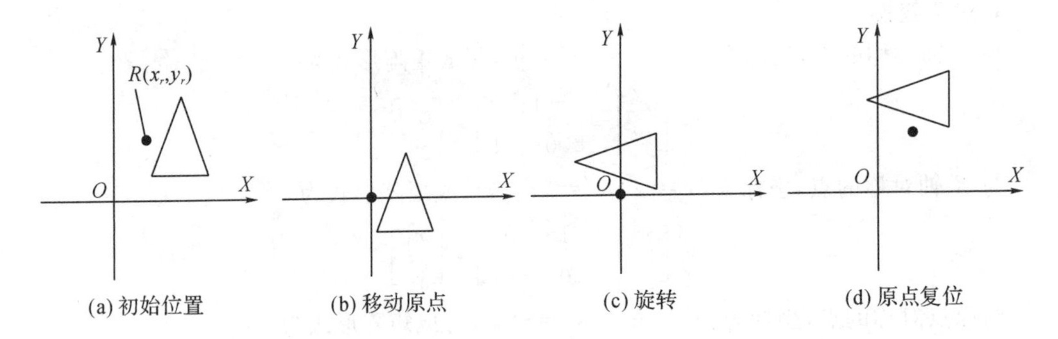


图 2.8 绕任意点的旋转变换

(1)将坐标原点移至 $F$ 处,如图 2.9(b)所示;

(2)以原点为基点进行比例缩放,如图 2.9(c)所示;

(3)将坐标原点移至原来位置,如图 2.9(d)所示。

整个变换过程其实是上述三个步骤的变换矩阵的乘积,表达为

$$\begin{bmatrix} x' \\ y' \\ 1 \end{bmatrix} = \begin{bmatrix} 1 & 0 & -x_f \\ 0 & 1 & -y_f \\ 0 & 0 & 1 \end{bmatrix} \cdot \begin{bmatrix} s_x & 0 & 0 \\ 0 & s_y & 0 \\ 0 & 0 & 1 \end{bmatrix} \cdot \begin{bmatrix} 1 & 0 & x_f \\ 0 & 1 & y_f \\ 0 & 0 & 1 \end{bmatrix} \cdot \begin{bmatrix} x_0 \\ y_0 \\ 1 \end{bmatrix}$$

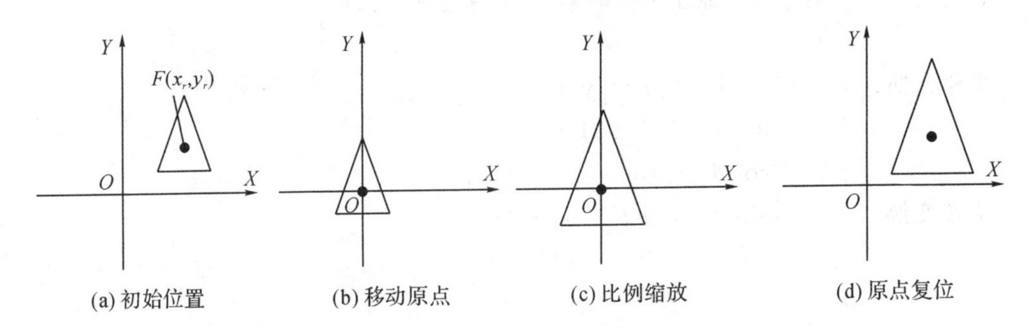


图 2.9 绕任意点的比例变化

## 2.2.2 三维图形变换

三维变换是由二维变换方法延伸过来的,变换过程中要考虑 $Z$ 轴方向坐标。三维空间点坐标为$(x, y, z)$,其齐次坐标为$(x, y, z, 1)$,三维变换的基本形式可以写成:$P' = T \cdot P_0$,这里,$P'$是变换后点坐标,$P_0$ 是初始点,$T$ 是变换矩阵。

**1. 平移变换**

平移表示将物体从初始位置 $P_0(x_0, y_0, z_0)$沿直线移动到另一个位置 $P'(x', y', z')$,设移动的距离 $X$ 向为 $T_x$,$Y$ 向为 $T_y$,$Z$ 向为 $T_z$,则

$$x' = x_0 + T_x, \ y' = y_0 + T_y, z' = z_0 + T_z$$

可以将上述三个方程变换矩阵表达,即

$$\begin{bmatrix} x' \\ y' \\ z' \\ 1 \end{bmatrix} = \begin{bmatrix} 1 & 0 & 0 & T_x \\ 0 & 1 & 0 & T_y \\ 0 & 0 & 1 & T_z \\ 0 & 0 & 0 & 1 \end{bmatrix} \cdot \begin{bmatrix} x_0 \\ y_0 \\ z_0 \\ 1 \end{bmatrix}$$

**2. 旋转变换**

二维旋转变换中，图形绕原点的旋转变换其实是 $XOY$ 平面上图形绕 $Z$ 轴的旋转变换，三维旋转变换是指绕一根直线轴的旋转变换，这里主要讲绕 $X$、$Y$、$Z$ 轴的旋转变换。在右手坐标系下，旋转角度正负规定如下（如图 2.10 所示）：

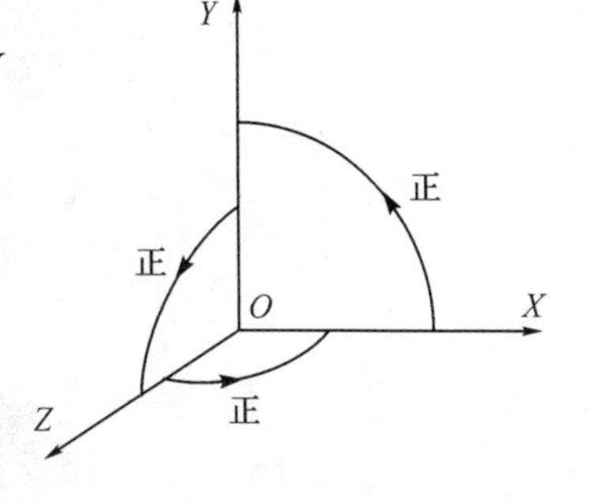


图 2.10　三维旋转变换角度正负确定

当绕 $Z$ 轴旋转时，沿 $Z$ 轴负方向看过去，$X$ 轴转至 $Y$ 轴的方向为正，反之为负；

当绕 $Y$ 轴旋转时，沿 $Y$ 轴负方向看过去，$Z$ 轴转至 $X$ 轴的方向为正，反之为负；

当绕 $X$ 轴旋转时，沿 $X$ 轴负方向看过去，$Y$ 轴转至 $Z$ 轴的方向为正，反之为负。

(1) 绕 $X$ 轴旋转 $\theta$ 角度，变换公式为

$$\begin{bmatrix} x' \\ y' \\ z' \\ 1 \end{bmatrix} = \begin{bmatrix} 1 & 0 & 0 & 0 \\ 0 & \cos\theta & -\sin\theta & 0 \\ 0 & \sin\theta & \cos\theta & 0 \\ 0 & 0 & 0 & 1 \end{bmatrix} \cdot \begin{bmatrix} x_0 \\ y_0 \\ z_0 \\ 1 \end{bmatrix}$$

(2) 绕 $Y$ 轴旋转 $\theta$ 角度，变换公式为

$$\begin{bmatrix} x' \\ y' \\ z' \\ 1 \end{bmatrix} = \begin{bmatrix} \cos\theta & 0 & \sin\theta & 0 \\ 0 & 1 & 0 & 0 \\ -\sin\theta & 0 & \cos\theta & 0 \\ 0 & 0 & 0 & 1 \end{bmatrix} \cdot \begin{bmatrix} x_0 \\ y_0 \\ z_0 \\ 1 \end{bmatrix}$$

(3) 绕 $Z$ 轴旋转 $\theta$ 角度，变换公式为

$$\begin{bmatrix} x' \\ y' \\ z' \\ 1 \end{bmatrix} = \begin{bmatrix} \cos\theta & \sin\theta & 0 & 0 \\ -\sin\theta & \cos\theta & 0 & 0 \\ 0 & 0 & 1 & 0 \\ 0 & 0 & 0 & 1 \end{bmatrix} \cdot \begin{bmatrix} x_0 \\ y_0 \\ z_0 \\ 1 \end{bmatrix}$$

**3. 比例变换**

若比例变换的参考点为 $F(x_f, y_f, z_f)$，则类似于 2.2.1 第 6 点复合变换的例题 2.2，必须先将原点移至参考点，然后进行比例变换，最后将原点复位，变换公式为

$$\begin{bmatrix} x' \\ y' \\ z' \\ 1 \end{bmatrix} = \begin{bmatrix} 1 & 0 & 0 & -x_f \\ 0 & 1 & 0 & -y_f \\ 0 & 0 & 1 & -z_f \\ 0 & 0 & 0 & 1 \end{bmatrix} \cdot \begin{bmatrix} s_x & 0 & 0 & 0 \\ 0 & s_y & 0 & 0 \\ 0 & 0 & s_z & 0 \\ 0 & 0 & 0 & 1 \end{bmatrix} \cdot \begin{bmatrix} 1 & 0 & 0 & x_f \\ 0 & 1 & 0 & y_f \\ 0 & 0 & 1 & z_f \\ 0 & 0 & 0 & 1 \end{bmatrix} \cdot \begin{bmatrix} x_0 \\ y_0 \\ z_0 \\ 1 \end{bmatrix}$$

**4. 投影变换**

(1)正投影变换(三视图)

正投影变换可以生成三视图,图 2.11 表示了投影物体与三个投影面($V$、$H$、$W$)的相互位置关系。

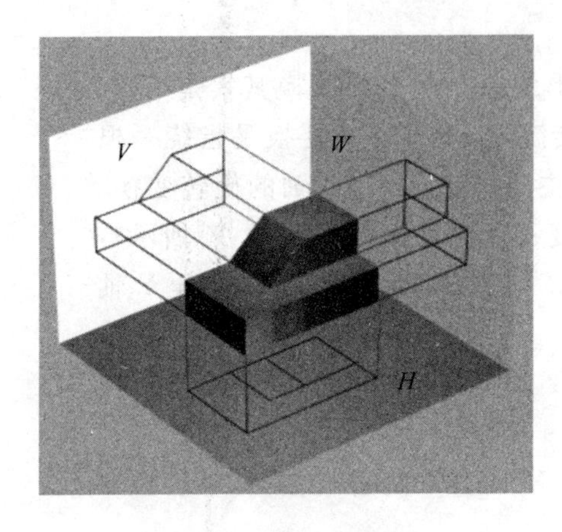


图 2.11 三视图的定义

主视图:将物体向 $V$ 面投影,只需将物体各顶点坐标中的 $y$ 值变为 0,而 $x$、$z$ 坐标值不变,其变换矩阵为

$$\begin{bmatrix} x' \\ y' \\ z' \\ 1 \end{bmatrix} = \begin{bmatrix} 1 & 0 & 0 & 0 \\ 0 & 0 & 0 & 0 \\ 0 & 0 & 1 & 0 \\ 0 & 0 & 0 & 1 \end{bmatrix} \cdot \begin{bmatrix} x_0 \\ y_0 \\ z_0 \\ 1 \end{bmatrix}$$

俯视图:将物体向 $H$ 面投影,即使 $z$ 坐标变为 0,然后将得到的投影图绕 $X$ 轴顺时针旋转 90°,使其与 $V$ 面共面,再沿 $Z$ 轴负方向平移一段距离($-n$),使与 $V$ 面投影保持一定距离,其变换矩阵表达式为

$$\begin{bmatrix} x' \\ y' \\ z' \\ 1 \end{bmatrix} = \begin{bmatrix} 1 & 0 & 0 & 0 \\ 0 & 1 & 0 & 0 \\ 0 & 0 & 1 & -n \\ 0 & 0 & 0 & 1 \end{bmatrix} \cdot \begin{bmatrix} 1 & 0 & 0 & 0 \\ 0 & \cos(-\pi/2) & -\sin(-\pi/2) & 0 \\ 0 & \sin(-\pi/2) & \cos(-\pi/2) & 0 \\ 0 & 0 & 0 & 1 \end{bmatrix} \cdot \begin{bmatrix} 1 & 0 & 0 & 0 \\ 0 & 1 & 0 & 0 \\ 0 & 0 & 0 & 0 \\ 0 & 0 & 0 & 1 \end{bmatrix} \cdot \begin{bmatrix} x_0 \\ y_0 \\ z_0 \\ 1 \end{bmatrix}$$

$$= \begin{bmatrix} 1 & 0 & 0 & 0 \\ 0 & 0 & 0 & 0 \\ 0 & -1 & 0 & -n \\ 0 & 0 & 0 & 1 \end{bmatrix} \cdot \begin{bmatrix} x_0 \\ y_0 \\ z_0 \\ 1 \end{bmatrix}$$

左视图:将物体向 $W$ 面投影,即使 $x$ 坐标变为 0,然后将得到的投影图绕 $Z$ 轴逆时针旋转 90°,使其与 $V$ 面共面,再沿 $X$ 轴负方向平移一段距离($-m$),使与 $V$ 面投影保持一定距离,其变换矩阵表达式为

$$\begin{bmatrix}x'\\y'\\z'\\1\end{bmatrix}=\begin{bmatrix}1&0&0&-m\\0&1&0&0\\0&0&1&0\\0&0&0&1\end{bmatrix}\cdot\begin{bmatrix}\cos(\pi/2)&-\sin(\pi/2)&0&0\\\sin(\pi/2)&\cos(\pi/2)&0&0\\0&0&1&0\\0&0&0&1\end{bmatrix}\cdot\begin{bmatrix}0&0&0&0\\0&1&0&0\\0&0&1&0\\0&0&0&1\end{bmatrix}\cdot\begin{bmatrix}x_0\\y_0\\z_0\\1\end{bmatrix}$$

$$=\begin{bmatrix}0&-1&0&-m\\0&0&0&0\\0&0&1&0\\0&0&0&1\end{bmatrix}\cdot\begin{bmatrix}x_0\\y_0\\z_0\\1\end{bmatrix}$$

(2) 轴测投影变换

轴测投影变换含正轴测投影和斜轴测投影两种，下面分别论述两种变换矩阵表达。

正轴测投影变换：正轴测投影是将物体斜放，采用正投影方法将物体投影向 $V$ 面，如图 2.12 所示。为了将物体斜放，将物体绕 $Z$ 轴逆时针旋转 $\gamma$ 角，再绕 $X$ 轴顺时针旋转 $\alpha$ 角，然后向 $V$ 面投影，其变换矩阵表达式为

$$\begin{bmatrix}x'\\y'\\z'\\1\end{bmatrix}=\begin{bmatrix}1&0&0&0\\0&0&0&0\\0&0&1&0\\0&0&0&1\end{bmatrix}\cdot\begin{bmatrix}1&0&0&0\\0&\cos\alpha&\sin\alpha&0\\0&-\sin\alpha&\cos\alpha&0\\0&0&0&1\end{bmatrix}\cdot\begin{bmatrix}\cos\gamma&-\sin\gamma&0&0\\\sin\gamma&\cos\gamma&0&0\\0&0&1&0\\0&0&0&1\end{bmatrix}\cdot\begin{bmatrix}x_0\\y_0\\z_0\\1\end{bmatrix}$$

当 $\alpha=35°16'$，$\gamma=45°$时得到正等侧投影；当 $\alpha=19°28'$，$\gamma=20°42'$时得到正二侧投影。

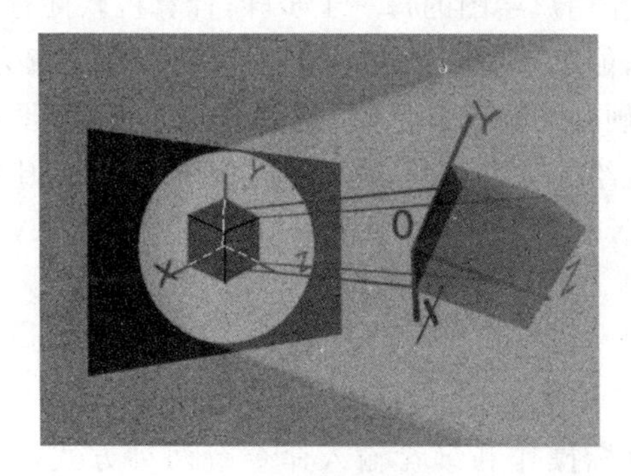

图 2.12　正轴测投影

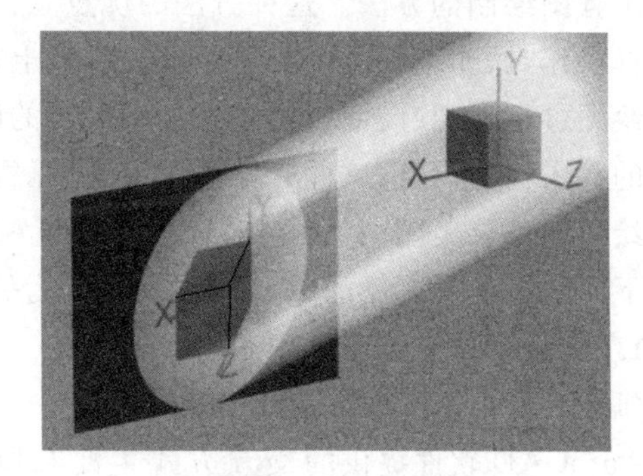

图 2.13　斜轴测投影

斜轴测投影变换：斜轴测投影是将物体正放，采用斜平行投影方法将物体投影向 $V$ 面，如图 2.13 所示。假设投影方向矢量为$(x_p,y_p,z_p)$，若形体被投影到 $XOZ$ 面上，即形体上点$(x_0,\ y_0,\ z_0)$，经投影方向矢量投影到 $XOZ$ 面上，其投影坐标为$(x_s,0,z_s)$，由投射线方程：

$$x_s=x+x_p\cdot t\quad 0=y+y_p\cdot t\quad z_s=z+z_p\cdot t$$

由上 3 个方程式，可解得

$$x_s=x-\frac{x_p}{y_p}y$$

$$z_s=z-\frac{z_p}{y_p}y$$

写成矩阵表达方式为

$$\begin{bmatrix} x_s \\ 0 \\ z_s \\ 1 \end{bmatrix} = \begin{bmatrix} 1 & -\frac{x_p}{y_p} & 0 & 0 \\ 0 & 0 & 0 & 0 \\ 0 & -\frac{z_p}{y_p} & 1 & 0 \\ 0 & 0 & 0 & 1 \end{bmatrix} \begin{bmatrix} x \\ y \\ z \\ 1 \end{bmatrix}$$

## 2.3 计算机辅助绘图技术

在机械设计过程中，一般要画出产品的设计图，过去传统的绘图方法是手工图板绘图，费时费力，图纸修改和管理非常不方便，造成工作效率低下。随着计算机的普及和软、硬件性能的提高和完善，现在大多数设计人员采用计算机辅助机械制图，计算机绘图便于修改、编辑和管理，能大大提高工作效率。本节介绍一些常用的绘图技术，如交互式绘图、参数化绘图等。

### 2.3.1 交互式绘图

交互式绘图是指用户通过键盘、鼠标或绘图笔等输入设备以人—机（软件）对话的方式进行工程图绘制的方法。这种方法的优点是：在用户绘图的每一步步骤，计算机软件有提示供选择操作，操作结果能实时显示在显示器上，能直接对图形进行修改编辑，直至满意为止，整个绘图过程直观、灵活。交互式绘图系统的硬件主要有显示器、鼠标、数字化仪、绘图仪等图形的输入输出设备；软件有操作系统、交互式绘图软件以及相关的应用程序。目前比较流行的绘图软件如美国的 AutoCAD，国内如 CAXA、清华天河 CAD，中望 CAD、开目 CAD，等等。下面以应用最广泛的 AutoCAD 2010 为例，介绍其交互式绘图基本内容。

**1. AutoCAD 交互基本内容**

(1)交互方式

AutoCAD 软件提供的交互方式主要有鼠标操作和键盘输入命令行两种方式，AutoCAD 里大多数的操作都可通过鼠标点击菜单或工具条实现，也可以通过键盘在命令行窗口输入命令参数实现。例如画圆命令，如图 2.14 所示，在绘图工具条里有画圆按钮，在软件菜单里有画圆选项，还可以在命令行输入 circle 命令。

(2)辅助绘图方式

为了提高绘图的精确性和绘图效率，AutoCAD 软件提供正交、对象捕捉、网格、极轴追踪和移动、复制、镜像、阵列、偏移、缩放、剪切等辅助绘图功能。

(3)图形管理

对于复杂的图形，可将不同的图形的内容进行分类，将不同类型的图元放在不同的图层上，可根据绘图的需要打开某些图层，或关闭冻结不需要操作的图层，这样方便图形管理和操作。

(4)图形输出

图形画好后，可以将图形输出到打印机、绘图仪打印；也可以输出为图片文件或其他网

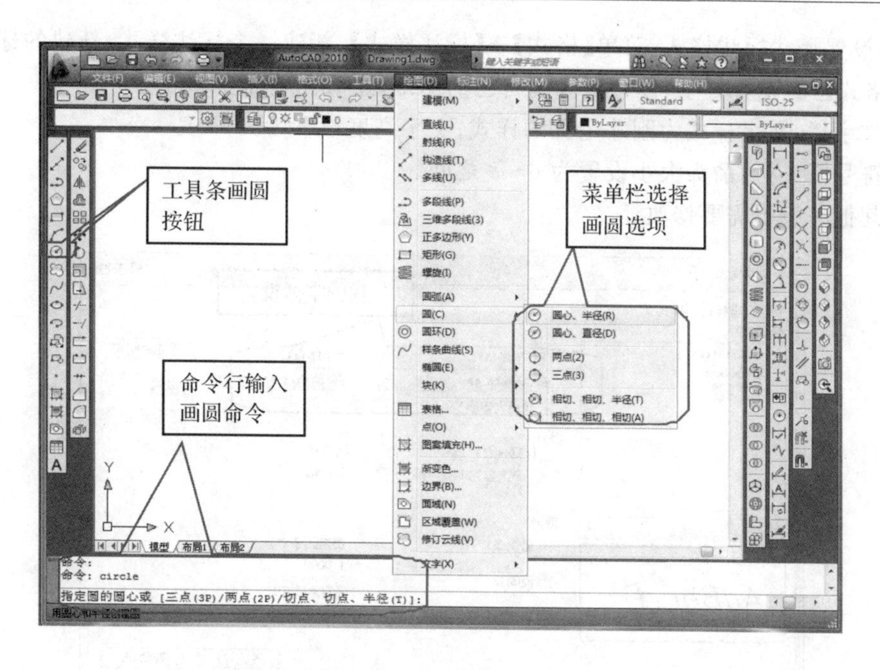


图 2.14 画圆的交互方式

络共享文件或其他绘图软件兼容的文件。

**2. AutoCAD 绘图举例**

如图 2.15 所示阀体零件图，在 CAD 软件里画该零件图，画图步骤要点如下：

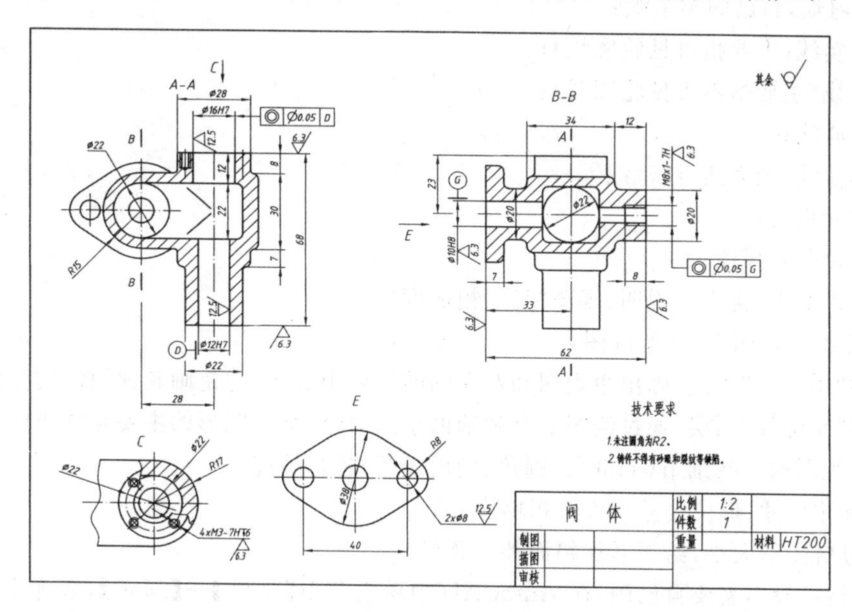


图 2.15 阀体零件图

(1)以“无样板公制”新建一个 AutoCAD 文件，进入绘图环境。

(2)设置绘图用的字体，菜单【格式】→【文字样式】，设置如图 2.16 所示字体，该字体为工程图专用字体。

(3)设置尺寸标注格式,菜单【格式】→【标注样式】,新建一个标注样式,新建的标注样式里很多格式已经设置好了,但针对我们自己的图纸,还有几项需要修改:

- 文字栏:文字样式为刚才定义的样式;文字高度设置为 8～10。
- 符号箭头栏:箭头大小设置为 6～8 之间。
- 其他一般不需要修改。

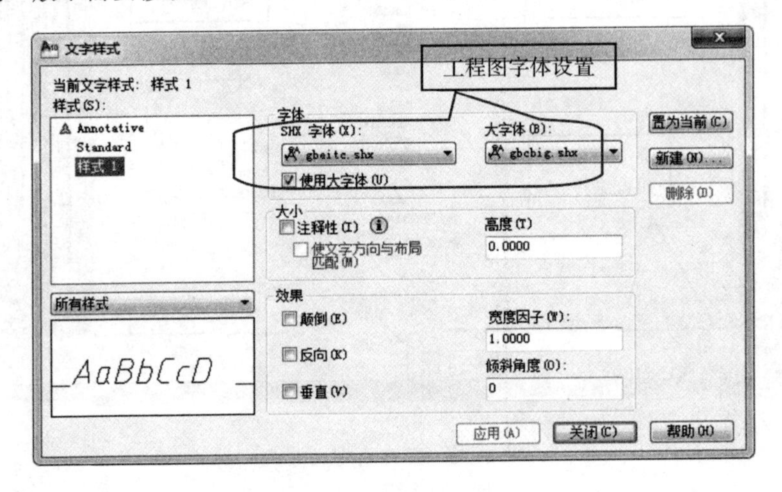


图 2.16 字体设置

(4)初步分析图形,建立图层,根据图 2.15 所示的内容,建立以下 7 个图层,可以根据个人喜好和习惯,自己归类组织:

- 粗实线(主要指可见轮廓线);
- 虚线(主要指不可见轮廓线);
- 中心线;
- 其他线(剖面线、波浪线等);
- 尺寸标注;
- 形位公差标注;
- 技术要求(含文字说明、视图标注、粗糙度)。

(5)详细分析图形,开始画图:

- 在"中心线"图层,画出主视图和左视图的主要中心线,它是画其他图线的参照;
- 在"轮廓线"图层,通过绘图命令和辅助绘图命令,画出图形的主要轮廓线;
- 对视图的一些细节(如倒角、圆角、剖面线等)进行处理。

(6)标注尺寸、形位公差和表面粗糙度。

(7)分析图形大小,给图形加幅面和标题栏。

标题栏一般不需要自己画,在 AutoCAD 中单击菜单【文件】→【新建】,会弹出【选择样板】窗口,在模板文件里找到以"Gb"开头的模板文件,如图 2.17 所示,这些模板文件均是符合我国国家标准的幅面和标题栏格式。打开该模板文件,则在图纸空间显示幅面图框和标题栏,选取这些内容,复制到模型空间,布置好位置,即可得到完整的工程图了。

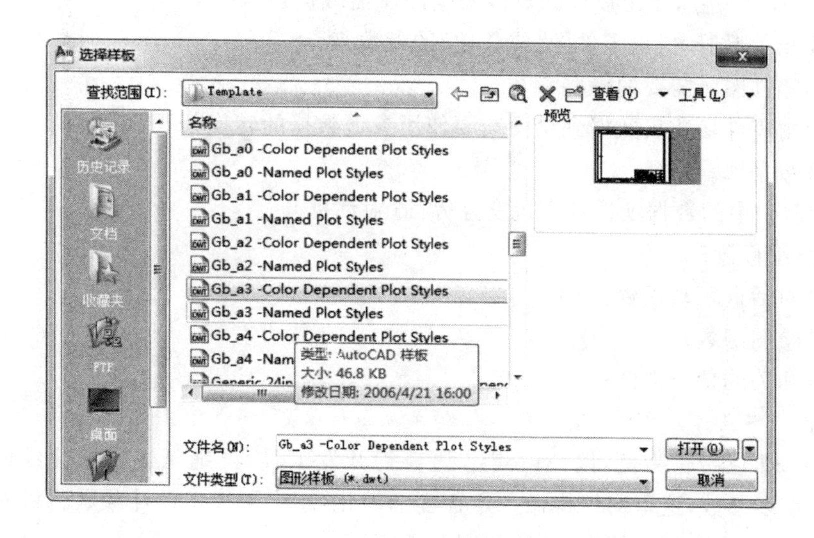


图2.17 【选择样板】窗口

## 2.3.2 参数化绘图

在交互式绘图中,每一绘图步骤只能处理图形元素的几何信息,系统仅仅记录了几何形体的精确坐标信息,而大量丰富的具有实际工程意义的集合拓扑和尺寸约束信息、功能要求信息均被忽略,其应用不能支持设计过程的完整阶段,只能局限于产品的详细设计阶段。而参数化绘图通过用户在事先绘制草图阶段给图形一定的几何关系约束和尺寸约束,在后来的精确绘图时这些约束关系依然存在,通过修改图形的某一部分或某几部分的尺寸,或修改已定义好的零件参数,自动完成对图形中相关部分的改动,从而实现图形绘制。参数化绘图最大的优点是修改一个设计参数只会影响局部而不会要求对整个设计做出修改。

参数化绘图中,首先必须建立参数化的几何参数模型,几何模型描述实体的几何特性,包括两个主要概念:几何关系和拓扑关系。几何关系是指具有几何意义的点、线、面等具有确定的位置(如坐标值)和度量值(如长度、面积),所有的几何关系构成了几何信息;拓扑关系反映了形体的特性和连接关系,如几何元素(点、线、面)之间的邻接关系(如点在线或面上,线线长度相等或相互平行、垂直等),所有的拓扑关系构成其拓扑信息。在计算机辅助绘图中,不同型号的产品往往只是尺寸不同而结构相同,映射到几何模型中,就是几何信息不同而拓扑信息相同。因此,参数化绘图要体现零件的拓扑结构,从而保证设计过程中几何拓扑关系的一致。

根据参数模式的不同,参数化绘图可分为程序参数化绘图、尺寸驱动参数化绘图,下面分别介绍这两种方法。

**1. 程序参数化绘图**

程序参数化绘图不需要用户逐条线地交互绘制图形,只要用户输入所需的参数,由程序自动完成图形的绘制工作。程序参数化绘图可大大提高图形绘制效率,其一般步骤是:

(1)分析零件尺寸,得出设计计算以及绘图所需数据:

- 查找相关手册,得出零件图(或其他)的参数表;
- 列出零件图所需要的一些参数;
- 列出由零件参数表数据到绘图需要使用参数数据的转换公式;
- 整理数据项。

(2)根据(1)中的数据项设计人机交互界面(对话框)。

(3)进行编程设计:

- 设计对话框驱动函数;
- 设计绘图函数;
- 设计相关的帮助文件;
- 标注。

**【例题 2.3】** 以带轮为例,以 Autolisp 语言为开发工具,详细阐述参数化绘图步骤。V 形带轮需要很多参数,这里对结构做一定程度的简化,减少了很多设计参数。目的主要是阐述方法,使读者易于理解和接受,参数如图 2.18 所示。

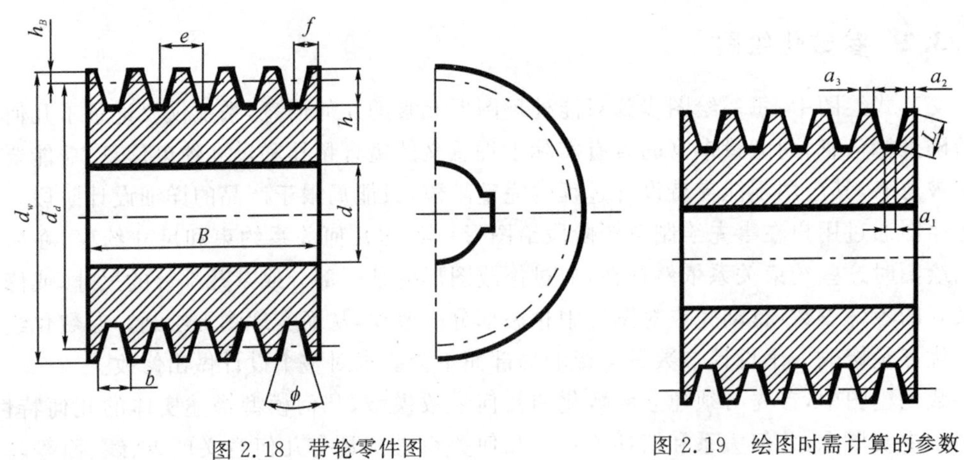


图 2.18 带轮零件图

图 2.19 绘图时需计算的参数

操作步骤为:

(1)分析数据,带轮的主要参数集中在轮槽,表 2.1 列出其名称和代号表示,这些参数可以通过设计手册查表得到,见表 2.2 和表 2.3。

**表 2.1 带轮设计参数表**

| 名称 | 代号 | 名称 | 代号 |
| --- | --- | --- | --- |
| 带轮外径 | $d_w$ | 槽间距 | $e$ |
| 内轴径 | $d$ | 顶宽 | $b$ |
| 带轮宽 | $B$ | 边距 | $f$ |
| 槽深 | $h$ | 楔角 | $\phi$ |

表 2.2　带轮轮槽尺寸表

| 轮槽尺寸 | | 槽型 | | | | | | |
|---|---|---|---|---|---|---|---|---|
| | | Y | Z | A | B | C | D | E |
| 槽轮的基准直径 $d_d$ | $\phi=32°$ | ≤60 | | | | | | |
| | $\phi=34°$ | | ≤80 | ≤118 | ≤190 | ≤315 | | |
| | $\phi=36°$ | >60 | | | | | ≤475 | ≤600 |
| | $\phi=38°$ | | >80 | >118 | >190 | >315 | >475 | >600 |
| $h$ | | 6 | 9 | 11.5 | 14.5 | 19 | 28 | 33 |
| $h_a$ | | 1.6 | 2.0 | 2.75 | 3.5 | 4.8 | 8.1 | 9.6 |
| $f$ | | 6 | 7 | 9.5 | 12.5 | 17 | 24 | 29 |
| 节宽 $b_p$ | | 5.3 | 8.5 | 11.0 | 14.0 | 19.0 | 27.0 | 32.0 |
| 槽间距 $e$ | | 8±0.3 | 12±0.3 | 15±0.3 | 19±0.4 | 25.5±0.5 | 37±0.6 | 44.5±0.7 |
| 外径 $d_w$ | | $D_w=d_d+2h_a$ | | | | | | |
| 轮宽 $B$ | | $B=(z-1)e+2f$，$z$ 为带轮槽数 | | | | | | |

表 2.3　不同规格的带轮直径

| 型号 | $d$ | | | | | | | | | | | | | |
|---|---|---|---|---|---|---|---|---|---|---|---|---|---|---|
| Y | 28 | 31.5 | 35.5 | 40 | 45 | 50 | | | | | | | | |
| Z | 50 | 56 | 63 | 71 | 75 | 80 | 90 | | | | | | | |
| A | 75 | 80 | 85 | 90 | 95 | 100 | 106 | 112 | 118 | 125 | 132 | 140 | 150 | 160 | 180 |
| B | 125 | 132 | 140 | 150 | 160 | 170 | 180 | 200 | 224 | 250 | 280 | | | | |
| C | 200 | 212 | 224 | 236 | 250 | 265 | 280 | 300 | 315 | 335 | 355 | 400 | 450 | | |
| D | 355 | 375 | 400 | 425 | 450 | 475 | 500 | 560 | 600 | 630 | 710 | 750 | 800 | | |
| E | 500 | 530 | 560 | 600 | 630 | 670 | 710 | 800 | 900 | 1000 | | 1120 | | | |

要精确画出带轮，还必须知道图 2.19 中的参数 $L$、$a_1$、$a_2$、$a_3$。这些参数通过以下公式计算：

$$L=h/\cos(\phi/2)$$

$$a_1=b-2\times L\sin(\phi/2)$$

$$a_2=f-\frac{a_1}{2}-L\sin(\phi/2)$$

$$a_3=e-a_1-2\times L\sin(\phi/2)$$

(2)设计带轮的初始参数，因为带轮已经标准化，通过用户输入初始参数，可自动绘制带轮零件图，初始参数如下：

- 带轮槽型；
- 轮直径；
- 轮轴直径；
- 带根数；
- 键槽深度；

● 键槽宽度。

(3)编制绘图程序。

(4)运行程序,出图。

**2. 尺寸驱动参数化绘图**

工程图样既包含各图元的几何信息,还包含图元间的几何约束和尺寸约束。所谓几何约束,即各图元之间的平行、垂直、相切、相等、对齐、对称等拓扑关系;而尺寸约束则表示图形中各组成图元的长度、角度、半径及相对位置等。尺寸驱动参数化绘图是指先快速绘制工程图草图,尺寸不需要精确,然后进行必要的几何约束信息标注,最后标注尺寸,由所标注的尺寸和约束几何信息驱动生成准确的图形。尺寸驱动参数化绘图方式既保留了交互式绘图的灵活性,又具有程序参数化绘图的快捷高效性,是目前计算机绘图系统普遍采用的一种绘图技术。目前尺寸驱动的参数化绘图软件如 Pro/E、UG、SolidWorks 等,以及国内的如 CAXA、开目 CAD 等均具有参数化绘图功能。

(1)尺寸驱动参数化绘图原理

在尺寸驱动参数化绘图过程中,对图形施加的几何约束一般在图形参数化过程中由参数化驱动软件根据图形的具体特点自动完成,而图形的尺寸约束则通过尺寸标注来实现。当所施加的约束正好可以唯一确定图形的结构和大小时,则图形被全约束,参数化工作便告完成。否则,就会出现欠约束和过约束情况,此时可通过增加或删除适当的尺寸标注加以解决。当图形参数化完成后,各尺寸标注的尺寸值就作为参数来处理。修改某一个或多个尺寸值时,系统会自动检索这些尺寸在尺寸链中的位置,找到它们的起始图元和终止图元,使它们按新尺寸值进行调整,并检查所有的图元是否满足约束条件;若不满足,则在保持拓扑关系不变的情况下,按尺寸约束递归修改图形,直至满足全部约束条件为止。

(2)尺寸驱动参数化绘图过程

下面以手柄为例,如图 2.20 所示,在 Pro/E 5.0 草绘环境下阐述尺寸驱动参数化绘图步骤,其绘图过程与我们一般的绘图过程相比有不同之处。步骤如下:

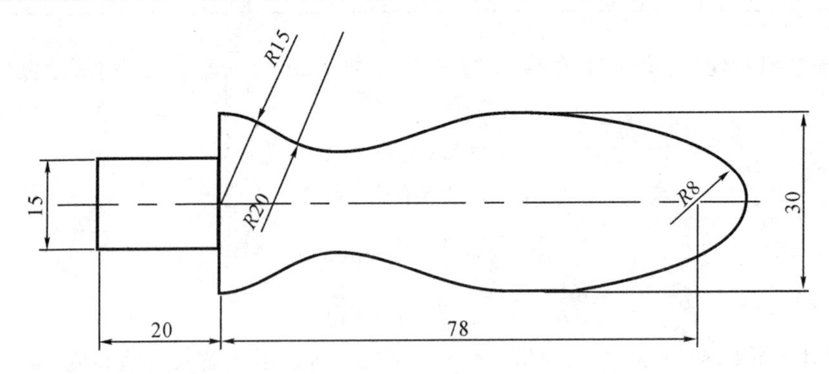


图 2.20　手柄外形图

● 草图绘制与整理。

绘图时不考虑图形尺寸的准确性,可以忽略图元间准确的拓扑位置关系,仅仅利用绘图软件本身提供一些便利条件绘制出形状近似的图样,如图 2.21 所示,图元间相切的几何约束由绘图软件在绘图过程中就能保证。

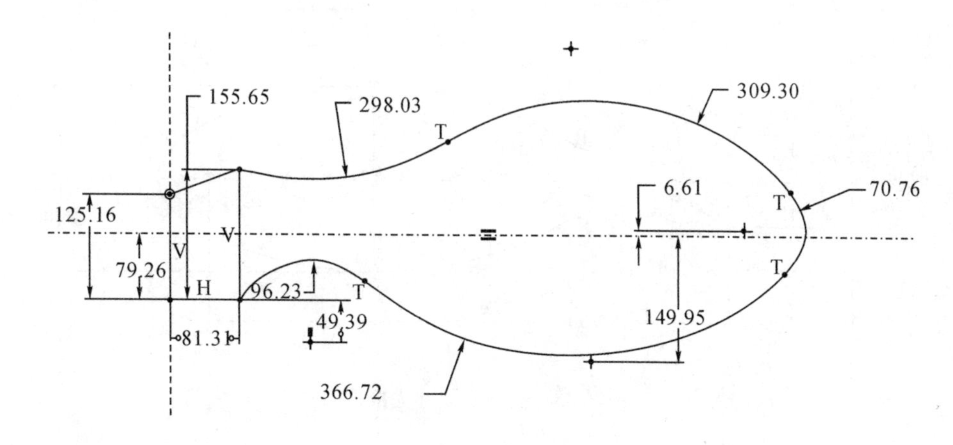


图 2.21 草绘图样

● 施加几何约束。

有些线段水平，整个图形以水平轴线对称，有些圆弧的半径相等，有的圆弧的圆心在对称轴线上，施加这些几何约束后，如图 2.22 所示。

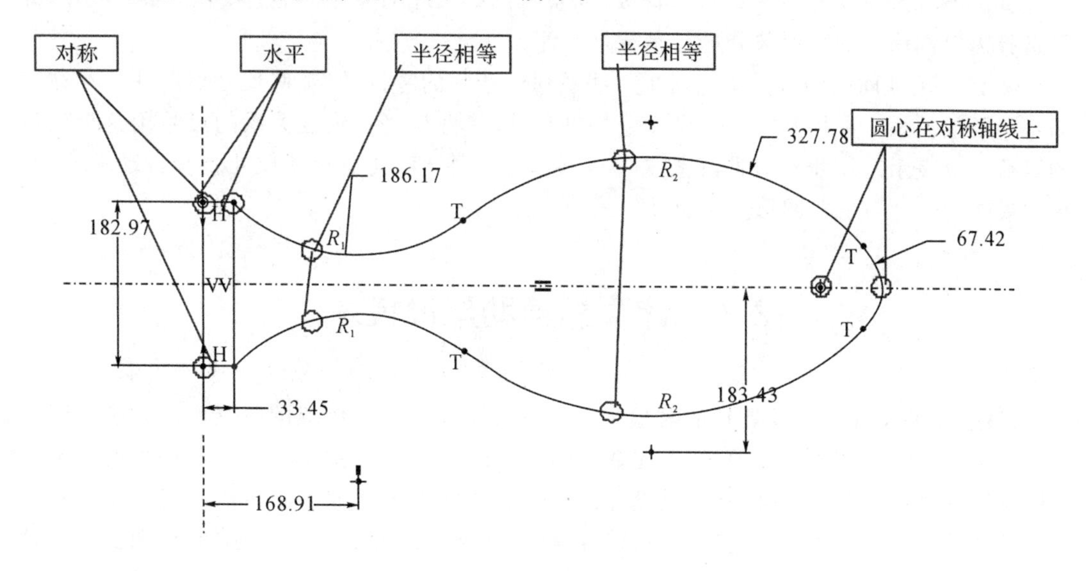


图 2.22 给草绘图样施加几何约束

● 修改几何尺寸，按图 2.22 将一些尺寸设定为所给定值，即可得到图形，如图 2.23 所示。

● 完成检查。

(3)尺寸驱动参数化绘图注意事项

为了能得到较好的尺寸驱动参数化效果，在参数化处理和绘图过程中应注意以下几点：

● 绘制草图时，应充分利用软件自身的辅助绘图工具，如正交、目标捕捉、相切等，一些几何约束条件在绘制草图阶段就能确定的尽可能提前确定，所谓草图也是有一定目的的图。这有利于正确识别图形间准确的相对位置关系；草图绘制完毕，应先整理草图，然后再调用几何约束模块。

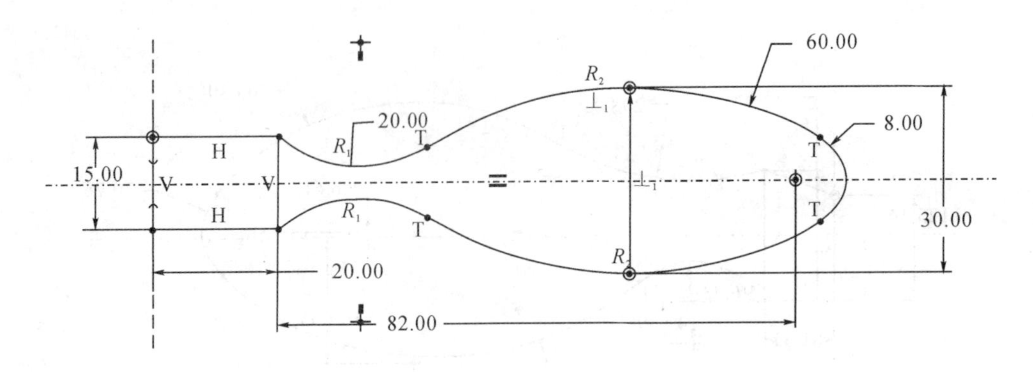


图 2.23 按给定尺寸完成图

● 标注尺寸时,尽可能直接选择被标注的图元或使用目标捕捉方法来确定尺寸界线,使尺寸与图形间保持准确的关联。

● 由于参数化尺寸驱动的计算是相对于基点进行的,因此选择合适的基点非常重要。一般选择对称轴线、较大圆中心线等作为基点位置。

● 若仅需要对图形的局部进行修改,而整个图形又相对复杂时,可采用局部参数化,即只选择需要作修改的图形部分进行参数化处理。

● 建立尺寸间的函数关系。对于一些系列化产品的零件图,某些尺寸之间往往存在着一定的函数关系。可将其中一个尺寸设置成变量,并将与之有函数关系的尺寸用这个变量的函数式来表示。尺寸驱动时,只要对这个变量进行赋值,其他随动尺寸就会自动求值,并根据最终的尺寸数值对图形进行驱动。

## 2.4 计算机辅助建模技术

机械 CAD/CAM 技术处理的对象主要是三维实体零件。传统的机械设计方法是用二维图形来表达设计意图和要求,一般先在大脑构思产品的三维结构形状,再将构思的三维形体按照投影关系绘制成二维视图,供设计人员交流和加工人员加工制造产品。从设计到制造的整个图形信息处理转换过程抽象、繁杂,特别是复杂的产品零件,其画图、读图更是费时费力。因此,借助计算机来构造设计机械零件模型不仅使设计过程直观、方便,同时也为后续的作业,如工程分析、工艺设计、物性计算、运动仿真、数控编程等各领域的应用提供了方便,为实现 CAD/CAM 技术的集成、保证产品数据的一致性和完整性提供了技术支持。

### 2.4.1 计算机辅助建模技术概述

**1. 计算机建模技术的概念**

所谓计算机建模即是用计算机来构造和表达形体的几何形状,建立计算机内部模型的过程。建模的实质是把三维实体的几何形状及其属性用合适的数据结构进行描述和存储,形成供计算机进行信息转换与处理的数据模型。这种模型包含三维形体的几何信息、拓扑信息以及其他的属性数据。通过计算机表达的实体模型,可以对该模型进行各种操作与分析处理,与物理模型相比具有方便、快捷、灵活和廉价等优点。因而,几何建模技术是 CAD/

CAM 的核心技术，是实现 CAD/CAE/CAM 集成的基础。

**2. 计算机建模技术的发展**

计算机建模技术产生于 20 世纪 60 年代。在其发展的初始阶段，人们采用三维形体的顶点和棱边的线框结构构造三维形体，被称之为线框模型。到了 70 年代，在线框模型的基础上增加了面的信息，使所构造的形体能够进行消隐、生成剖面以及着色处理，使之发展成为表面模型。后来又引出了曲面模型，它能够用于各种曲面的表示、构造、求交和显示，这些曲面处理技术至今仍是 CAD/CAM 和计算机图形学领域探索和研究最活跃的分支之一。计算机建模技术于 20 世纪 70 年代末逐渐成熟并实用化，可以通过简单体素并、交、差集合运算构造各种复杂形体的建模技术，它能够表达形体完整的几何信息和拓扑信息。线框模型、曲面模型和实体模型统称为几何模型。三维形体的几何模型是描述和表达形体几何信息和拓扑信息的一种数据模型。经过近 40 年的发展，几何建模技术已广泛应用于机械产品的设计、加工装配和工程分析等各个领域。

几何建模技术的发展推动了 CAD/CAM 技术的进步和发展，随着信息技术的快速发展和计算机应用领域的扩大，对 CAD/CAM 系统的要求越来越高，尤其近 20 年来如计算机集成制造(CIM)、并行工程(CE)、敏捷制造(GM)等各种先进生产模式的出现，要求产品信息模型不仅满足产品设计开发的需要，还要便于加工制造、质量检测、售后服务等后续生产环节的信息集成。建立于产品几何模型基础上的 CAD 系统，缺乏产品的功能信息、工艺信息和其他的工程特征，致使后续的计算机应用系统如 CAPP、CAM、CAE 等很难从中提取、识别所需的信息。为此，到 20 世纪 80 年代末出现了特征建模技术。所谓特征是从工程对象中高度概括和抽象出来的功能因素，包含了丰富的工程语义，在不同的产品生产阶段有着不同的特征定义，如功能特征、形状特征、加工特征、精度特征、装配特征等。用这样的特征进行产品建模作业更符合产品和工程设计的习惯，也更利于系统的集成。可以说，特征建模技术的出现和发展是 CAD/CAM 技术发展的一个新的里程碑。

### 2.4.2 几何建模技术

描述物体的三维模型主要有 3 种，分别是线框模型、表面模型、实体模型。

**1. 线框模型**

线框模型主要由顶点和棱边来描述形体的几何形状，其数据结构含一个顶点表和一个棱边表，棱边表表示边与顶点的拓扑关系，顶点表用于记录各顶点的坐标值。这种模型数据结构简单，信息量少，占用内存空间少，对硬件要求不高；它是表面模型和实体模型的基础，这种模型可以通过投影变换快速生成工程图样。

对于平面体，图形显示的主要是其轮廓边，当给定其顶点坐标和每两顶点确定的棱边信息，这个平面体就唯一确定了。但对于曲面体(如圆柱、圆锥和圆球等)，用线框模型则难以表达，因为曲面体的轮廓线会随着视线的方向变化而改变；另外线框模型仅给出顶点和棱边信息，没有给出点与形体的关系，如点在形体内部、外部或面上，因此不能用线框模型判断物体的形状，会产生多义性，如图 2.24 表示的长方体，图(a)为线框模型，图(b)为形体的 2 种可能形状。另外线框模型也不能表达 CAD/CAM 的一些问题，如不能生成剖视图，不能进行消隐处理，无法生成数控加工的刀具轨迹等。

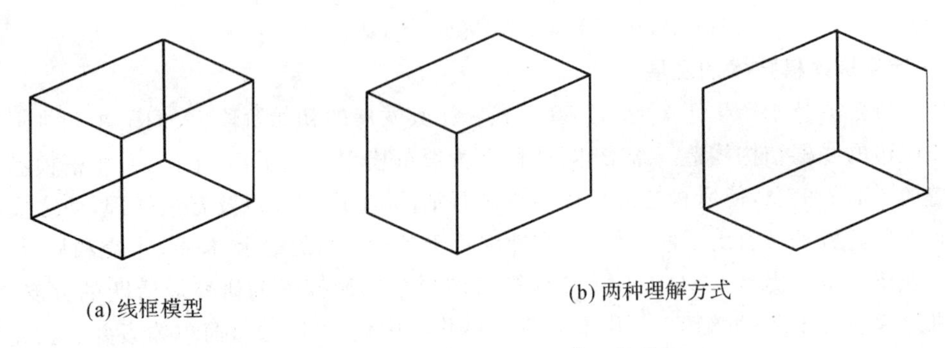


图 2.24　长方体线框模型及其 2 种理解

**2. 表面模型**

表面模型是用物体的表面或曲面的集合来定义形体，如图 2.25 所示。同时定义面由哪些有向棱边围成，棱边由哪两点确定。它是在线框模型的基础上，增加有关面一边(环一边)的拓扑信息以及表面特征、棱边的连接方向等内容，从而可以满足面面求交、线面消隐、数控加工等应用问题的需要。但在此模型中，形体究竟存在于表面的哪一侧，没有给出明确的定义，因而在物理性能计算、有限元分析等应用中，用表面模型表达形体仍然缺乏完整性。

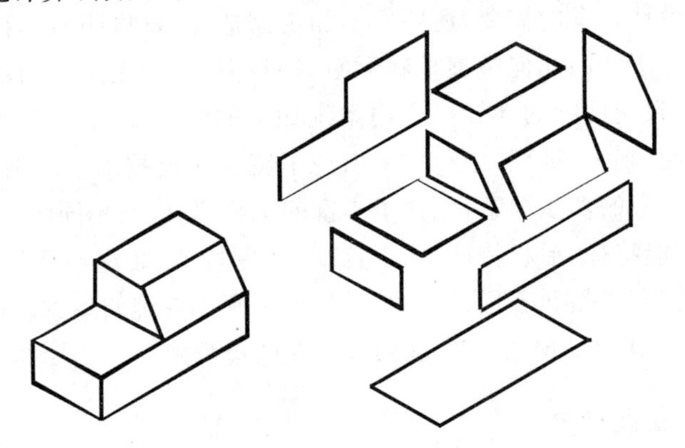

图 2.25　表面模型

表面模型表达平面体形状比较好，对于曲面体，则必须先将曲面进行离散化，将之转换为由若干小平面构成的多面体再进行造型处理。一些常见的曲面构建方法如下：

(1)线性拉伸面

将一条平面曲线沿一方向平行移动而扫成的曲面，如图 2.26(a)所示。

(2)直纹面

一条直线的两个端点在两条空间曲线的对应参数点上移动而形成的曲面。如图 2.26(b)所示的圆台面，还有圆锥面、圆柱面等。

(3) 回转面

平面直线(或曲线或线框)绕某一轴线旋转而产生的曲面，如图 2.26(c)所示曲面。

(4) 扫掠面

扫掠面有 4 种情形：

- 由一条截面曲线沿一条路径线(为空间曲线)平行移动而形成的曲面，如图 2.27(a)

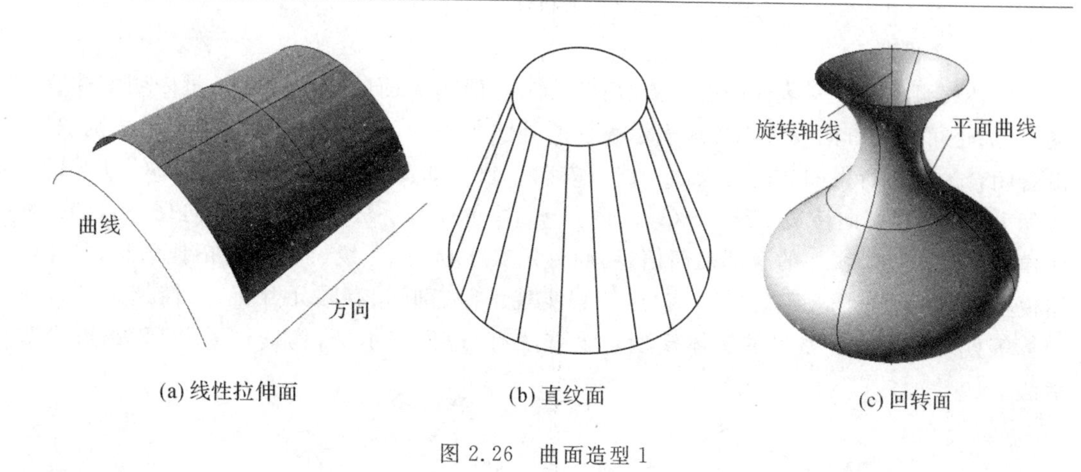

(a) 线性拉伸面　(b) 直纹面　(c) 回转面

图 2.26　曲面造型 1

所示；

● 由一条截面曲线沿一条路径线光滑过渡到另一条截面曲线而形成的曲面，如图 2.27(b)所示；

● 由一条曲线沿两条给定的路径移动，曲线的首末端点始终在两路径对应的等参数点上，曲线形状保持相似变化而得到的曲面，如图 2.27(c)所示；

● 由多条截面曲线沿两条路径线依次光滑过渡到最后一条截面曲线而形成的曲面，如图 2.27(d)所示。

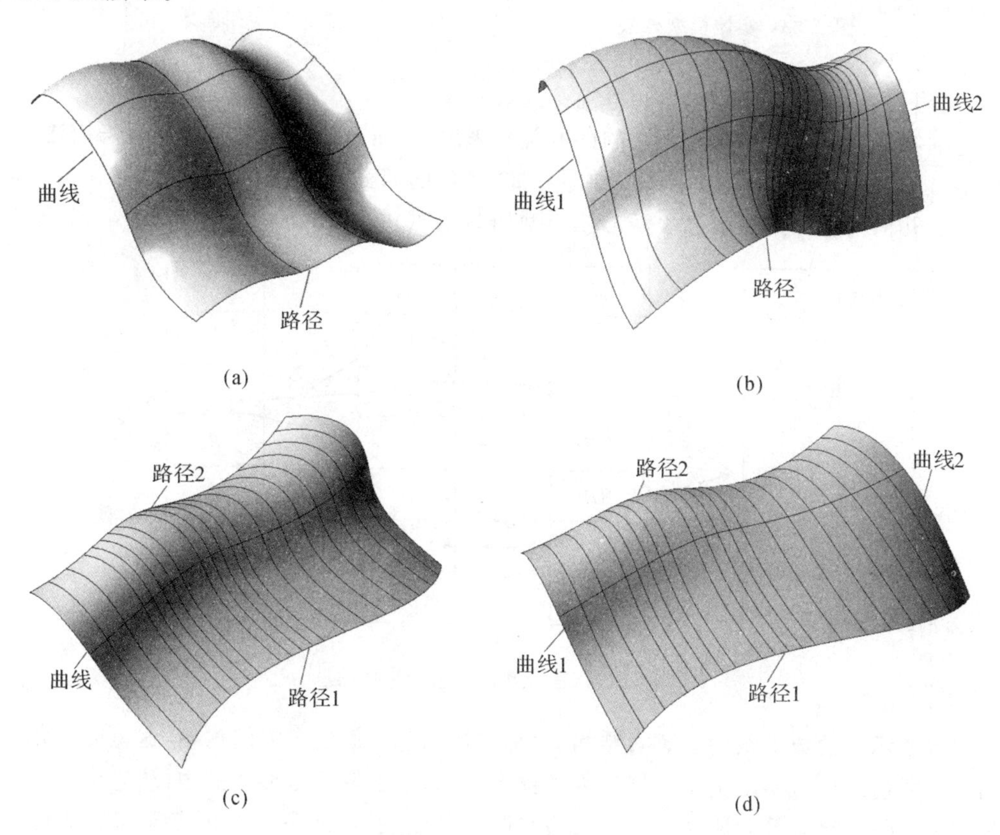

(a)　(b)　(c)　(d)

图 2.27　曲面造型 2

**3. 实体模型**

实体模型明确定义表面的哪一侧存在实体，一般用表面向外的法线矢量表明实体存在的一侧；也可以用有向棱边隐含地表示表面的外法矢方向，通常有向棱边按右手法则取向，沿着闭合的棱边所得的方向与表面外法矢方向一致。如图 2.28 所示，表面 $ABCDEF$ 的外法矢方向 $N_1$ 与有向棱边 $A \to B \to C \to D \to E \to F \to A$ 按右手法则取法线方向是一致的。实体模型不仅描述了实体的全部几何信息，而且定义了所有点、线、面、体的拓扑信息，利用实体模型可以得到全面完整的实体信息，能够实现消隐、剖切、有限元分析、数控加工和外形计算等处理和操作。常见的实体模型表示方法有：边界表示法；构造体素几何法；混合表示法。

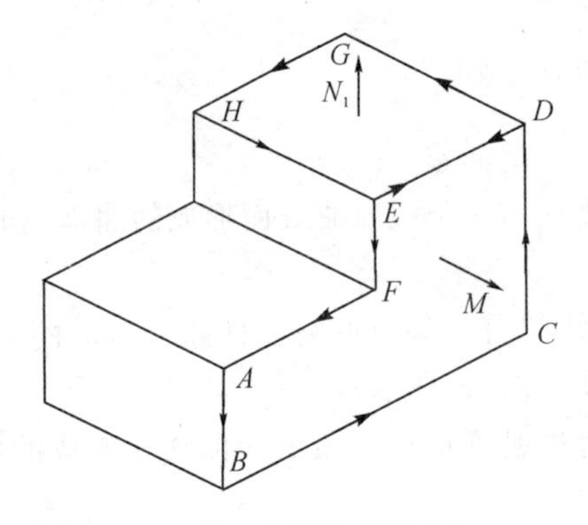


图 2.28 实体模型外法矢

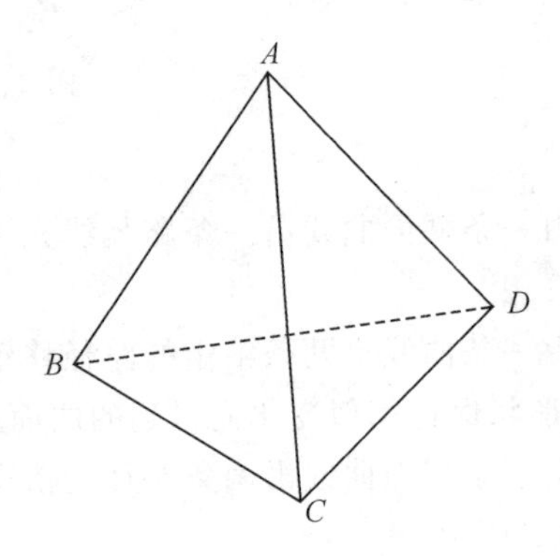


图 2.29 四面体

(1)边界表示法

它的基本思想是一个实体由它的面的集合来表示，而每一个面又可以用边来描述，边通过两端点，点由三个坐标值来定义。如图 2.29 所示的四面体，在计算机中用面、边、点等几何元素的几何信息和拓扑信息表示形体模型如图 2.30 所示。

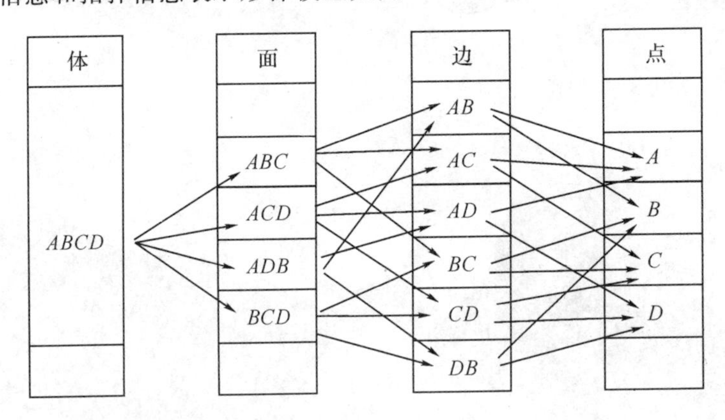


图 2.30 四面体几何信息和拓扑信息

边界表示法的数据结构有冀边结构、对称结构和基于面的多表结构等，这里简要介绍冀边结构。冀边结构最早由美国斯坦福大学提出，其基本出发点是形体的边，从边出发寻找该边的邻面、邻边、端点及其属性。每一条边与两个顶点关联，而每一个顶点又与其他边相关联。如图 2.31 所示是一种冀边结构，通过实体的任意一条边 $e_0$，可以方便地查询该边的两

个顶点 $v_1$ 和 $v_2$、两个邻面 $f_1$ 和 $f_2$、上下左右四条邻边 $e_1$、$e_2$、$e_3$ 和 $e_4$，从而遍历实体的所有几何元素信息。可以采用双向链表来存储实体的面、边、点之间的拓扑关系。

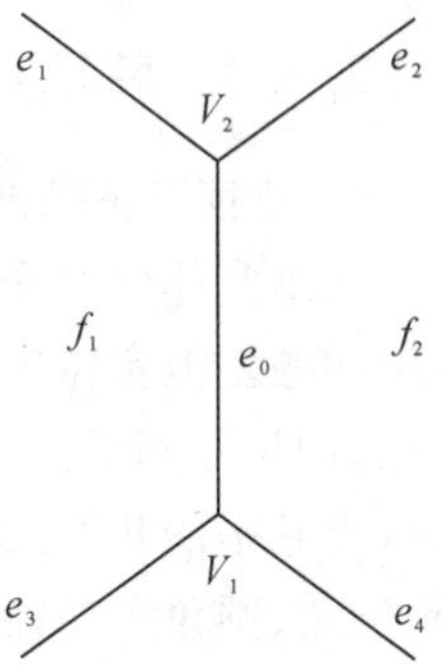

实体边界表示法详细记录了所有组成元素的几何信息和拓扑信息，有利于以边和面为基础的多种几何运算和布尔操作，便于构造形状复杂的三维实体。其不足之处是数据结构复杂，需要大的存储空间，维护内部数据结构的程序比较复杂；缺乏实体由哪些基本体素通过何种运算拼合而成的信息，修改实体的操作难以实现。

图 2.31　翼边结构

(2)构造体素几何法

构造体素几何法认为任何复杂的实体可用一些简单的基本体素组合而成，基本体素有柱(圆柱和棱柱)、锥(圆锥和棱锥)、台(圆台和棱台)、球、环(圆环)等。不同的造型系统提供的基本体素可能不一样，但体素之间经过并、交、差等布尔运算，可构造不同形状的实体，如图 2.32 所示。

构造体素几何法的数据结构采用二叉树结构，在二叉树中，树节点是基本体素，枝节点是集合布尔运算或几何变换，这种运算和变换只对紧接着的子节点起作用，二叉树记录了一个实体的构造过程。构造体素几何法的数据结构简单，数据量小，内部数据管理容易，且每一步构造过程都和一个实际的有效形体相对应。该方法造型简单直观、易于实现，在许多三维造型系统中都采用此方法。

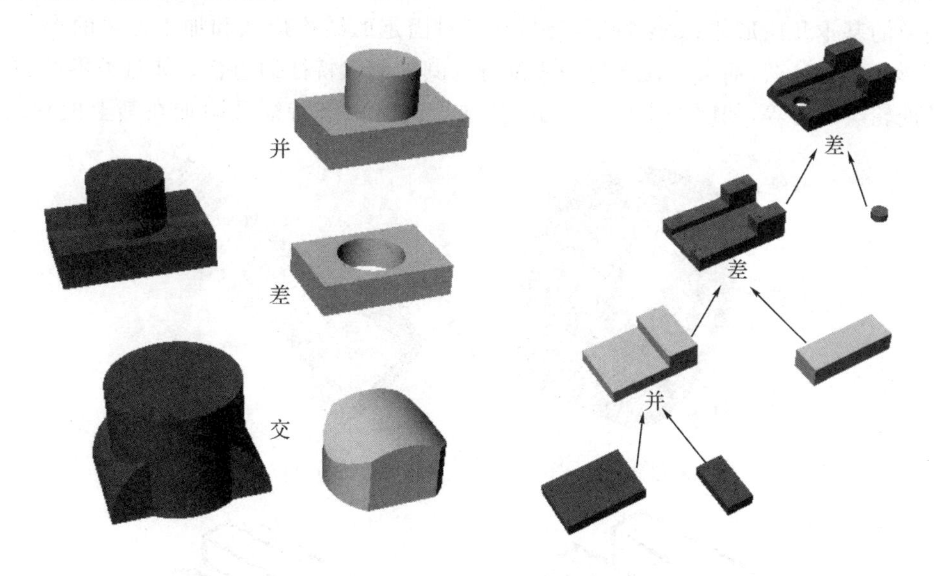


图 2.32　构造体素几何法

(3)混合表示法

几何造型系统中，实体最常用的表示方法是边界表示法和构造体素几何法，但有的造型系统采用两种方法相结合的混合表示法，它在各自方法的基础上再扩充单元分解表示，可以在不同的表达形式之间进行转换，如先用构造体素几何法精确表达形体，再将形体转换成用边界表示法表达，此时可以精确表示和近似表示，以满足显示形体和加工形体的需要。

### 2.4.3 特征建模技术

**1. 特征及特征建模的概念**

三维实体模型完整、准确地定义了实体的几何信息和拓扑信息，成功地解决了许多工程应用问题。但实体模型存储的是实体的几何信息，缺少产品开发、制造过程中所需要的其他信息，如尺寸和形位公差、表面粗糙度、热处理工艺等信息；另外实体造型提供点、边、面和体素这类基本的几何元素，而产品设计和制造往往要求具有明确工程语义的要素，如孔、槽、凸台、倒角、圆角等功能结构要素，以上这些信息和功能要素即是特征。

所谓特征就是指从工程对象中高度概括和抽象后得到的具有工程语义的功能要素。特征建模是通过特征及其集合来定义、描述零件模型。相对于几何建模技术，特征建模技术对设计对象具有更高的定义层次，易于被工程技术人员理解和使用，并能为设计和制造过程的各个环节提供充分的工程和工艺信息，是实现 CAD/CAM 集成化和智能化的关键技术。

**2. 特征的分类**

分析零件的形状、图纸信息和加工工艺信息，可将构成零件的特征分为五大类：

(1) 形状特征

形状特征是描述零件几何形状、尺寸相关的信息集合，根据形状特征在构造零件中所起的作用不同，可分为主形状特征（简称主特征）和辅助形状特征（简称辅特征）两类。主特征含两种情形：①简单主特征，指用来构造零件的基本几何形体，如圆柱体、圆锥体、长方体、圆球等简单的基本几何形体；②宏特征，指具有相对固定的结构形状和加工方法的形状特征，其几何形状比较复杂，而又不便于进一步细分为其他形状特征的组合。如盘类零件、有轮辐和轮毂的轮类零件等，如图 2.33(a)所示，基本上都是由宏特征及附加在其上的辅助特征

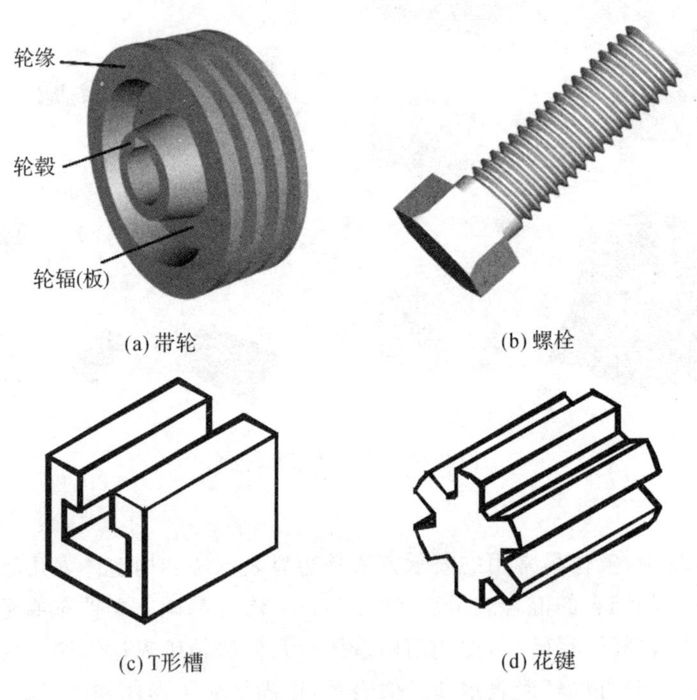


(a) 带轮　(b) 螺栓

(c) T形槽　(d) 花键

图 2.33　形状特征

(如孔、槽等)构成。宏特征的定义可以简化建模过程,避免各个表面特征的分别描述,并且能反映出零件的整体结构、设计功能和制造工艺。

辅特征是依附于主特征之上的几何形状特征,是对主特征的局部修饰,反映了零件几何形状的细微结构。辅特征附于主特征,也可依附于另一辅特征。辅特征如螺纹、花键、V形槽、T形槽、U形槽等,如图2.33(b)、(c)、(d)所示。它们可以附加在主特征上,也可以附加在辅特征上,从而形成不同的几何形体。如将螺纹特征附加在主特征外圆柱体上,则可形成外螺纹;若将其附加在内圆柱面上,则形成内螺纹。同理,花键也相应可形成外花键和内花键。因此,无须逐一描述内螺纹、外螺纹、内花键和外花键等形状特征,避免了由特征的重复定义而造成特征库数据的冗余现象。

辅特征还包含组合特征和复制特征,组合特征指一些简单辅特征组合而成的特征,如中心孔、同轴孔等;复制特征指由一些同类型辅特征按一定的规律在空间的不同位置上复制而成的形状特征。如周向均布孔、矩形阵列孔、油沟密封槽、轮缘(如齿圆、V带轮槽等)。

(2) 管理特征

与零件管理有关的信息集合,包括标题栏信息(如零件名、图号、设计者、设计日期等)、零件材料、未注粗糙度等信息。

(3) 技术特征

描述零件的性能和技术要求的信息集合。

(4) 材料热处理特征

与零件材料和热处理有关的信息集合,如材料性能、热处理方式、硬度值等。

(5) 精度特征

描述零件几何形状、尺寸的许可变动量的信息集合,包括公差(尺寸公差和形位公差)和表面粗糙度。

**3. 特征建模方法**

特征建模方法包括交互式特征定义、特征识别和基于特征设计三个方面的内容。

(1)交互式特征定义

用户首先利用现有的造型系统建立几何模型,然后交互拾取图形,定义特征所需要的几何要素,并将特征参数,包括精度、技术要求、材料热处理等信息作为属性添加到特征模型中。这种建模方法要利用边界模型进行,可靠易行,但是自动化程度低,产品数据的共享也难以实现,信息处理过程中容易产生人为的错误。

(2)特征识别

将零件的几何模型与预先定义的特征进行比较,确定特征的具体类型及其他信息。它一般由下列步骤组成:①搜索产品几何数据库,匹配特征的拓扑几何模型;②从数据库中提取已识别的特征信息;③确定特征参数;④完成特征几何模型;⑤组合简单特征以获得高级特征。

以上识别的主要是加工特征,提取产品的特定信息是非常困难的。曾经有不少学者对提取信息算法进行了深入研究,如特征匹配法、CSG树识别法、体积积分法、实体生成法等,但结果并未令人满意。特征识别往往只对简单形状有效,而且CAPP所需要的公差、材料等属性仍然缺乏。针对特征识别中存在的困难和问题,一些学者提出直接采用特征建立产品模型,而不是事后去识别特征来定义零件几何体,即将特征库中预定义的特征实例化后,以实例特征为基本单元建立特征模型，从而完成产品的定义或设计。

(3)基于特征设计

在基于特征设计方法中，从设计一开始，特征就体现在零件模型中，并提供丰富的零件信息，便于与后续过程实现信息共享和集成。基于特征的设计方法首先建立用户定义的特征库，将各种特征的定义都放在特征库中，使用时从库中调出，并给出它的尺寸、位置参数和各种非几何信息。基于特征的设计实际上就是特征实例化的过程，以实例的特征为基本单元建立零件信息模型，设计效率高。

## 2.5 本章小结

本章介绍了计算机辅助图形处理技术，包括图形元素的基本知识、二维和三维图形变换、投影变换、计算机辅助交互式绘图、参数化绘图技术、计算机辅助几何建模技术和图形数据交换接口技术，这些内容是理解 CAD 软件操作的基础，读者可以结合 CAD 软件操作，在使用软件的过程中理解这些基本概念和知识。

## 参考文献

[1] 王隆太，朱灯林，戴国洪. 机械 CAD/CAM 技术[M]. 北京：机械工业出版社，2006.

[2] 孙家广，杨长贵. 计算机图形学[M]. 北京：清华大学出版社，1995.

[3] 胡仁喜，胡星等. AutoLISP 机械设计高级应用实例[M]. 北京：机械工业出版社，2005.

[4] 张英杰. CAD/CAM 原理及应用[M]. 北京：高等教育出版社，2007.

[5] 秦建红. 产品集成特征建模方法研究[D]. 武汉：武汉科技大学，2006.

[6] 许国玉. 回转体零件特征建模方法研究[D]. 哈尔滨：哈尔滨工程大学，2006.

[7] 孟明臣，王革. 机械零件的特征建模系统[J]. 清华大学学报(自然科学版)，1995，35(2)：64-69.

## 习　　题

**一、填空题**

2.1　图形的基本元素由________、________、________、________、________、________和________七个部分组成。

2.2　计算机辅助绘图技术主要有________和________。

2.3　计算机辅助建模技术主要有________和________。

2.4　描述物体的三维模型主要有________、________和________三种。

2.5　零件的特征分主要包括________、________、________、________和________五

大类。

2.6　特征建模方法有__________、__________和__________三种。

**二、问答题**

2.7　试用 C 语言编写一个将 $\triangle ABC$ 绕 $D$ 点旋转 $75^{\circ}$ 的程序。已知 $A(30,-40)$，$B(60,50)$，$C(10,30)$，$D(-10,-20)$。

2.8　三维几何建模有哪几种常见的建模方式？各有什么优缺点？

2.9　试建立下列实体的表面模型数据结构，并且用 C 语言编写显示其三视图程序。

2.10　试用 AutoCAD 和 Pro/E 造型图示机械零件的三维模型，并生成二维工程图，比较两种软件的优缺点。

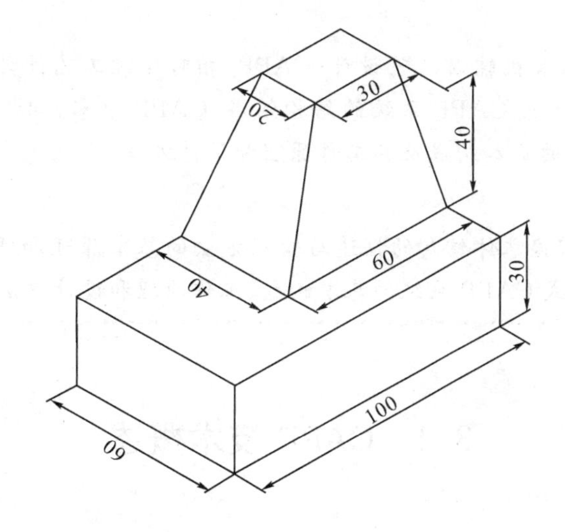


题 2.10 图

# 第3章　计算机辅助工艺设计(CAPP)

**【内容提要】**

本章通过提出计算机辅助工艺设计(CAPP)相对传统工艺设计方法的优势，阐述了CAPP的发展概况及CAPP系统的结构组成、CAPP中零件信息的描述与输入方法、常见CAPP系统的基本构成及其工作原理和设计方法。

**【学习提示】**

学习中应注意掌握零件信息的描述与输入方法的基本原理和适用范围，熟悉检索式、派生式以及创成式CAPP系统的基本构成、工作原理和设计方法。

## 3.1　CAPP技术概述

### 3.1.1　CAPP的基本概念

在生产过程中，按一定顺序直接改变生产对象的形状尺寸、物理机械性质，以及决定零件相互位置关系的过程统称为机械制造工艺过程，简称工艺过程。其主要任务是：为被加工零件选择合理的加工方法，加工顺序，工、夹、量具，以及切削条件的计算等，以便能按设计要求生产出合格的成品零件。

工艺过程设计是生产过程中信息流的集中点，它是连接产品设计和产品制造的桥梁，是整个生产过程中十分重要的环节。在进行工艺过程设计时要处理大量的信息，要分析和处理与产品及零件本身有关的各种技术信息，如加工对象的结构、材料、工艺性、批量等；要分析和处理与具体企业生产技术及设备条件有关的技术信息，如工厂的技术能力、生产条件、环境、传统习惯等。

**1. 传统的工艺过程设计的缺陷**

长期以来，传统的工艺过程设计都是凭工艺人员的经验，以手工方式进行的，因而存在以下缺陷：

(1)工艺文件的合理性、可靠性及编制时间的长短，主要取决于工艺人员的经验和熟练程度，即受主观因素影响大，设计出来的工艺过程一致性差，达不到标准化、规范化要求，质量不稳定，难以达到优化的目的。

(2)工艺过程设计有大量的制表、查表、填表、绘工序图、简单计算、数据汇总等烦琐及重复性的事务性工作。处理烦琐,易出错,效率低下,影响工艺人员从事创造性的思维和设计工作。

(3)信息不能共享,不能适应现代化生产与管理的需要。如果工艺部门仍采用手工方式,对其他部门的数据就只能通过手工查询,工作效率低且易于出错;同时所产生的工艺数据也无法方便地与其他部门进行交流与共享。

(4)设计周期长,不能适应瞬息多变的市场需求。计算机辅助工艺设计(Computer Aided Process Planning, CAPP)是由计算机技术辅助工艺设计人员以系统、科学的方法确定零件从毛坯到成品的整个技术过程。简言之,CAPP 是通过向计算机输入被加工零件的几何信息(图形)和工艺信息(材料、热处理、批量等),由计算机自动输出零件的工艺路线和工序内容等工艺文件的过程。

**2. CAPP 概念的内涵与定义**

CAPP 理论和应用从 20 世纪 60 年代开始进行研究,多年来已取得了重大的成果,但到目前为止仍存在着许多问题有待进一步研究。尤其是 CAD/CAM 向集成化、智能化方向发展,以及并行工程(Concurrent Engineering, CE)工作模式的出现等都对 CAPP 提出了新的要求。因此,CAPP 的内涵也在不断地发展。

CAPP 狭义定义:利用计算机技术来辅助完成工艺过程的设计并输出工艺规程。

CAPP 广义定义:如图 3.1 所示,在 CAD/CAM 集成系统或 CIMS 中,特别是 CE 工作模式下,“PP”不再单纯理解为“Process Planning”,而应含有“Production Planning”的含义。即广义 CAPP 的一头向生产规划最佳化及作业规划最佳化发展,作为 MRPⅡ(Manufacturing Resource Planning)的一个重要组成部分;另一头扩展能够生产 NC 指令。

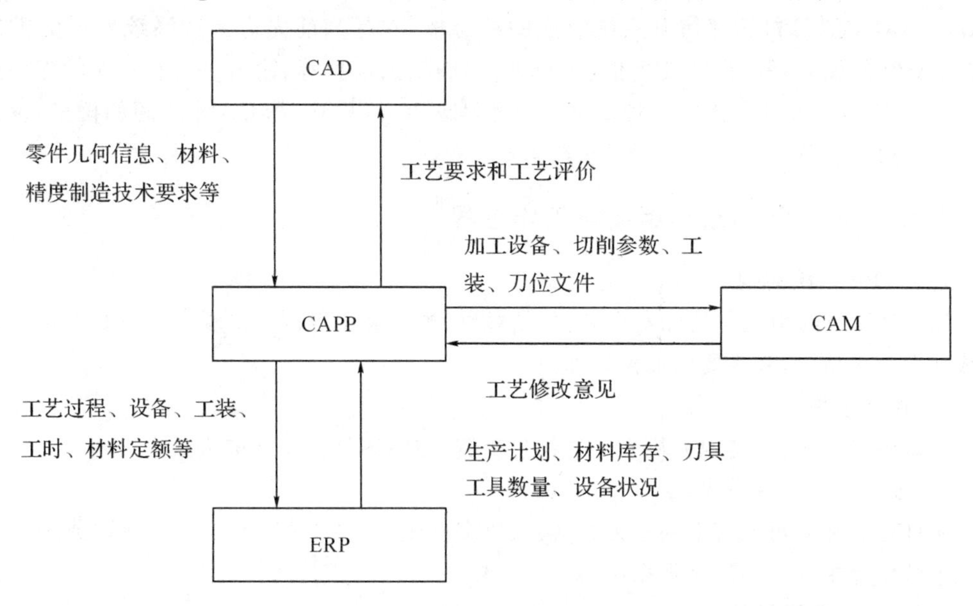


图 3.1　CAPP 在 CIMS 中的地位和作用

本章讨论的重点仍在传统的 CAPP 认识范围内。

### 3.1.2 CAPP 技术的发展概况与意义

CAPP 早期研究目的是建立工艺卡片生成、工艺内容存储及工艺规程检索的计算机辅助系统。1969 年，挪威开发出第一个 CAPP 系统 AUTOPROS。1977 年，美国普渡大学提出创成式 CAPP 系统的概念。1981 年法国研制出 GARI 系统，这是一个以规则为基础的批处理专家系统。1982 年，日本东京大学研制出 TOM 系统，该系统把产生式规则用于知识表达，采用人工智能技术进行工艺过程设计，它还能前接 CAD 系统，后接数控编程系统，输出数控指令。这两个系统开始了智能 CAPP 系统的研究。我国的 CAPP 研究工作起步较晚，1988 年，在南京召开了第一届 CAPP 研讨会，CAPP 的研究论文开始大量发表，各种类型的 CAPP 系统开始研制开发并在企业投入使用。

CAPP 无论是对单件、小批量生产还是大批大量生产都有重要意义，主要表现在：

（1）可以代替工艺工程师的繁重劳动。CAPP 可以代替大量的工艺工程师繁重的重复劳动，将工艺设计人员从繁重和重复的劳动中解放出来，转而从事新产品及新工艺开发等创造性工作。

（2）提高工艺规程设计质量。CAPP 可以编制出一致性好、精确的工艺过程，减少了人为因素影响，有利于工艺规程设计最优化和标准化。

（3）缩短生产准备周期，提高生产率。人工设计工艺规程烦琐、费时、速度慢，不能适应多品种生产、产品更新换代、市场变化等要求。CAPP 能大大缩短生产准备周期，从而缩短产品开发周期，提高对市场变化的响应速度和竞争能力。

（4）为实现计算机集成制造系统（CIMS）创造条件。CIMS 是在网络、数据库支持下，由 CAD、CAM 和计算机管理信息系统组成的综合体，它是当前先进制造系统发展的方向之一。CAPP 的输入是零件的几何信息、材料信息、工艺信息等，输出主要有零件的工艺过程和工序内容，是 CAM 所需的各种信息。因此，CAPP 是 CAD 和 CAM 之间的桥梁，设计信息只能通过工艺规程设计才能形成制造信息。

### 3.1.3 CAPP 的结构组成与工作过程

#### 1. CAPP 系统的构成

CAPP 系统的构成与其开发环境、产品对象、规模大小等因素有关。CAPP 系统的基本构成如图 3.2 所示，其主要构成模块如下：

（1）控制模块

协调各模块运行，实现人机之间的信息交流，控制零件信息获取方式。

（2）零件信息获取模块

零件信息输入可以有下列三种方式：人机交互输入、从 CAD 系统直接获取或来自集成环境下数据库中统一的产品数据模型。

（3）工艺过程设计模块

进行加工工艺过程的决策，生成工艺过程卡。

（4）工序决策模块

进行工序设计，生成工序卡。

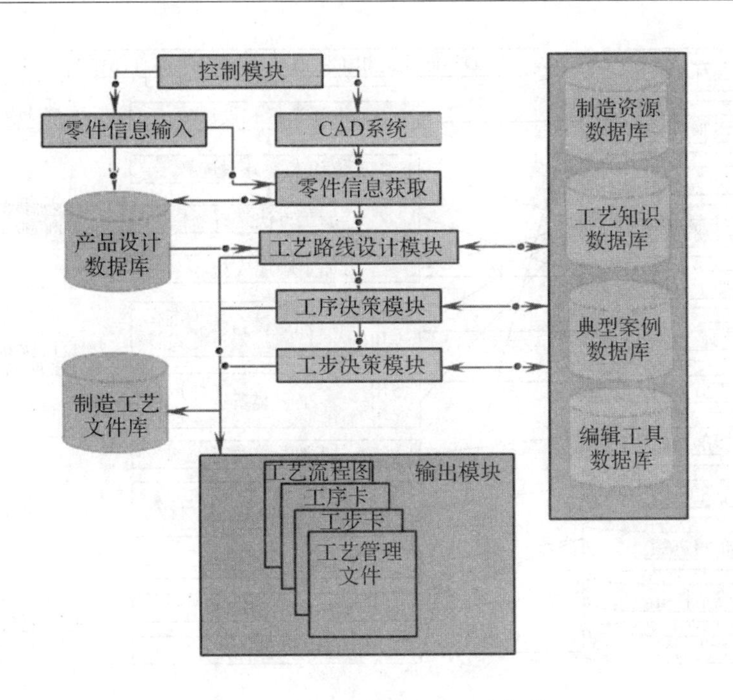


图 3.2　CAPP 系统的基本组成结构

(5)工步决策模块

划分工步及提供形成数控指令所需的刀位文件。

(6)工艺文件生成模块

生成规定格式的工艺文件。

(7)输出模块

可输出工艺过程卡、工序卡和工序图和数控加工程序单等各类文档,并可利用编辑工具对现有文件进行修改后得到所需的工艺文件。

上述的 CAPP 系统结构是一个比较完整的 CAPP 系统。实际上,并不一定所有的 CAPP 系统都必须包括上述全部内容,例如传统概念上的 CAPP 不包括数控指令生成和加工过程仿真,实际系统组成可以根据实际生产的需要而调整。但它们的共同点应使 CAPP 系统的结构满足层次化、模块化的要求,具有开放性,便于不断扩充和维护。

**2. CAPP 系统的工作过程**

CAPP 技术包括计算机技术、工艺理论、成组技术、零件信息的描述和获取、工艺设计决策技术、工艺知识的获取及表示、NC 加工指令的自动生成及加工过程动态仿真等多种基础技术。计算机辅助工艺设计的工作过程大致如图 3.3 所示。

(1)产品图样信息输入

首先了解整个产品的原理和所加工零件在整个产品中的作用,分析零件的尺寸公差及技术要求,以及其结构工艺性。在此基础上应用零件信息描述系统,输入零件的几何信息和工艺信息。在集成制造系统中,由于 CAD/CAPP/CAM 在信息和功能上是集成的,零件的几何信息和工艺信息可由 CAD 直接输入。

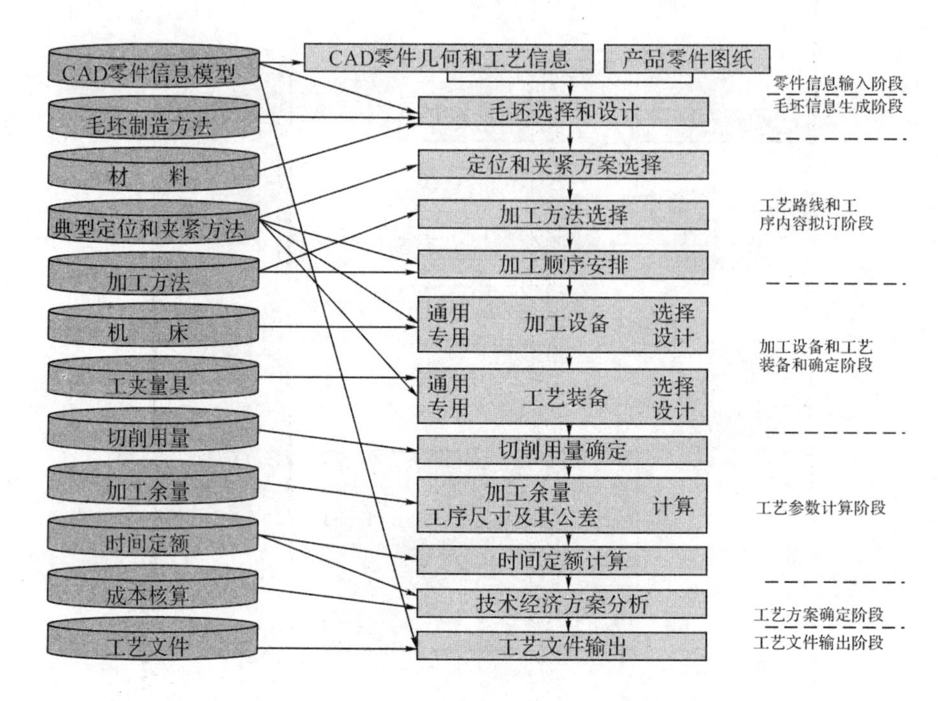


图 3.3　CAPP 系统的工作过程与步骤

(2)工艺路线和工序内容拟定

主要有定位基准和夹紧方案选择、加工方法选择和加工顺序安排等,这几项工作紧密相关,应统筹考虑。一般来说,先考虑粗、精定位基准和夹紧方案的选择,再进行加工方法的选择,最后进行加工顺序安排。应该指出,零件工艺路线和工序内容的拟定是 CAPP 中最关键和最困难的工作,工作量也比较大,目前多采用人工智能、模糊数学等决策方法求解。该项工作进行前应确定毛坯类型。

(3)加工设备和工艺装备的确定

根据所拟定的零件工艺过程从制造资源库中查询各工序所用的加工设备(如机床)、夹具、刀具及辅助工具等。如果是通用的,而库中又没有,可通知有关部门采购;如果是专用的,则应提出设计任务书,交有关部门安排研制。

(4)工艺参数计算

主要有切削用量、加工余量、工序尺寸及其公差和时间定额等项。

在加工余量、工序尺寸及其公差的计算中可能由于基准不重合问题而涉及求解工艺尺寸链,目前已可用计算机来求解尺寸链。这一阶段可最后生成零件毛坯图。

(5)工艺文件的输出

工艺文件可按工厂要求用表格形式输出,在工序卡片上应有工序简图,图形可根据零件信息描述系统的输入信息绘制,也可从计算机辅助设计中获得,工序简图可以是局部的,只要能表示出该工序所加工的部位即可。在集成制造系统中,工艺文件不一定要输出可读文档,可将信息直接输入计算机辅助制造系统中,也可用数据形式输出备查。

## 3.2　CAPP 中零件信息的描述和输入

进行计算机辅助工艺设计时,零件信息描述的内容主要包括两个方面:

**1. 几何信息**

几何信息是零件信息中最基本的信息,对一些简单形状零件可以从零件的三维整体形状进行描述。对于复杂形状的零件,则可将其分解为若干形体,对每个形体的整体形状进行描述,并描述各个形体之间的位置关系;也可将复杂形体的零件分解为若干组合型面,对每个型面进行描述,同时描述各型面之间的位置关系,即可得到零件的整体几何形状和尺寸。在此基础上,描述尺寸公差和形状位置公差。

**2. 工艺信息**

工艺信息指零件材料、毛坯特征、加工精度、表面粗糙度、热处理、表面处理、配合和啮合关系等及相应的技术要求,这些信息都是制订工艺过程时必需的,又称非几何信息。

此外,由于工艺规程设计与生产规模、生产条件有密切关系,零件信息描述中尚应有每一产品中该零件的件数、生产批量等生产管理信息。常用描述方法有成组代码描述法、零件型面要素描述法以及从 CAD 系统直接获取零件信息等方法。

### 3.2.1　成组代码描述法

成组技术(Group Technology,GT)是适应产品多样化时代的要求,在 20 世纪 50 年代"成组加工"的基础上迅速发展起来的一项综合性的现代工程技术。成组代码描述法基于成组技术,制定一套分类编码系统,对零件进行编码,以固定或可变长度的一组代码表示零件的种类、主要结构和各种特征,粗略地描述零件的形状、尺寸、精度等信息,将零件编码和一些补充信息输入 CAPP 系统。这种描述法适用于检索式、派生式和半创成式 CAPP 系统。

成组技术是建立在零件统计学上的,它的基础是零件的相似性。不同的机械类产品,尽管其用途和功能各不相同,然而每种产品中所包含的零件类型存在着一定的规律。德国阿亨工业大学的研究结果表明,任何一种机械类产品中的组成零件都可以分为以下三类:

**1. 复杂件或特殊件(A 类)**

这一类零件在产品中数量少,约占零件总数的 5%～10%,但结构复杂,产值高。不同产品中,这类零件之间差别很大,因而再用性低。如机床床身、主轴箱、溜板、飞机和发电机中的一些大件等均属此类。

**2. 相似件(B 类)**

这一类零件在产品中的种数多、数量大,约占零件总数的 70%,其特点是相似程度高,多为中等复杂程度零件。如轴、套、端盖、支座、盖板、齿轮等。

**3. 简单件或标准件(C 类)**

这类零件结构简单,再用性高,多为低值件,一般由专业化工厂组织大批量生产,如螺钉、螺母、垫圈等。

分类编码系统最早的是捷克斯洛伐克金属切削机床研究所的 SUOSO,在此基础上演变出 70 多种零件分类编码系统,如德国阿亨工业大学的 Opitz,是应用最广的;英国的

Brisch；日本的 KK-3；MDSI(Manufacturing Data System INC)公司的 CODE；我国机械工业部于 1985 年颁发的机械零件编码系统 JLBM-I(JB/2251-85)。

德国 Opitz 零件分类编码系统是 20 世纪 60 年代由德国阿亨工业大学奥匹茨教授主持，得到德国机床制造商协会的支持，所制定的通用零件分类编码系统(又称 VDW 系统)。Opitz 零件分类编码系统由 9 位十进制数字代码组成，前 5 位(1～5 码位)称为主码，用数字 0～9 分别表示零件的特征。此编码系统的总体结构如图 3.4 所示。

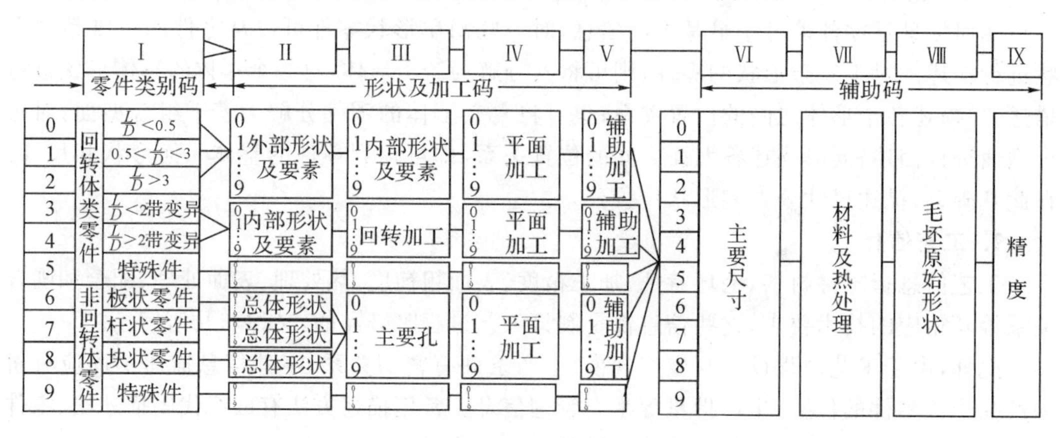


图 3.4 Opitz 编码系统总体结构

成组编码描述法简易可行，但单靠 GT 码难以全面准确地表达零件的全部特征，尤其是非回转体零件，难以表达零件特征间的关系；对于尺寸公差、形位公差、表面粗糙度、热处理等工艺信息的描述，使 GT 码码位大大增多；而且零件 GT 编码要靠人对零件图纸分析识别才能获得，不利于系统自动获取零件信息，不利于 CAD/CAM 信息集成的实现。

### 3.2.2 零件型面要素描述法

采用成组编码法描述零件，即使采用较长码位的分类编码系统，也只能达到“分类”的目的。对于一个零件究竟由多少表面组成，各个表面的尺寸及位置是多少，它们的精度要求又如何，成组编码系统都无法解决。而进行工艺过程设计时，又要求输入这些详细的数据。

任何机器零件都是由一个或若干个形状要素按一定的关系组合而成的，这些形状要素可以是圆柱面、圆锥面、螺纹面等。每一种形状要素用一组特征参数描述，并对应一组加工方法。将组成零件的各形状要素(型面要素)逐个地按一定顺序输入到计算机中，在计算机内构成零件的原型，就可以描述出整个零件。每种型面都用一组特征参数描述，对型面种类、型面特征参数及各型面之间的位置关系可用代码表示。另外，每种型面对应一组加工方法，可根据其精度和表面质量要求确定。将基本型面要素分为主要型面、次要型面、辅助型面和复合型面。主要型面指构造零件主体形状的外表面(平面、外圆面等外形特征)和内表面(圆孔、锥孔等内部特征)，描述过程按它们在零件上出现的位置依次进行；次要型面如退刀槽、台阶面等；辅助型面如倒角等，一般都依附于某个主要型面，完成某种特定功能或改善零件的加工工艺性能；复合型面如内外螺纹、内外花键、齿形面等。这种描述方法虽然比较费时，但可以完善、准确地输入零件图形信息，适用于半创成式 CAPP 系统。

形状要素的描述可以采用编码、语言、数学等多种形式，视具体情况而定，以能准确、完整、方便为原则，不拘于强调某一种形式。设计形状要素描述法的CAPP系统时，首先要确定本系统的适应范围。确定CAPP系统的适应范围后，就着手统计分析该范围内的零件由哪些形状要素组成，设计形状要素和它们的数据结构。形状要素的具体划分没有标准，由系统的开发者根据系统适用范围确定。

零件型面特征描述的信息量很大，需要人工逐个型面进行分析后把信息逐条手工输入，因此信息输入的效率很低，过程十分烦琐，而且容易发生错误，严重影响CAPP系统的效率。

### 3.2.3　从CAD系统直接获取零件信息

直接从CAD的图形数据库中提取用于CAPP所需要的零件信息，是实现CAD和CAPP信息集成的理想方法。它可以省去人机交互信息输入的工作，大大提高系统的运行效率，减少人工信息转换与输入可能出现的差错，有助于保证数据的一致性。在这方面已进行过多方面尝试，目前仍在进行研究和探索之中。

**1. 零件特征要素描述法**

该方法将零件视为由若干形状特征按一定位置关系经布尔运算组合而成的。首先分析零件由哪些形状特征组成，对每个形状特征分别进行描述，并描述它们之间的位置关系，然后将这些信息输入CAPP系统。形状特征是指对零件设计或制造有意义的几何形体，既是设计的基本单元，又是制造的基本单元，如CATIA和UG中形状特征包括基于草图的特征、基于曲面的特征、变换特征和修饰特征等。由于形状特征可以通过特定的加工方法生成，以形状特征来描述零件，则可为随后的工艺设计提供完整的零件信息，便于CAPP系统直接从CAD系统提取特征信息，进行创成式工艺设计，更符合工艺人员的习惯。

**2. 基于特征的零件信息描述方法**

这里的特征不是单纯的几何实体，有别于前述形状特征，它是设计时的体素特征与加工制造时的型面要素的综合体现，它有几何、属性和制造三方面的信息，可用巴科斯—诺尔范式(Backus-Naur Form，BNF)将特征定义为：

＜特征＞::—＜几何形状＞＜属性＞(制造知识＞

＜几何形状＞::—＜形状名＞＜型面结构＞＜基本尺寸＞＜坐标信息＞

＜属性＞::—＜材料信息＞＜尺寸精度＞＜形状精度＞＜位置精度＞＜表面粗糙度＞

＜制造知识＞::=＜成型方法＞＜加工工艺＞

基于特征的零件信息描述，其模型集成了多方面信息，使设计和制造之间易于实现信息交换与共享。在设计或制造产品时，用户面对特征工作，与特征参数打交道，而不是面向几何体素工作。这提供了一个符合人类思维方式的高层次用户界面，只要给出特征参数和工艺信息，即可满足设计和制造要求，大大提高了信息处理效率。

**3. 产品特征建模法**

产品模型包括应用层、逻辑层和物理层三个层次结构。应用层是产品生命期内各应用领域按各自的经验、术语、技术和方法建立的产品参考模型，为相应的应用领域提供便于应用的、完备的和最小冗余的信息模型；逻辑层提供通用的、语义一致的实体集和关系集，用以描述应用领域信息，将应用层上的各种参考模型集成到单一的产品集成模型中；物理层是将集成模型转换成用于交换的物理文件格式或用于计算机内部存储的存储模型。产品特征建模使 CAPP 能够自动理解产品模型,为有效进行自动工艺设计奠定了基础。

**4. 数据库法**

CAPP 系统利用中间接口或其他传输手段,直接从 CAD 内部数据库中读取零件信息,自动对其进行分析,按一定算法识别、转换进而抽取工艺信息。这种方法避免了工艺设计前二次描述和手工输入零件信息的现象;获取的零件信息完整而准确,是实现 CAD/ CAPP/ CAM 集成的理想途径。

零件信息描述方法还有专用语言描述法、知识表示描述法、图论描述法、矩阵描述法、拓扑描述法、框架描述法、工程图样的自动识别等。

## 3.3 常见 CAPP 系统

自 20 世纪 60 年代 CAPP 思想提出以来,世界各国推出了许多面向不同对象、面向不同应用、采用不同方式、基于不同制造环境的 CAPP 系统。CAPP 系统工作时,计算机要进行两种类型操作:检索与规划。检索操作是把符合约束条件的存在计算机中的答案(问题的解)取出来。解可以是局部工艺问题的解,也可以是整个工艺过程的解。这类操作比较简单。规划操作是对检索出来的一系列局部解进行处理,包括增删、归纳、排序,等等。这一类操作比较复杂,要有一定的智能。

### 3.3.1 检索式 CAPP

检索式 CAPP 系统是最简单的 CAPP 系统,其工作原理如图 3.5 所示。首先将企业现行各类工艺文件,根据产品和零件图号,存入计算机数据库中。工艺设计时,根据产品或零件图号,在工艺文件库中检索相类似零件的工艺文件,通过人员采用人机交互方式进行修改,最后打印输出。

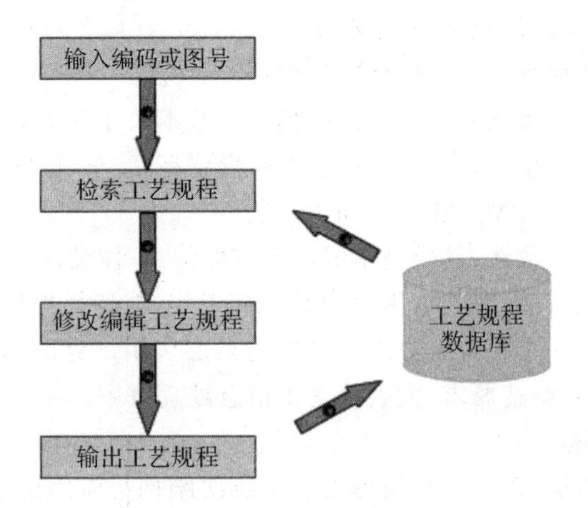


图 3.5 检索式 CAPP 系统工作原理

检索式 CAPP 系统的功能弱,没有决策能力,决策由人工完成。由于企业零件在结构和工艺方面有很大的相似性,因此检索式 CAPP 系统会大大提高工艺人员的工作效率和质量。检索式CAPP系统开发简单、使用方便，实用性强，与现行工艺设计方式相同。常用于少品种、大批量的生产模式以及零件变化不大且相似程度很高的场合。

### 3.3.2　派生式CAPP

派生式(Variant or Retrieve)CAPP系统的基本原理是利用零件的相似性，相似的零件有相似的工艺过程。一个新零件的工艺过程是通过检索现有的相似零件族(组)的标准工艺过程并加以筛选或编辑而成的，由此得到"派生"这个名称。派生式CAPP系统又称修订式、样件式、变异式CAPP系统。

**1. 派生式CAPP系统的工作原理**

派生式CAPP系统以成组技术为基础，其基本原理是相似零件有相似的加工工艺。将零件按几何形状及其工艺相似性进行分类归族，对于每一零件族，选择一个能包含该族中所有零件特征的零件为标准样件，或者构造一个并不存在但包含该族中所有零件特征的零件为标准样件，对标准样件编制成熟的、经过考验的标准工艺文件，存入工艺文件库中。当设计一个新零件工艺过程时，就调出一个标准的工艺过程，然后由工艺员进行修改以满足该零件的特定要求。

相似零件的集合称为零件族。一个零件族使用的工艺过程称为标准工艺过程，标准工艺过程一般以它的族号作为关键字而存放在数据库或数据文件中。在使用派生式CAPP系统时，首先检索到一个标准工艺过程，然后经过筛选或编辑，以适应于一个特定的新零件。

标准工艺过程的检索一般是采用成组技术中用码域法分组的方法。一个零件族用一个零件族特征矩阵表示，这个特征矩阵包括该零件族中所有可能的零件矩阵。派生式CAPP系统工作过程如图3.6所示，首先利用零件GT(成组技术)代码(或企业现行零件图编码)，将零件根据结构和工艺相似性进行分组，然后针对每个零件组编制典型工艺，又称主样件工艺。在进行工艺设计时，根据零件的GT代码或零件图号，检索出该零件所属组的典型工艺

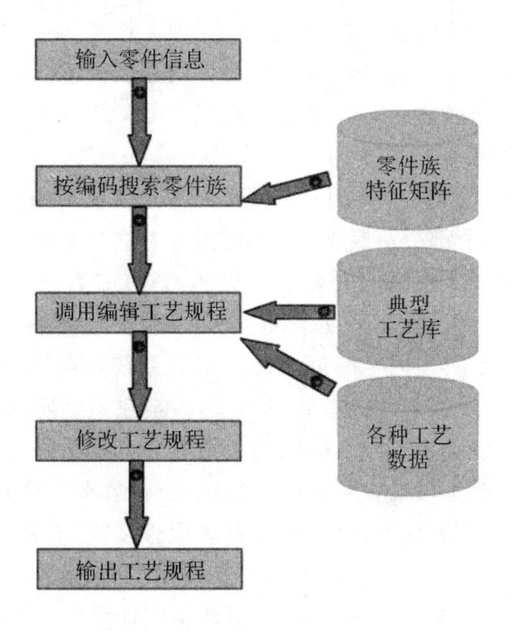


图3.6　派生式CAPP系统工作原理

文件,最后根据该零件的GT代码和其他有关信息对典型工艺进行自动化或人机交互式修改,生成符合要求的工艺文件。

派生式CAPP系统程序简单,易于实现,便于维护和使用,系统性能可靠,所以应用较广,但需人工参与决策,自动化程度不高,目前多用于回转体类零件CAPP系统。

**2. 典型的派生式CAPP系统**

CAM-I的工艺过程自动设计系统(CAPP)是所有工艺过程设计系统中使用最广泛的一个系统。它是Moconnell Douglas自动化公司(McAuto) 1976年按照与CAM-I签订的合同而开发的一个派生式CAPP系统。CAM-I的CAPP系统是用ANSI标准FORTRAN语言开发的一个数据库管理系统,它为派生式CAPP系统的数据库结构、标准工艺过程的检索逻辑和工艺文件的交互编辑功能提供了一种结构。CAPP系统使用的零件分类编码系统是由用户补充的,允许用户在标准工艺过程的搜索中使用已有的分类编码系统。

TOJICAP系统是我国开发的第一个CAPP系统。该系统是用于回转类零件的工艺过程设计的派生式CAPP系统。系统采用JCBM分类编码系统和JLBM分类编码系统,用BASIC语言在微型IBM-PC上运行。该系统具有特征矩阵文件、标准工艺文件、名称文件(机床、刀具名称和工序、工步名称)、工艺数据文件和加工关系矩阵文件等。系统采用模块化设计,有初始化模块、样件法生成模块、切削参数计算模块、修改和打印模块及人机交互模块等。

### 3.3.3 创成式CAPP

创成式(Generative)CAPP系统的基本原理和派生式系统不同,它不是以对标准工艺过程的检索和修改为基础,而是在收集了大量的工艺数据和加工知识的基础上,在计算机软件基础上建立一系列的决策逻辑,形成工艺数据库和加工知识库。输入新零件的有关信息后,系统可以模仿工艺人员,应用各种工艺决策逻辑规则,在没有人工干预的条件下,自动生成零件的工艺规程。如选择零件表面的加工方法,安排零件工艺路线,选择机床、刀具、夹具,计算切削参数、加工时间和加工成本,以及对工艺过程进行优化等,自动设计出零件的工艺过程,人们称这种系统为创成式CAPP系统。创成式CAPP系统又称生成式CAPP系统。

**1. 创成式CAPP系统原理**

从理论上讲,创成式CAPP系统是一个完备而易于使用的系统。此系统带有包含在软件中的工艺过程设计用的全部决策逻辑和规则,拥有工艺过程设计所需要的全部信息。但是与派生式系统相比,创成式系统的研究更不成熟,到目前为止,还没有一个创成式CAPP系统能包含所有的工艺过程设计决策逻辑,也没有一个系统能完全自动化。也就是说,由于工艺过程设计的复杂性,要实现完全的创成式CAPP系统目前还有困难,这种功能齐全、自动化程度很高的创成式系统目前还没有开发出来,甚至在短时期内也不一定能实现。因此,创成式系统的含义,在大多数系统中已通融为一个不大完整的概念,即只要系统中不存在事先编好的标准工艺过程,而且包括重要的决策逻辑,或者只有一部分决策逻辑就可以认为属于这一类系统。这种系统在原理上比较理想,自动化程度高,并能实现工艺过程的优化(见图3.7)。它具有下列特点:

(1)通过决策逻辑、专家系统、制造数据库自动生成新零件的工艺过程,运行时一般不需要人的技术性干预,是一种比较理想而有前途的方法。

(2)适应范围广,回转体和非回转体零件的工艺过程设计都能胜任,具有较高的柔性。

(3)便于和 CAD、CAM 系统的集成。便于和自动化加工设备相连接,能为其提供详细完整的控制信息,有利于集成。

(4)由于工艺过程设计的复杂性和智能性,自动化程度很高、功能齐全的创成式系统目前尚难实现。

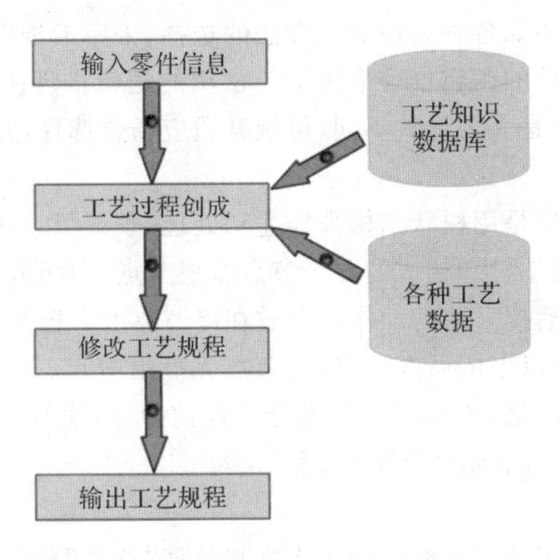


图 3.7　创成式 CAPP 系统工作原理

**2. 工艺过程设计中的决策方法**

工艺过程设计的涉及面很广,它既包括各种选择性工作,也包括计划(排序)性工作,还包括各种数值计算以及文字编辑和制表工作。从决策逻辑看,它既包括逻辑推理决策,也包括数学模型决策和创造性的智能思维决策等。除工序尺寸计算、切削用量选择、时间定额计算、生产费用计算等主要依靠数学模型的建立和求解的方法属于数学模型决策外,其他都属于逻辑推理决策。这种性质的决策,只能依靠建立决策模型来实现。可用于工艺过程设计中的决策方法有许多种,一般可把它们分为数学模型决策、逻辑推理决策和智能思维决策三类。工艺过程设计中的有些问题宜采用某种决策方法,而有的则需要几种决策方法的混合使用。

(1)数学模型决策

数学模型决策是以建立数学模型并求解作为主要的决策方式。在工艺过程设计中,以数值计算为主的问题多采用这一方式求解,如工艺尺寸链的计算、切削参数的计算、材料消耗和时间定额的计算等。但也有一些工艺设计问题,如定位夹紧方案的确定其影响是多因素的,复杂而又困难,采用模糊数学的不确定推理方式来求解不失为一种有效方法。

计算机辅助工艺过程设计所涉及的数学决策,其数学模型多是为了解决工程上的实用问题,具有很强的针对性。一般,数学模型可分为三类:

1)系统性数学模型

这类模型所对应的实体对象及其关系具有确定性,可以是连续型数学模型或离散型数学模型,可用函数、方程、矩阵、行列式、线性方程组、网络图等经典数学方法描述。

2)随机性数学模型

这类模型所对应的实体对象及其关系具有随机性,要用概率论、数理统计学等方法进行描述和求解。

3)模糊性数学模型

这类模型所对应的实体对象及其关系具有模糊性,可用模糊集合理论与模糊逻辑等来进行描述和求解。

(2)逻辑推理决策

在工艺过程设计中,诸如各种表面加工方法的选择、工序工步排序、刀具选择、机床选择等问题,都可以采用确定性的逻辑推理来决策。常用的逻辑推理决策有决策树和决策表两种形式,但其原理相同,只是表现形式不同,可视其适应场合选择,并可互相转换。

1)决策树

决策树又称判定树,它是用树状结构来描述和处理“条件”和“动作”之间的关系和方法。决策树是一种由节点和分支(边)构成的图。节点有根节点、中间节点和终节点之分,它表示一次测试或一个动作,最后拟采取的动作一般放在终节点上。根节点无前趋节点,中间节点有单一的前趋节点和一个以上的后继节点,终节点无后继节点。分支(边)连接两次测试和动作,表达一个条件是否满足;满足时动作沿分支向前传送,实现逻辑与(AND)关系;不满足时则转向另一分支以实现逻辑或(OR)关系。

2)决策表

决策表又称判定表,它是用表格结构来描述和处理“条件”和“动作”之间的关系和方法的。决策表用横竖两条双线或粗线将表格划分为四个区域,其中左上方区列出所有条件,左下方区列出根据条件组合可能出现的所有动作;竖双线右侧为一个矩阵,其中上方为条件(可能)组合,下方为对应的动作,即采取的决策,因此,矩阵的每一列可看成一条决策规则。

3)智能思维决策

工艺过程设计中,有些问题的决策往往依赖于工艺人员的经验和智能思维能力,因此需要应用人工智能。智能是运用知识解决问题的能力,学习、推理和联想三大功能是智能的重要因素。人工智能(Artificial Intelligence,AI)是计算机科学中涉及设计智能计算机系统的一个分支,这些系统呈现出与人类的智能行为如理解语言、学习、推理联想和解决问题等有关的特性。智能思维决策主要在智能式 CAPP 系统中使用。

**3. 典型的创成式 CAPP 系统**

APPAS(Automated Process Planning And Selection)系统是美国普渡大学的 R. A. Wysk 等开发的一种学术研究性的系统。它的设计对象是采用加工中心或镗铣类机床上加工的箱体类零件。它是一个面向零件表面元素的创成式 CAPP 系统。用户把某个表面元素的详细要求输入后,APPAS 系统能输出加工此表面的详细工艺过程,其中包括加工步骤、所选择的刀具以及切削参数等。待加工表面如果有 $N$ 个表面元素,待用户逐个输入各个表面各自的详细要求后,计算机将按用户的输入次序,打印输出这 $N$ 个表面的详细工艺过程。

CPPP(Computerized Production Process Planning)系统是在美国陆军的部分资助下,由联合工艺研究中心开发的。它能为圆柱形零件设计工艺过程。CPPP 系统具有生成工艺总表和详细工序卡的能力。工序卡包含注有全部尺寸和公差的零件草图,还规定了机床、切削顺序、基准表面、夹紧表面、刀具以及切削参数。

目前,人们已经开始将人工智能、专家系统知识应用于 CAPP 的研究和开发,由此所形成的 CAPP 系统称为智能式 CAPP 系统。与创成式 CAPP 系统相比,虽然二者都能自动进行工艺过程设计,但创成式 CAPP 系统以确定性的逻辑推理算法来进行决策,而智能式 CAPP 系统则采用智能思维决策,是以知识和知识的应用为特征的 CAPP 专家系统。

## 3.4　CAPP 技术的发展趋势

随着 CAD、CAM、CAPP 单元技术的逐渐成熟,同时又由于 CIMS 和 IMS 技术的提高与发展,CAPP 正朝着集成化、智能化、网络化、工具化、实用化方向发展,在设计技术上采用分布式和面向对象技术。CAPP 系统的主要应用已从金属切削方面逐渐向其他方面扩展,如装配、热处理、锻造、冲压、焊接、检验、机器人运动规划等。CAPP 技术在非机械制造领域的应用也有发展,如一些单位开展了服装 CAPP 系统、耐火材料 CAPP 系统、砂轮 CAPP 系统等的研究。当前研究开发 CAPP 系统的热点主要在以下几个方面:

- 产品数字模型的生成与获取;
- CAPP 的体系结构及 CAPP 智能开发工具系统的研究;
- 基于分布型人工智能技术的分布型智能式 CAPP 系统;
- 人工神经网络技术在智能式 CAPP 系统中的应用;
- 并行工程模式下的 CAPP 系统;
- 虚拟制造中的 CAPP 系统;
- 基于网络制造的 CAPP 系统;
- 面向企业的实用化 CAPP 系统;
- CAPP 系统与自动化生产调度系统的集成。

## 3.5　本章小结

本章介绍了 CAPP 的发展概况及 CAPP 系统结构的组成、CAPP 中零件信息的描述与输入方法、常见 CAPP 系统的基本构成及其工作原理和设计方法。在本章的最后展望了 CAPP 技术的发展趋势。

## 参考文献

[1] 唐荣锡. CAD/CAM 技术[M]. 北京:北京航空航天大学出版社,1994.
[2] 刘军. CAD/CAM 技术基础[M]. 北京:北京大学版社,2010.
[3] 何雪明,吴晓光,王宗才. 机械 CAD/CAM 基础[M]. 武汉:华中科技大学出版社,2008.
[4] 赵汝嘉. CAD 基础理论及应用[M]. 西安:西安交通大学出版社,1995.

## 习　题

3.1　成组技术的原理和实质是什么?

3.2　什么是零件分类编码系统的结构原理?

3.3　Opitz系统的总体结构是什么？说明其功能和特点。

3.4　叙述成组技术的基本思想,在产品设计、工艺设计及加工过程中如何应用成组技术?

3.5　试述派生式、创成式CAPP系统的原理和工作过程,其关键技术有哪些?

3.6　CAPP系统的工艺决策方法有哪几种？试各举一例。

# 第4章　数控加工编程

【内容提要】

本章主要阐述了数控加工技术的发展概况、数控机床以及数控编程的基础知识，并重点介绍了图形交互式自动编程的特点、常用软件和工作过程。

【学习提示】

本章重点是图形交互式自动编程的相关内容，是第17章UG数控加工的基础。

## 4.1　数控加工技术概述

计算机辅助制造的核心是计算机数字控制(Computer Numerical Control,CNC)技术，简称数控技术。数控技术是指在机床或仪器仪表领域中，采用数字信号对机床或仪器仪表的运动及过程进行控制的技术。采用数控技术加工零件，可改善对产品设计和品种多变的适应能力，提高加工速度和生产自动化水平，缩短加工准备时间，降低生产成本，提高产品质量和批量生产的劳动生产率。

自1952年美国研制成功第一台数控机床以来，随着电子技术、计算机技术、自动控制和精密测量等技术的发展，数控技术也在迅速地发展和不断地更新换代，先后经历了以下5个发展阶段：

第1代数控技术：1952—1959年，麻省理工学院采用电子管元件构成的专用数控(Numerical Control,NC)装置研制出第一台数控铣床。

第2代数控技术：从1959年开始采用晶体管电路的NC系统。

第3代数控技术：从1965年开始采用小、中规模集成电路的NC系统。

第4代数控技术：从1970年开始采用大规模集成电路的小型通用电子计算机控制的系统(Computer Numerical Control,CNC)。

第5代数控技术：从1974年开始采用微型计算机控制的系统(Microcomputer Numerical Control,MNC)。

近年来，微电子和计算机技术日益成熟，其成果正不断渗透到机械制造的各个领域中，先后出现了计算机直接数控(DNC)系统、柔性制造系统(FMS)和计算机集成制造系统(CIMS)。这些高级的自动化生产系统均以数控机床为基础，它们代表着数控技术今后的发展趋势。

### 4.1.1 数控机床

数控机床(NC Machine)就是采用了数控技术的机床,或者说是装备了数控系统的机床。它是一种综合应用计算机技术、自动控制技术、精密测量技术、通信技术和精密机械技术等先进技术的典型的机电一体化产品。

国际信息处理联盟(International Federation of Information Processing, IFIP)第五技术委员会对数控机床作了如下定义:数控机床是一种装有程序控制系统的机床,该系统能逻辑地处理具有特定代码和其他符号编码指令规定的程序。

**1. 数控机床的组成**

数控机床的种类很多,但任何一种数控机床都是由控制介质、数控系统、伺服系统、辅助控制系统和机床本体等若干基本部分组成,如图 4.1 所示。

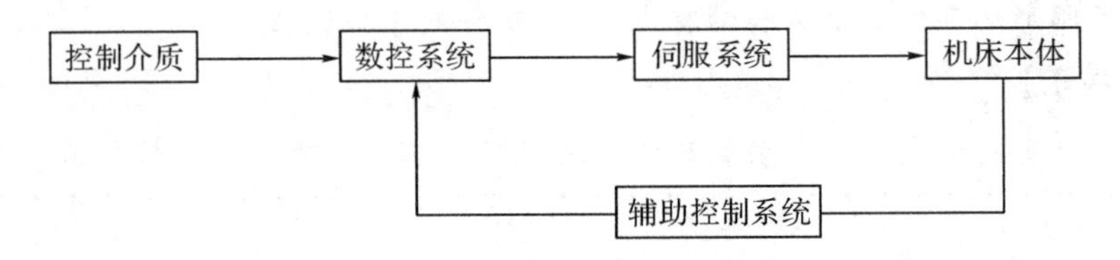


图 4.1 数控机床的组成

(1)控制介质

数控系统工作时,不需要操作工人直接操纵机床,但机床又必须执行人的意图,这就需要在人与机床之间建立某种联系,这种联系的中间媒介物即称为控制介质。在控制介质上存储着加工零件所需要的全部操作信息和刀具相对工件的位移信息,因此,控制介质就是将零件加工信息传送到数控装置去的信息载体。控制介质有多种形式,它随着数控装置类型的不同而不同,常用的有穿孔纸带、穿孔卡、磁带、磁盘和 USB 接口介质等。

另外,随着 CAD/CAM 技术的发展,有些数控设备利用 CAD/CAM 软件在其他计算机上编程,然后通过计算机与数控系统通信(如局域网),将程序和数据直接传送给数控装置。

(2)数控系统

数控装置是一种控制系统,是数控机床的中心环节。它能阅读输入载体上事先给定的数字,并将其译码,从而使机床进给并加工零件。

(3)伺服系统

伺服系统由伺服驱动电动机和伺服驱动装置组成,它是数控系统的执行部分。伺服系统接收数控系统的指令信息,并按照指令信息的要求带动机床本体的移动部件运动或使执行部分动作,以加工出符合要求的工件。指令信息是脉冲信息的体现,每个脉冲使机床移动部件产生的位移量叫作脉冲当量。机械加工中一般常用的脉冲当量为 0.01mm/脉冲、0.005mm/脉冲、0.001mm/脉冲,目前所使用的数控系统脉冲当量一般为 0.001mm/脉冲。

伺服系统是数控机床的关键部件,它的好坏直接影响着数控加工的速度、位置、精度等。伺服机构中常用的驱动装置,随数控系统的不同而不同。开环系统的伺服机构常用步进电机和电液脉冲马达;闭环系统常用宽调速直流电机和电液伺服驱动装置等。

(4)辅助控制系统

辅助控制系统是介于数控装置和机床机械、液压部件之间的强电控制装置。它接收数控装置输出的主运动变速、刀具选择交换、辅助装置动作等指令信号，经过必要的编译、逻辑判断、功率放大后直接驱动相应的电器、液压、气动和机械部件，以完成各种规定的动作。此外，有些开关信号经过辅助控制系统传输给数控装置进行处理。

(5)机床本体

机床本体是数控机床的主体，由机床的基础大件(如床身、底座)和各种运动部件(如工作台、床鞍、主轴等)所组成。它是完成各种切削加工的机械部分，一般采用高性能的主轴与伺服传动系统、机械传动装置，具有较高的刚度、阻尼精度和耐磨性。与传统的手动机床相比，数控机床的外部造型、整体布局，传动系统与刀具系统的部件结构及操作机构等方面都发生了很多变化。这些变化是为了满足数控机床的要求和充分发挥数控机床的特点。

**2. 数控机床的工作原理**

数控机床的输入装置接收数控程序，经识别与译码之后分别输入到各个相应的寄存器，这些指令与数据将作为控制与运算的原始数据。控制器接收输入装置的指令，根据指令控制运算器与输入装置，以实现对机床的各种操作(如控制工作台沿某一坐标轴的运动、主轴变速和冷却液的开关等)以及控制整机的工作循环(如控制阅读机的启动或停止、控制运算器的运算和控制输出信号等)。

运算器接收控制器的指令，将输入装置送来的数据进行某种运算，并不断向输出装置送出运算结果，使伺服系统执行所要求的运动。对于加工复杂零件的轮廓控制系统，运算器的重要功能是进行插补运算。所谓插补运算就是将每个程序段输入的工件轮廓上的某起始点和终点的坐标数据送入运算器，经过运算之后在起点和终点之间进行“数据密化”，并按控制器的指令向输出装置送出计算结果。输出装置根据控制器的指令将运算器送来的计算结果输送到伺服系统，经过功率放大驱动相应的坐标轴，使机床完成刀具相对工件的运动。机床控制系统每发出一个脉冲信号，则机床工作台在 $X$ 方向或 $Y$ 方向移动一步(一般数控机床为 0.001mm/脉冲，称为脉冲当量)。数控机床的工作原理见图 4.2。

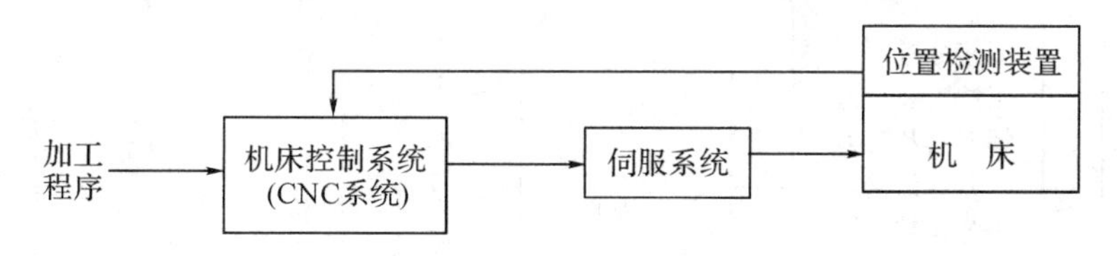


图 4.2　数控机床的工作原理

**3. 数控机床的分类**

(1)按工艺用途分类

分为数控镗铣床、数控车床、加工中心、数控镗床、数控钻床、数控线切割机床等。

(2)按控制方式分类

1)点位控制：如数控镗床、数控钻床等，其特点是定位精度高。

2)轮廓控制：如数控镗铣床、数控车床、加工中心、数控线切割机床等，其特点是通过插补运算可实现对工件轮廓进行加工，若多轴联动，可实现曲面加工。

(3)按伺服系统类型分类

1)开环控制系统:机床上没有安装位置反馈检测装置,即没有构成反馈控制回路,机床工作台的移动速度与位移量取决于输入脉冲的频率和数量。其主要特点是系统结构简单、成本低,但控制精度较差。

2)闭环控制系统:机床上安装了位置反馈检测装置(如光栅尺),即构成了反馈控制回路,系统将测量到的实际位移反馈到数控装置中,然后与指令值相比较而得到差值信号,再由该差值信号控制工作台的运动,直到偏差为零。其主要特点是定位精度高,但系统结构复杂、成本高。

3)半闭环控制系统:在机床的丝杠上安装了角位移检测装置(如光电编码器或感应同步器等),通过检测丝杠转角间接地得到工作台的位移,然后反馈到数控装置中。由于反馈量取自丝杠转角,而不是工作台的实际位移,即机床工作台未包含在反馈控制回路中而没有消除丝杠至工作台之间的误差,故称该类系统为半闭环控制系统。其特点是系统控制精度比开环控制系统高,而比闭环控制系统低,系统结构较简单、成本较低。

### 4.1.2 数控编程方法

常用数控编程方法一般分为手工编程、数控语言编程和交互式图形编程三种。

**1. 手工编程**

针对被加工零件图的加工要求,按数控机床的编程格式,编制控制数控机床满足加工要求的零件加工程序称为数控加工编程。即数控加工编程是指从零件图纸到获得数控加工程序的全部工作过程。手工编程是编程人员按照数控系统规定的加工程序段和指令格式,手工编写出待加工零件的数控加工程序,数控加工程序编制的内容及步骤如图 4.3 所示。手工编程一般用于几何形状不太复杂的零件,所需的加工程序不长,计算比较简单。用手工编程耗费时间较长,容易出现错误,无法胜任复杂形状零件的编程,目前已用得很少。

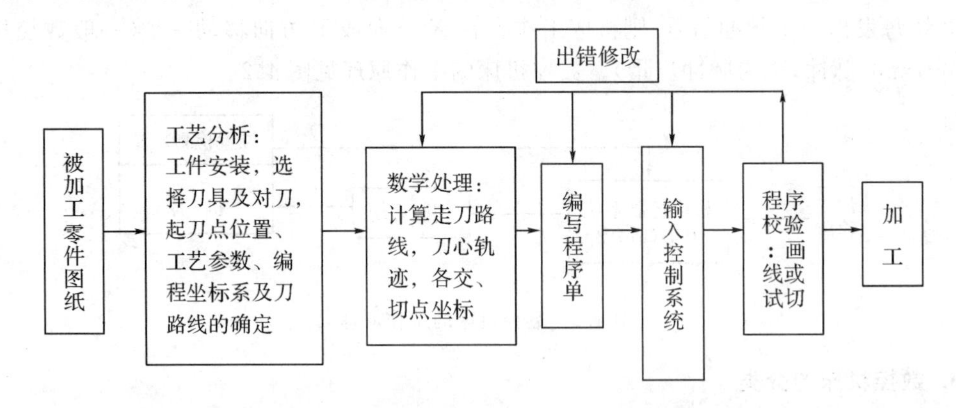


图 4.3 数控加工程序编制的内容及步骤(手工编程过程)

(1)分析零件图纸和制定工艺方案

这项工作的内容包括:对零件图样进行分析,明确加工的内容和要求;确定加工方案;选择适合的数控机床;选择或设计刀具和夹具;确定合理的走刀路线及选择合理的切削用量等。

(2)数学处理

在确定了工艺方案后,就需要根据零件的几何尺寸、加工路线等,建立工件坐标系,计算刀具中心运动轨迹,以获得刀具位置数据。建立工件坐标系原则应使计算刀位数据尽可能简便。数控系统一般均具有直线与圆弧插补功能,对于加工由直线和圆弧组成的较简单的平面零件,只需要计算出零件轮廓上相邻几何元素交点或切点的坐标值,得出各几何元素的起点、终点、圆弧的圆心坐标值等,就能满足编程要求。当零件的几何形状与控制系统的插补功能不一致时,如非圆曲线就需要进行较复杂的数值计算,一般需要使用计算机辅助计算,否则难以完成。

(3)编写零件加工程序

在完成上述工艺处理及数值计算工作后,即可编写零件加工程序。编程人员按照数控系统规定的程序格式,使用该系统的程序指令,逐段编写零件加工程序。

(4)加工程序的输入

当零件加工程序编写好后,可通过控制系统面板上的键盘逐段输入。

(5)程序检验

加工程序输入数控系统后就可控制数控机床进行加工。一般在正式加工之前,要对程序进行检验。通常可采用数控机床空运转及画线方式,以检查机床动作和运动轨迹的正确性来检验程序。在具有图形模拟显示功能的数控机床上,可通过显示走刀轨迹或模拟刀具对工件的切削过程,对程序进行检查。对于形状复杂和要求高的零件,也可采用铝件、塑料或石蜡等易切材料进行试切来检验程序。通过检查试件,不仅可确认程序是否正确,还可知道加工精度是否符合要求。当发现加工的零件不符合加工技术要求时,需进一步纠正数学计算、程序输入或程序编写中的错误。

**2. 数控语言编程**

数控语言编程要有数控语言和编译程序。编程人员需要根据零件图样要求用一种直观易懂的编程语言(数控语言)编写零件的源程序(源程序描述零件形状、尺寸、几何元素之间的相互关系及进给路线、工艺参数等),相应的编译程序对源程序自动地进行编译、计算、处理,最后得出加工程序。

1952 年美国麻省理工学院首先研制成数控铣床,通过编码在穿孔纸带上的程序指令来控制机床。加工程序的编制不但需要相当多的人工,而且容易出错。麻省理工学院于 1950 年研究开发数控机床的加工零件编程语言 APT,它是类似 FORTRAN 的高级语言。其增强了几何定义、刀具运动等语句,使编写程序变得简单。这种计算机辅助编程是批处理的。目前,数控语言编程中使用最多的是 APT 数控编程语言系统。

会话型自动编程系统是在数控语言自动编程的基础上,增加了“会话”的功能。编程员通过与计算机对话的方式,输入必要的数据和指令,完成对零件源程序的编辑、修改。它可随时停止或开始处理过程;随时打印零件加工程序单或某一中间结果;随时给出数控机床的脉冲当量等后置处理参数;用菜单方式输入零件源程序及操作过程等。日本的 FAPT、荷兰的 MITURN、美国的 NCPTS、我国的 SAPT 等均是会话型自动编程系统。

**3. 交互式图形编程**

交互式图形编程是以计算机绘图为基础的自动编程方法,需要 CAD/CAM 自动编程软件支持。这种编程方法的特点是以工件图形为输入方式,并采用人机对话方式,而不需要使用数控语言编制源程序。从加工工件的图形再现、进给轨迹的生成、加工过程的动态模拟，直到生成数控加工程序，都是通过屏幕菜单驱动。具有形象直观、高效及容易掌握等优点。

## 4.2 常用数控编程指令

### 4.2.1 机床坐标系与工件坐标系

**1. 机床坐标系**

在数控机床上，机床的动作是由数控装置来控制的，为了确定数控机床上运动的位移量和运动的方向，需要通过坐标系来实现，这个坐标系被称为机床坐标系。机床坐标系通常采用如图4.4所示的右手直角笛卡儿坐标系。一般情况下主轴的方向为$Z$坐标，而工作台的两个运动方向分别为$X$、$Y$坐标。

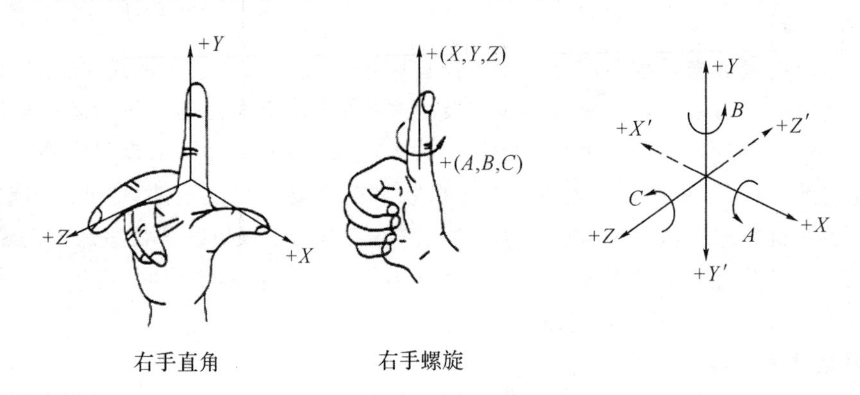


图4.4 机床坐标系方向判断

**2. 数控机床原点**

机床原点是指在机床上设置的一个固定点，即机床坐标系的原点。它在机床装配、调试时就已确定下来，是数控机床进行加工运动的基准参考点。

(1)数控车床的原点

在数控车床上，机床原点一般取在卡盘端面与主轴中心线的交点处，如图4.5所示。通过设置参数的方法，也可将机床原点设定在$X$、$Z$坐标的正方向极限位置上。

(2)数控铣床的原点

在数控铣床上，机床原点一般取在$X$、$Y$、$Z$坐标的正方向极限位置上，如图4.6所示。

**3. 工件坐标系**

工件坐标系是编程人员在编程时使用的，编程人员选择工件上的某一已知点为原点(也称程序原点)，建立一个新的坐标系，称为工件坐标系。工件坐标系一旦建立便一直有效，直到被新的工件坐标系所取代。工件坐标系的原点选择要尽量满足编程简单、尺寸换算少、引起的加工误差小等条件。一般情况下，程序原点应选在尺寸标注的基准或定位基准上。对车床编程而言，工件坐标系原点一般选在工件轴线与工件的前端面、后端面、卡爪前端面的交点上。对刀点是零件程序加工的起始点，对刀的目的是确定程序原点在机床坐标系中的位置，对刀点可与程序原点重合，也可在任何便于对刀之处，但该点与程序原点之间必须有确定的坐标联系。可以通过 CNC 将相对于程序原点的任意点的坐标转换为相对于机床零点的坐标。

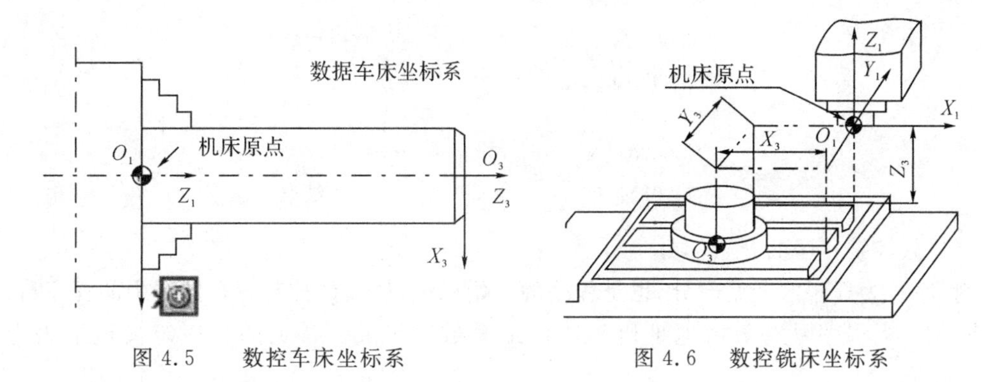


图 4.5　数控车床坐标系　　图 4.6　数控铣床坐标系

**4. 机床坐标系原点(参考点)**

机床原点是指在机床上设置的一个固定点，即机床坐标系的原点。它在机床装配、调试时就已确定下来，是数控机床进行加工运动的基准参考点。图 4.7 显示了机床原点与工件坐标系原点相互之间的位置关系。数控机床在运行程序前，一般应使机床先回机床参考点，以便确定机床原点与安装在机床工作台上的工件之间的相对位置。

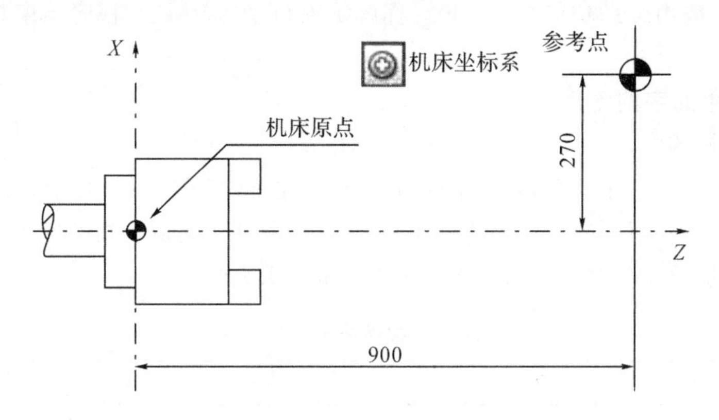


图 4.7　机床坐标系原点

## 4.2.2　数控加工程序的一般结构

**1. 数控程序段的组成**

数控系统国际上广泛采用两种标准代码：国际标准化组织标准代码和美国电子工业协会标准代码。这两种标准代码的编码方法不同，在大多数现代数控机床上这两种代码都可以使用，只需用系统控制面板上的开关来选择，或用 G 功能指令来选择。一个完整的数控铣程序由程序开始部分、程序内容、程序结束三部分组成，如下列零件的数控铣加工程序所示：

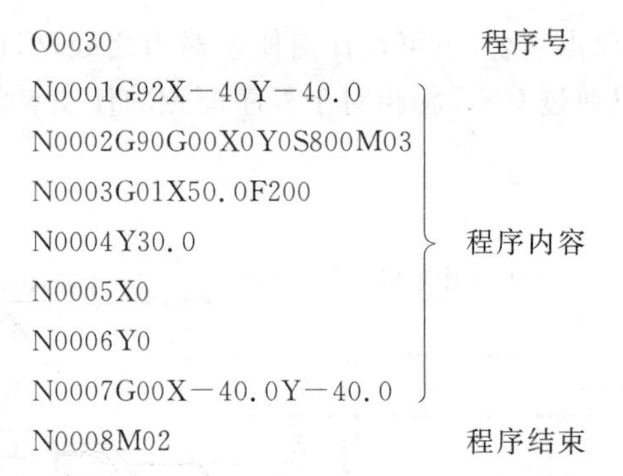

```
O0030                              程序号
N0001G92X－40Y－40.0              ┐
N0002G90G00X0Y0S800M03            │
N0003G01X50.0F200                 │
N0004Y30.0                        ├ 程序内容
N0005X0                           │
N0006Y0                           │
N0007G00X－40.0Y－40.0            ┘
N0008M02                           程序结束
```

(1)数控铣程序的开始部分

程序号为程序的开始部分,也是程序的开始标记,供在数控装置存储器中的程序目录中查找、调用。程序号一般由地址码和四位编号数字组成。常见的程序定义地址码为 O、P 或%。

(2)程序内容

程序内容是整个程序的主要部分,由多个程序段组成。每个程序段又由若干个字组成,每个字由地址码和若干个数字组成。指令字代表某一信息单元,代表机床的一个位置或一个动作。

(3)程序结束部分

程序结束一般由辅助功能代码 M02(程序结束指令)或 M30(程序结束指令和返回程序开始指令)组成。

**2. 程序段中的字的含义**

(1)程序段格式

程序段格式是指一个程序段中的字、字符和数据的书写规则。目前常用的是字地址码可编程序段格式,它由语句号字、数据字和程序段结束符号组成。每个字的字首是一个英文字母,称为字地址码,字地址码可编程序段格式如表 4.1 所示。

**表 4.1 程序段的常见格式**

| N122 | G | G | X | Y | Z | A | B | C | F | M |
|---|---|---|---|---|---|---|---|---|---|---|

字地址码可编程序段格式的特点是:程序段中各自的先后排列顺序并不严格,不需要的字以及与上一程序段相同的继续使用的字可以省略;每一个程序段中可以有多个 G 指令或 G 代码;数据的字可多可少,程序简短,直观,不易出错,因而得到广泛使用。

(2)程序段序号

程序段序号简称顺序号,通常用数字表示,在数字前还冠有标识符号 N,现代数控系统中很多都不要求程序段号,程序段号可以省略。

(3)准备功能

准备功能简称 G 功能,由表示准备功能地址符 G 和数字组成,如直线插补指令 G01,G 指令代码的符号已标准化。

G 代码表示准备功能,目的是将控制系统预先设置为某种预期的状态,或者某种加工模式和状态,例如 G00 将机床预先设置为快速运动状态。准备功能表明了它本身的含义,G

代码将使得控制器以一种特殊方式接受 G 代码后的编程指令。

(4)坐标字

坐标字由坐标地址符及数字组成,并按一定的顺序进行排列,各组数字必须具有作为地址码的地址符 X、Y、Z 开头,各坐标轴的地址符按下列顺序排列:X、Y、Z、U、V、W、P、Q、R、A、B、C,其中,X、Y、Z 为刀具运动的终点坐标值。

程序段将说明坐标值是绝对模式还是增量模式,是英制单位还是公制单位,到达目标位置的运动方式是快速运动或直线运动。

(5)进给功能 F

进给功能由进给地址符 F 及数字组成,数字表示所选定的进给速度。

(6)主轴转速功能 S

主轴转速功能由主轴地址符 S 及数字组成,数字表示主轴转速,单位为 rpm。

(7)刀具功能 T

刀具功能由地址符 T 和数字组成,用以指定刀具的号码。

(8)辅助功能

辅助功能简称 M 功能,由辅助操作地址符 M 和数字组成。

(9)程序段结束符号

程序段结束符号放在程序段的最后一个有用的字符之后,表示程序段的结束,因为控制不同,结束符应根据编程手册规定而定。

需要说明的是,数控机床的指令在国际上有很多格式标准。随着数控机床的发展,其系统功能更加强大,使用更方便,在不同数控系统之间,程序格式上会存在一定的差异,因此在具体使用某一数控机床时要仔细了解其数控系统的编程格式。

### 4.2.3　常用数控机床编程指令

FANUC-0 MC 数控系统的特点是:轴控制功能强,其基本可控制轴数为 $X$、$Y$、$Z$ 三轴,扩展后可联动控制轴数为四轴;编程代码通用性强,编程方便,可靠性高。下面以 FANUC-0 MC 数控系统为例来讲解数控铣床编程指令体系。

**1. 准备功能 G**

准备功能也叫 G 功能或 G 代码。它是使数控机床建立起某种加工方式的指令,如插补、刀具补偿、固定循环等。G 功能字由地址符 G 和其后的两位数字组成,从 G00～G99 共 100 种功能,见表 4.2。

表内标有字母 a、c、d……字母的是表示所对应的第一列中的 G 代码为模态代码(功能保持到被取消或被同样字母表示的程序指令所代替),标有“ * ”的为非模态代码(功能仅在所出现的程序段内有效)。字母相同的为一组,同组的任意两个 G 代码不能同时出现在一个程序段中。

表 4.2 准备功能 G 代码

| 代码 | 功能作用范围 | 功能 | 代码 | 功能作用范围 | 功能 |
|---|---|---|---|---|---|
| G00 | a | 点定位 | G50 | #(d) | 刀具偏置 0/－ |
| G01 | a | 直线插补 | G51 | #(d) | 刀具偏置＋/0 |
| G02 | a | 顺时针圆弧插补 | G52 | #(d) | 刀具偏置－/0 |
| G03 | a | 逆时针圆弧插补 | G53 | f | 直线偏移注销 |
| G04 | * | 暂停 | G54 | f | 直线偏移 X |
| G05 | # | 不指定 | G55 | f | 直线偏移 Y |
| G06 | a | 抛物线插补 | G56 | f | 直线偏移 Z |
| G07 | # | 不指定 | G57 | f | 直线偏移 XY |
| G08 | * | 加速 | G58 | f | 直线偏移 XZ |
| G09 | * | 减速 | G59 | f | 直线偏移 YZ |
| G10～G16 | # | 不指定 | G60 | h | 准确定位(精) |
| G17 | c | XY 平面选择 | G61 | h | 准确定位(中) |
| G18 | c | ZX 平面选择 | G62 | h | 准确定位(粗) |
| G19 | c | YZ 平面选择 | G63 | * | 攻丝 |
| G20～G32 | # | 不指定 | G64～G67 | # | 不指定 |
| G33 | a | 螺纹切削,等螺距 | G68 | #(d) | 刀具偏置,内角 |
| G34 | a | 螺纹切削,增螺距 | G69 | #(d) | 刀具偏置,外角 |
| G35 | a | 螺纹切削,减螺距 | G70～G79 | # | 不指定 |
| G36～G39 | # | 不指定 | G80 | e | 固定循环注销 |
| G40 | d | 刀具补偿/刀具偏置注销 | G81～G89 | e | 固定循环 |
| G41 | d | 刀具补偿—左 | G90 | j | 绝对尺寸 |
| G42 | d | 刀具补偿—右 | G91 | j | 增量尺寸 |
| G43 | #(d) | 刀具偏置—正 | G92 | * | 预置寄存 |
| G44 | #(d) | 刀具偏置—负 | G93 | k | 进给率,时间倒数 |
| G45 | #(d) | 刀具偏置＋/＋ | G94 | k | 每分钟进给 |
| G46 | #(d) | 刀具偏置＋/－ | G95 | k | 主轴每转进给 |
| G47 | #(d) | 刀具偏置－/－ | G96 | i | 恒线速度 |
| G48 | #(d) | 刀具偏置－/＋ | G97 | i | 每分钟转数(主轴) |
| G49 | #(d) | 刀具偏置 0/＋ | G98～G99 | # | 不指定 |

**2. 辅助功能 M**

辅助功能字用于指定主轴的旋转方向、启动、停止,冷却液的开关,工件或刀具的夹紧和松开,刀具的更换等功能。辅助功能字由地址符 M 和其后的两位数字组成。表 4.3 所示为 M 代码。

由于数控机床的厂家很多,每个厂家使用的 G 功能、M 功能与 ISO 标准也不完全相同,因此对于每一台数控机床，必须根据机床说明书的规定进行编程。

表 4.3　辅助功能 M 代码

| 代码 | 功能作用范围 | 功能 | 代码 | 功能作用范围 | 功能 |
|---|---|---|---|---|---|
| M00 | * | 程序停止 | M36 | * | 进给范围 1 |
| M01 | * | 计划结束 | M37 | * | 进给范围 2 |
| M02 | * | 程序结束 | M38 | * | 主轴速度范围 1 |
| M03 | | 主轴顺时针转动 | M39 | * | 主轴速度范围 2 |
| M04 | | 主轴逆时针转动 | M40～M45 | * | 齿轮换挡 |
| M05 | | 主轴停止 | M46～M47 | * | 不指定 |
| M06 | * | 换刀 | M48 | * | 注销 M49 |
| M07 | | 2 号冷却液开 | M49 | * | 进给率修正旁路 |
| M08 | | 1 号冷却液开 | M50 | * | 3 号冷却液开 |
| M09 | | 冷却液关 | M51 | * | 4 号冷却液开 |
| M10 | | 夹紧 | M52～M54 | * | 不指定 |
| M11 | | 松开 | M55 | * | 刀具直线位移，位置 1 |
| M12 | * | 不指定 | M56 | * | 刀具直线位移，位置 2 |
| M13 | | 主轴顺时针，冷却液开 | M57～M59 | * | 不指定 |
| M14 | | 主轴逆时针，冷却液开 | M60 | | 更换工作 |
| M15 | * | 正运动 | M61 | | 工件直线位移，位置 1 |
| M16 | * | 负运动 | M62 | * | 工件直线位移，位置 2 |
| M17～M18 | * | 不指定 | M63～M70 | * | 不指定 |
| M19 | | 主轴定向停止 | M71 | * | 工件角度位移，位置 1 |
| M20～M29 | * | 永不指定 | M72 | * | 工件角度位移，位置 2 |
| M30 | * | 纸带结束 | M73～M89 | * | 不指定 |
| M31 | * | 互锁旁路 | M90～M99 | * | 永不指定 |
| M32～M35 | * | 不指定 | | | |

注：1. “*”号表示：如选作特殊用途，必须在程序说明中说明。

2. M90～M99 可指定为特殊用途。

## 4.3　图形交互式自动编程

在现代生产过程中，产品改型频繁，单件和中、小批量产品所占比重越来越大。由于手工编程效率很低，特别是对于诸如曲面的零件加工，手工编程已无法胜任。因此，目前数控加工主要采用自动编程。

自动编程的方法早期主要是采用数控语言进行编程，如 APT 语言。随着计算机图形功能的不断发展，近年来主要是采用图形交互方式完成零件的自动编程，即在计算机上采用

CAD/CAM 系统软件自动生成数控加工程序。目前几乎所有大型 CAD/CAM 应用软件都具备数控编程功能。在使用这种系统编程时，编程人员不需要编写数控源程序，只需要从 CAD 数据库中调出零件图形文件，并显示在屏幕上，采用多级功能菜单作为人机界面。编程过程中，系统还会给出大量的提示。这种方式操作方便，容易学习，可大大提高编程效率与编程精度，并且可避免由于笔误、计算、编码及输入等原因造成的失误。

近年来，国内外在微机或工作站上开发的 CAD/AM 软件发展很快，得到广泛应用。如美国 CNC 软件公司的 MasterCAM、美国 UGS(Unigraphics Solutious)公司的 UG(Unigraphics)、我国北航海尔的制造工程师(CAXA-ME)等软件，都是性能较完善的三维 CAD 造型和数控编程一体化的软件，且具有智能型后置处理环境，可以面向众多的数控机床和大多数数控系统。

### 4.3.1 图形交互式数控自动编程的特点

图形交互式数控自动编程是通过专用的计算机软件来实现的，是目前所普遍采用的数控编程方法，其特点如下：

(1)这种编程方法既不像手工编程那样需要用复杂的数学手工计算算出各节点的坐标数据，也不需要像 APT 语言编程那样用数控编程语言去编写描绘零件几何形状加工走刀过程及后置处理的源程序，而是在计算机上直接面向零件的几何图形以光标指点、菜单选择及交互对话的方式进行编程，其编程结果也以图形的方式显示在计算机上。所以该方法具有简便、直观、准确、便于检查的优点。

(2)图形交互式自动编程软件和相应的 CAD 软件是有机地联系在一起的一体化软件系统，既可用来进行计算机辅助设计，又可以直接调用设计好的零件图进行交互编程，对实现 CAD/CAM 一体化极为有利。

(3)这种编程方法的整个编程过程是交互进行的，简单易学，在编程过程中可以随时发现问题并进行修改。

(4)编程过程中，图形数据的提取、节点数据的计算、程序的编制及输出都是由计算机自动进行的。因此，编程的速度快、效率高、准确性好。

### 4.3.2 常见 CAD/CAM 软件简介

在我国的制造业内流行的 CAD/CAM 软件很多，一类是小型软件，主要有 MasterCAM、SURFCAM 等软件；一类是大型集成化系统，它不但兼有 CAD、CAM 两类软件之长，功能完整，从单纯的绘图、零件建模和装配发展到包括钣金、模具设计等方面，还集成有 CAE、CAPP、PDM 等分析、工艺、产品资料管理功能，如 Unigraphics、Pro/Engineer、Solid Works、I-DEAS、CAXA、Cimatron、CATIA 等软件。

MasterCAM 是由美国 CNC Software 公司率先开发的基于 PC 平台的 CAD/CAM 软件系统。它具有二维几何图形设计、三维线框多种实用的曲面造型、实体造型、可对零件图形直接生成刀具路径、刀具路径模拟、加工实体模拟、可扩展的后置处理及较强的外界接口等功能。它自动生成的数控加工程序能适应多种类的数控机床，数控加工编程功能轻便快捷，可提供 2～5 轴铣削、车削、变锥度线切割 4 轴加工等编程功能。并具有友好的人机界面交互功能。由于它对硬件要求不高，并且操作灵活、易学易懂易用、具有良好的价格性能比等特点，因而深受广大企业用户和工程技术人员的欢迎，在国内外中小企业中得到了非常广泛的应用，是目前世界上应用最广泛的 CAD/CAM 软件之一。

Unigraphics 简称 UG，是美国 UGS 公司（隶属于 EDS 公司）的主要产品之一，面向制造业以 CAD/CAM/CAE 一体化而著称。Unigraphics NX 由美国 EDS 公司开发，它是 Unigraphics 系列软件的最新版本，也是当今世界上最先进、最流行的具有代表性的工业设计软件之一。它具有曲线功能、草图功能、实体建模、曲面建模、钣金建模、注塑模设计与分析、装配建模、工程图制作和分析以及数控加工等模块及标准件库系统（UG/FAST）。整个系统建立在统一的富有关联性的数据库基础上，提供了工程上的完全关联性，以基本特征作为交互操作的基础单位，利用特征技术，实现 CAD/CAM/CAE 的集成与联动，使 CAD/CAM/CAE 各部分数据自由切换，这不仅有利于 CAD/CAM 系统之间交换信息，而且有利于信息的共享，是参数化和特征化的 CAD/CAM/CAE 系统。它把先进的科技与产品品质作业流程相结合，针对企业具体情况，提供从设计、分析到制造应用等一系列完整的解决方案。因此它被广泛地应用于航空航天、汽车、机械、模具、工业设计等领域。它已经成为世界上很多大型公司使用的系统；在中国它也成为许多汽车公司、模具设计制造公司和高校的首选设计软件。

Pro/Engineer 简称 Pro/E，是由美国 PTC 公司研制和开发的软件，它开创了三维 CAD/CAM 参数化的先河。可用于设计和加工复杂的零件，还具有零件装配、机构仿真、有限元分析、逆向工程、同步工程和模具自动化应用程序及数据库等功能。该软件也具有较好的二次开发环境和数据交换能力。系统的核心技术具有以下特点：基于特征建模，将某些具有代表性的平面几何形状定义为特征，并将其所有尺寸存为可变参数，进而形成实体，以此为基础进行更为复杂的几何形体的构建；全尺寸约束，将形状和尺寸结合起来考虑，通过尺寸约束实现对几何形体的控制；尺寸驱动设计修改，通过编辑尺寸数值可以改变几何形状；全数据相关，尺寸参数的修改导致其他模块中的相关尺寸得以更新，如果要修改零件的形状，只需修改一下零件上的相关尺寸。由于该软件具有基于特征、全参数、全相关和单一数据库的特点，已广泛应用于模具、工业设计、汽车、航天、玩具等行业，并在国际 CAD/CAM/CAE 市场上占有较大的份额。

SolidWorks 是由美国波士顿 SolidWorks 公司开发的机械设计软件，号称世界上最快的建模软件。其显著特点：能够在特征层面上对多体结构进行控制的机械设计；动态仿真能够直接模拟接触式的机械机构运动干涉的运动情况；在线资源库，用户可以通过互联网找到世界领先的零部件供货商，并下载库中的几百万个零部件；用户只需查询供应商的产品在线目录，直接下载三维实体模型，而不需要二次建模。

Cimatron 是由以色列著名软件公司 Cimatron 开发的 CAD/CAM 软件。该软件在 20 世纪 80 年代初就面向制造的 CAD/CAM 解决方案为客户提供了铣削复杂零件的能力，它的设计技术和战略方向使得该公司在当时 CAD/CAM 领域内公认为处于领导地位，特别在数控加工技术方面，它提供了以基于知识的加工、自动化 NC 和基于毛坯残留知识三大技术为基础的智能 NC，被世界普遍认为是最优秀的数控编程设计系统之一。作为面向制造业的 CAD/CAM 集成解决方案的领导者，承诺为模具、工具和其他制造商提供全面的、性价比最好最新的软件解决方案，使制造圈流程化，生成安全、高效和高质量的 NC 刀具轨迹。该软件目前已升级成为一套全功能的、高度集成的 CAD/CAM 系统，CAD 模块包含了线架构、面架构及实体造型的混合建构功能;CAM 模块为加工制造业提供了从 2 到 5 轴的可靠的 NC 功能,并提供了灵活方便的刀具轨迹编辑功能。具有良好的数据交换接口,支持工业界的标准格式,可以同诸如 Pro/E、UG、CATIA、MasterCAM、AutoCAD 等软件进行图档转换。后置处理具有多种代码格式,检验代码,实现代码读入预览;可由代码反向生成图形。由于其先进而稳定的性能,现已广泛用于机械、电子、交通运输、航空航天等行业。

CATIA 是 Computer Aided Tri-dimensional Interface Application 的缩写。CATIA 是由美国 IBM 公司和法国 Dassault Systems 公司联合开发的 CAD/CAM/CAE 一体化应用软件。它的集成解决方案覆盖所有的产品设计与制造领域,其特有的 DMU 电子样机模块功能及混合建模技术是其主要的特点,提供了方便的虚拟数字化设计解决方案。围绕数字化产品和电子商务集成概念进行系统结构设计,可为数字化企业建立一个针对产品整个开发过程的工作环境,在这个环境中,可以对产品开发过程的各个方面进行仿真,并能够实现工程人员和非工程人员之间的电子通信,产品整个开发过程包括概念设计、详细设计、工程分析、成品定义和制造乃至成品在整个生命周期中的使用和维护。

CAXA 是由中国北航海尔软件公司开发的 CAD/CAM 软件,主要包括电子图板、实体设计和制造工程师等模块。电子图板模块是一套高效、方便、智能化的二维设计和绘图软件,它功能强大、易学实用,被称为中国的 AutoCAD,图库中含有大量的符合最新国标的标准件与图符;实体设计模块采用了智能图素、三维球等 6 项国际专利技术,适应国内设计人员的使用习惯,能够快捷地实现零件设计、装配设计、钣金设计、产品真实效果模拟和动画仿真等,并提供了较丰富的数据接口,可与所有流行的 CAD/CAM 软件交换数据;制造工程师模块是面向 2～5 轴数控加工的编程软件,具备多种加工方法。用户可以自定义专用数控系统的后置处理格式,针对不同控制系统生成不同格式的 G、M 代码,并能生成 3B 格式的数控线切割机车的加工程序。提供了多种刀具轨迹仿真手段,对于已有的数控代码也可以通过代码反读功能,将数控代码转换成图形显示的加工轨迹,可检验数控代码的正确性。

随着计算机性能成数量级的提高、网络通信的普及化、信息处理的智能化、多媒体技术的实用化及 CAD/CAM 技术的普及应用越来越广泛与深入,现在 CAD/CAM 技术正向着开放、集成、智能、网络和标准化的方向发展。

### 4.3.3 图形交互式自动编程工作过程

图形交互式自动编程是在系统的图形终端上进行的,从总体上讲,其编程的基本原理及基本步骤大体上是一致的,归纳起来可分为五大步骤:(1)加工工艺决策;(2)几何造型;(3)刀位轨迹的计算机生成;(4)后置处理;(5)程序输出。其过程如图 4.8 所示。

首先根据零件图纸加工要求进行加工工艺分析,并确定其加工工序、走刀路线及工艺参数等。加工工艺决策内容包括定义毛坯尺寸、边界、刀具尺寸、刀具基准点、进给率、快进路径以及切削加工方式。CAM 系统中有不同的切削加工方式供编程中选择,可为粗加工、半精加工、精加工各个阶段选择相应的切削加工方式。

在完成工艺分析与决策工作后,进入交互式图形编程软件,绘制被加工零件的几何图形文档,或通过测量装置(如三坐标测量机、激光扫描仪等)采集待加工零件实物表面的数据后,生成并转换成所要求的图形文档。与此同时,在计算机内自动形成零件三维几何模型数据库。它相当于 APT 语言编程中,用几何定义语句定义零件的几何图形的过程,其不同点

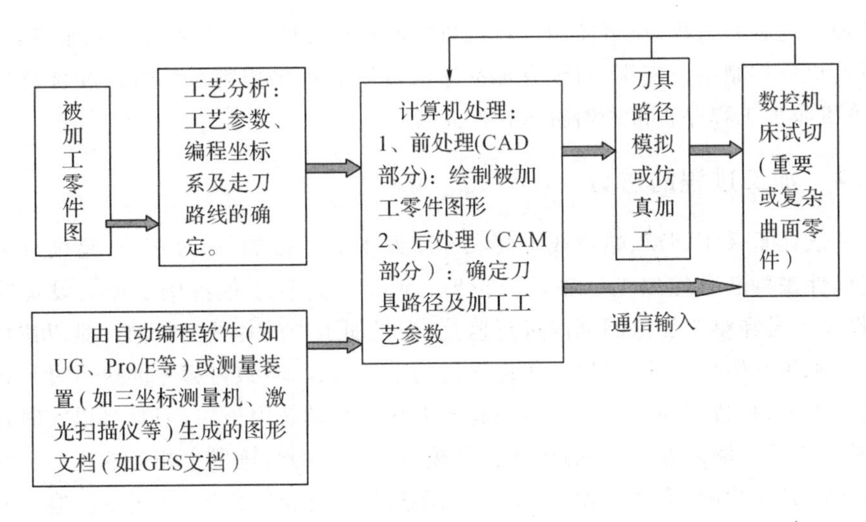


图 4.8　数控加工自动编程过程

就在于它不是用语言，而是用计算机造型的方法将零件的图形数据输送到计算机中。这些三维几何模型数据是下一步刀具轨迹计算的依据。交互式图形编程软件将根据加工要求提取这些数据，进行分析判断和必要的数学处理，形成加工的刀具位置数据。

图形交互式自动编程的刀位轨迹的生成是面向屏幕上的零件模型交互进行的。首先在刀位轨迹生成菜单中选择所需的菜单项；然后根据屏幕提示，用光标选择相应的图形目标，指定相应的坐标点，输入所需的各种参数；交互式图形编程软件将自动从图形文件中提取编程所需的信息，进行分析判断，计算出节点数据，并将其转换成刀位数据，存入指定的刀位文件中或直接进行后置处理生成数控加工程序，同时在屏幕上显示出刀位轨迹图形。

刀具路径生成方法取决于加工类型(如点位控制加工、外轮廓切削、腔槽铣削、曲面加工等)和零件加工的复杂程度。系统程序中提供了多种常用的机械加工程序模块，如点位控制钻孔模块、表面轮廓加工模块、立铣腔槽模块、曲面加工模块等。交互图形方式允许编程员以分段方式生成刀具路径，并借助图形显示器形象地进行校验。这一过程从确定刀具起始位置开始，之后编程员指令刀具沿着所定义的零件几何形状表面移动，随着刀具在 CRT 屏幕中移动，与之相应的刀具路径运动轨迹数据由系统自动生成，在刀具路径数据生成过程中，系统可提供编程员在适当的时机插入某些工艺参数，对机床的功能如主轴转速、进给速度、冷却液开与关等进行控制。

由于各种机床使用的控制系统不同，所用的数控指令文件的代码及格式也有所不同。为解决这个问题，交互式图形编程软件通常设置一个后置处理文件。在进行后置处理前，编程人员需对该文件进行编辑，按文件规定的格式定义数控指令文件所使用的代码、程序格式、圆整化方式等内容，在执行后置处理命令时将自行按设计文件定义的内容，生成所需要的数控指令文件。另外，由于某些软件采用固定的模块化结构，其功能模块和控制系统是一一对应的，后置处理过程已固化在模块中，所以在生成刀位轨迹的同时便自动进行后置处理生成数控指令文件，而无须再进行单独后置处理。

图形交互式自动编程软件在计算机内自动生成刀位轨迹图形文件和数控程序文件，可采用打印机打印数控加工程序单，也可在绘图机上绘制出刀位轨迹图，使机床操作者更加直观地了解加工的走刀过程，还可使用计算机直接驱动的纸带穿孔机制作穿孔纸带，提供给有读带装置的机床控制系统使用，对于有标准通信接口的机床控制系统可以和计算机直接联机，由计算机将加工程序直接送给机床控制系统。

### 4.3.4　加工过程的仿真

传统的试切是采用塑模、蜡模或木模在专用设备上进行的，通过塑模、蜡模或木模零件尺寸的正确性来判断数控加工程序是否正确。但试切过程不仅占用了加工设备的工作时间，需要操作人员在整个加工周期内进行监控，而且加工中的各种危险同样难以避免。

用计算机仿真模拟系统，用软件实现零件的试切过程，将数控程序的执行过程在计算机屏幕上显示出来，是数控加工程序检验的有效方法。在动态模拟时，刀具可以实时在屏幕上移动，刀具与工件接触之处，工件的形状就会按刀具移动的轨迹发生相应的变化。观察者在屏幕上看到的是连续的、逼真的加工过程。利用这种视觉检验装置，就可以很容易发现刀具和工件之间的碰撞及其他错误的程序指令。加工过程的仿真主要包括以下内容：

- 程序编译和检查。
- 毛坯和零件图的输入与显示。
- 刀具的定义、输入与显示。
- 刀具运动轨迹仿真。
- 刀具、夹具和机床等之间干涉的检验。
- 质量分析。
- 工艺布局。
- 获得仿真结果并显示与输出。

图形交互式自动编程系统生成刀具路径时，零件图形与刀具路径使用不同颜色，能方便、直观地鉴别零件轮廓外形和刀具路径，并有助于使机械加工序列指令形象化地在屏幕上模拟动态刀具路径运动，以便检查刀具与工件是否发生干涉。例如，刀具运动的模拟能以下面几种方式中的任一种显示：高速运动，可减少校验刀具路径的时间；实际速度运动，可显示刀具按指令速度进给的实际情况；冻结形式，可随时停止刀具运动，以便仔细检查；步进形式，可分段显示刀具或刀心轨迹。

刀位轨迹仿真法和二、三维动态切削仿真法是目前比较成熟有效的仿真方法，应用比较普遍。其中刀位轨迹仿真法主要分为刀具轨迹显示验证（见图 4.9）、截面法验证（见图 4.10）和数值验证（见图 4.11）三种方式。三维动态切割仿真如图 4.12 所示。

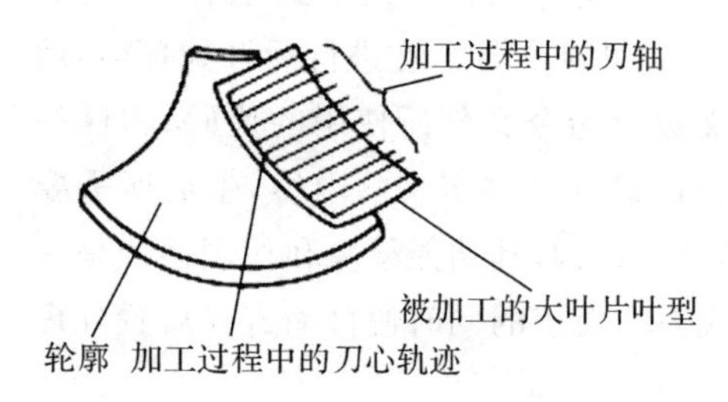


图 4.9　刀具轨迹显示验证

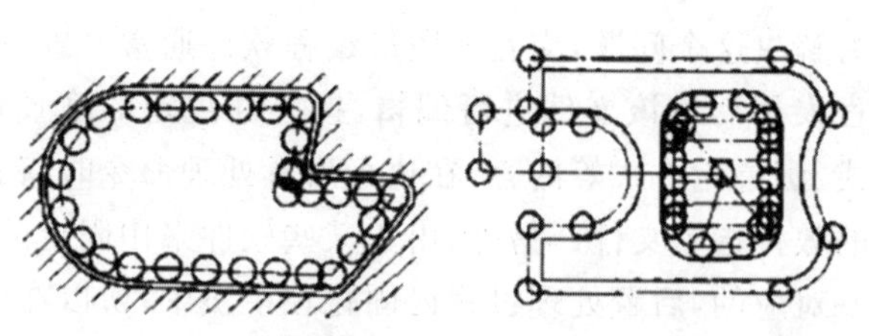


图 4.10　刀具轨迹截面法验证

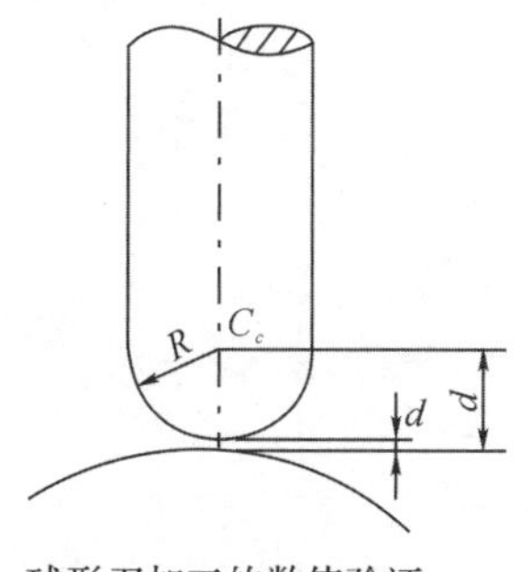


图 4.11　刀具轨迹数值验证

图 4.12　三维动态切削仿真

## 4.4　本章小结

本章首先介绍了数控加工技术的发展概况、数控机床以及数控编程的基础知识,然后重点介绍了图形交互式自动编程的原理和方法。要充分掌握数控自动编程方法,读者可以在本书第 15 章的学习中,反复练习 PowerMILL 各项操作。

## 参考文献

[1] 唐荣锡. CAD/CAM 技术[M]. 北京:北京航空航天大学出版社,1994.

[2] 聂秋根,陈光明. 数控加工实用技术[M]. 北京:电子工业出版社,2009.

[3] 何雪明,吴晓光,王宗才. 机械 CAD/CAM 基础[M]. 武汉:华中科技大学出版社,2008.

[4] 张英杰. CAD/CAM 原理及应用[M]. 北京:高等教育出版社,2007.

## 习　题

4.1　数控加工手工编程的缺点有哪些? 自动编程的特点及优点是什么? 目前自动编程主要采用什么方法编制数控加工程序?

4.2　常用数控加工自动编程的 CAD/CAM 软件主要有哪些? 简述其特点。

4.3　叙述自动编程过程。

4.4　什么是后置处理? 在数控编程中,为什么要进行后置处理?

4.5　什么是图形交互式自动编程? 简述其基本工作过程。

# 第二篇　UG NX 基础篇

# 第5章　UG NX 10.0 基本知识

【内容提要】

本章通过概述 UG NX 10.0 基础知识，介绍了 UG NX 10.0 的主要功能、基本界面和基本操作，引入了文件管理、图层管理、对象操作和坐标系操作与基本参数设置方法和常用工具的使用方法。

【学习提示】

学习中应注意鼠标、键盘操作、图层管理与对象操作的方法。UG NX10.0 常用工具有 3 种：点构造器、平面构造器以及类选择器，它们在后续章节的学习中会经常用到。

Unigraphics（简称 UG）是当前世界上最先进和紧密集成的、面向制造行业的 CAD/CAM/CAE 高端软件之一。它为工程设计和制造人员提供了非常强大的应用工具，帮助技术人员高效地完成产品的设计、工程分析、绘制工程图以及数控编程加工等操作。UG 已被当今许多世界领先的制造商用于概念设计、工业设计、详细的机械设计、工程仿真和数字化制造等各个领域。UG NX 10.0 是比较流行的版本，在工程过程的管理、工业设计和造型、模型设计、装配设计、钣金设计、图纸和三维注释、数字化仿真以及模具设计等方面有了诸多创新与改进，在 3D 设计领域是当今世界最先进、最流行的计算机辅助设计、分析和制造软件之一。

## 5.1　UG NX 10.0 简介及其界面

### 5.1.1　UG NX 10.0 的主要功能

UG NX 10.0 作为一款 CAD/CAM/CAE 集成软件系统，具有强大的功能，具体介绍如下：

**1. 产品设计**

利用零件建模模块、产品装配模块和工程图模块，可以建立各种复杂结构的三维参数化实体装配体模型和部件详细模型；设计人员之间可以进行协同设计；可应用于各种类型产品的设计，并支持产品的外观设计以及产品的虚拟预装配和各种分析。

**2. 产品分析**

利用有限元方法对产品模型进行受力、受热和模态分析，从云图颜色上直观地表示受力或者变形等情况。利用运动分析功能，可以分析产品的实际运动情况和干涉状态，并可以分析产品运动的速度。

**3. 产品制造**

利用加工模块,可以根据产品模型或者装配体模型模拟产生刀具路径,自动生成数控加工指令代码,并可以在三维环境中对加工过程进行仿真。

**4. 产品外观造型与宣传**

利用 UG NX 10.0 的可视化渲染及其强大的色光及表面处理技术,可以产生逼真的产品实物造型及照片、动画等,便于提供产品设计方案以及对新产品进行宣传。

## 5.1.2 UG NX 10.0 的常用模块

UG NX 10.0 是由大量的功能模块组成的,每个模块集成于基础环境模块,但又有独立的功能,而且模块之间又相互关联,可以根据工作的需要,定制所需模块。下面简要介绍工程设计中较常用的 2 个模块。

**1. CAD 模块**

CAD 是指利用计算机及其图形设备帮助设计人员进行设计工作。CAD 模块是 UG NX 10.0 最主要也是最能体现其价值的模块,它包括二维草图模块、三维建模模块、外观造型设计模块、装配模块及工程制图模块等五大模块。

**2. CAE 模块**

CAE(计算机辅助工程)是指利用计算机辅助求解分析复杂工程和产品力学性能,便于为设计提供更为合理的结构、更加优化的性能。

## 5.1.3 UG NX 10.0 的操作界面

安装 UG NX10.0 软件后,在 Windows 系统平台的桌面上双击【NX 10.0】图标或依次选择【开始】→【所有程序】→【Siemens UGS NX 10.0】→【NX 10.0】命令,进入 UG NX 10.0 的初始界面,如图 5.1 所示。

在【标准】工具条中单击【新建】按钮,弹出【新建】对话框,在【名称】文本框中输入新文件名,然后单击确定按钮进入 UG NX 10.0 基本界面,如图 5.2 所示。

从图 5.2 中可以看出,UG NX 10.0 的界面可以分为菜单栏、标准工具条、应用工具条、提示栏、绘图区和位于绘图区左边的资源导航器等部分。

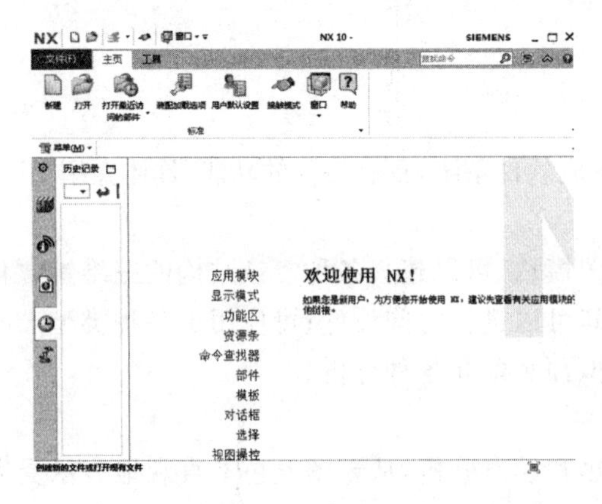


图 5.1 初始界面

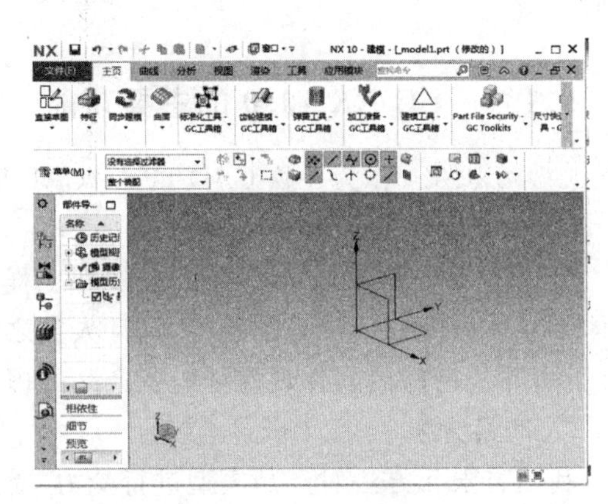


图 5.2 基本界面

1. 标题栏:用于显示 UG NX 10.0 版本、当前模块、当前工作部件文件名、当前工作部件文件的修改状态等信息。

2. 菜单栏:可以通过菜单栏中的相应功能进行文件编辑、软件设置等操作,包括【文件】、【编辑】、【视图】、【插入】、【格式】、【工具】、【装配】、【信息】、【分析】、【首选项】、【窗口】和【帮助】12 个菜单项。通过主菜单可激发各层级联菜单,UG NX 10.0 的所有功能几乎都能在菜单上找到。

3. 工具条:工具条提供文件及各类操作的工具按钮,设计人员可以通过工具条进行文件操作、撤销和删除等功能的应用,也可以根据不同的零部件设计选择相应的设计模组,包括建模、造型、制图、钣金、注塑模以及装配等应用程序。工具条在界面中是浮动的,用户可以根据设计需要选择显示或者关闭工具条。

4. 提示栏:是设计人员和计算机进行信息交流的主要窗口之一,很多系统信息都在这里显示,包括操作提示、各种警告信息、出错信息等,所以设计制造者在设计制造过程中要养成随时浏览系统信息的习惯。

5. 绘图区:用于显示模型及相关对象。

6. 资源导航器:其主要作用是浏览及编辑已创建的草图、基准平面、特征和历史记录等。

### 5.1.4　UG NX 10.0 的界面主题设置

启动软件后,一般情况下系统默认显示是图 5.1 所示的“轻量级”主题界面,由于大部分用户还是习惯早期版本的“经典”界面,因此本书采用“经典”界面主题,读者可以使用以下界面主题使用方法进行设置。

单击界面左上角的【文件(F)】按钮,选择【首选项】→【用户界面】,在系统弹出的“用户界面首选项”对话框中单击【布局】选项组,选中右侧用户界面环境中的经典工具条单选项和提示行/状态行位置区域中的顶面单选项,再单击【主题】选项组,在 NX 主题下拉列表中选择【经典】选项,最后单击“用户界面首选项”对话框中的【确定】按钮,完成界面设置。如图 5.3 所示。

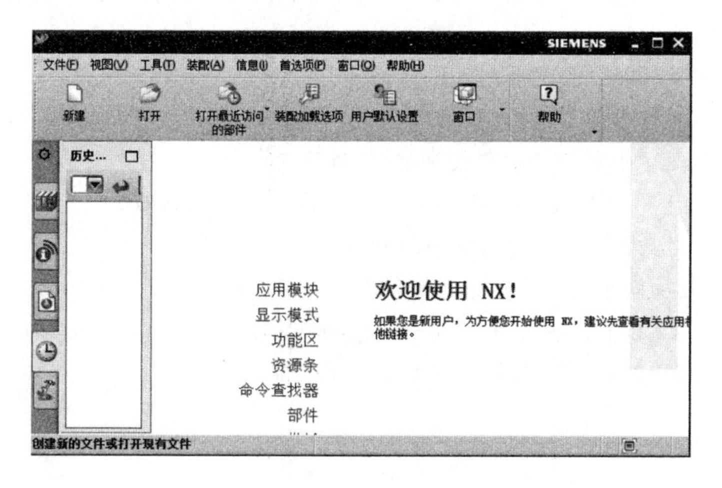


图 5.3　“经典”界面主题

### 5.1.5 UG NX 10.0 的鼠标和键盘操作

鼠标和键盘是 UG NX 10.0 系统的用户输入工具，对于系统，它们各有特殊的用法，掌握得当，对软件的熟悉掌握和精确设计有着十分重要的作用，下面就对鼠标和键盘的操作功能加以介绍。

**1. 鼠标的操作**

通常，要用 UG 做设计，鼠标要选择三键式，鼠标按键中的左、中、右键分别对应 UG 软件中的 MB1、MB2 和 MB3。

表 5.1 列出了三键滚轮鼠标的功能应用。

**表 5.1 三键滚轮鼠标的功能应用**

| 鼠标按键 | 作用 | 操作说明 |
| --- | --- | --- |
| 左键（MB1） | 用于选择菜单命令、快捷菜单命令或工具按钮以及实体对象 | 直接单击 MB1 |
| 中键（MB2） | 放大或缩小 | 按 Ctrl＋MB2 键或者按 MB1＋MB2 并移动光标，可放大或缩小视图 |
| | 平移 | 按 Shift＋MB2 键或者按 MB2＋MB3 并移动光标，可将模型按鼠标移动的方向平移 |
| | 旋转 | 按住 MB2 不放并移动光标，即可旋转模型 |
| 右键（MB3） | 弹出快捷菜单 | 在绘图区空白处直接单击 MB3 |
| | 弹出推断式菜单 | 选择任意一个特征后按住 MB3 不放 |
| | 弹出悬浮式菜单 | 在绘图区空白处按住 MB3 不放 |

**2. 键盘的应用**

在参数化设计与绘图中，键盘起着一个很重要的作用，即参数的录入，因而在绘图时需要鼠标和键盘配合使用，对软件熟悉的还可以利用键盘中的快捷键或者设置快捷键，进一步提高绘图效率。对于快捷键的运用，可参考有关菜单栏之下的选项后面的标识。下面介绍一些通用的快捷键。

- Tab：将在对话框中的选项之间进行切换。
- Shift＋Tab：在多选对话框中，将单个显示栏目往下一级移动，当光标落在某个选项上时，该选项在绘图区中对应的对象便亮显，以便选择。
- 方向键：对于单选框中的选项，可以利用方向键来进行选择。
- Enter 键：其功能相当于对话框中的确定按钮。
- Ctrl＋C：其功能相当于菜单选项中的复制功能。
- Ctrl＋V：其功能相当于菜单选项中的粘贴功能。
- Ctrl＋X：其功能相当于菜单选项中的剪切功能。

## 5.2　文件管理

在设计过程中，经常需要对文件打开或保存，下面将介绍打开、保存文件的方法。

### 5.2.1　新建文件

功能：新建一个文件，输入文件名并选择其存储路径、类型；选择将要创建零件的尺寸单位。

下拉菜单：【文件】→【新建】。或在工具栏上单击【新建】按钮。或按【Ctrl＋N】快捷键。

在【文件新建】对话框中可确定新建文件的存储路径，然后在【名称】文本框中输入文件名，文件类型可自由选择（默认后缀名.prt），在【单位】下拉列表框中选择将要创建零件的尺寸单位，UG 提供了 3 种度量单位：英寸、毫米和全部，设置完成后单击【确定】按钮即可。

### 5.2.2　打开文件

功能：将保存在系统中的文件打开，包括已完成或尚未完成的档案文件。UG 软件常用的打开文件方式有 3 种：

- 在【标准】工具条中单击【打开】按钮。
- 在菜单栏中依次选择【文件】→【打开】命令。
- 按 Ctrl＋O 组合键打开。

### 5.2.3　保存文件

功能：将已完成或尚未完成的文件保存在系统的某个位置中。在进行产品设计或编程加工操作的过程中，必须养成经常保存文件的习惯，以防突发事情的发生，造成文件的丢失。UG 软件常用的保存文件方式有 3 种：

- 在【标准】工具条中单击【保存】按钮。
- 在菜单栏中选择【文件】→【保存】命令，或选择【文件】→【另存为】命令。
- 按 Ctrl＋S 组合键保存。

### 5.2.4　导入/导出文件

**1. 导入文件**

功能：导入其他类型的 CAD 图形或者部件。

下拉菜单：【文件】→【导入】。

选择后系统弹出一个子菜单，具体操作步骤如图 5.4 所示，该子菜单中提供了 UG 与其他应用程序文件格式的接口，常用的有【部件】、【CGM】、【IGES】、【DXF/DWG】和【仿真】等格式。

**2. 导出文件**

功能：将 UG 文件以多种图片或者 CAD 数据文件的格式导出。

下拉菜单：【文件】→【导出】。

选择命令后系统会弹出子菜单,可以将UG文件导出为除自身外的多种文件格式,包括图片、数据文件和其他各种应用程序文件格式。选择各命令后,系统会显示相应的对话框供用户操作。

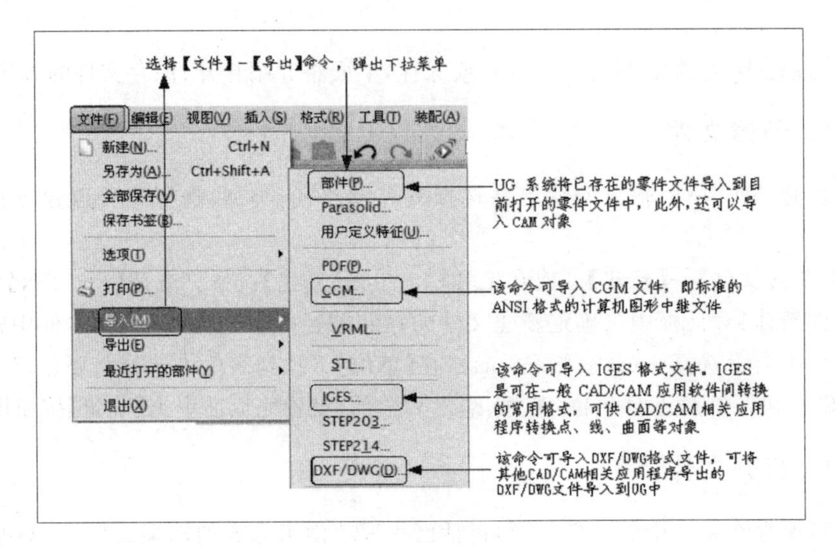


图 5.4 【导入】子菜单

## 5.3 图层管理

图层是用于在空间使用不同的层次来放置几何体的一种设置。用多个图层来表示设计模型,每个图层上存放模型中的部分对象,所有图层叠加起来就构成了模型的所有对象。用户可以根据自己的需要通过设置图层来显示或隐藏对象。熟练运用图层管理不仅能提高设计速度,还可提高设计质量,减少出错概率。

### 5.3.1 层的设置

功能:层的设置是指将不同的内容(包括特征和图素)设置在不同的层中,从而可以通过层来实现对同一类对象进行相同的操作。

单击快速访问工具栏:【格式】→【图层设置】,如图5.5所示。

各项功能如下:

(1)工作图层:将指定的一个图层设置为工作图层。

(2)类别:用于输入范围或图层种类的名称,并在【类别显示】中显示出来。

(3)类别显示:用于控制图层种类列表框中显示图层类条数目,用通配符“*”表示。

(4)添加类别:用于增加一个或多个图层。

(5)信息:显示选定图层类所描述的信息。

(6)图层/状态:如图5.6所示的列表框显示满足过滤条件的所有图层。

(7)可选:指定的图层可见并可被选中。

(8)设为工作图层:把指定的图层设置为工作图层。

(9)仅可见:对象可见但不可选择它的属性。

(10)不可见:对象不可见且不可选择。

(11)【显示】下拉列表框:控制在【图层/状态】列表框中图层的显示,且包括【所有图层】、【所有可见图层】、【含有对象的图层】和【所有可选图层】4 个选项。

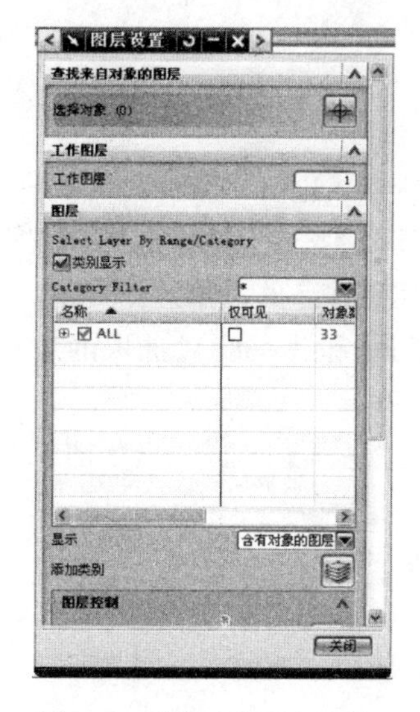


图 5.5　【图层设置】对话框

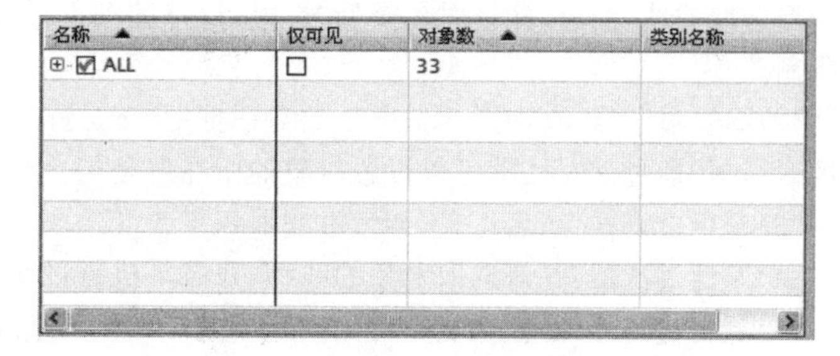


图 5.6　【图层/状态】列表框

## 5.3.2　图层视图可见性

功能:用于设置视图中的可见和不可见的图层。

单击快速访问工具栏:【格式】→【视图中的可见图层】。

## 5.3.3　图层类别

功能:对图层进行有效的管理,可将多个图层构成一组,每一组称为一个图层类。

单击快速访问工具栏:【格式】→【图层类别】。

快捷键:Ctrl ＋Shift＋V。

弹出【图层类别】对话框。该对话框中包括如下内容:

(1)过滤器:控制列表框中显示的图层类条目,可使用通配符。

(2)图层类列:显示满足过滤条件的所有图层类条目。

(3)类别:在【类别】文本框中可输入要建立的图层类名。

(5)删除:删除选定的图层类。

(6)重命名:改变选定的一个图层类的名称。

(7)描述:显示图层类描述信息或输入图层类的描述信息。

(8)加入描述:如果要在【描述】文本框中输入信息,就必须单击【加入描述】按钮,这样才能使描述信息生效。

# 5.4 对象操作

## 5.4.1 选择对象的方法

功能:可以采用不同的方式进行对象的过滤选择。

下拉菜单:【信息】→【对象】。

打开【类选择】对话框,如图 5.7 所示。可以选择以下几种方式进行对象的过滤选择。

(1)类型过滤器:在图 5.7 所示的对话框中单击【类型过滤器】按钮,弹出如图 5.8 所示的【根据类型选择】对话框,在该对话框中可设置需要包括以及要排除的对象。

当选取曲线、面、尺寸等对象类型时,可以通过【细节过滤】按钮进一步对选取的对象进行限制。

(2)图层过滤器:在如图 5.7 所示的对话框中,单击【图层过滤器】按钮,弹出如图 5.9 所示的对话框,通过该对话框可以设置对象的所在层是包含还是排除。

(3)颜色过滤器:顾名思义,颜色过滤器用来改变选取对象的颜色。

(4)属性过滤器:是对选取对象的线型、线宽等进行过滤。

(5)重置过滤器:是把选取的对象恢复成系统默认的过滤形式。

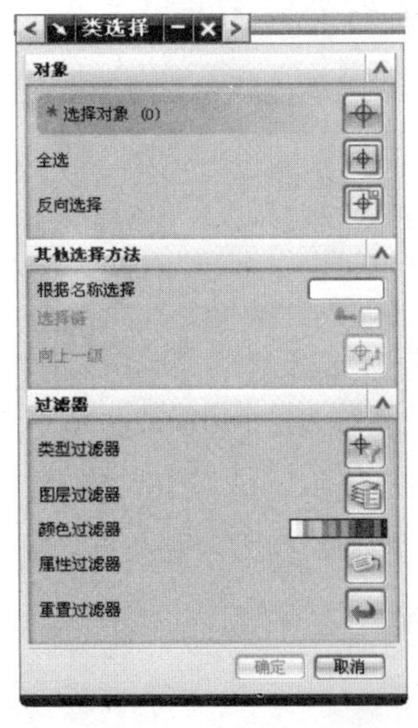


图 5.7 【类选择】对话框

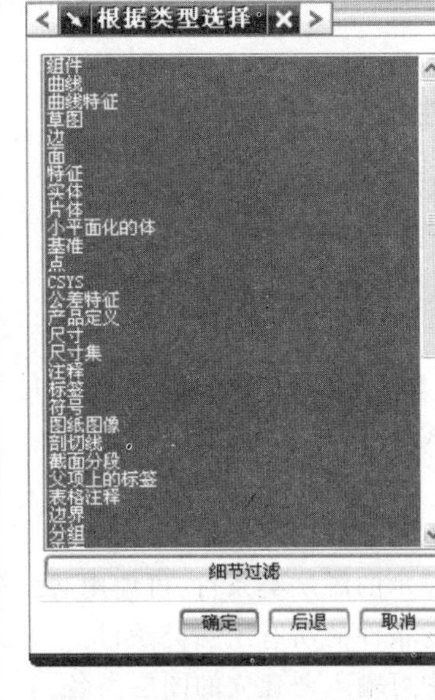


图 5.8 【根据类型选择】对话框

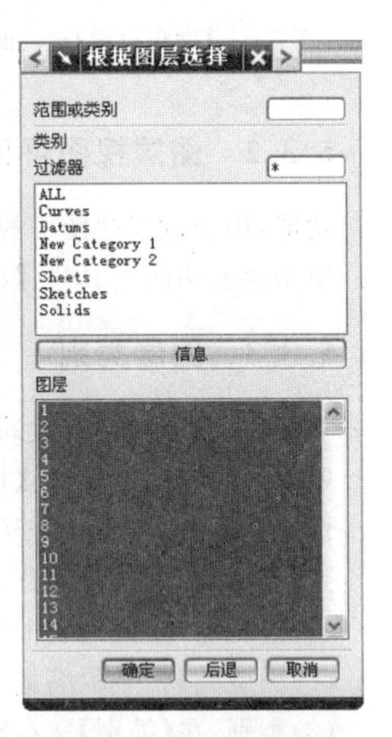


图 5.9 【根据图层选择】对话框

## 5.4.2 部件导航器

功能:在绘制模型操作中,在图形的左边显示绘图的操作步骤。

工具按钮:单击图形右边的【部件导航器】图标,弹出【部件导航器】对话框。此对话框主要用于显示零件建立的每一个步骤,并可以通过快捷菜单编辑其中的任何一个步骤。

这样大大提高了绘图效率。通过此对话框可以对图形进行修改，读者在以后的建模修改中将会运用到。

### 5.4.3　对象的选择

功能：选择建模对象的边、体等几何对象来进行编辑。

下拉菜单：【编辑】→【选择】。

系统会弹出如图 5.10 所示的【选择】子菜单。

(1)特征：只对模型的特征进行选择，边、体等不被选择。

(2)多边形：多用于对多边形的选择。

(3)全选：对所有的对象进行选取。

当绘图工作区有许多对象供选择时，系统会自动弹出如图 5.11 所示的【快速拾取】对话框，可以通过该对话框中的【基准轴】、【面】、【体】等拾取对象。如果想放弃选择，单击【关闭】按钮或按 Esc 键便可。

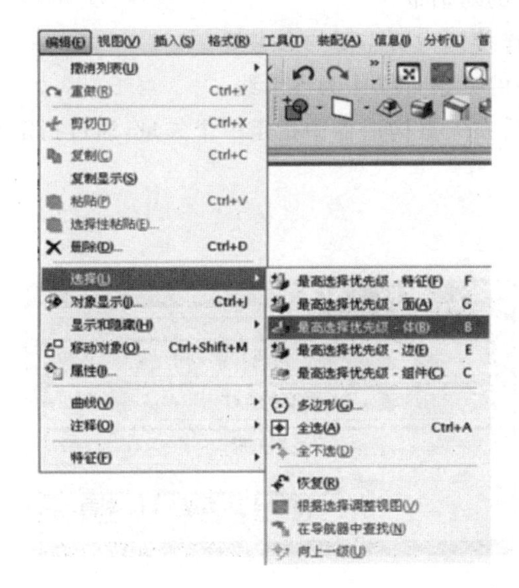

图 5.10　【选择】子菜单

图 5.11　【快速拾取】对话框

### 5.4.4　对象的显示和隐藏

功能：选择对当前对象的显示或者隐藏，当所画对象比较复杂时，全部显示不仅占用系统资源，而且还会影响作图，为了方便绘图，需要选择显示和隐藏对象。

下拉菜单：【编辑】→【显示和隐藏】。

选择后会弹出【显示和隐藏】子菜单。

菜单主要包括以下命令。

(1)显示和隐藏：对选择的对象进行显示或隐藏。

(2)隐藏：隐藏指定的一个或多个对象。

(3)颠倒显示和隐藏：把当前隐藏的对象显示，将显示的对象隐藏。

(4)显示所有此类型的：将重新显示所有隐藏的对象。

(5)按名称显示:把隐藏的名称恢复显示。

### 5.4.5 对象的变换

功能:可以变化构成对象的各类直线、曲线等。

选择对象单击右键,在弹出的快捷菜单中选择【变换】选项,弹出如图 5.12 所示的【变换】对话框。对话框中的功能如下:

**1. 刻度尺**

把选取的对象按指定的参考点成比例地缩放。

(1)比例:设置缩放比例。

(2)非均匀比例:设置坐标系上各方向的缩放比例。

**2. 通过一直线镜像**

把选取的对象依据指定的参考直线作镜像。相当于在参考线的相反方向建立该对象的一个镜像。选择该选项,弹出如图 5.13 所示的对话框。

(1)两点:通过两个点,把两个点用直线连接即为所需要的参考线。

(2)现有的直线:选择工作区中已经存在的一条直线作为参考线。

(3)点和矢量:用点构造器指定一点,其后在矢量构造器中指定一个矢量,通过指定点的矢量即为参考直线。

图 5.12 【变换】对话框

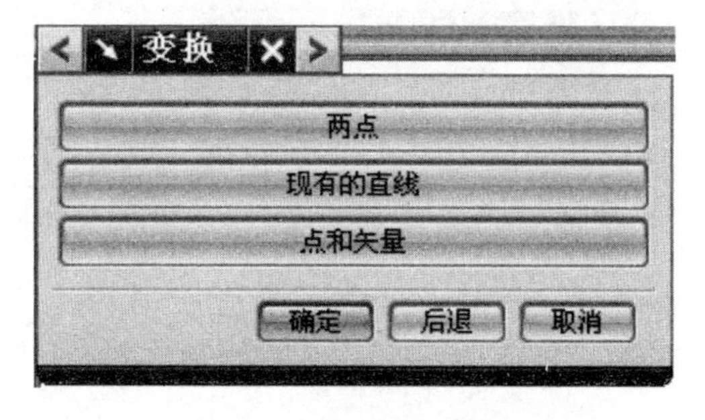


图 5.13 【镜像】对话框

**3. 矩形阵列**

将选取的对象从阵列原点开始,沿坐标系 XY 平面建立一个等间距的矩形阵列。把源对象从指定的参考点移动或复制到阵列原点,然后沿 XC、YC 方向建立阵列。如图 5.14 所示的对话框中:DXC 表示 XC 方向间距,DYC 表示 YC 方向间距。

**4. 圆形阵列**

将选取对象绕阵列中心建立一个等角间距的环形阵列。选择该选项后,系统弹出如图 5.15 所示的对话框,下面对该对话框中的部分选项进行介绍。

(1)半径:设置环形阵列的半径值,该值等于目标对象上的参考点到目标点之间的距离。

(2)起始角:设置环形阵列的起始角。

**5. 通过一平面镜像**

将选取的对象依照参考平面作镜像,也就是在参考平面的相反方向建立源对象的一个镜像。选中该命令后，系统弹出如图 5.16 所示的【平面】对话框，该对话框用于选择或创建参考平面，最后选取源对象完成镜像操作。

图 5.14　【矩形阵列】对话框

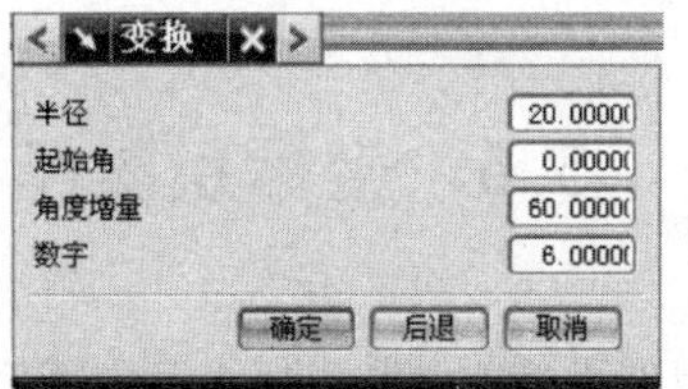


图 5.15　【圆形阵列】对话框

图 5.16　【平面】对话框

## 5.4.6　对象几何分析

对象几何分析可以实现对工程设计对象角度、弧长等特性的数学分析，为工程设计提供了强大的支持，使模型显得更加完美。

**1. 测量距离**

功能：测量两个对象之间的距离、曲线长度、圆或圆弧的半径、圆柱的尺寸等。

下拉菜单：【分析】→【测量距离】。

工具按钮：单击【分析】工具栏中的测量距离图标。

会弹出如图 5.17 所示的【测量距离】对话框。在该对话框的【类型】下拉列表中可以选取不同的测量方式，如图 5.18 所示。

图 5.17　【测量距离】对话框

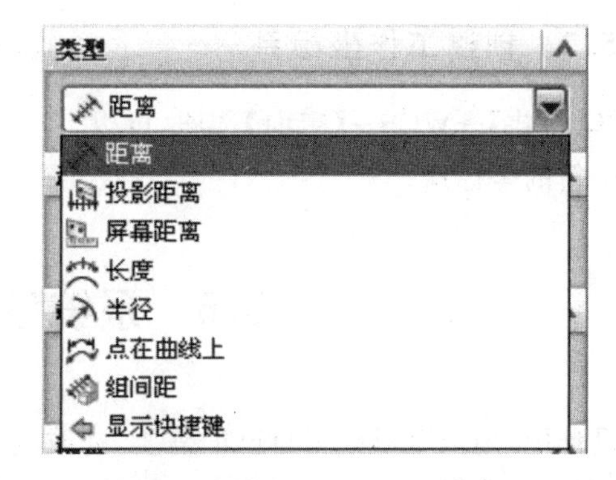


图 5.18　测量距离的【类型】下拉列表

**2. 测量角度**

功能：计算两个对象之间或由 3 点定义的两直线之间的夹角。

**3. 测量面**

功能：计算平面的面积和周长。

下拉菜单:【分析】→【测量面积】。

**4. 测量体**

功能:计算属性,如实体的质量、体积和惯性矩等。

下拉菜单:【分析】→【测量体】。

## 5.5 坐标系操作

UG软件提供了两种类型的坐标系,即工作坐标系(Working Coordinate System,WCS)和绝对坐标系(Absolute Coordinate System,ACS)。工作坐标系是设计人员当前使用的坐标系,其原点和方向可以根据设计人员的需要进行定义。绝对坐标系是模型的空间坐标系,其原点和方向都是固定不变的。

### 5.5.1 坐标系的变化

功能:用于对工作坐标系进行定义、移动、旋转等操作。

下拉菜单:【格式】→【WCS】。

弹出如图5.19所示的子菜单。

**1. 原点**

输入或选择坐标原点,根据坐标原点拖动坐标系。

**2. 动态**

通过步进的方式移动或旋转当前的WCS,用户可以在绘图工作区中移动坐标系。

### 5.5.2 创建工作坐标系

选择【格式】→WCS→【定向】选项,可以创建一个新的坐标系。

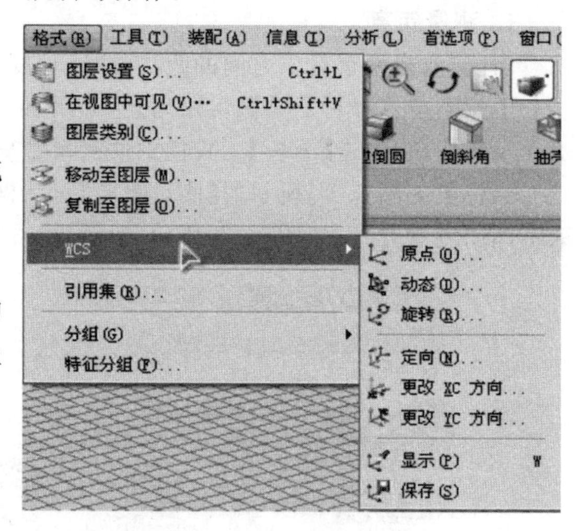


图5.19 【WCS】子菜单

## 5.6 系统参数设置

在设计中,用户可以根据自己的需要,来改变系统默认的一些参数设置,如对象的显示颜色、绘图区的背景颜色和对话框中显示的小数点位数等,这些均可以通过修改系统参数设置来实现,它包括对象参数设置、用户界面参数设置、选择参数设置和可视化参数设置。

### 5.6.1 对象参数设置

功能:设置对象类型、颜色、线型、透明度等默认值。

下拉菜单:【首选项】→【对象】选项。

弹出如图 5.20 所示的【对象首选项】对话框,提示用户设置对象首选项信息,该对话框中包括【常规】和【分析】两个选项卡。

**1. 常规**

(1)工作图层:设置对象的工作图层。

(2)类型:设置所要改变首选项对象的类型。

(3)颜色:设置所选对象的颜色,并且可以根据调色板改变颜色。

(4)局部着色:设置新的实体和片体是否为局部着色效果。

(5)面分析:设置实体和片体的显示属性是否为面分析效果。

(6)继承:所选择的对象是否继承某个对象的属性。

(7)信息:显示对象属性设置的信息。

**2. 分析**

打开【分析】选项卡,如图 5.21 所示,可以选择曲面连续性显示的颜色,在该对话框中进行【曲面连续性显示】、【截面分析显示】、【偏差测量显示】等的颜色设置。

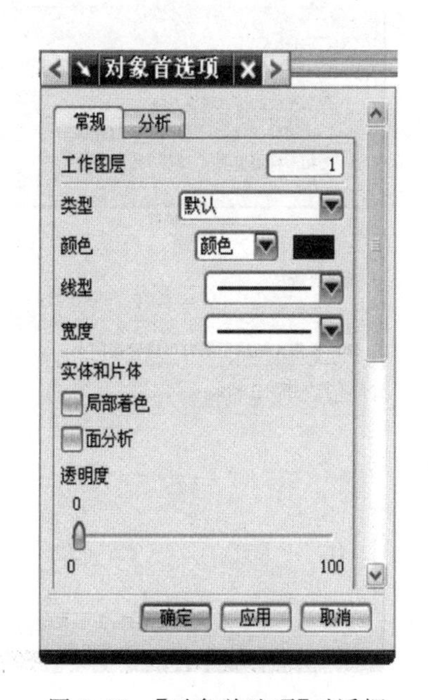


图 5.20　【对象首选项】对话框

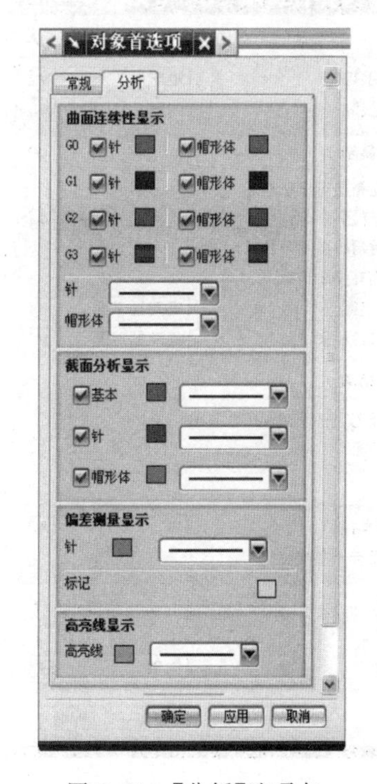


图 5.21　【分析】选项卡

## 5.6.2　用户界面参数设置

功能:设置对话框中的小数点位数、撤销时是否确认、跟踪条、资源条、日记和用户工具等参数。

下拉菜单:【首选项】→【用户界面】。

### 5.6.3 选择参数设置

功能:设置用户选择对象时的一些相关参数,如光标半径、选取方法和矩形方式的选取范围等。

下拉菜单:【首选项】→【选择】。

打开如图 5.22 所示的【选择首选项】对话框。在该框中可以设置多选的参数、面分析视图和着色视图等高亮显示的参数、延迟和延迟时快速拾取的参数、光标半径(大、中、小)等光标参数、成链的公差和成链的方法等参数。

### 5.6.4 可视化参数设置

功能:设置渲染样式、光亮度百分比、直线线型及对象名称显示等参数。

下拉菜单:【首选项】→【可视化】。

弹出如图 5.23 所示的【可视化首选项】对话框,该对话框共包括 7 个选项卡,提示用户设置选项以修改屏幕显示。

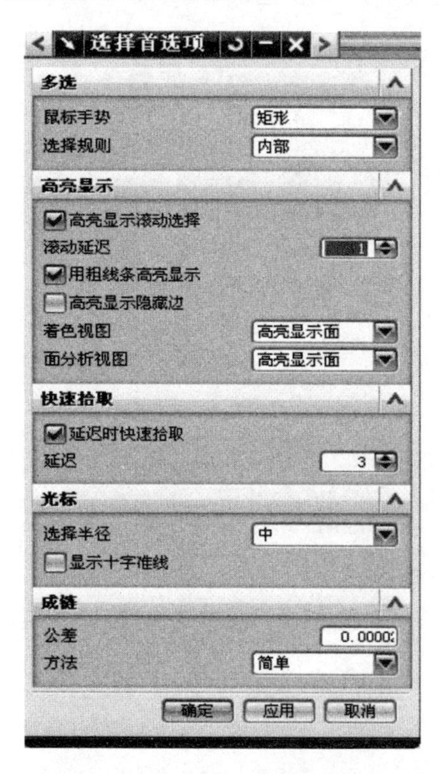


图 5.22 【选择首选项】对话框

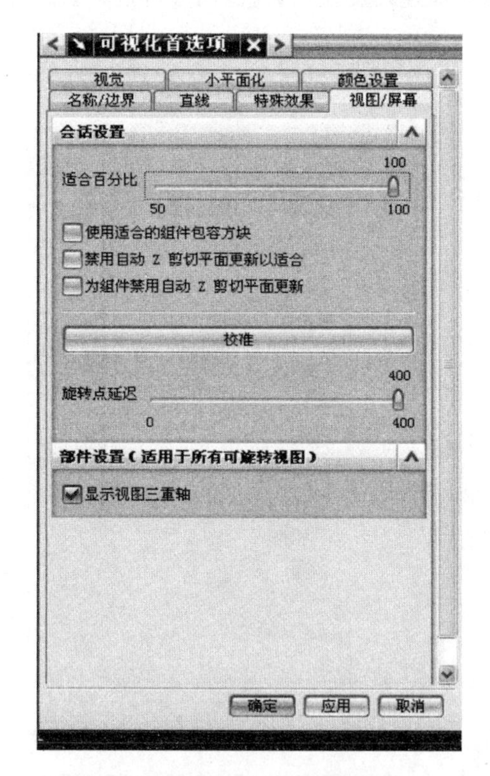


图 5.23 【可视化首选项】对话框

## 5.7 常用工具

在设计过程中,经常要确定模型中的各构成几何元素,如点、向量或位置,这时候就需要借助点、平面或者向量构造器来完成。

### 5.7.1　点构造器

下拉菜单:【插入】→【曲线】→【点】或者单击工具栏中的“点构造器”按钮 + ,就会弹出【点构造器】对话框,如图 5.24 所示。

应用【点构造器】对话框创建点的方式有三种,现在分别介绍如下:

**1. 输入创建点的坐标值**

在【点构造器】对话框中提供了坐标系选择项,当用户选择了【相对于 WCS】按钮时,在文本框中输入的坐标值是相对于用户坐标系的。当用户选择了【绝对】按钮时,坐标文本框的标识变为了“X、Y、Z”,此时输入的坐标值为绝对坐标值,它是相对于绝对坐标系的。

**2. 捕点方式生成点**

本方式是利用捕点方式功能捕捉所选对象的相关的点。【点构造器】对话框中的【类型】选项下拉菜单如图 5.25 所示,共提供了如下 9 种点的捕捉方式。

- 根据鼠标点取的位置,系统自动推断出选取点。
- 通过定位十字光标,在屏幕上任意位置创建一个点,该点位于工作平面上。
- 在一个现有点上创建一个点。
- 在存在直线或者曲线的端点上创建一个点。
- 在几何对象的控制点上创建一个点。控制点与几何对象类型有关,它可以是:存在点、直线的中点和端点、开口圆弧的端点和中点、圆的中心点、二次曲线的端点或其他各类样条曲线的控制点。
- 在两段曲线的交点上或一曲线和一曲面或一平面的交点上创建一个点。若两者交点多于一个,系统在最靠近第二对象处选取一个点;若两段非平行曲线并未实际相交,则选取两者延长线上的相交点。

图 5.24　【点构造器】对话框

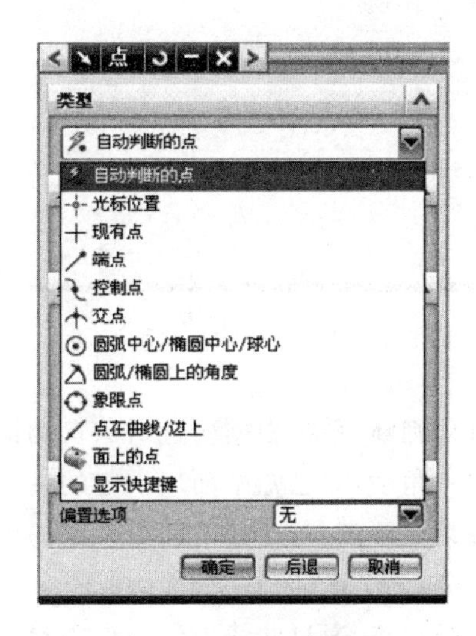


图 5.25　点类型选项

在选取圆弧、椭圆、球的中心创建一个点。

在与坐标轴XC正向成一定角度(沿逆时针方向测量)的圆弧、椭圆弧上创建一个点。

在一个圆弧、椭圆弧的四分点处创建一个点。

对于以上各捕点方式,需要单击选择各按钮激活捕点方式,然后再选中要捕点的对象,系统会自动按方式生成点。

**3. 利用偏置方式生成点**

本方式是通过指定偏置参数的方式来确定点的位置。操作时,用户先利用捕点方式确定偏置的参考点,再输入相对于参考点的偏移参数(其参数类型和数量取决于选择的偏移方式)来创建点。

## 5.7.2 平面构造器

功能:构建在UG建模过程中经常用到平面,如定基准平面、参考平面、切割平面、定位平面以及其他辅助平面。

下拉菜单:【插入】→【曲线】→【平面】,或者单击工具栏中 按钮。

系统会弹出如图5.26所示的【平面创建方式】对话框。单击【类型】选项的下拉菜单,如图5.27所示,UG NX 10.0提供了14种构建平面的方法,具体介绍如下。

图5.26 【平面创建方式】对话框

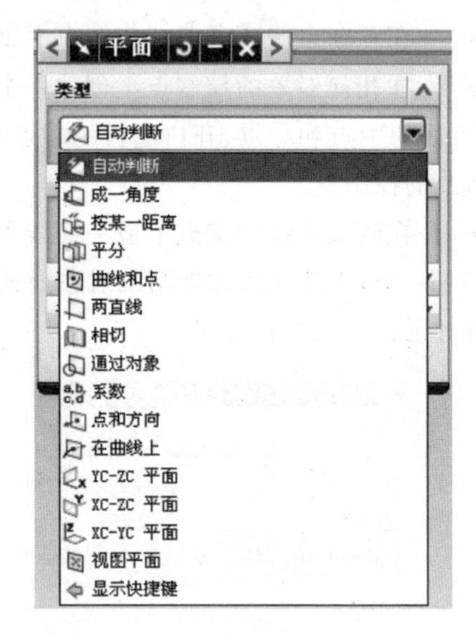


图5.27 平面定义类型

- 自动判断:系统根据所选对象自动推断出平面。
- 成一角度:与已知平面成一定的夹角来确定平面。
- 按某一距离:与已知平面成一定的距离来确定平面。
- 平分:两个面的角平分面。
- 曲线和点:通过曲线上的一点来确定平面。
- 两直线:通过两条直线确定平面,若两直线不共面,则将第二条直线平行移动到第一条直线的一个端点,使其共面后确定一个平面。

- 相切：选择曲面，则确定曲面的切平面。
- 通过对象：选择一个对象，产生与之相关的贯穿平面。
- 系数：通过设置平面方程 aX＋bY＋cZ＝d 的 4 个系数 a、b、c、d 来确定平面。
- 点和方向：通过一点和一个方向矢量来确定平面，平面过该点，矢量的方向为该平面的法线方向。
- XC-ZC 平面、XC-YC 平面、YC-ZC 平面：定义的平面将分别与 3 个坐标平面平行，可以通过设置距离来确定平面与坐标原点的距离。
- 视图平面：即当前的视图平面。

### 5.7.3　类选择器

UG 建模过程中，经常面临选择对象的问题，特别是在复杂的建模中，用鼠标直接选取对象往往很难做到。因此，在 UG 中提供了类选择器，在选择过程中来限制对象类型和构造过滤器，以便快速选择。

下拉菜单：【信息】→【对象】，或者单击工具栏中按钮，系统会弹出如图 5.28 所示【类选择】对话框。

选取对象时，可以在“对象”选项中选中选择对象，这样就可用鼠标在图形窗口中直接点击，也可用“全选”方式，就会选中所有对象，还可以采用反向选择。在“其他选择方法”选项中“根据名称选择”文本框中输入对象的名字。

用类型选择器选择对象的时候，最大的功能是可以使用类型过滤器，这样在选择对象的时候，可以过滤掉一部分不相关的对象，大大方便了选择过程。【类选择】对话框中一共提供了 5 种类控制功能，它们分别是：

- 类型过滤器

本过滤器通过制定对象的类型，来限制对象的选择范围，单击“类型过滤器”后的按钮，就会弹出图 5.29 所示的【根据类型选择】对话框，利用对话框可以对曲线、平面、实体等类型进行限制。

- 图层过滤器

本过滤器通过指定层来限制选择对象，通过它可以设置在对象选择的时候包括或者排除的层。

- 颜色过滤器

本过滤器通过颜色设定来限制对象的选取。设定以后选择的时候，颜色相同的对象被选定。

- 属性过滤器

本过滤器通过属性设定来限制对象的选取。设定以后选择的时候，属性相同的对象被选定。

- 重置过滤器

本过滤器用于将所有的过滤器选项（类型、颜色、图层过滤器）重置为它们的原始状态。

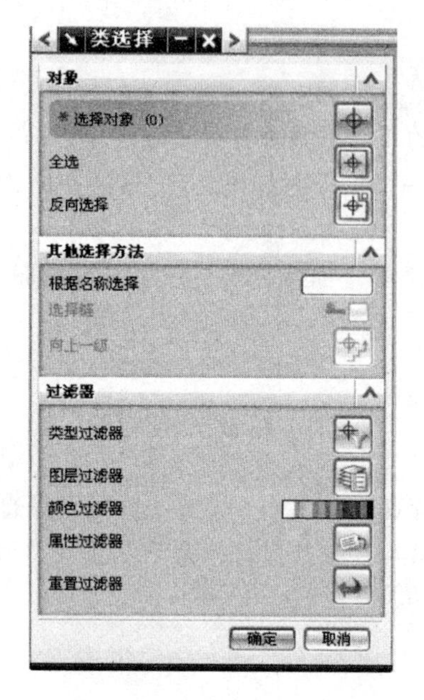


图 5.28 【类选择】对话框

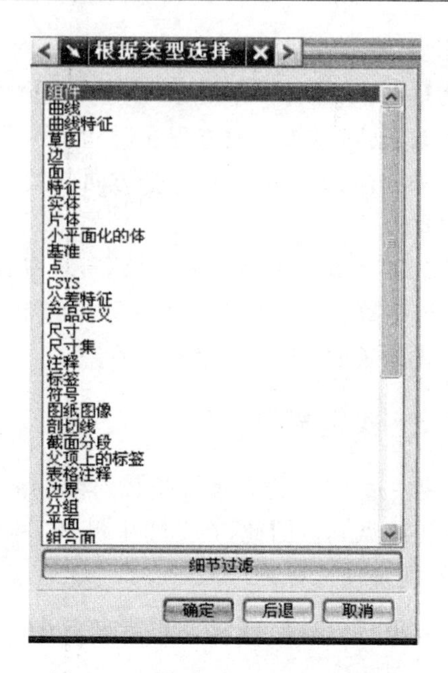


图 5.29 【根据类型选择】对话框

## 5.8 本章小结

本章介绍了 UG NX 10.0 的基本知识,包括 UG NX 10.0 简介及其界面、文件管理、图层管理、对象操作、坐标系操作、系统参数设置与常用工具等内容。在 UG NX 10.0 界面、文件管理、图层管理、对象操作内容中,UG NX 10.0 与大部分基于 Windows 的 CAD 软件操作思路一致,读者可以举一反三,类比记忆。常用工具的使用需要在后续章节慢慢体会并熟悉。

## 参考文献

[1] 展迪优. UG NX 10.0 机械设计教程[M]. 北京:机械工业出版社,2018.
[2] 张广礼,张鹏,洪雪. UG18 基础教程[M]. 北京:清华大学出版社,2002.
[3] 云杰漫步多媒体科技 CAX 设计教研室. UG NX 6.0 中文版基础教程[M]. 北京:清华大学出版社,2009.
[4] 刘言松,王芸. UG NX 6.0 产品设计[M]. 北京:化学工业出版社,2009.

# 习　题

## 一、选择题

5.1　"NX/Core and Cavity Milling"指的是下列哪一项?

A. 后处理　B. 型腔和型芯铣削　C. 切削仿真　D. 可变轴铣削

5.2　下列哪一项不属于钣金模块?

A. 钣金设计　B. 钣金制造　C. 钣金加工　D. 钣金冲压

5.3　NX 的加工后置处理模块在多年的应用实践中已被证明适用于______轴或更多轴的铣削加工、2～4 轴的车削加工和电火花线切割。

A. 2～4　B. 2～5　C. 2～6　D. 2～7

5.4　下列哪一项分析功能可以快捷地对 NX 的零件和装配进行前、后置处理?

A. 注塑分析　B. 结构分析　C. 材料分析　D. 有限元分析

5.5　CAE 模块的输入信息是零件的工艺路线和工序内容,输出信息是刀具加工时的运动轨迹(刀位文件)和__________。

A. 数控程序　B. 加工编程　C. 后处理程序　D. 加工模拟程序

## 二、问答题

5.6　UG NX 10.0 软件有什么特点?

5.7　在 UG NX 10.0 中如何进行可视化设置和转换?

5.8　如何定制 UG NX 10.0 的工具栏?

5.9　UG NX 10.0 如何定义和改变坐标系?

5.10　在制图过程中如何移动图形的图层?

# 第6章　草图和曲线设计

【内容提要】

本章主要内容是草图绘制、约束管理和曲线设计。介绍了绘制草图的基本方法，包括点、直线、圆弧与圆等的绘制；约束管理分尺寸约束与几何约束2大类；曲线设计介绍点和点集、基本曲线和二次曲线等内容。

【学习提示】

学习中应注意，要想快速、顺利创建出理想的草图，最关键也最有效的方法，就是多进行实例练习。

## 6.1　草图功能概述

草图绘制功能是UG为用户提供的一种十分方便的画图工具。用户可以首先按照自己的设计意图，迅速勾画出零件的粗略二维轮廓，然后利用草图的尺寸约束功能和几何约束功能精确确定二维轮廓曲线的尺寸、形状和相互位置。草图轮廓绘制完成以后，可以用来拉伸、旋转或扫掠以生成实体造型。草图对象与拉伸或扫掠生成的实体造型密切相关。当草图修改以后，实体造型也发生相应的变化。因此，对于需要反复修改的实体造型，使用草图绘制功能以后，将来修改起来非常方便快捷。

### 6.1.1　草图绘制功能

草图绘制功能主要提供二维绘图工具。在UG中有两种方式可以绘制二维图，一种是利用基本建模模块中的基本画图工具直接来完成草图绘制，另一种就是利用草图绘制功能来完成草图绘制。两者都具有十分强大的曲线绘制功能。但与基本画图工具相比，草图绘制功能还具有以下三种显著特点：

- 在草绘环境中，曲线修改更加方便快捷。
- 草图绘制完成的轮廓曲线与拉伸、旋转、扫描等特征生成的实体造型相关联，草图修改后，实体也相应地发生变化。
- 在草图绘制过程中，可以对曲线施加尺寸约束和几何约束，从而更加精确地确定草图对象的尺寸、形状和相互位置，更好满足设计要求。

## 6.1.2　草图工作平面

6.1.2 视频

选择【插入】→【草图】选项，或者单击【特征】工具栏中的图标，进入 UG NX 10.0 草图绘制界面，同时系统会自动弹出【创建草图】对话框，提示用户选择一个安放草图的平面，这个平面即为草图的工作平面。指定草图平面的方法有两种，一是在创建草图对象之前就指定草图平面，二是在创建草图对象时使用默认的草图平面，然后重新附着草图平面。下面分别介绍这两种指定平面的方法。

**1. 草图平面概述**

草图平面是指用来附着草图对象的平面，它可以是坐标平面，如 XC-YC 平面，也可以是实体上的某一平面，如一零件的表面，还可以是基准平面。

**2. 指定草图平面**

在弹出的【创建草图】对话框中，系统提示用户“选择草图平面的对象或者双击要定向的轴”的信息，同时在绘图区高亮显示 XC-YC 平面和 XC、YC、ZC 三个坐标轴。

**3. 重新附着草图平面**

如果用户需要修改草图的附着平面，就需要重新指定草图平面。UG 为用户提供了重新附着草图平面的工具，可以很方便地修改草图平面。下面介绍在创建草图对象之后，重新附着草图平面的方法。

功能：重新指定草图平面。

下拉菜单：在草图绘制环境中，【工具】→【重新附着】或者单击【草图生成器】工具条中的【重新附着】按钮。系统会打开【重新附着】按钮对话框，重新选择草图平面。

## 6.1.3　创建草图对象

选择【插入】→【草图】选项，或者单击【特征】工具栏中的图标，进入 UG NX 10.0 草图绘制界面。选择一个合适的草图平面，就可以创建一个草图对象。

# 6.2　绘制草图

指定草图平面后，就可以进入草图环境设计草图对象。UG 为用户提供了草绘设计的【直接草图】工具条，如图 6.1 所示。

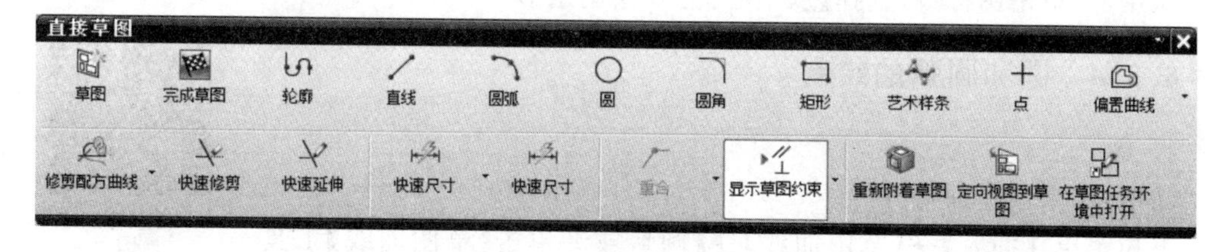


图 6.1　【直接草图】工具条

## 6.2.1　绘制点

6.2.1 视频

功能：定义点的位置。

下拉菜单：【插入】→【草图曲线】→【点】选项，或者在【直接草图】工具条中单击【点】按钮图标，弹出如图 6.2 所示的对话框，选择点构造器或自动判断点来生成点。

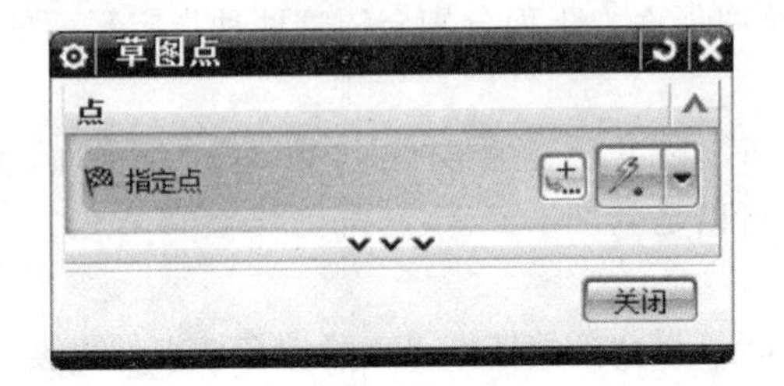

图 6.2　【点】对话框

图 6.3　【直线】对话框

## 6.2.2　直线的绘制

6.2.2 视频

功能：创建直线。

下拉菜单：【插入】→【草图曲线】→【直线】选项对话框，或者在【直接草图】工具条中单击【直线】按钮图标，弹出如图 6.3 所示的对话框。有两种直线绘制模式，亮显 XY 为默认两点绘直线模式，在视图中单击鼠标或者直接输入两点坐标即可绘制出直线。为【参数模式】，单击后可按极坐标方式输入参数来绘制直线。

## 6.2.3　矩形的绘制

6.2.3 视频

功能：通过选择两个对角来创建矩形。

下拉菜单：【插入】→【草图曲线】→【矩形】，或者单击【草图曲线】工具栏中的【矩形】按钮图标，弹出如图 6.4 所示的对话框。在【矩形方法】选项中，有三种矩形绘制方法。

用两点(默认)：单击图标，选择【用两点】方式绘制矩形；

用 3 点：单击图标，选择【用 3 点】方式绘制矩形；

从中心：单击图标，选择【从中心】方式绘制矩形。

## 6.2.4　圆和圆弧的绘制

6.2.4 视频

**1. 圆**

功能：用来创建圆特征。

下拉菜单：【插入】→【草图曲线】→【圆】，或者单击【草图曲线】工具条中的【圆】图标。系统会弹出如图 6.5 所示的对话框。有两种绘制圆的方法，介绍如下：

(1)中心和端点决定的圆：在工具条中单击图标，选择【中心和端点决定的圆】方式绘制圆。

(2)通过三点的圆:在工具条中单击○图标,选择【通过三点的圆】方式绘制圆。

**2. 创建圆弧**

功能:是通过三点或通过指定其中心和端点创建圆弧。

下拉菜单:【插入】→【草图曲线】→【圆】,或者在【草图曲线】工具条中单击【圆弧】图标 ,弹出如图 6.6 所示的对话框。

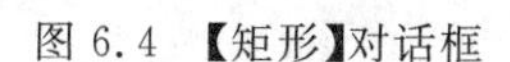
图 6.4 【矩形】对话框

图 6.5 【圆】对话框

图 6.6 【圆弧】对话框

圆弧的绘制有两种方法:

(1)通过三点的圆弧:单击图标,选择【通过三点的圆弧】方式绘制圆弧。

(2)中心和端点决定的圆弧:单击图标,选择【中心和端点决定的圆弧】方式绘制圆弧。

## 6.3 约束管理

草图约束用于限制草图的形状和大小,包括限制大小的尺寸约束和限制形状的几何约束。

### 6.3.1 尺寸约束

6.3.1 视频

在菜单栏中选择【插入】→【草图约束】→【尺寸】→【快速尺寸】选项,或者在【直接草图】工具栏中单击图标,弹出如图 6.7 所示的【快速尺寸】对话框,选择对象进行尺寸约束。

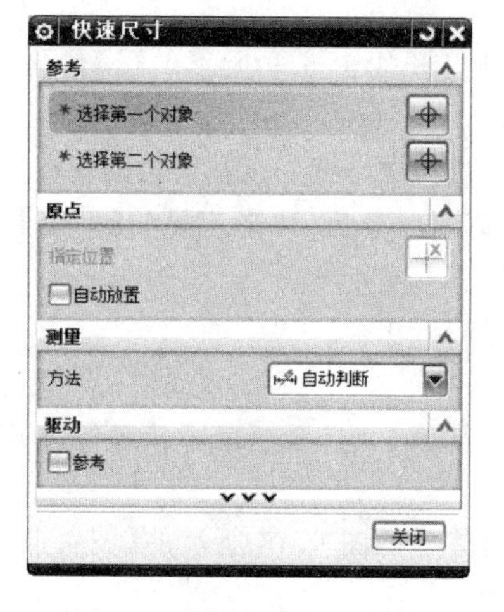


图 6.7 【快速尺寸】对话框

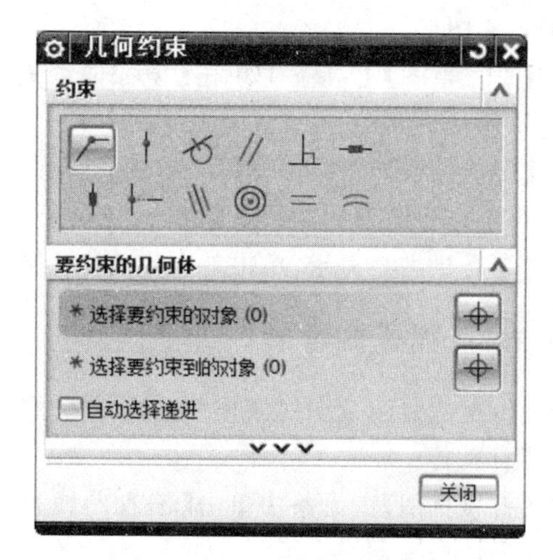


图 6.8 【几何约束】对话框

该对话框中各方法介绍如下。

(1)自动判断:通过选定的对象或者光标的位置自动判断尺寸的类型来创建尺寸约束;

(2)水平:在两点之间创建水平约束;

(3)竖直:在两点之间创建竖直距离的约束;

(4)平行:在两点之间创建平行距离约束;

(5)角度:在两条不平行的直线之间创建角度约束;

(6)垂直:通过直线和点创建垂直距离的约束;

(7)直径:在圆弧或圆之间创建直径约束;

(8)半径:在圆弧或圆之间创建半径约束;

(9)周长:通过创建周长约束来控制直线或圆弧的长度。

### 6.3.2 几何约束

6.3.2 视频

几何约束可以辅助尺寸进行草图位置的约束,如设置对象水平、对象相切、对象同心、对象重合等。进入草图编辑状态后,选择【插入】→【草图约束】→【几何约束】选项,会弹出如图 6.8 所示对话框,在草图内选择对象可添加约束。

## 6.4 编辑草图

6.4 视频

UG NX 10.0 的草图操作包括镜像曲线、偏置曲线、编辑曲线、编辑定义线串、添加现有曲线、相交曲线和投影曲线等。下面将详细介绍这些草图操作的方法。

### 6.4.1 镜像曲线

功能:镜像曲线是以某一条直线为对称轴,镜像选取的草图对象。镜像操作特别适合于绘制轴对称图形。

在【直接草图】工具条中单击【镜像曲线】按钮,则打开如图 6.9 所示的【镜像曲线】对话框。

在【镜像曲线】对话框中,需要首先选择镜像中心线(该中心线必须在镜像前就在草图中存在),再选择要镜像的曲线。用户选择需要镜像的草图对象后,原来灰显的【确定】和【应用】按钮就会呈高亮显示,单击就会完成一次镜像操作。

### 6.4.2 偏置曲线

功能:把选取的草图对象按照一定的方式,如按照距离、线性规律或者拔模等方式偏置一定的距离。

在【直接草图】工具条中单击【偏置曲线】按钮,则打开如图 6.10 所示的【偏置曲线】对话框。

在【偏置曲线】对话框中,显示了【要偏置的曲线】、【偏置】、【链连续性和终点约束】和【设置】等选项组。通常在选中对象后，系统就会显示其默认的偏置方向，如果要改变偏置方向，直接单击【反向】按钮即可。

绘制【偏置曲线】的操作过程一般如下。

(1)在绘图区选择需要偏置的曲线。

(2)设置偏置方式和参数。

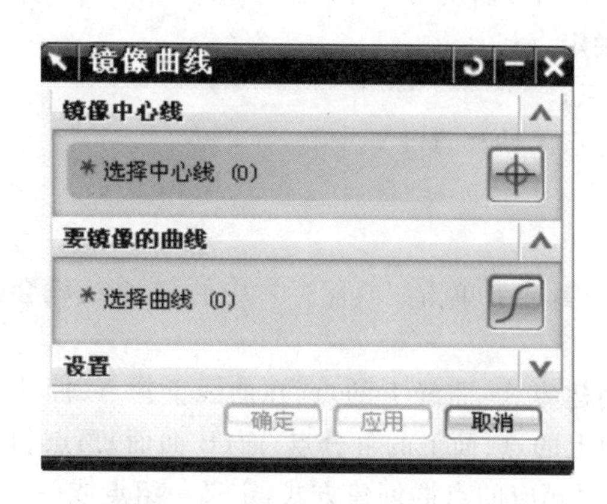


图 6.9 【镜像曲线】对话框

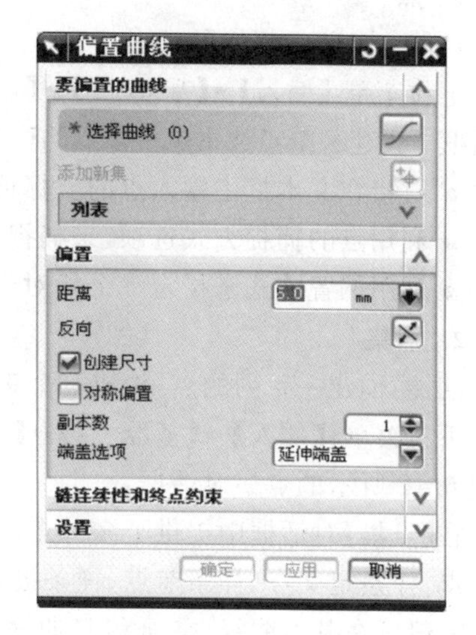


图 6.10 【偏置曲线】对话框

(3)设置链连续性和终点约束。

(4)观察偏置方向，如果需要改变偏置方向，单击【反向】按钮即可。

(5)单击【确定】或者【应用】按钮。

### 6.4.3 编辑曲线

功能：对草图对象进行一些编辑，如编辑其参数、修剪曲线、分割曲线、编辑圆角、改变圆弧曲率和光顺样条曲线等。

在【直接草图】工具条中单击【快速延伸】、【快速修剪】、【制作拐角】等按钮，会弹出相应的对话框，根据对话框可以进行相应的编辑曲线操作。

### 6.4.4 投影曲线

功能：投影曲线是把选取的几何对象沿着垂直于草图平面的方向投影到草图中去。几何对象可以是在建模环境中创建的点、曲线或者边缘，也可以是草图中的几何对象，还可以是由一些曲线组成的线串。添加现有曲线时，螺旋线和样条曲线不能通过添加现有曲线按钮添加到草图中，此时，可以使用投影方式把它们投影到草图平面中。

## 6.5 曲线设计

曲线设计是 UG NX 10.0 中有别于直接草图绘制曲线的另外一种构建曲线的方法。

曲线设计功能主要包括曲线的构造方法，包括各类基本曲线，如直线、圆和圆弧、矩形的设计，还包括各类二次曲线和样条曲线的设计。

6.5.1 视频

### 6.5.1 点

**1. 点**

功能：定义点的位置。

下拉菜单：【插入】→【基准/点】→【点…】或者单击工具栏中的 ，系统会弹出图 6.11 所示对话框。创建一个点或指定一个点的位置时，我们可以使用三种方法：

- 直接在文本框中输入点的坐标值来确定点；
- 利用点的捕捉方式选项，来捕捉一个点；
- 利用偏置方式来指定一个相对于参考点的偏移点。

**2. 点集**

功能：创建一系列的点，构成一个集合。

下拉菜单：【插入】→【基准/点】→【点集…】，或者单击工具图标栏中的 ，系统就会弹出如图 6.12 所示的点集对话框。

在【点集】对话框中提供了多种点群的创建方式：曲线上的点、在曲线上加点、曲线上的百分点、样条定义点、样条节点、样条极点、面上的点、面上的百分点、面(B-曲面)顶点和点成组。一般可在基本曲线、平面和 B-曲面上按照相应的点群创建方式，定义一组点或一个点。

图 6.11 【点】对话框

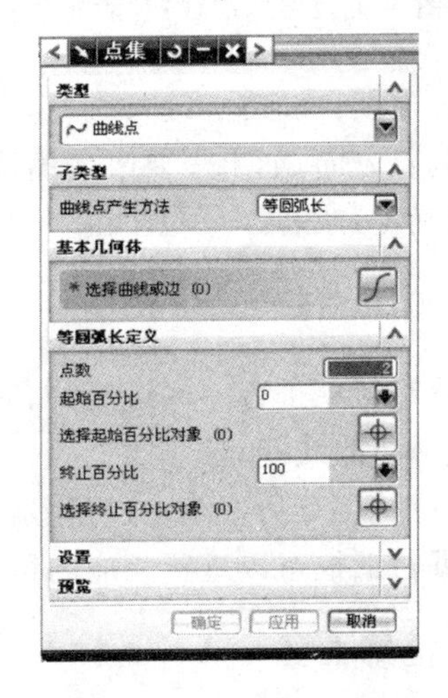


图 6.12 【点集】对话框

6.5.2 视频

### 6.5.2 创建基本曲线

该功能提供非关联曲线创建和编辑工具，这里仅简单做介绍。选择【插入】→【曲线】→【基本曲线】选项，或单击【曲线】工具条中的 图标，弹出如图 6.13 所示的【基本曲线】对话框。

**1. 直线**

单击【曲线】工具条中的 图标，弹出如图 6.14 所示的【直线】对话框。

图 6.13 【基本曲线】对话框

直线构造的方法有很多，分别介绍如下。

(1)无界：指建立的直线沿直线的方向延伸，不会有边界。

(2)增量：系统通过增量的方式建立直线。给定起点后，可以直接在图形工作区指定结束后，也可以在跟踪条对话框中输入结束点，相对于起点的增量。

(3)点方法：通过下拉列表设置点的选择方式。共有【自动判断点】、【光标定位】等 8 种方式。

(4)线串模式：把第一条直线的终点作为第二条直线的起点。

(5)锁定模式：在画一条与图形工作区中的已有直线相关的直线时，由于涉及对其他几何对象的操作，锁定模式记住开始选择对象的关系，随后用户可以选择其他直线。

(6)平行于：用来绘制平行于 XC 轴、YC 轴和 ZC 轴的平行线。

**2. 圆弧**

在如图 6.13 所示的对话框中单击 图标，出现如图 6.15 所示对话框，可以根据两种“三点方式”绘制一段圆弧：即圆弧起始点与圆弧上任一点，圆弧的起始点和中心点。

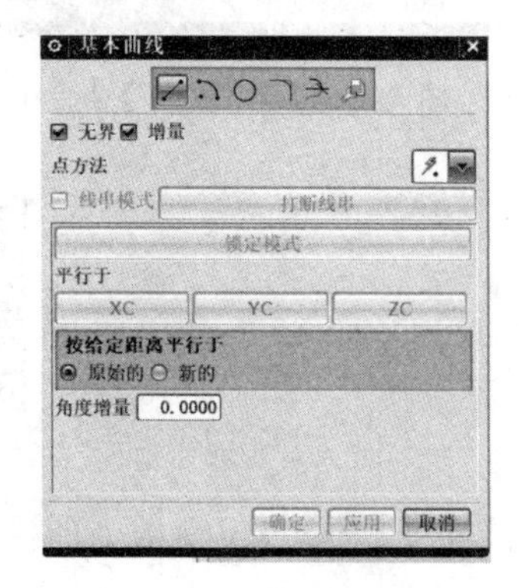


图 6.14 【直线】对话框

图 6.15 【圆弧】对话框

(1)整圆:绘制一个整圆。

(2)备选解:在画圆弧过程中确定大圆弧或小圆弧等。

圆弧的生成和上节圆弧的生成方式相同。不同的是点、半径和直径的选择可直接输入用户所需的数值;也可用鼠标左键直接在图形工作区中指定。其他参数含义和图 6.17 所示对话框中的含义相同。

**3. 圆**

在如图 6.13 所示的对话框中单击⊙图标,弹出【圆】对话框。通过先指定圆心位置,然后指定半径或直径来绘制圆。当在图形工作区绘制了一个圆后,选择【多个位置】复选框,在图形工作区输入圆心后生成与已绘制圆同样大小的圆。

**4. 圆角**

在如图 6.13 所示的对话框中单击图标,弹出如图 6.16 所示的【曲线倒圆】对话框。

(1)简单倒圆:只能用于对直线进行倒圆。其创建步骤如下:

①在半径中输入用户所需的数值,或单击【继承】按钮,在图形工作区中选择已存在的圆弧,则倒圆的半径和所选圆弧的半径相同。

②用鼠标左键单击两条直线的倒角处,生成倒角并同时修剪直线。

(2)曲线倒圆:不仅可以对直线倒角,而且还可以对曲线倒圆,操作与【简单倒圆】相似。圆弧按照选择曲线的顺序逆时针产生圆弧,在生成圆弧时,用户也可以选择【修剪选项】来决定在倒圆角时是否裁剪曲线。

(3)曲线倒圆:对 3 条曲线或直线进行倒圆。同 2 条曲线倒圆一样,不同的是不需要用户输入倒圆半径,系统自动计算半径值。

图 6.16 【曲线倒圆】对话框

图 6.17 【艺术样条】对话框

## 6.5.3 艺术样条曲线

6.5.3 视频

艺术样条曲线是建立自由形状曲面的基础,其类型很多,UG 采用 NURBS(非均匀有理 B 样条)。

功能:创建样条曲线。

下拉菜单:【插入】→【曲线】→【艺术样条】。或单击【曲线】工具条中的图标,弹出如图 6.17所示的【艺术样条】对话框。

**1. 建立艺术样条的方法**

用户可以通过【根据极点】、【通过点】两种方式建立艺术样条曲线。

(1)根据极点——通过极点建立样条线，即用选定点建立的控制多边形来控制样条的形状，建立的样条只通过两个端点，不通过中间的控制点。

(2)通过点——通过点建立样条线，即建立的样条线精确地通过选定的每一个定义点。

**2. 样条的阶次**

样条的阶次是定义样条的数学多项式的最高幂次，通常等于曲线的定义点数减 1。推荐使用 3 阶次样条。不要使用 1 阶样条，以免在曲线上产生尖角。

## 6.5.4　二次曲线

6.5.4 视频

二次曲线是指用一个平面去切割一圆锥体而得到的曲线，包括圆、椭圆、抛物线和双曲线。二次曲线的类型取决于切割圆锥体的平面与圆锥体底平面所成的夹角。一般的二次曲线灵活性大，构造方法也有所不同。

椭圆、抛物线和双曲线的构造是通过参数输入的方式来进行的，下面分别对其构造过程加以介绍。

**1. 椭圆**

功能：利用椭圆的构成参数来构造椭圆。

下拉菜单：【插入】→【曲线】→【椭圆】。

或者在【曲线】工具图标栏中单击。系统会弹出点创建对话框，让用户选取椭圆的中心。接着系统会弹出如图 6.18 所示的【椭圆】对话框。用户在相应的参数文本框中输入设定的数值，依次是长半轴、短半轴、起始角、终点角度、旋转角度，系统即能完成创建椭圆的工作。

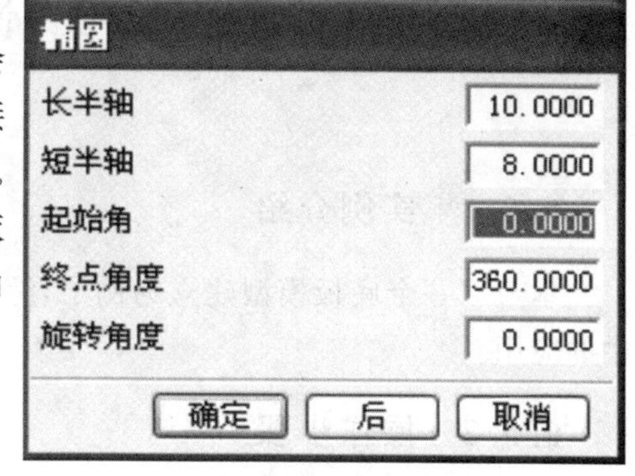


图 6.18　【椭圆】对话框

**2. 抛物线**

功能：利用抛物线的构成参数来构造抛物线。

下拉菜单：【插入】→【曲线】→【抛物线】或者在【曲线】工具图标栏中单击。

系统先弹出点创建对话框，让用户确定抛物线的位置，接着就会弹出如图 6.19 所示的【抛物线】对话框，用户确定有关抛物线的参数后，系统即可生成抛物线。

**3. 双曲线**

功能：利用双曲线的构成参数来构造双曲线。

下拉菜单：【插入】→【曲线】→【双曲线】或者在【曲线】工具图标栏中单击。系统先弹出点创建对话框，让用户确定双曲线的位置，接着就会弹出如图 6.20 所示的【双曲线】对话框，用户确定有关双曲线的参数后，系统即可生成双曲线。

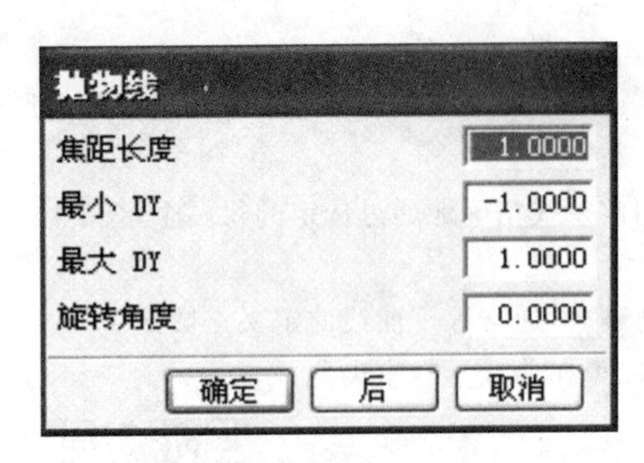


图 6.19 【抛物线】对话框

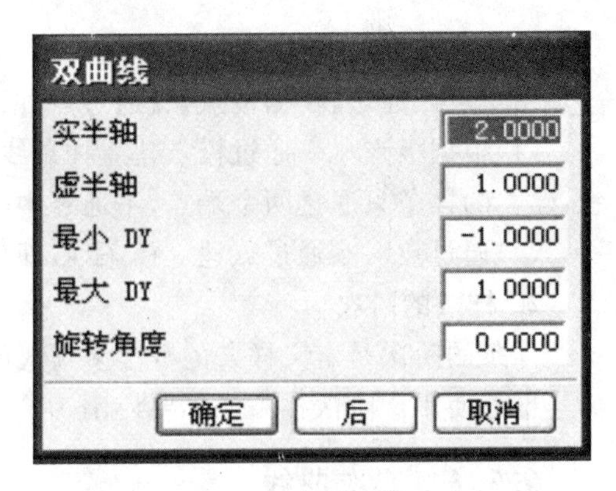


图 6.20 【双曲线】对话框

### 6.5.5 一般二次曲线

二次曲线包括圆形、椭圆、抛物线、双曲线，但一般二次曲线的构造不同于前面二次曲线的构造，而是通过各种放样的办法或者通用二次曲线公式建立二次曲线。根据输入数据的不同，曲线构成不同类型的二次曲线。

下拉菜单：【插入】→【曲线】→【一般二次曲线】。

## 6.6 设计范例

6.6 视频

3D 文件

### 6.6.1 实例介绍

本节以一个底板模型建立为例子，综合讲述本章的建模方法，并说明各操作在实际设计中的应用。

### 6.6.2 操作步骤

**1. 建立草图**

(1)选择【文件】→【新建】选项，在弹出【新建】对话框后，选择【模型】模板，输入模型名称 bottom，单击确定按钮。

(2)选择【插入】→【草图】选项，或者单击【直接草图】工具栏中的【草图】图标，选择 XC、YC 平面为草绘平面，单击确定按钮，进入草图绘制界面。

(3)绘制草图轮廓线。在【直接草图】工具栏中单击【直线】图标，绘制一条竖直线，单击【轮廓】图标，创建一系列连接的直线与垂线相交，如图 6.21 所示的草图轮廓线。(注：在作草图轮廓线时，不用很精确，只要大概形状相似就行。)

(4)对草图进行修剪。单击【快速修剪】图标，系统弹出对话框，按照对话框的提示，修剪两条直线，完成后得到草图，如图 6.22 所示。

(5)创建圆和倒圆。单击【图】图标，创建一个圆；单击【图角】图标，系统弹出【创建圆角】工具条，根据工具条的提示，对草图进行倒圆，得到草图，如图 6.23 所示。

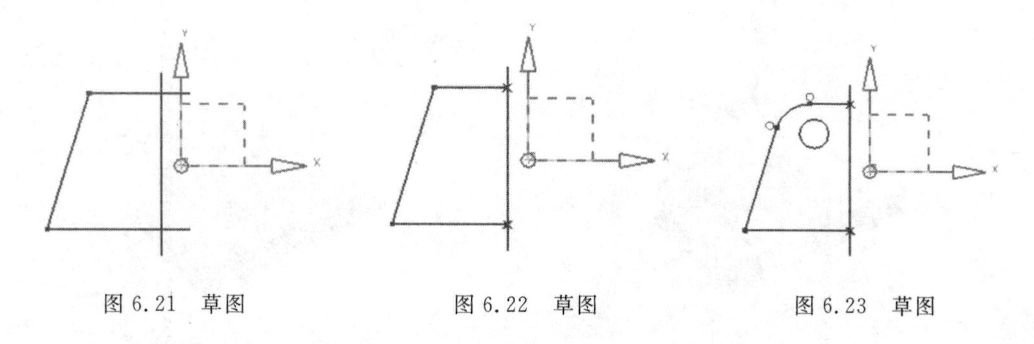

图 6.21　草图　　　图 6.22　草图　　　图 6.23　草图

(6)对草图进行约束。单击【几何约束】图标，选择竖线和 YC 坐标线，系统自动弹出菜单，选择【共线】图标，使得竖线与 YC 线重合，同理选择【垂直】图标，把横线与竖线约束垂直，选择【同心】图标，约束圆与倒圆的圆心重合。

(7)将草图曲线转至参考线。单击【转换自参考对象】图标，系统自动弹出对话框，选择竖线，单击确定按钮，将竖线转换成参考线。

(9)对草图进行定位标注。单击【快速尺寸】图标进行标注，如图 6.24 所示。(注：草图标注后，系统提示还有两个约束未被定位，是指参考线没定位，不用考虑。)

(10)进行草图镜像。单击图标，系统弹出对话框，单击图标，选择参考线作镜像中心线，单击图标，选择草图左半部作为镜像对象，单击确定按钮，完成草图创建，如图 6.25 所示。

(11)单击工具栏中的完成草图按钮，退出草绘模式。

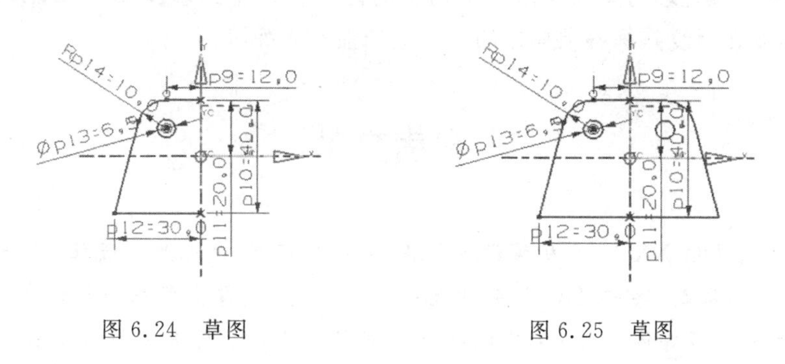


图 6.24　草图　　　图 6.25　草图

**2. 拉伸与着色**

(1)对草图进行拉伸。选择【插入】→【设计特征】→【拉伸】选项，或者单击【特征】工具栏中的图标，系统弹出【拉伸】对话框，选择创建的草图，输入厚度 8，单击确定按钮，得到拉伸后的模型，如图 6.26 所示。

(2)将草图移至图层。选择【格式】→【移动至图层】选项，或单击【实用程序】工具栏中的图标，选择草图轮廓线，将草图移入图层，单击确定按钮，得到隐藏草图后的模型。

(3)关闭模型着色边。选择【首选项】→【可视化】选项，弹出【可视化首选项】对话框，选择【可视】标签，系统弹出【可视】选项卡，选择【着色边颜色】下拉列表中的 off 选项。

(4)单击确定按钮，得到最终的底板模型，如图 6.27 所示。

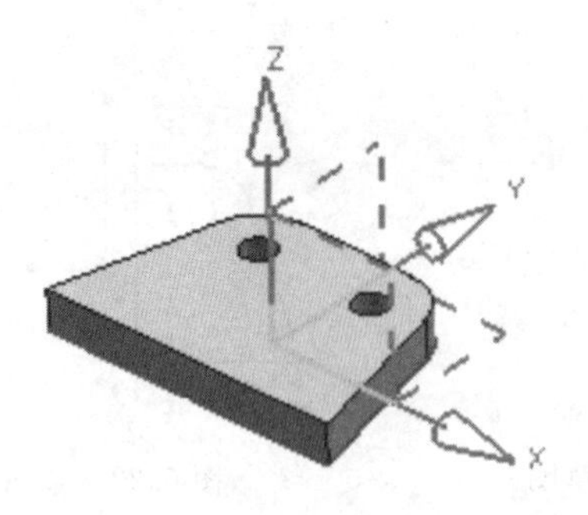


图 6.26　拉伸后的模型

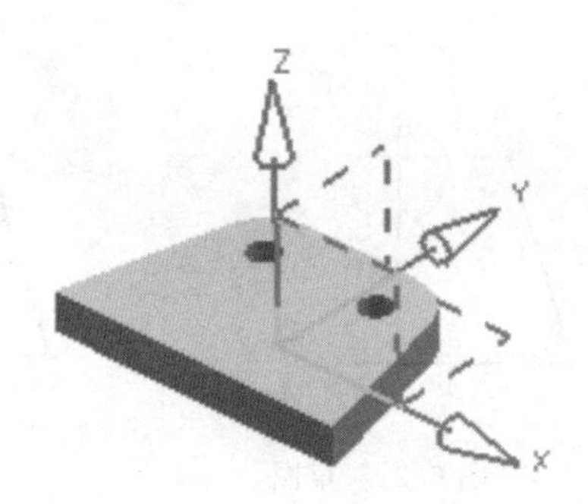


图 6.27　底板模型

## 6.7　本章小结

本章介绍了草图功能与曲线设计功能,包括草图功能概述、绘制草图、约束管理和曲线设计等。由于草图设计功能是 UG NX 10.0 参数化设计的基础,为了使用户更好地理解和掌握创建草图的方法,我们对这些方法进行了大致的分类,分为点、矩形、圆弧、椭圆以及二次曲线等方法;曲线设计功能主要分为基本曲线、样条曲线和二次曲线 3 类。

在本章的最后,通过一个范例——底板模型的创建,使读者对 UG NX 10.0 的曲面造型草图设计和约束管理功能的应用有了初步的体验。要充分掌握 UG NX 10.0 的草图功能,读者还需要在反复熟练各项操作的基础上加强实战练习。

## 参考文献

[1] 展迪优. UG NX 10.0 机械设计教程[M]. 北京:机械工业出版社,2018.
[2] 张广礼,张鹏,洪雪. UG18 基础教程[M]. 北京:清华大学出版社,2002.
[3] 云杰漫步多媒体科技 CAX 设计教研室. UG NX 6.0 中文版基础教程[M]. 北京:清华大学出版社,2009.
[4] 刘言松,王芸. UG NX 6.0 产品设计[M]. 北京:化学工业出版社,2009.

## 习　题

**一、填空题**

6.1　创建草图的基本操作包括______、______、______、______、______等五类。

6.2　绘制圆弧可以采用两种方法:即______和______。

6.3　草图操作包括______、______、______、______、______、

__________和__________等。

6.4　在曲线设计中,基本曲线包括________、______、________和________。

## 二、问答题

6.5　利用草图和曲线创建的图形各有何特点?

6.6　什么是尺寸约束?什么是几何约束?它们各自如何操作?

## 三、作图题

6.7　运用草图,创建支板模型,如题图所示(尺寸自定)。

题 6.7 图

# 第7章　基础实体设计

【内容提要】

本章通过概述实体建模的基础，引出构建实体的各种方法，主要分为体素特征、扫描特征及布尔运算等3大类来讲述。每一大类又包含若干具体创建实体模型的不同途径，如通过长方体体素、通过圆锥体素、沿引导线扫掠、布尔求和等。

【学习提示】

学习中应注意，使用 UG NX 10.0 创建实体造型有3种途径：体素特征、扫描特征以及布尔运算。要想顺利创建出理想的实体模型，最关键也最有效的方法，就是多进行实例练习。

## 7.1　实体建模概述

实体模型是三维造型的基础，UG NX 10.0 具有强大的实体创建功能，可以创建构成零件的各类实体特征，如长方体、圆柱体、圆锥体、球体等。通过对线、面的拉伸、旋转和扫掠，也可以创建类型更加丰富的实体。通常，复杂结构都是多个实体的组合，对此，UG 提供了布尔运算功能，可以将已经创建的各类实体进行加、减和并等的运算，实现将不同实体模型组合成更复杂的设计模型。

## 7.2　体素特征

7.2.1 视频

### 7.2.1　长方体

功能：创建长方体。

下拉菜单：【插入】→【设计特征】→【长方体】，或者单击【特征】工具栏中的图标，弹出如图7.1所示的【长方体】对话框。

**1. 原点和边长度**

通过设定长方体的原点和3条边的长度来建立长方体，其操作步骤如下：

(1)选择一点。

(2)设置长方体的尺寸参数。

(3)指定所需的布尔操作类型。

(4)单击 确定 或者【应用】按钮,创建长方体特征。

**2. 两点和高度**

通过定义两个点作为长方体底面对角线的顶点,并且设定长方体的高度来建立长方体。

**3. 两个对角点**

通过定义两个点作为长方体对角线的顶点建立长方体。

### 7.2.2　圆柱

7.2.2 视频

功能:创建一个圆柱。

下拉菜单:【插入】→【设计特征】→【圆柱】或者单击【特征】工具栏中的图标,弹出如图 7.2 示的【圆柱】对话框。

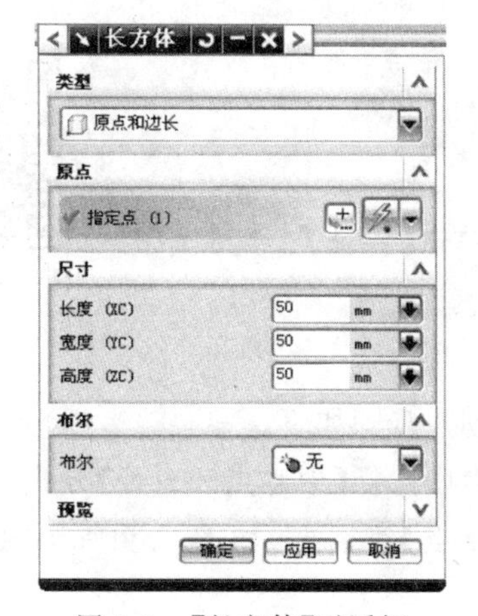


图 7.1　【长方体】对话框

图 7.2　【圆柱】对话框

**1. 轴、直径和高度**

用于指定圆柱体的直径和高度创建圆柱特征。其创建步骤如下。

(1)创建圆柱轴线方向。

(2)设置圆柱尺寸参数。

(3)创建一个点作为圆柱底面的圆心。

(4)指定所需的布尔操作类型,创建圆柱特征。

**2. 高度、圆弧**

用于指定一条圆弧作为底面圆,再指定高度创建圆柱特征。

### 7.2.3　圆锥

7.2.3 视频

功能:创建一个圆锥。

下拉菜单:【插入】→【设计特征】→【圆锥】或者单击【特征】工具栏中的图标,弹出如图 7.3 所示的【圆锥】对话框。

**1. 直径和高度**

用于指定圆锥的顶圆直径、底圆直径和高度，创建圆锥。

(1)在【类型】下拉列表中选择【直径和高度】方式。

(2)在【轴】选项组中设定轴向矢量和圆锥底圆中心点。

(3)在【尺寸】选项组中设定底部直径、顶部直径和高度。

(4)指定所需的布尔操作类型。

(5)单击 确定 或【应用】按钮，创建圆锥特征。

**2. 底部直径、高度、半角**

用于指定圆锥的底圆直径、高度和锥顶半角，创建圆锥。

**3. 顶部直径、高度、半角**

用于指定圆锥的顶圆直径、高度和锥顶半角，创建圆锥。

**4. 两个共轴的弧**

用于指定两个共轴的圆弧分别作为圆锥的顶圆和底圆，创建圆锥。

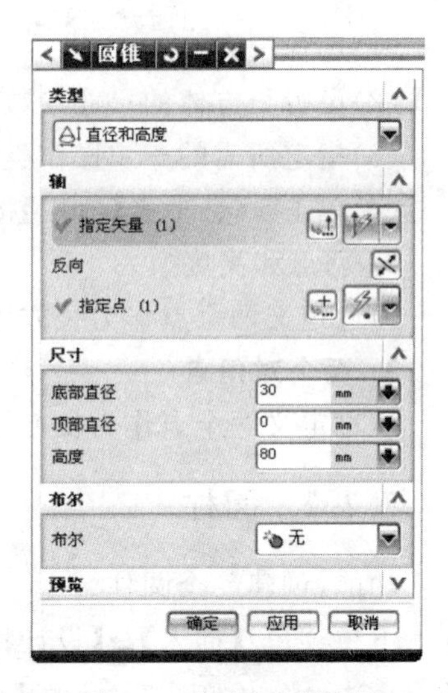


图 7.3 【圆锥】对话框

### 7.2.4 球体

7.2.4 视频

功能：创建一个球体。

下拉菜单：【插入】→【设计特征】→【球】或者单击【特征】工具栏中的图标，系统会弹出如图 7.4 所示的【球】对话框。

**1. 中心点和直径**

用于指定直径和球心位置，创建球特征。其创建步骤如下。

(1)在如图 7.4 所示对话框的【类型】下拉列表中选择【中心点和直径】方式。

(2)在【中心点】选项组中单击图标，弹出【点】对话框，如图 7.5 所示，指定球的中心点。

(3)指定中心点之后，在【尺寸】选项组中设定球的直径。

(4)指定所需的布尔操作类型。

(5)单击 确定 或者【应用】按钮，生成球体。

图 7.4 【球】对话框

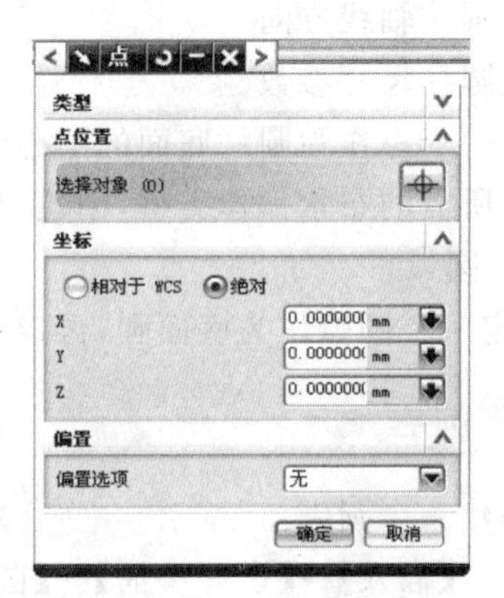


图 7.5 【点】对话框

**2. 圆弧**

用于指定一条圆弧，将其半径和圆心分别作为所创建球体的半径和球心，创建球特征。

7.3.1 视频

## 7.3 扫描特征

### 7.3.1 拉伸

拉伸特征是将截面轮廓草图沿其垂直方向进行拉伸生成实体。其草绘截面可以是封闭的也可以是开口的，但实际建模过程中通常是封闭的。可以由一个或者多个封闭环组成，封闭环之间不能自交，但封闭环之间可以嵌套，如果存在嵌套的封闭环，在生成添加材料的拉伸特征时，系统自动认为里面的封闭环类似于孔(空心)特征。

功能：将截面轮廓草图拉伸生成实体。

下拉菜单：【插入】→【设计特征】→【拉伸】或者单击【特征】工具栏中的图标，系统会自动弹出如图7.6所示的【拉伸】对话框，其中有几个选项分别介绍如下。

**1. 截面**

(1) 选择曲线：用来指定使用已有草图来创建拉伸特征，在如图7.6所示的对话框中默认选择图标。

(2) 绘制草图：在如图7.6所示的对话框中单击图标，可以在工作平面上绘制草图来创建拉伸特征。

**2. 方向**

(1)指定矢量：用于设置所选对象的拉伸方向。在该选项组中选择所需的拉伸方向或者单击对话框中的图标，弹出如图7.7所示的【矢量】对话框，在该对话框中选择所需拉伸方向。

(2)反向：在如图7.7所示的对话框中单击图标，使拉伸方向反向。

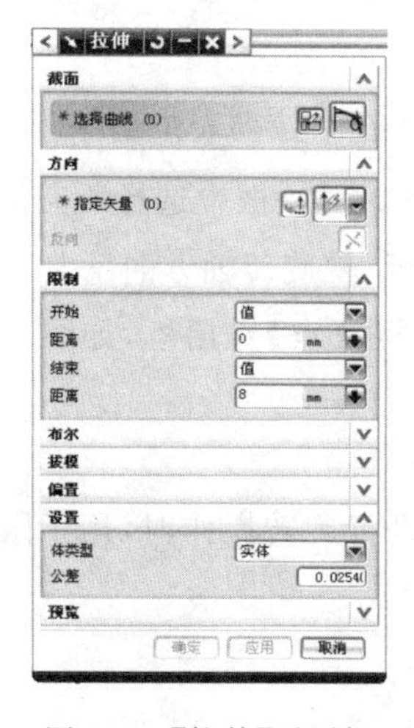

图7.6 【拉伸】对话框

图7.7 【矢量】对话框

**3. 极限**

(1)开始:用于限制拉伸的起始位置。

(2)结束:用于限制拉伸的终止位置。

**4. 布尔操作**

在如图7.6所示对话框的【布尔】下拉列表中选择布尔操作类型。

**5. 偏置**

(1)单侧:指在截面曲线一侧生成拉伸特征,以结束值和起始值之差为实体的厚度。

(2) 两侧:指在截面曲线两侧生成拉伸特征,以结束值和起始值之差为实体的厚度。

(3) 对称:指在截面曲线的两侧生成拉伸特征,其中每一侧的拉伸长度为总长度的一半。

**6. 启用预览**

选中"启用预览"复选框后,用户可预览绘图工作区的临时实体的生成状态,以便及时修改和调整。

### 7.3.2　回转

回转特征是由特征截面曲线绕旋转中心线旋转而成的一类特征,它适合于构造回转体零件特征。

功能:将一特征截面曲线绕旋转中心线旋转形成一个回转体。

下拉菜单:【插入】→【设计特征】→【回转】或者单击【特征】工具栏中的图标,弹出如图7.8所示的【回转】对话框,对话框中各选项分别介绍如下。

**1. 截面**

(1)选择曲线:用来指定已有草图来创建旋转特征,在如图7.8所示的对话框中默认选择图标。

(2)绘制草图:在如图7.8所示的对话框中,单击图标,可以在工作平面上绘制草图来创建回转特征。

**2. 轴**

(1)指定矢量:用于设置所选对象的旋转方向。在下拉列表中选择所需的旋转方向或者单击图标,弹出【矢量】对话框,如图7.9所示,在该对话框中选择所需旋转方向。

(2)反向:在如图7.9所示对话框中单击图标,使旋转轴方向反向。

(3)指定点:在【回转】对话框中单击图标,弹出【点】对话框,如图7.10所示。在【指定点】下拉列表中可以选择要进行旋转操作的基准点。

**3. 极限**

开始:在设置以【值】或【直至选定对象】方式进行旋转操作时,用于限制旋转的起始角度。结束:用于限制旋转的终止角度。

**4. 偏置**

(1)无:直接以截面曲线生成回转特征。

(2)两侧:指在截面曲线两侧生成回转特征,以结束值和起始值之差作为实体的厚度。

图 7.8　【回转】对话框

图 7.9　【矢量】对话框

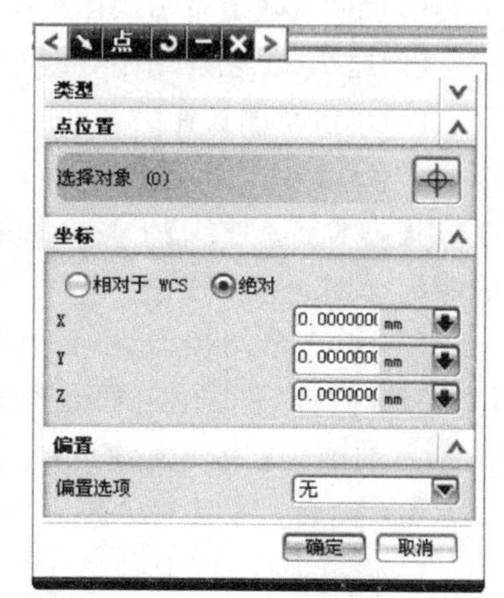


图 7.10　【点】对话框

**【例题 7.1】** 创建回转特征。

例 7.1 视频

3D 文件

操作步骤如下。

(1)单击工具栏中的草绘按钮，在 XC. YC 平面内应用绘制工具中的【艺术样条曲线】和【直线】工具绘制如图 7.11 所示的平面二维图形。

(2)单击按钮，弹出【回转】对话框，提示选择曲线时，选择绘制的所有直线，矢量选择 Y 轴，其余参数均为默认值，单击确定按钮，结果如图 7.12 所示。

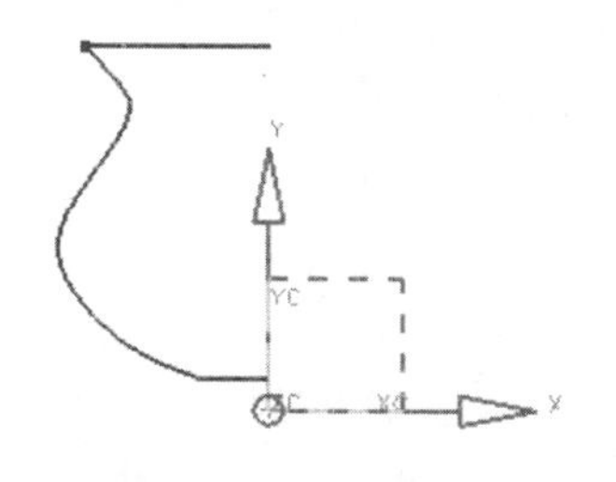


图 7.11　草绘曲线

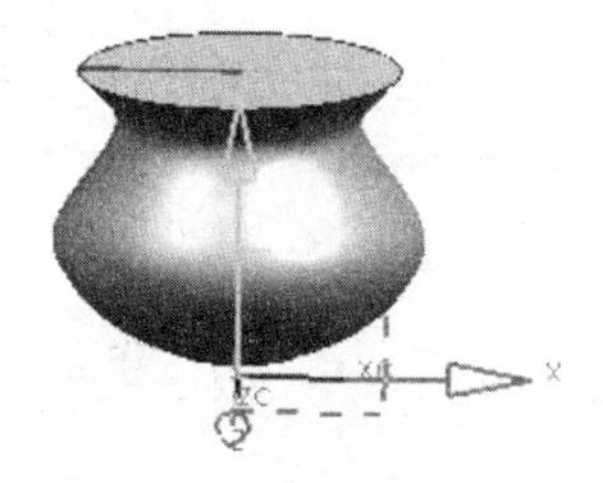


图 7.12　生成的回转特征

### 7.3.3　沿引导线扫掠

功能：由截面曲线沿引导线扫描形成实体。

下拉菜单：【插入】→【扫掠】→【沿引导线扫掠】选项，或者单击【特征】工具栏中的图标，弹出如图 7.13 所示的【沿引导线扫掠】对话框，对话框有四个选项说明如下：

(1)截面:选择需要扫掠的截面草绘。

(2)引导线:选择用于扫掠的引导线草绘。

(3)偏置:设定第一偏置和第二偏置。

(4)布尔:确定布尔操作类型,即可完成操作。

例 7.2 视频

3D 文件

**【例题 7.2】** 创建沿引导线扫掠特征。

(1)单击草图按钮,打开【创建草图】对话框,如图 7.14 所示,选择 XY 平面作为草绘平面,用【艺术样条曲线】工具绘制如图 7.15 所示的曲线,单击按钮。

(2) 单击草图按钮,打开【创建草图】对话框,选择 YZ 平面作为草绘平面,绘制如图 7.16 所示的圆(使用几何约束,使圆心和样条曲线起始点重合),单击按钮。

(3)单击【特征】工具栏中的按钮,选择图 7.16 所示的曲线作为截面,选择图 7.15 所示的曲线为引导线,单击按钮,结果如图 7.17 所示。

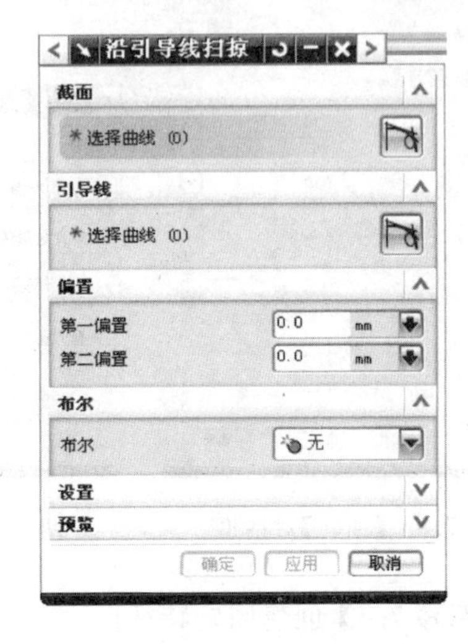


图 7.13 【沿引导线扫掠】对话框

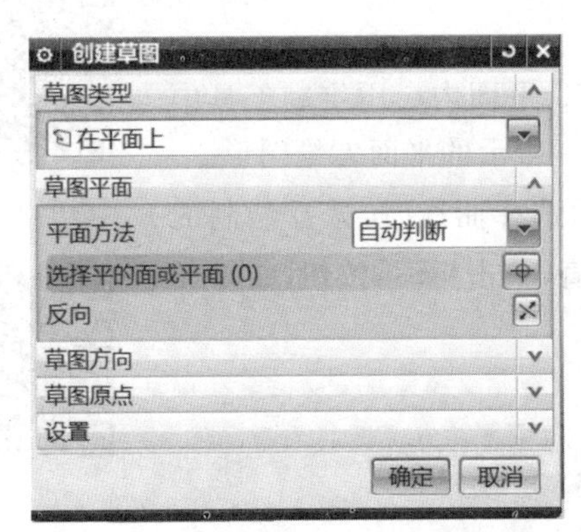


图 7.14 【创建草图】对话框

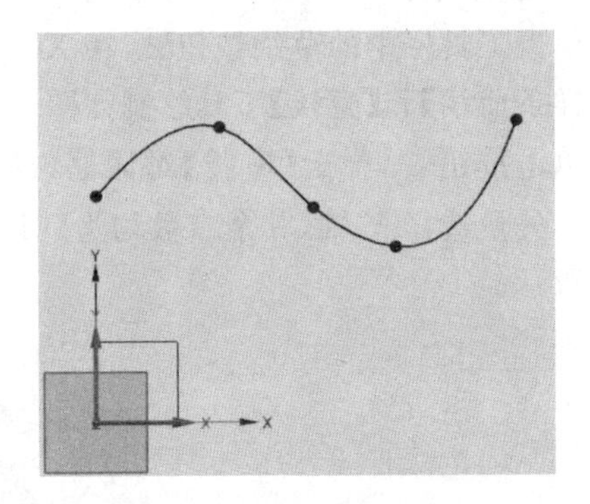

图 7.15 草绘曲线(1)

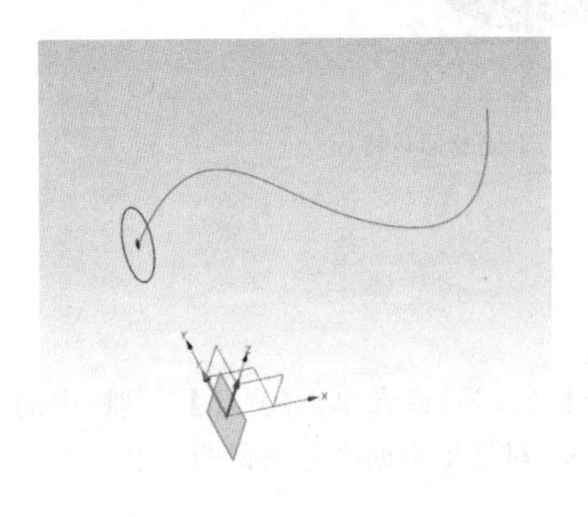

图 7.16 草绘曲线(2)

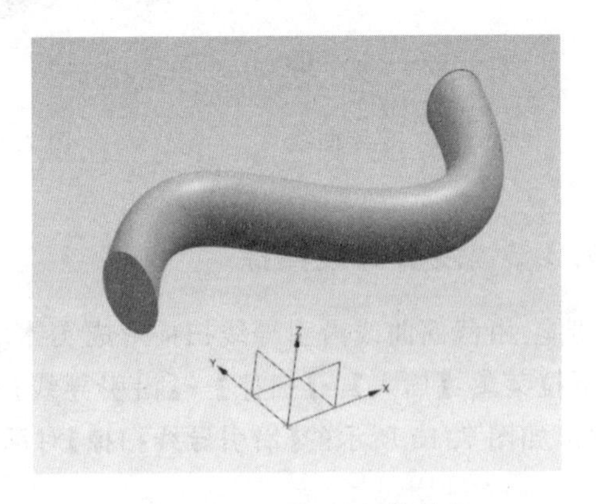

图 7.17 沿引导线扫掠特征

### 7.3.4　管道

图 7.18　【管道】对话框

管道特征是指把引导线作为旋转中心线旋转而成的一类特征。需要注意的是引导线必须光滑、相切和连续。

功能:把引导线作为旋转中心线旋转形成管道实体。

下拉菜单:【插入】→【扫掠】→【管道】选项,或者单击【特征】工具栏中的图标,系统弹出如图 7.18 所示的【管道】对话框。在视图区选择引导线,在该对话框中设置参数,然后单击按钮,即可创建管道特征。下面对各选项分别加以说明。

**1. 横截面**

用于设置管道的内、外径。外径值必须大于 0.2,内径值必须大于或等于 0,且小于外径值。

**2. 设置**

用于设置管道面的类型,有单段和多段两种类型。选定的类型不能在编辑过程中被修改。

## 7.4　布尔运算

如果 UG 中存在多个体素特征,建模时就需要在体素特征间进行布尔运算,即实现求和、求差、求交等功能。灵活运用实体间的布尔运算功能,可以将复杂形体分解为若干基本形体,分别建模后进行布尔运算,合并为新的实体模型。UG NX 10.0 的布尔运算的主要功能可以通过在菜单区选择【插入】→【组合体】选项,弹出如图 7.19 所示的【组合体】子菜单,从中选择相应的选项来实现。

### 7.4.1　求和

功能:求和布尔运算即求实体间的合集,用于将一个目标体和两个或两个以上工具实体按叠加方式组合起来。

下拉菜单:【插入】→【组合体】→【求和】选项或单击工具栏中的图标,系统将弹出【求和】对话框,如图 7.20 所示,在绘图区中选择了目标体后,选择图标将自动转换到选择工具体上,完成工具体选择后,单击按钮,系统将所选择的工具体与目标体组合为一个整体。

### 7.4.2　求差

功能:求差布尔运算将一个或多个工具体从目标体中挖出,即求实体或片体间的差集。

下拉菜单:【插入】→【组体】→【求差】选项或单击工具栏中的图标,系统将弹出与图 7.20 类似的【求差】对话框。选择需要相减的目标实体(或片体)后,再选择一个或多个实体(或片体)作为工具实体,单击按钮,系统将从目标体中减去所选的工具实体。

求差时应注意以下情况:

(1)工具体与目标体之间没有交集时,系统弹出提示框,提示读者“工具体完全在目标体外”,不能求差。

(2)工具体与目标体之间的边缘重合时,将产生零厚度边缘。系统弹出提示框,提示读者“工具和目标未形成完整相交”,不能求差。

### 7.4.3 求交

功能:求交布尔运算即求实体间的交集。

下拉菜单:【插入】→【组合体】→【求交】选项或单击工具栏中的图标,系统将弹出与图 7.20 类似的【求交】对话框。选择需要相交的目标体后,再选择一个或多个实体作为工具体,单击确定按钮,系统将所选目标体与工具体之间进行求交运算,最后得出一个实体。

求交时应注意以下情况。所选的工具体必须与目标体相交,否则会弹出提示框,提示读者“工具体完全在目标体外”,不能求交。求交的创建步骤与上面几种布尔运算类似。

**【例题 7.3】** 在同一个平面上创建一个长方体和一个圆柱体,作出它们的和、差、交图形。

例 7.3 视频

3D 文件

操作步骤如下。

(1)单击【特征】工具栏中的图标,通过对话框作出直径 100mm、高度 50mm 的圆柱体。

(2)单击【特征】工具栏中的图标,通过对话框作出长 30mm、宽 30mm、高 100mm 的长方体。

(3)选择【插入】→【组合体】选项,在菜单中选择【求和】选项。

1)选取目标圆柱体。

2)选取工具长方体。

3)单击确定按钮完成求和操作,如图 7.21 所示。

(4)求差操作步骤与上面相同,结果如图 7.22 所示。

图 7.19 【组合体】子菜单

图 7.20 【求和】对话框

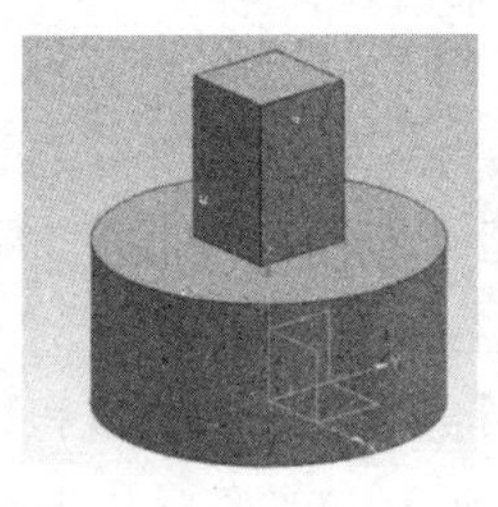

图 7.21 求和

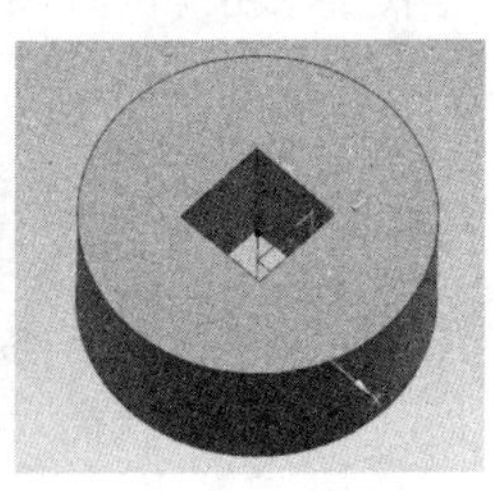

图 7.22 求差

## 7.5 设计范例

### 7.5.1 实例介绍

本节通过一个轴零件模型的建立,来综合应用本章所学的体素建模、扫描特征和布尔特征方法。

### 7.5.2　操作步骤

7.5 视频

3D 文件

该零件的制作思路为：建立轴的一段圆柱；通过圆台操作建立轴的其他部分。

具体操作步骤如下：

(1)启动 UG NX 10.0，选择【文件】→【新建】选项，或者单击图标，选择【模型】类型，创建新部件，文件名为 axis，进入建立模型模块。

(2)单击图标，系统弹出【圆柱】对话框，如图 7.23 所示。在该对话框中设置建立圆柱体的参数，方法如下。

1)在【类型】下拉列表中选择【轴、直径和高度】选项。

2)在【指定矢量】下拉列表中选择方向作为圆柱的轴向。

3)设定圆柱直径为 58，高度为 57。

4)单击图标，在弹出的对话框中设置坐标原点作为圆柱体的中心。

5)单击按钮，生成的圆柱体如图 7.24 所示。

(3)单击图标，系统弹出【凸台】对话框，如图 7.25 所示。利用该对话框建立圆台，方法如下。

1)在对话框中设定圆台的直径为 65、高度为 12、锥角为 0°。

2)选择图 7.24 中圆柱体右侧表面为圆台的放置面，单击按钮。

3)系统弹出如图 7.26 所示的【定位】对话框，选择的定位方法。

4)系统弹出如图 7.27 所示的对话框，在该对话框中单击【标识实体面】按钮，然后选择要放置圆台的圆柱体，系统自动将圆台和圆柱体的轴线对齐，如图 7.29 所示。

(注：也可以采用如下方法：选取圆柱体的右侧表面的圆弧边缘，系统弹出如图 7.28 所示的对话框，选择【圆弧中心】选项也可以将圆台和圆柱体的轴线对齐。最后得到的图形如图 7.29 所示。)

(4)重复上述建立凸台的步骤，生成轴的其他部分，参数如图 7.30 所示。最后得到的图形如图 7.31 所示。

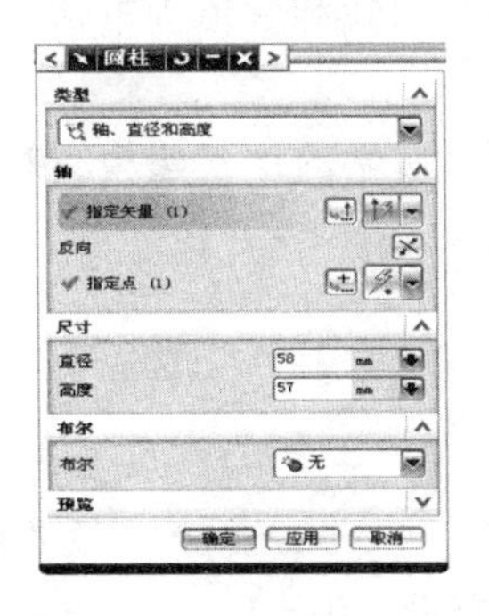

图 7.23　【圆柱】对话框

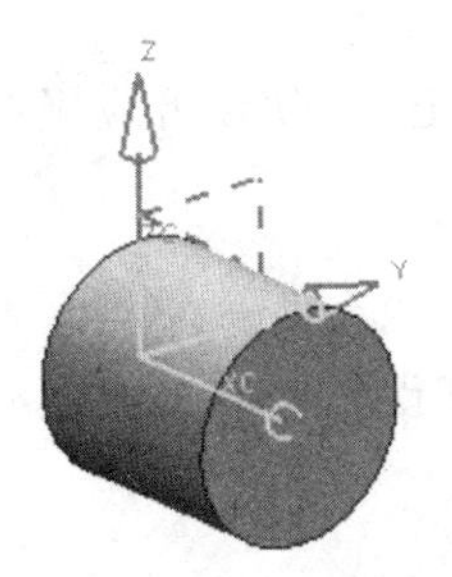

图 7.24　生成的圆柱体

图 7.25　【凸台】对话框

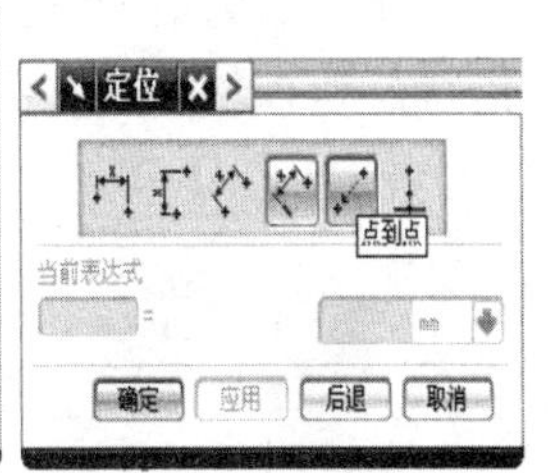

图 7.26　【定位】对话框

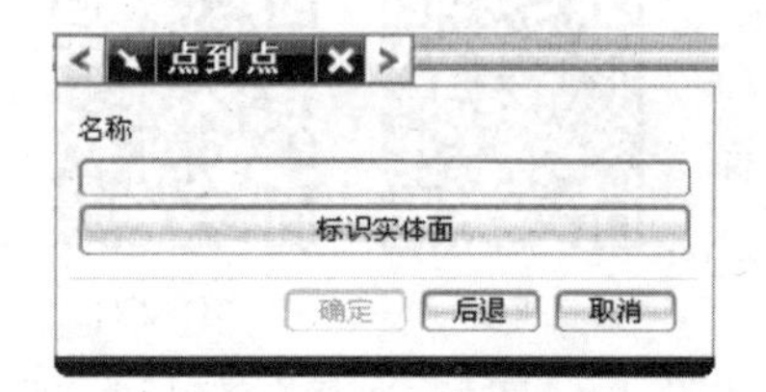


图 7.27 【点到点】对话框

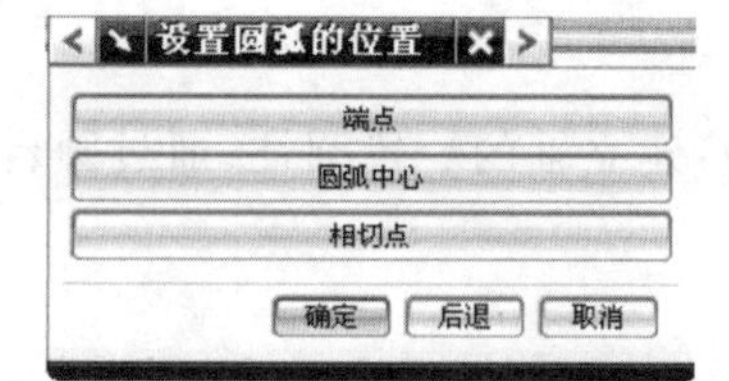


图 7.28 【设置圆弧的位置】对话框

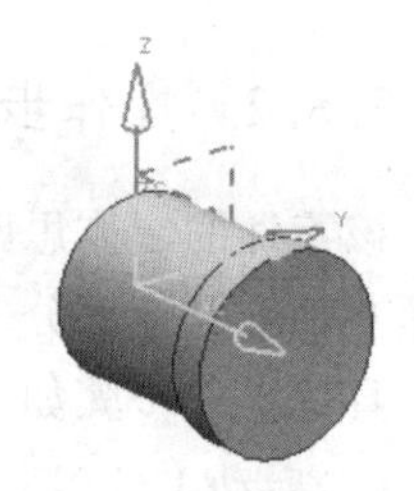

图 7.29 完成的凸台

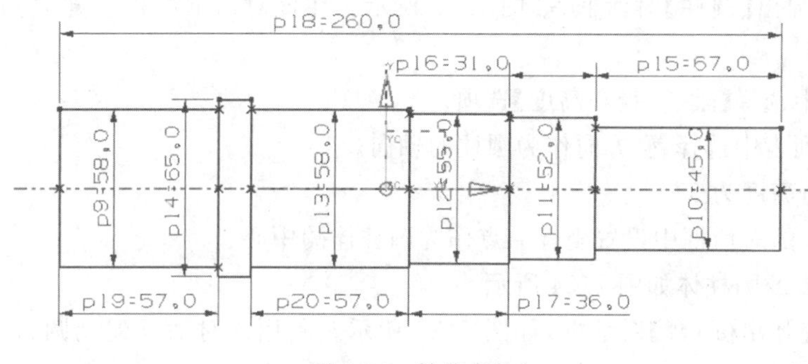


图 7.30 轴的参数

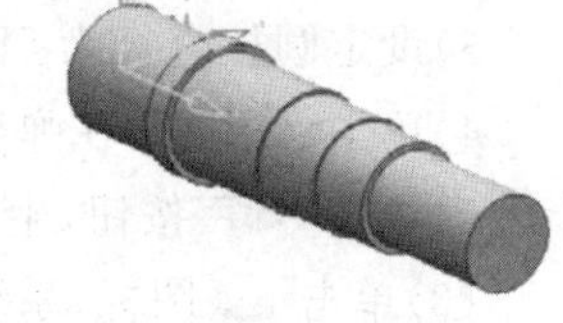

图 7.31 生成的轴

(注:①所有圆台的操作均可用换成圆柱的操作代替,并且将生成的圆柱通过布尔操作的【求和】操作合成为整体。②此零件还可通过生成如图 7.30 所示的草图,然后通过回转方法获得,读者可自行试试,方法非常简便,且便于以后修改尺寸。

## 7.6 本章小结

本章介绍了体素特征、扫描特征和布尔运算等实体建模方法。在体素特征设计中,分为长方体、圆柱体、球体和圆锥体等方法;在扫描特征设计中,使用最多的是依据曲线创建曲面的方法。这些方法都是参数化设计,用户修改曲线后,分为拉伸、扫掠、回转和管道等方法;在布尔运算中,介绍了求和、求差和求交方法的操作。

在本章的最后,通过一个轴零件实体模型的建立,使读者应用本章所学的体素建模、扫描特征和布尔特征方法进行了实际训练。

# 参考文献

[1] 展迪优. UG NX 10.0 机械设计教程[M]. 北京:机械工业出版社,2018.
[2] 张广礼,张鹏,洪雪. UG 18 基础教程[M]. 北京:清华大学出版社,2002.
[3] 云杰漫步多媒体科技 CAX 设计教研室. UG NX 6.0 中文版基础教程[M]. 北京:清华大学出版社,2009.
[4] 刘言松,王芸. UG NX 6.0 产品设计[M]. 北京:化学工业出版社,2009.

# 习　　题

## 一、填空题

7.1　使用 UG NX 10.0 创建实体造型有 3 种方法：______、______、________。

7.2　在扫描特征中，有______、______和________ 3 类三维实体的基本成型方法。

7.3　创建一个圆锥可以采用________、__________、__________、__________、__________等 5 种方式。

7.4　体素间的布尔运算有______、______和________等方式，其中两个体素叠加组合采用________，从一个体素中去除另一个体素采用__________。

## 二、问答题

7.5　基本实体模型包括哪几种？如何建立基本实体模型？

7.6　由曲线可生成哪些实体模型？

7.7　拉伸时如何生成反向实体？

## 三、作图题

7.8　综合运用本章知识创建如题图所示的模板零件(尺寸自定)。

7.9　综合运用本章知识创建如题图所示的模柄零件(尺寸自定)。

7.10　综合运用本章知识创建如题图所示的轴零件(尺寸自定)。

题 7.8 图

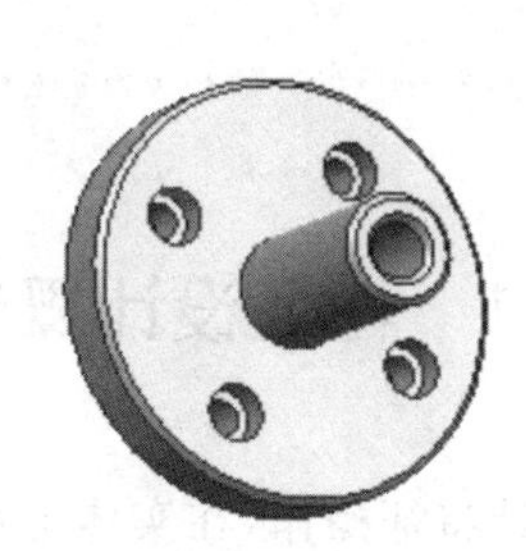

题 7.9 图

题 7.10 图

# 第 8 章　特征设计

**【内容提要】**

本章通过概述特征设计的基础，引出特征设计的各种方法，主要有孔特征、凸台特征、腔体特征、凸垫特征以及键槽特征等 5 大类。在孔特征和键槽特征中又包含若干具体的特征类型，如简单孔、沉孔与埋头孔、键槽等。特征操作主要分为拔模、边倒圆、面倒圆、倒斜角、抽壳、缝合、修剪和拆分等方法；特征编辑则分为编辑特征参数、编辑位置、移动特征等操作。

**【学习提示】**

学习中应注意，使用 UG NX 10.0 特征设计造型有 5 大类型，每一类型与机械结构中的典型结构相对应。不同特征的创建方法虽不同，其操作有其共性，应举一反三，通过对比加强记忆。特征和编辑有多种方法，各种操作比较繁杂，最关键也最有效的学习方法，就是加强实例练习。

## 8.1　特征设计概述

创建实体模型后，可以通过设计特征操作，在实体上创建辅助特征，这些特征和实际零件的加工过程相一致，包括孔、圆台、腔体、凸台、键槽、槽等。

**1. 特征的安放表面**

所有特征都需要一个安放表面，大部分特征的安放表面都是平面，但键槽必须以圆柱面或者圆锥面作为安放平面。所以进行特征设计前，首先要为特征选择一个安放表面，它必须为已有实体的某一表面，特征就在这个安放表面的法线方向来创建。如果没有平面作安放表面，则需要创建一个基准面，将其作为新特征创建的安放表面。

**2. 水平参考**

UG 当中使用的水平参考是指建模时水平方向的参照位置。在进行某些特征建模时必须指定其水平参考，系统规定特征坐标系的 XC 轴为水平参考，也可以选择可投影到安放表面的线性边、平面、基准轴和基准平面定义为水平参考。

**3. 特征的定位方式**

定位是指相对于安放平面的位置，用定位尺寸来控制。定位尺寸是沿着安放表面测量的距离尺寸，这些尺寸可以看作是约束或者特征体必须遵守的规则。对圆形或者锥形特征体在定位对话框上有水平、竖直、平行、垂直、点到点、点到线 6 种定位方式，如图 8.1 所示；对腔特征，定位对话框上除前述外，还有按一定距离平行、成角度、线到线 3 种定位方式，如图 8.2 所示。下面对它们进行简单的介绍。

· 水平方式：运用水平定位首先要确定水平参考。水平参考用于确定 XC 轴方向，而水平定位是确定与水平参考平行的距离。

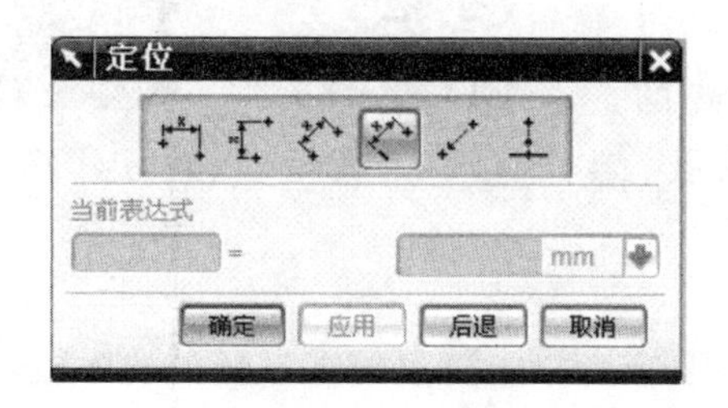


图 8.1　圆形或锥形特征体【定位】对话框

图 8.2　腔特征【定位】对话框

· 竖直方式：运用竖直定位也要先确定水平参考。竖直定位方式指确定垂直于水平参考方向上的尺寸，它一般与水平定位方式一起使用来确定特征位置。

· 平行方式：平行定位是用两点连线距离来定位。

· 垂直方式：垂直定位是用成型特征体上某点到目标边的垂直距离来定位。

· 按一定距离平行定位：按一定距离平行定位是指成型特征体一边与目标体的边平行且间隔一定距离的定位方式。

· 成角度定位：指成型特征体一边与目标体的边成一定夹角的定位方式。

· 点到点定位：指分别指定成型特征体一点和目标体上的一点，使它们重合的定位方式。

· 点到线定位：指让成型特征体一点落在目标体一个边上的定位方式。

· 线到线定位：指让成型特征体一边落在目标体一个边上的定位方式。

**4. 特征工具栏**

特征工具栏如图 8.3 所示。

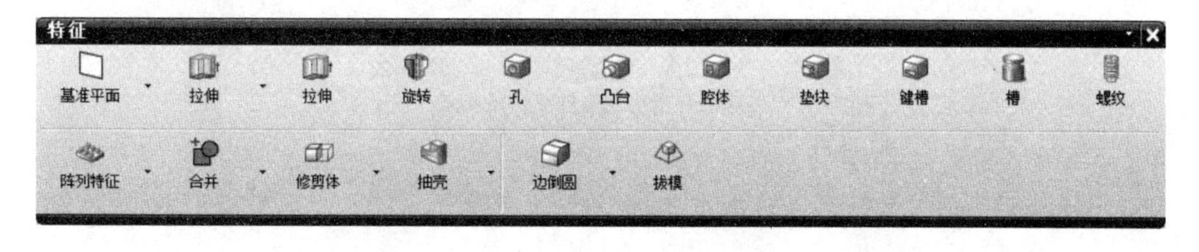


图 8.3　特征工具栏

# 8.2 特征设计操作

## 8.2.1 孔特征

8.2.1 视频

3D 文件

孔特征是结构设计中最常见的特征之一，通过 UG NX 10.0 的孔特征功能，可以生成各种类型的直孔或者盲孔，如直孔、阶梯孔、沉头孔、埋头孔、螺纹孔。

功能：绘制各种类型的孔特征。

下拉菜单：【插入】→【设计特征】→【孔】选项，或者单击【特征】工具栏中的图标，系统会弹出【孔】对话框，如图 8.4 所示。

常规孔的孔操作有 3 种类型，分别为简单孔、沉头孔和埋头孔。

**1. 简单孔**

在如图 8.4(a)所示的【孔】对话框的【类型】下拉列表中单击【常规孔】图标，得到【简单孔】对话框，简单孔的参数包括【直径】、【深度限制】、【深度】和【顶锥角】。

**2. 沉头孔**

在如图 8.4(a)所示的【孔】对话框的【类型】下拉列表中单击图标，可以进行沉头孔的参数设置，如图 8.4(b)所示为沉头孔的参数对话框。其中【沉头孔直径】必须大于【直径】，【沉头孔深度】必须小于【深度】，【顶锥角】必须大于或者等于 0°，并且小于 180°。若在【选择步骤】下拉列表中选择了【通过面】选项，那么【深度】和【顶锥角】文本框将不被激活。

**3. 埋头孔**

在如图 8.4(a)所示的【孔】对话框的【类型】下拉列表中单击图标，可进行埋头孔的参数设置，其参数对话框类似图 8.4(b)，【埋头孔角度】必须大于 0°小于 180°，【顶锥角】必须大

(a)

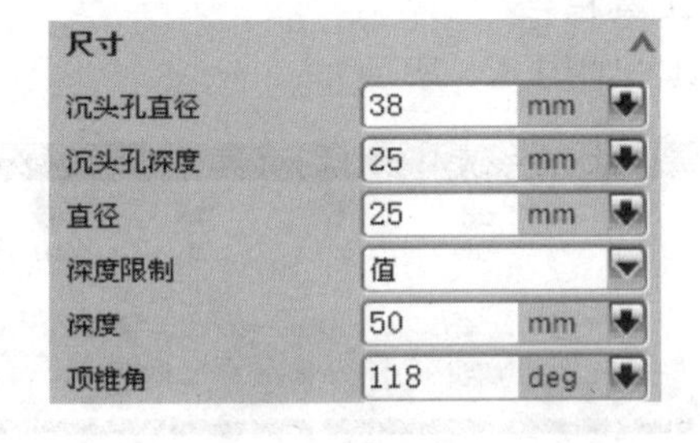


(b)

图 8.4 【孔】及参数对话框

于或者等于 0°,并且小于 180°。若在【选择步骤】下拉列表中选择了【通过面】选项,那么【深度】和【顶锥角】文本框将不被激活。

### 8.2.2　凸台特征

8.2.2 视频

3D 文件

凸台特征是在原实体上增加一个按指定高度垂直或有拔模斜度侧面的圆柱或圆锥形特征。

功能:绘制各种类型的凸台特征。

下拉菜单:【插入】→【设计特征】→【凸台】选项,或者单击【特征】工具栏中的【凸台】图标,弹出如图 8.5 所示的【凸台】对话框。

通过该对话框可以在已存在的实体表面上创建圆柱形或圆锥形凸台。对话框中各功能介绍如下。

**1. 选择步骤**

放置面是指从实体上开始创建凸台的平面形表面或者基准平面。

**2. 过滤器**

通过限制可用的对象类型帮助用户选择需要的对象。这些选项是:任意、面和基准平面。

**3. 凸台的形状参数**

1)直径:圆台在放置面上的直径。

2)高度:圆台沿轴线的高度。

3)锥角:锥度角。若指定为非 0 值,则为锥形凸台。正的角度值为向上收缩(即在放置面上的直径最大),负的角度为向上扩大(即在放置面上的直径最小)。

**4. 反侧**

若选择的放置面为基准平面,则可按此按钮改变圆台的凸起方向。

**5. 定位**

单击 确定 按钮后,利用【定位】对话框进行定位。

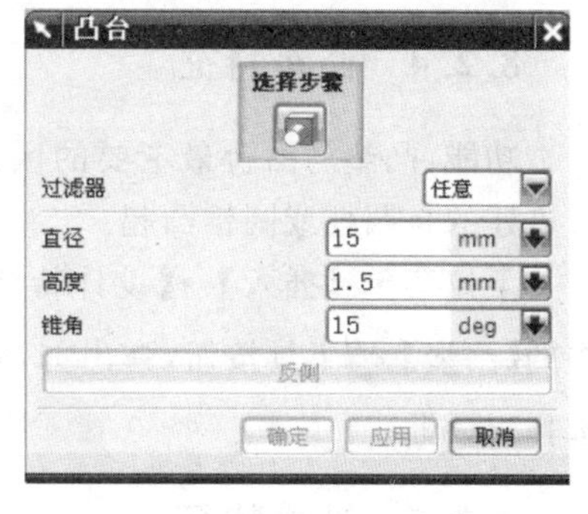


图 8.5　【凸台】对话框

### 8.2.3　腔体特征

腔体特征操作是用一定形状(圆柱形、矩形)在实体中去除材料,形成与该形状一致的内腔。

下拉菜单:【插入】→【设计特征】→【凸台】或者单击【特征】工具栏中的腔体工具按钮,弹出如图 8.6(a)所示的【腔体】类型选择对话框。该对话框用于从实体移除材料或用沿矢量对截面进行投影生成的面来修改片体。

**【例题 8.1】** 创建腔体。操作步骤如下:

例 8.1 视频

(1)创建长方体模型。

(2)单击【特征】工具栏中的图标,弹出如图 8.6(a)所示的【腔体】类型选择对话框。

(3)单击【矩形】按钮,系统自动弹出【矩形腔体】对话框,选择长方体上表面为腔体的放置平面，填写参数，如图 8.6(b)所示。

(4)单击 确定 按钮，系统自动弹出【定位】对话框，确定矩形腔体的位置，形成矩形腔体，如图 8.7 所示。

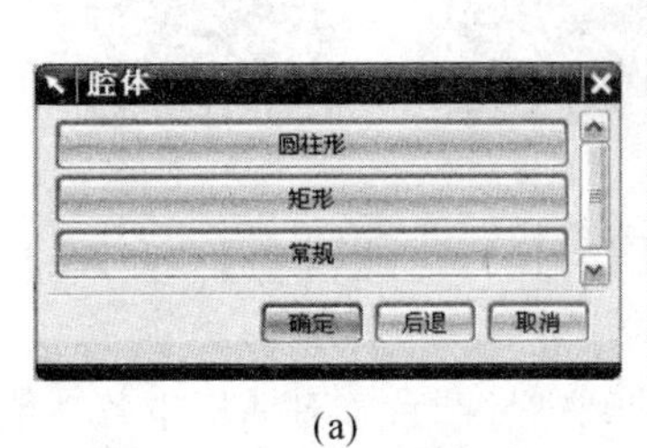


(a)

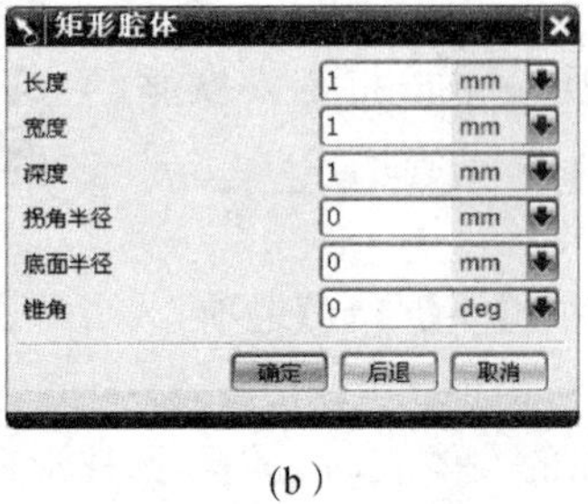


(b)

图 8.6 【腔体】类型选择对话框及【矩形腔体】对话框

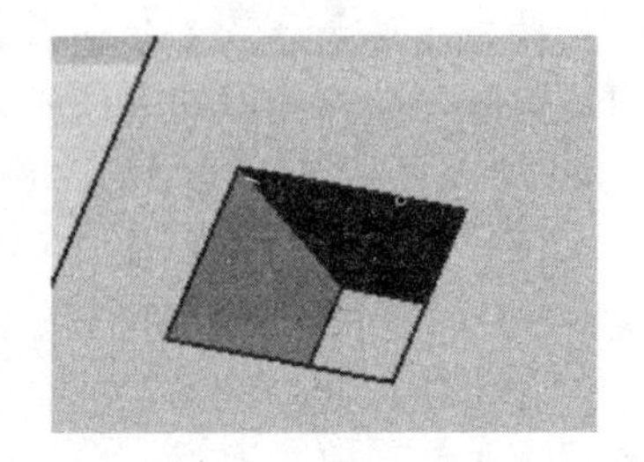

图 8.7 矩形腔体

设计时应注意：

1)矩形腔体的拐角半径(用于设置矩形腔深度方向直边处的拐角半径)的值必须大于或等于 0；底面半径(用于设置矩形腔底面周边的圆弧半径)的值必须大于或等于 0，且小于拐角半径；锥角(用于设置矩形腔的倾斜角度)的值必须大于或等于 0°。

2)圆柱形腔体底面半径(用于设置圆柱形腔底面的圆弧半径)必须大于或等于 0，并且小于深度。

3)锥角(用于设置圆柱形腔的倾斜角度)必须大于或等于 0°。

## 8.2.4 凸垫特征

8.2.4 视频

功能：凸垫与凸台最主要的区别在于凸垫创建的是矩形凸起，而凸台创建的是圆柱或圆锥凸起。

下拉菜单：【插入】→【设计特征】→【凸垫】选项，单击【特征】工具栏中的【凸垫】工具按钮，弹出如图 8.8 所示的【凸垫】类型选择对话框。

图 8.8 【凸垫】类型选择对话框

## 8.2.5 键槽特征

功能：指在实体上通过去除一定形状的材料创建各类可供安装及配合的槽。

下拉菜单：【插入】→【设计特征】→【键槽】选项，或单击【特征】工具栏中的【键槽】图标，弹出【键槽】对话框。键槽主要有以下几种类型。

- 矩形键槽：槽的横截面形状为矩形。
- 球形键槽：槽的横截面形状为半圆形。
- U 形键槽：槽的横截面形状为 U 形。
- T 形键槽：槽的横截面形状为 T 形。
- 燕尾形键槽：槽的横截面形状为燕尾形。

例 8.2 视频

【例题 8.2】创建球形键槽。操作步骤如下：

(1)建立长方体模型。

(2)单击【特征】工具栏中的图标，弹出【键槽】对话框。

(3)单击【球形键槽】按钮，系统提示选择球形槽放置面，选择长方体上表面；系统弹出【球形键槽】对话框，输入参数如图 8.9(a)所示。

(4)单击确定按钮，系统弹出【定位】对话框，确定键槽的位置。

(5)单击确定按钮，形成球形键槽，如图 8.9(b)所示。

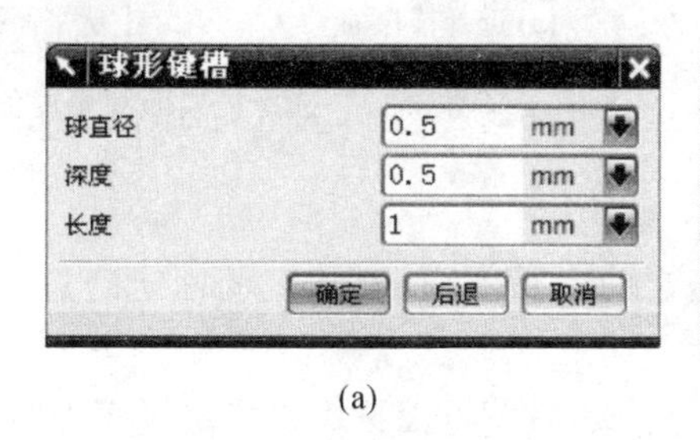


(a)

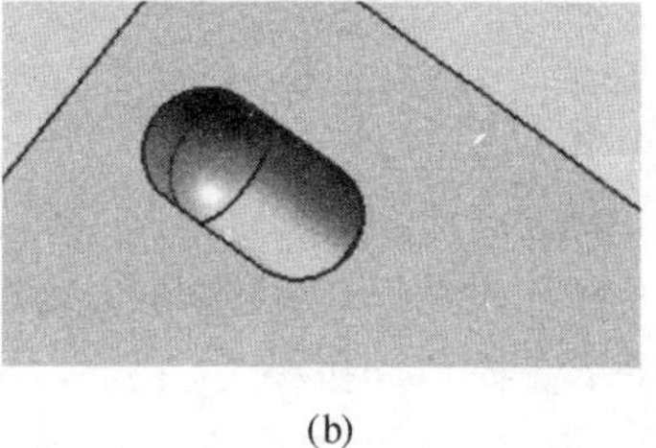

(b)

图 8.9　【球形键槽】参数对话框及实例

## 8.3　特征操作

8.3.1 视频

特征操作用于对实体进行各种修饰操作，即通过特征操作，可以对已经构造完成的实体或特征进行修改。

### 8.3.1　拔模

拔模是将模型的表面沿指定的拔模方向倾斜一定的角度。拔模来源于机械零件的铸造工艺中，为了方便铸造的模型在模具型腔拔模，在拔模方向设置一定的拔模角，因而广泛应用于模具设计领域。

单击【特征操作】工具栏中的(拔模)按钮，弹出【拔模】对话框，如图 8.10 所示。

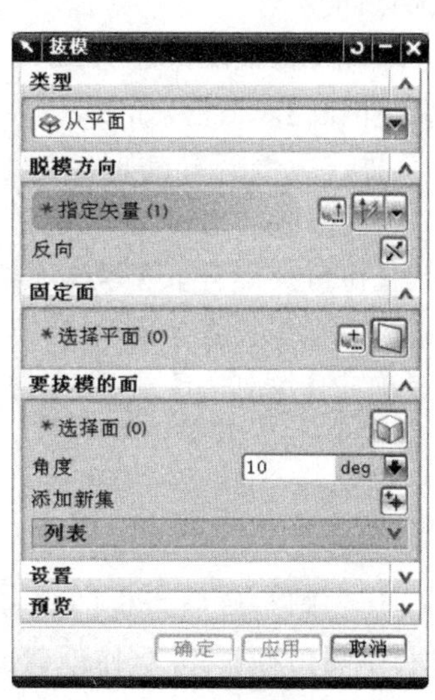


图 8.10　【拔模】对话框

在 UG NX 10.0 中，可创建 4 种方式的拔模类型，以下介绍常见的两种方式。

**1. 从平面拔模**

功能：该拔模方式用于从参考点所在的平面作为参考元素创建拔模，与拔模方向成一定的拔模角度。

要创建该特征，可在绘图区直接选择实体表面作为拔模方向参考平面，选择的平面上将出现拔模方向箭头，如图 8.11 所示。然后单击【固定面】选项组中的(面构造器)按钮，选取零件的上表面为固定面。

接着单击【要拔模的面】选项组中的(面)按钮，在绘图区选择要拔模的面，并设置拔模角度值，即可获得如图 8.12 所示【从平面拔模】的效果。

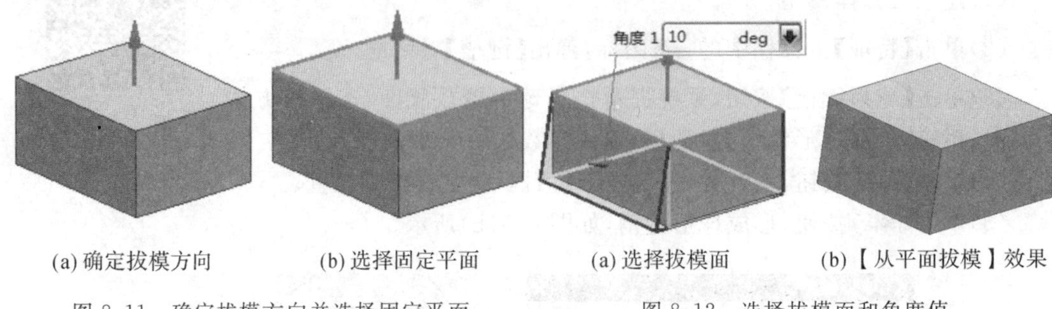


(a) 确定拔模方向　(b) 选择固定平面

图 8.11　确定拔模方向并选择固定平面

(a) 选择拔模面　(b)【从平面拔模】效果

图 8.12　选择拔模面和角度值

**2. 从边拔模**

功能：该拔模方式是以指定的角度沿指定的矢量方向，对选定的固定边进行拔模。同时，该方法提供了变换角度拔模方法。

创建从边拔模特征的方法与创建面拔模相似，只不过面拔模在指定拔模方向后，指定的是固定面，而边拔模特征指定的是固定边。在【可变拔模点】选项组中单击(点构造器)按钮，在锥边上捕捉一个点作为参考点，在该锥边上将出现另一个锥角参数框，重复操作可设置多个锥角参数。移动这些点到适当的位置，即可指定该位置的拔模角度值。

## 8.3.2　边倒圆

8.3.2 视频

功能：边倒圆是根据指定的半径值对实体或片体棱边进行倒圆角操作，以产生平滑过渡。一般可根据设计需要设置固定半径倒圆角或变半径倒圆角。

单击【特征操作】工具栏中的(边倒圆)按钮，弹出【边倒圆】对话框，如图 8.13 所示。

进行边倒圆操作时，一般先选择需要操作的边缘，然后根据需要依次设定【可变半径点】、【拐角回切】、【拐角突然停止】等选项组。其中，在【可变半径点】选项组中设置半径和半径范围。设置完毕后，单击【确定】按钮，系统即可按照设置生成倒圆，如图 8.14所示。

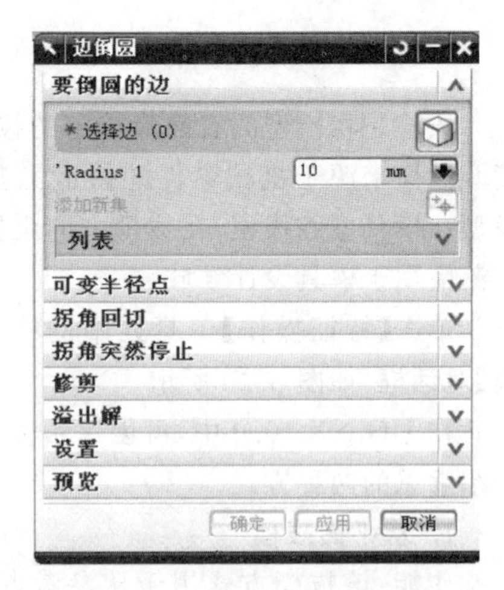


图 8.13　【边倒圆】对话框

## 8.3.3　面倒圆

面倒圆是按照指定的半径值对实体或片体表面进行倒圆角操作，并且使创建的倒圆角相切于所选择的平面。

单击【特征操作】工具栏中的(面倒圆)按钮，弹出【面倒圆】对话框，如图 8.15 所示。该对话框中提供了【滚动球】和【扫掠截面】两种方式来创建【面倒圆】特征，分别介绍如下。

**1.【滚动球】倒圆**

【滚动球】倒圆是指使用一个指定半径的假想球与选择的两个面集相切形成【倒圆】特

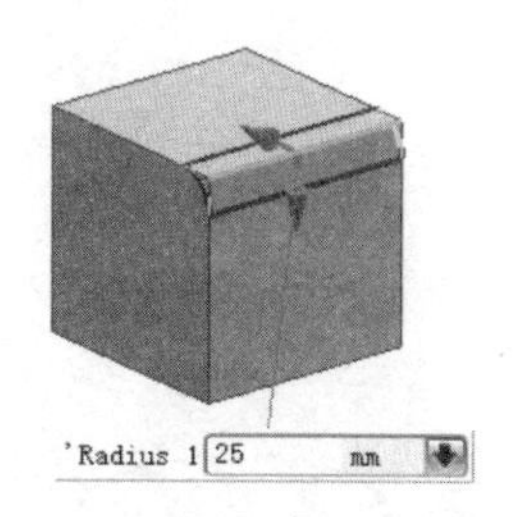


(a) 选择倒圆的边并设置圆角参数

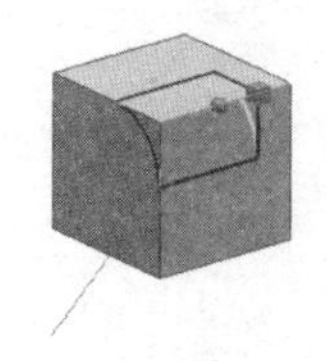

(b)设置边倒圆停止点

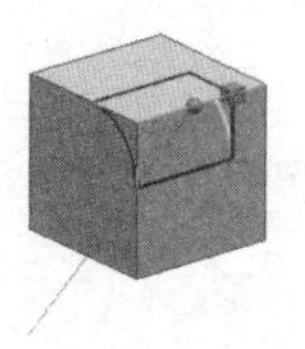

(c) 完成边倒圆

图 8.14　边倒圆操作

征，该倒圆方式为系统默认设置方式。下面分别介绍选择该方式时【面倒圆】对话框中的主要选项组。

8.3.3 视频

3D 文件

(1)面链

该选项组用于指定面倒圆所在的两个面，也就是倒圆角在两选择面的相交部分。如图 8.16所示，选择圆柱体表面作为面链 1 并确定方向，选择长方体上表面作为面链 2 并确定方向。

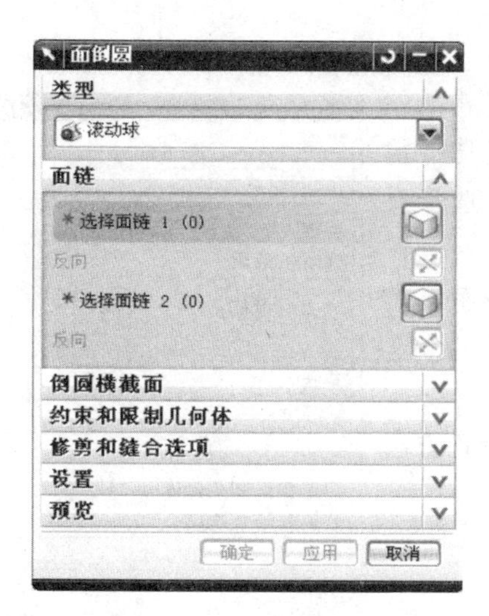


图 8.15　【面倒圆】对话框

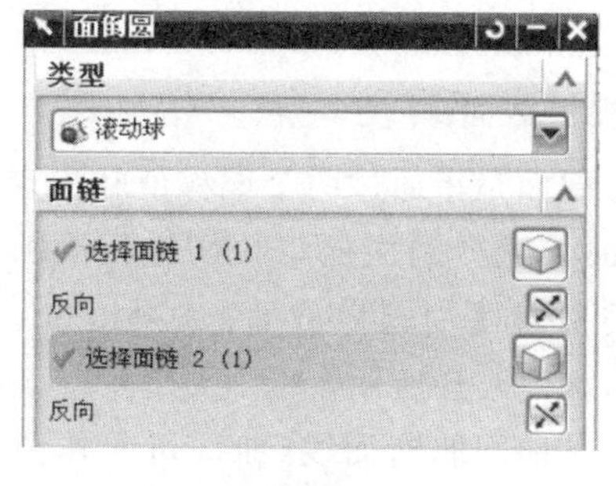

图 8.16　选择面链

(2)倒圆横截面

在该选项组中可设置横截面的形状和半径方式，横截面的形状包括【圆形】和【二次曲线】两种，设置如图 8.17 所示。

(3)约束和限制几何体

在该选项组中通过设置重合边和相切曲线来限制面倒圆的形状。利用(选择重合边)按钮，指定陡峭边缘作为圆面的相切界面；利用(选择相切曲线)按钮，指定相切控制线来控制圆角半径，从而对【面倒圆】特征进行约束和限制。

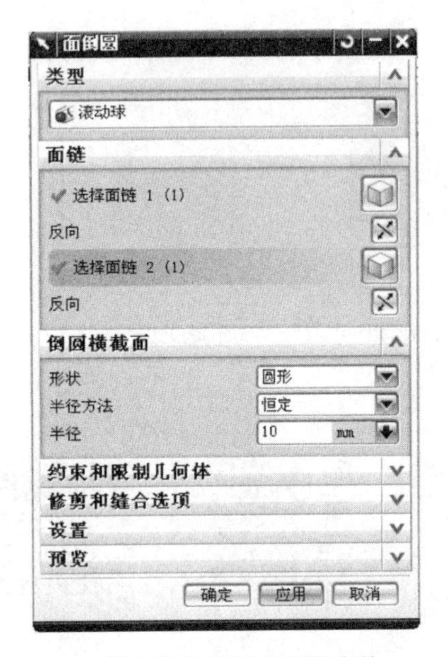


(a) 设置横截面形状和倒圆参数

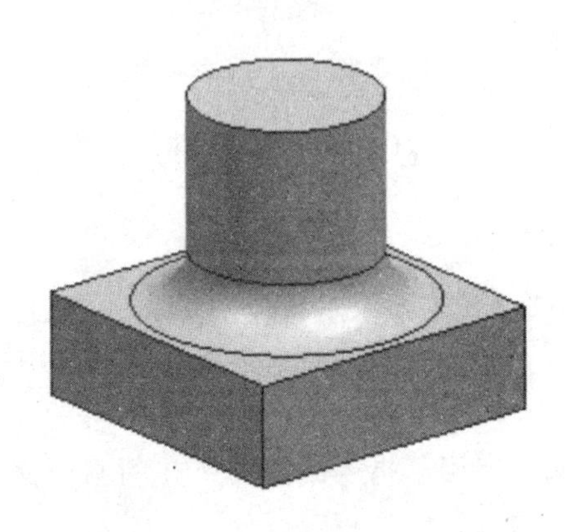

(b) 倒圆效果

图 8.17　设置【圆形】横截面

**2. 扫掠截面**

扫掠截面是指通过两个偏移值和指定的脊线构成的扫描截面，与选择的两面集相切进行倒圆角。当选择该面倒圆类型时，【倒圆横截面】选项组将显示(选择脊线)按钮，如图8.18所示。

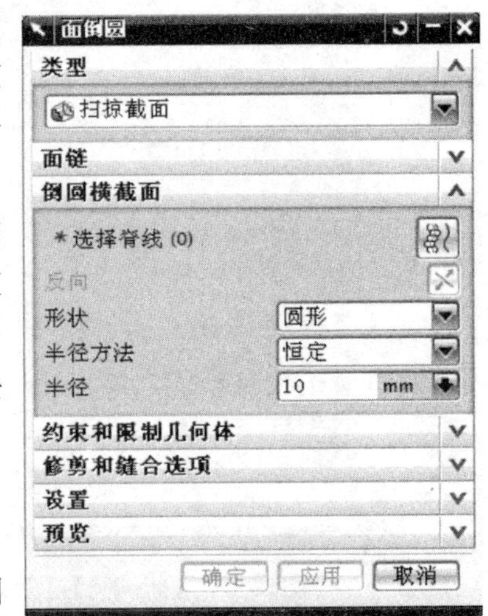


图 8.18　【面倒圆】对话框

脊线是曲面的断面线(曲面可看作由无数条密集的断面线组合而成)上特殊点集合所形成的线，脊线的指定决定了曲面的断面产生方向。

其他选项组的参数设置与【滚动球】倒圆的设置方法相同，这里不再赘述。

## 8.3.4　倒斜角

倒斜角又称为【倒角】或【去角】特征，是处理模型周围棱角的方法之一。当产品周围棱角过于尖锐时，为避免造成擦伤，需要对其进行适当的修剪，即为其添加倒角特征。

可通过设置 3 种类型的横截面来创建倒斜角特征，分别介绍如下。

8.3.4 视频

**1. 对称**

对称截面设置倒斜角时，对相邻的两个面采用相同的偏置，即倒角均为 45°。设置对称倒斜角的方法是：在【偏置】选项组的【横截面】下拉列表中选择【对称】，指定倒角距离参数后，单击【确定】按钮，即可完成倒角的创建，如图 8.19 所示。

(a) 选择边并指定距离参数

(b) 完成倒斜角

图 8.19　以【对称】的方式创建倒角

**2. 非对称**

非对称截面设置是对两个相邻面分别设置不同的偏置距离所创建的倒角特征。设置该类倒角的方法是：选择该选项，然后在对话框中【Distance 1】和【距离 2】两个文本框中输入不同的参数值，单击【确定】按钮，即可完成倒角的创建，如图 8.20 所示。

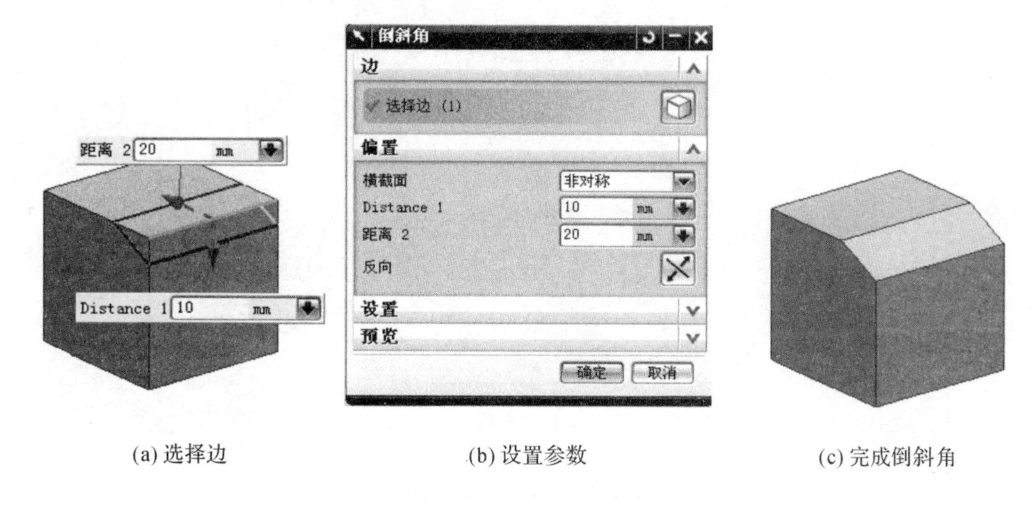


(a) 选择边　(b) 设置参数　(c) 完成倒斜角

图 8.20　以【非对称】的方式创建倒角

**3. 偏置和角度**

偏置和角度设置通过“偏置”和“角度”两个参数来定义倒角特征。设置该类倒斜角的方法是：选择该选项，分别设置倒角的偏置距离和角度参数值，然后单击【确定】按钮，即可完成倒角的创建。

## 8.3.5　抽壳

8.3.5 视频

3D 文件

抽壳是按照指定厚度将实体模型挖空形成一个内空的腔体(厚度为正值)，或在实体模型外形成一个包围的壳体。

单击【特征操作】工具栏中的(抽壳)按钮，弹出【壳单元】对话框，如图 8.21 所示。在 UG NX 10.0 中，可创建两种方式的抽壳特征，分别介绍如下。

**1. 移除面，然后抽壳**

【移除面，然后抽壳】方式是指选择一个面作为穿透面，则所选面的开口将和内部实体一起被抽掉，剩余的面以默认的厚度或替换厚度形成腔体的薄壁。

要创建该类型抽壳特征，首先指定拔模厚度，然后选择实体中的某个表面作为移除面，即可获得抽壳特征，如图 8.22 所示。

若要改变抽壳表面的厚度，在【备选厚度】选项组的【厚度】文本框中输入新的厚度值，然后利用▣(选择面)按钮在绘图区选择实体的外表面即可。

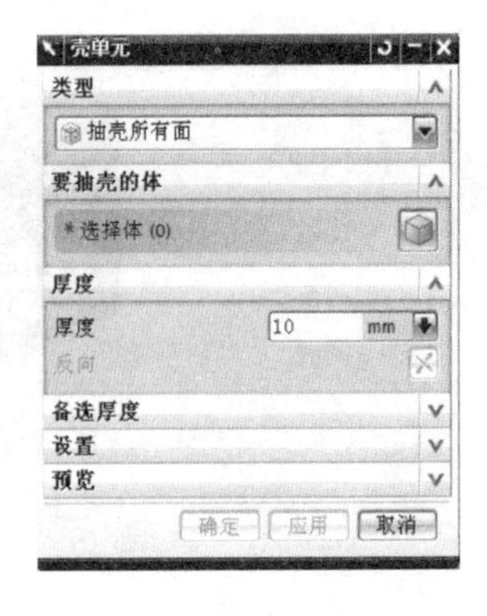


图 8.21 【壳单元】对话框

**2. 抽壳所有面**

【抽壳所有面】方式是指按照某个指定的厚度，在不穿透实体表面的情况下挖空实体，即可创建中空的实体。

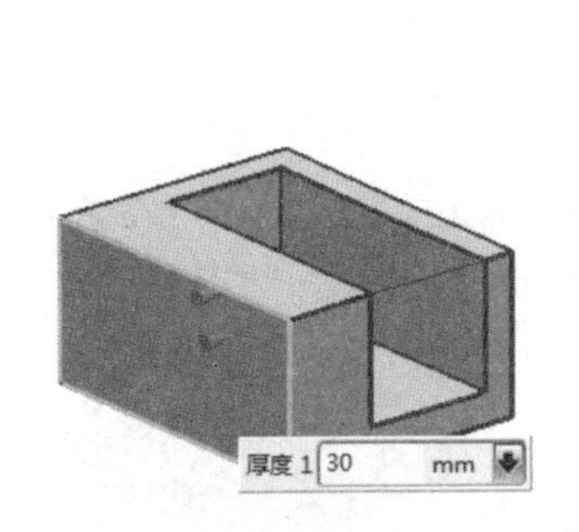


(a) 选择抽壳面

(b) 设置厚度

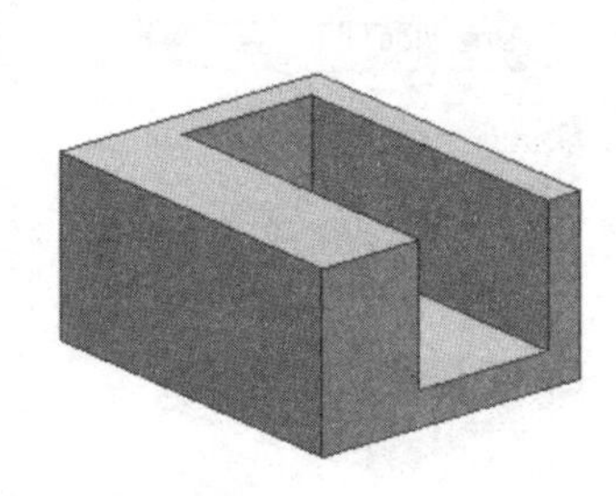

(c) 完成抽壳

图 8.22 以【移除面，然后抽壳】的方式抽壳

该抽壳方式与【移除面，然后抽壳】方式的不同之处在于：【移除面，然后抽壳】方式是以选择的面作为移除面执行抽壳操作，而该方式是选择实体执行抽壳操作。

在【壳单元】对话框中还可以设置不同厚度的抽壳特征，其设置方法与【移除面，然后抽壳】方式中改变厚度的方法完全相同，这里不再赘述。

### 8.3.6 缝合

缝合是当实体或片体间出现缝隙时用来进行缝合操作的。要启用【缝合】命令，可单击【特征操作】工具栏中的▣(缝合)按钮，弹出【缝合】对话框，如图 8.23 所示。

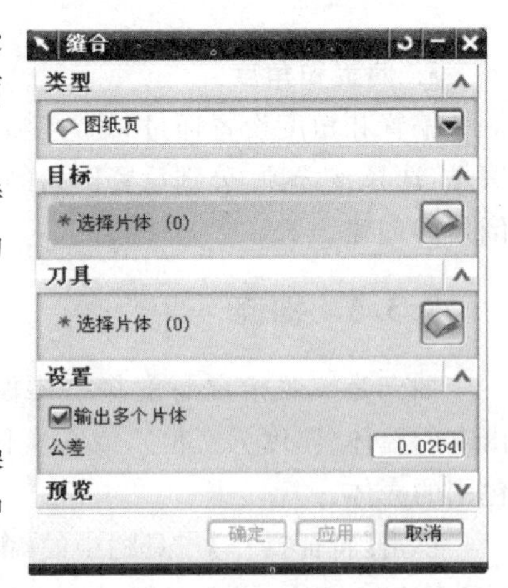


图 8.23 【缝合】对话框

UG NX 10.0 中提供了两种缝合特征：【片体】和【实体】，分别介绍如下。

**1. 片体**

当缝合的类型为片体时，必须选择【片体】选项。将两个片体中的一个定义为【目标片体】，一个定义为【刀具片体】，设置公差，然后单击【确定】按钮，完成片体的缝合，如图 8.24 所示。

8.3.6 视频

3D 文件

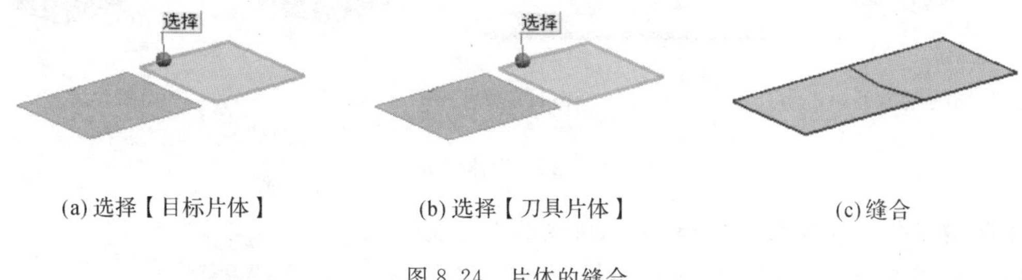

(a) 选择【目标片体】　(b) 选择【刀具片体】　(c) 缝合

图 8.24　片体的缝合

**2. 实体**

当缝合的类型为实体时，必须选择【实体】选项，且保证要缝合的实体具有形状相同、面积相近的表面，然后分别定义两个实体准备缝合面为【目标】面和【刀具】面后，设置公差，最后单击【确定】按钮进行缝合，其过程与片体缝合完全相同。

### 8.3.7　修剪

8.3.7 视频

3D 文件

修剪是将实体一分为二，保留一边而切除另一边，并且仍然保留参数化模型。其中修剪的实体和用来修剪的基准平面相关，实体修剪后仍然是参数化实体，并保留实体创建时的所有参数。

要执行【修剪】操作，可单击【特征操作】工具栏中的 (修剪体)按钮，弹出【修剪体】对话框，如图 8.25 所示。

图 8.25　【修剪体】对话框

要创建修剪体，首先要确认是否已经创建修剪曲面或基准平面。如图 8.26 所示，如以创建的基准平面为修剪面，然后利用【修剪体】工具选择要修剪的实体对象，并利用 (选择面或平面)按钮指定基准平面和曲面，该基准平面或曲面上将显示绿色箭头，箭头所指的方向就是要移除的部分。单击 (反向)按钮，反向选择要移除的实体。

## 8.4　编辑特征

利用 UG NX 10.0 进行工程设计，设计的对象可进行编辑和修改，修改的内容有两类：一类是对以参数代表的几何对象进行修改，如编辑特征参数或编辑位置；另一类是对其他几何对象的修改，如修改矢量方向和删除、抑制或移动特征以及特征重排序等。编辑特征的方

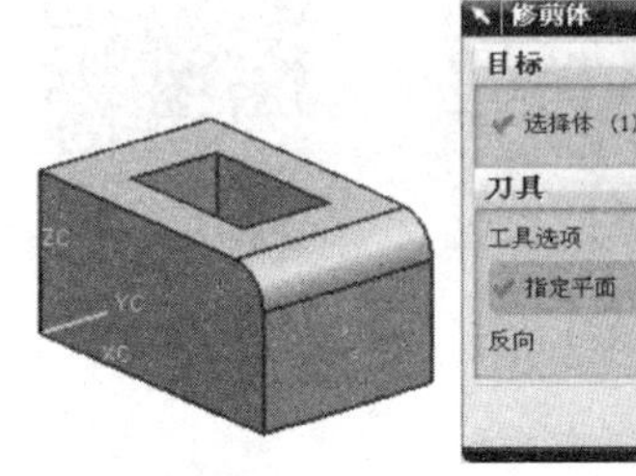

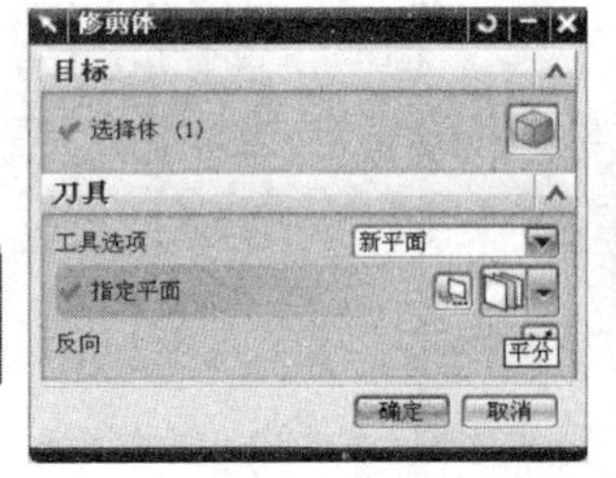


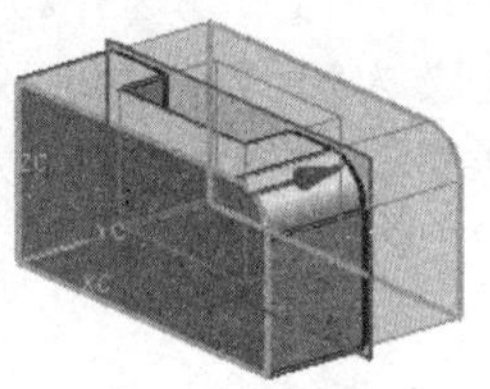

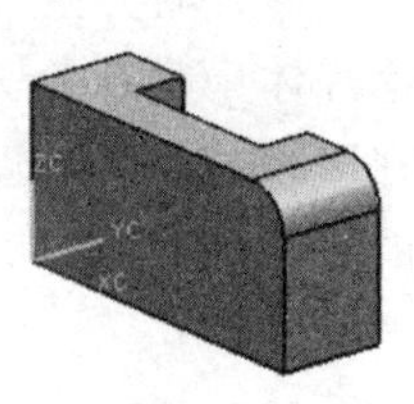

(a) 选择实体　　(b) 设定修剪面　　(c) 修建结果

图 8.26　实体修剪

法可使用【部件导航器】的快捷菜单，即在【部件导航器】中选择需要编辑的特征，按 MB3(鼠标右键)，出现如图 8.27 所示的【编辑特征】快捷菜单。

下面分别对这两个方面的内容进行详细说明。

8.4.1 视频

## 8.4.1　编辑特征参数

通过编辑特征参数可以重新定义任何参数化特征的参数值，并使模型重新反映所做的修改。另外，还可以改变特征放置面和特征的类型。

在【部件导航器】中选择需要编辑的特征，按 MB3(鼠标右键)，出现【编辑特征】快捷菜单，然后从快捷菜单中选取【编辑参数】，即可对特征参数进行编辑。

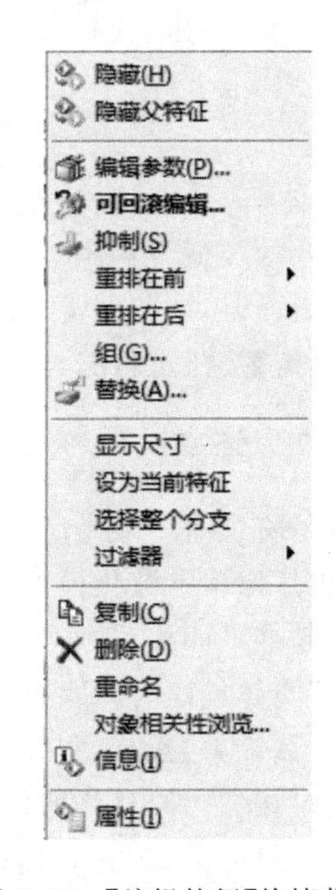


图 8.27　【编辑特征】快捷菜单

**1. 编辑特征参数的类型**

编辑特征命令是智能化的命令，编辑特征时，系统根据所选择的特征会出现不同的编辑参数对话框。常用的编辑特征参数可分为如下几大类型。

(1)编辑体素特征、操作特征、扫描特征，出现的编辑对话框与建立特征对话框相同，编辑方法与建立方法相同。

(2)编辑成型特征，出现的对话框如图 8.28 所示。

(3)编辑实例特征，出现的对话框如图 8.29 所示。

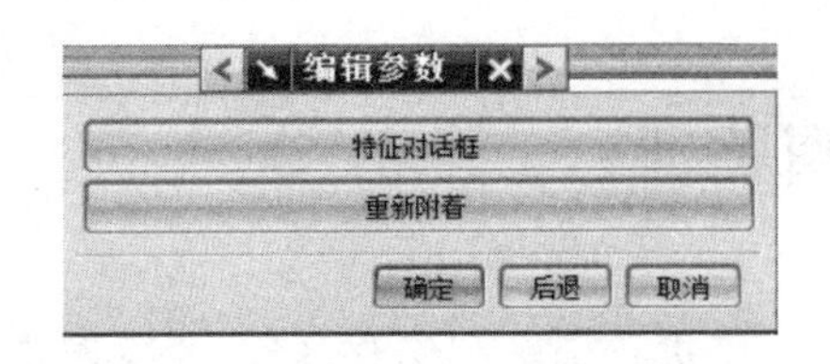


图 8.28　编辑成型特征

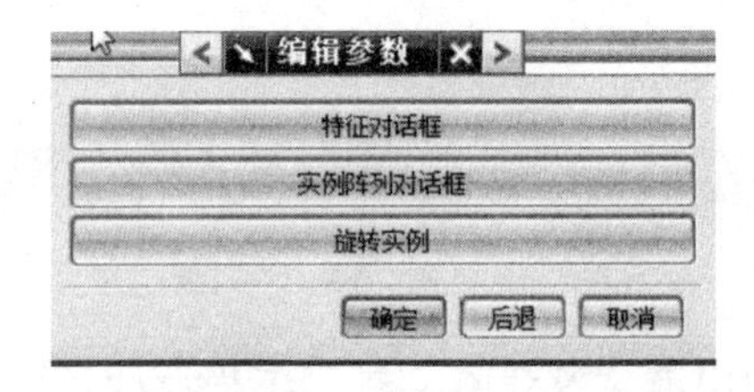


图 8.29　编辑实例特征

**2. 选项说明**

(1)特征对话框:该选项用于编辑建立特征时的各种参数,根据所选特征的不同,对话框中显示的参数是不同的,编辑时只需更改参数,连续单击【OK】按钮即可。

(2)重新附着:【重新附着】操作用于重新指定所选特征的附着平面,从而改变该特征的位置或方向,如将一个已建立平面的特征重新附着到新的特征平面上。而对已经具有定位的特征,可以重新指定新平面上的参考方向和参考边,从而达到修改实体特征的目的。

单击【重新附着】按钮,弹出【重新附着】对话框。其中,(指定目标放置面)按钮用于指定实体特征新的放置面;(重新定义定位尺寸)按钮用于重新定义实体特征在新放置面上的位置。要执行【重新附着】操作,需要在弹出【重新附着】对话框后,选择指定的平面作为重新附着的平面,如图 8.30 所示。然后连续单击【确定】按钮,即可将指定对象重新附着在新的平面上。

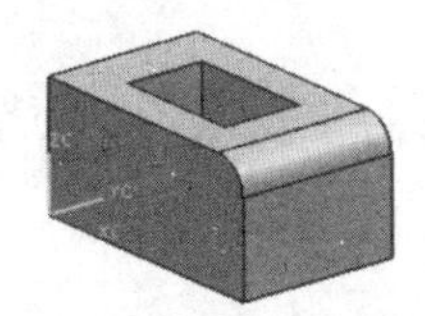

(a) 选择腔体

(b) 选择【重新附着】选项

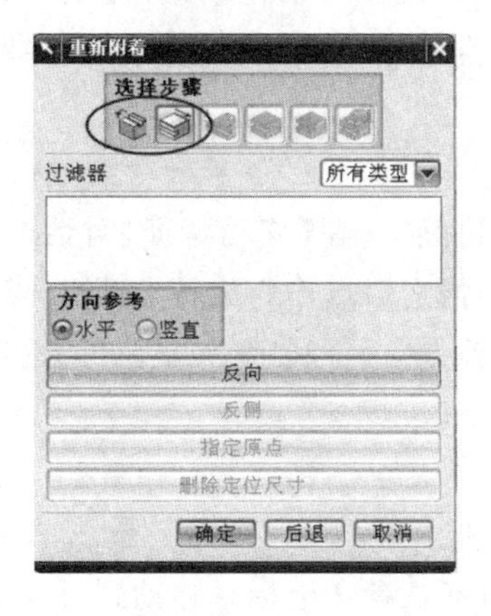


(c) 选择新的附着面和附着方向

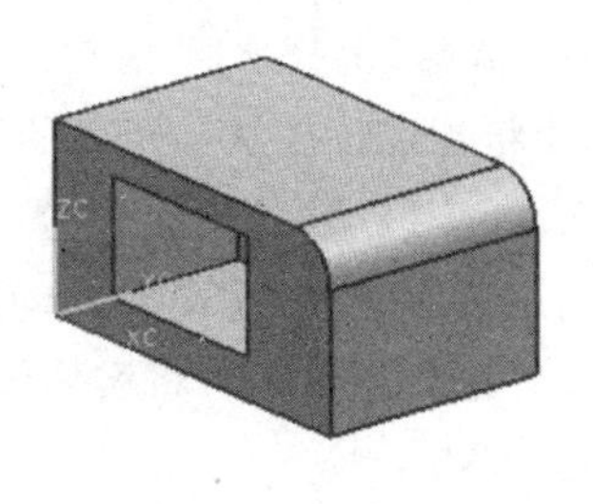

(d) 重新附着结果

图 8.30　【重新附着】的应用

(3)实例特征对话框:编辑特征的阵列参数,如阵列的创建方式、成员的数目与成员间的间距。

(4)旋转实例:用于编辑阵列特征在实体上的布局。

### 8.4.2　移动特征

8.4.2 视频

【移动特征】操作允许将一个非定位实体特征移动到指定的位置,对于存在有定位尺寸的特征,可通过编辑位置尺寸的方法移动特征,从而达到修改实体特征的目的。

要启用【移动特征】命令,可单击【编辑特征】工具栏中的(移动特征)按钮,弹出【移动特征】对话框，如图 8.31 所示。

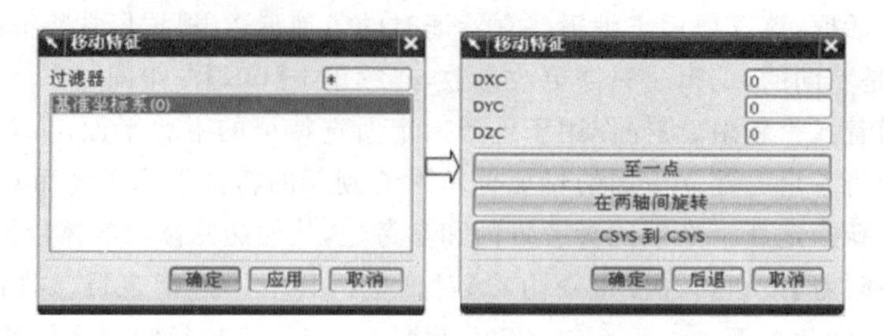


图 8.31 【移动特征】对话框

在该对话框中选择要编辑的特征，或在绘图区直接选择实体特征，单击【确定】按钮，弹出新的【移动特征】对话框，可使用 4 种方法来执行该操作，分别介绍如下。

**1. DXC、DYC、DZC 方式**

通过在【DXC】、【DYC】、【DZC】文本框中输入基于当前工作坐标系的增量值来移动指定的特征。

**2. 至一点**

该功能用于将指定特征移动到目标点。在【移动特征】对话框中单击【至一点】按钮，弹出【点】对话框。在该对话框中，分别指定参考点和目标点，单击【确定】按钮，将所选实体特征移动到目标点。

**3. 在两轴间旋转**

该功能用于将指定特征从一个参照轴旋转到目标轴。在【移动特征】对话框单击【在两轴间旋转】按钮，弹出【点】对话框。首先在绘图区中指定一点作为旋转参照点，然后弹出【矢量】对话框。利用该对话框中【类型】选项指定参考轴方向，再利用【矢量方位】选项指定目标轴方向。单击【确定】按钮，即可将实体旋转一定角度。

**4. CSYS 到 CSYS**

该功能允许特征从一个参考坐标系重新定位到目标坐标系。单击该按钮，弹出【CSYS】对话框。通过该对话框，可以定义将实体特征从参考坐标系移动到目标坐标系。

## 8.5 本章小结

本章介绍了孔特征、凸台特征、腔体特征、凸起特征和键槽特征的操作方法，以及三维实体的创建等内容。在孔特征设计的内容中，包括简单孔、沉头孔和埋头孔的操作方法；在键槽特征设计的内容中，又细分为矩形、球形、T 形、U 形和燕尾形键槽。在三维实体的创建中，包括基准特征、扫描特征、成型特征、布尔运算等，以便于用户对特征进行操作。此外，本章还介绍了实体特征的编辑和操作。利用这些功能，用户可以方便地对已存在的特征进行更进一步的局部和细节设计，从而创建更加复杂的实体特征，以满足设计的要求。通过本章的学习，读者应掌握常用特征的创建方法以及相关选项的用法，并且在进行特征编辑时应谨慎，要注意特征间的关联性：当最先创建的特征被修改后，在其后创建的一系列特征都将可能发生改变,甚至不复存在。

## 参考文献

[1] 展迪优. UG NX 10.0 机械设计教程[M]. 北京:机械工业出版社,2018.
[2] 张广礼,张鹏,洪雪. UG 18 基础教程[M]. 北京:清华大学出版社,2002.
[3] 云杰漫步多媒体科技 CAX 设计教研室. UG NX 6.0 中文版基础教程[M]. 北京:清华大学出版社,2009.
[4] 刘言松,王芸. UG NX 6.0 产品设计[M]. 北京:化学工业出版社,2009.

## 习 题

### 一、填空题

8.1 在 UG NX 10.0 中,特征设计有________、________、________、________以及________等5大类。

8.2 对圆形或者锥形特征体,可采用______、______、______、______、______和______6种定位方式。

8.3 孔特征可以生成________、________和________3种类型。

8.4 根据形状不同,可以生成不同类型的键槽,如________、________、________、________和________。

### 二、问答题

8.5 在 UG NX 10.0 中提供了几种创建基准平面的方法?

8.6 请分别对通孔、盲孔、阶梯孔、沉孔和埋头孔进行特征描述,并回答如何采用 UG NX 10.0 中提供的孔特征工具来完成这类孔的设计。

8.7 简述编辑特征的主要作用。

8.8 UG 中创建螺纹有几种方式?

### 三、作图题

8.9 绘制如题图所示螺钉图形。

8.10 绘制如题图所示连杆图形。

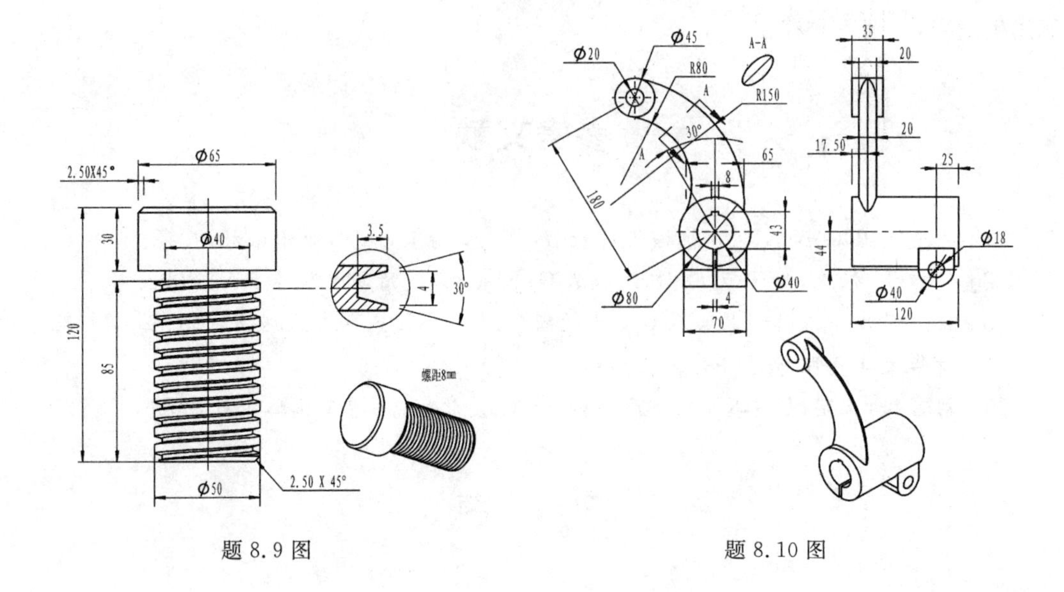
2.50X45°
Ø65
30
Ø40
120
85
Ø50
2.50 X 45°
3.5
4
30°
螺距8mm
Ø20
Ø45
R80
A
A-A
R150
30°
A
65
180
8
43
Ø80
Ø40
4
70
35
20
20
17.50
25
44
Ø18
Ø40
120

题 8.9 图　　题 8.10 图

# 第9章　曲面造型

【内容提要】

本章通过概述曲面造型的基础，引出曲面造型的各种方法，主要分为点构造曲面、曲线构造曲面、曲面构造曲面以及曲面编辑等4大类来讲述。每一大类又包含若干具体创建曲面的不同途径，如通过点、通过曲线组、桥接曲面、移动定义点等。

【学习提示】

学习中应注意，使用UG NX 10.0创建曲面造型有4种途径：依据点、曲线、曲面构造曲面以及编辑曲面。创建曲面的途径不同，形成曲面的效果也不尽相同。要想顺利创建出理想的曲面造型，最关键也最有效的方法，就是多进行实例练习。

## 9.1　曲面概述

UG NX 10.0曲面建模模块具有非常强大的曲面造型功能，这些功能的造型能力是目前其他CAD软件无法比拟的，堪称业界典范。曲面造型功能模块分为常规曲面设计、自由曲面设计和编辑曲面等，这些曲面造型功能与零件设计功能集成在一个模块中。在UG NX 10.0环境中，右击工具栏区域，在弹出的快捷菜单中勾选【曲面】、【编辑曲面】、【自由曲面形状】选项，如图9.1所示，则其对应的工具栏(如图9.2～图9.4所示)均被添加到用户界面中。

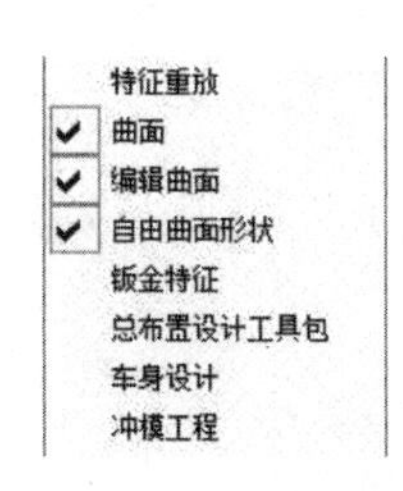


图9.1　定制工具栏

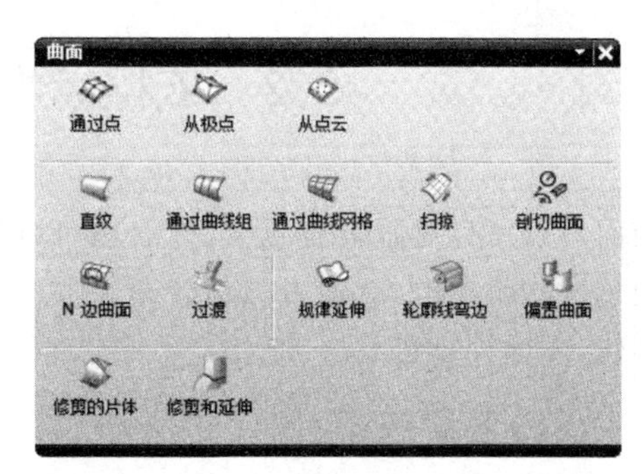


图9.2　【曲面】工具栏

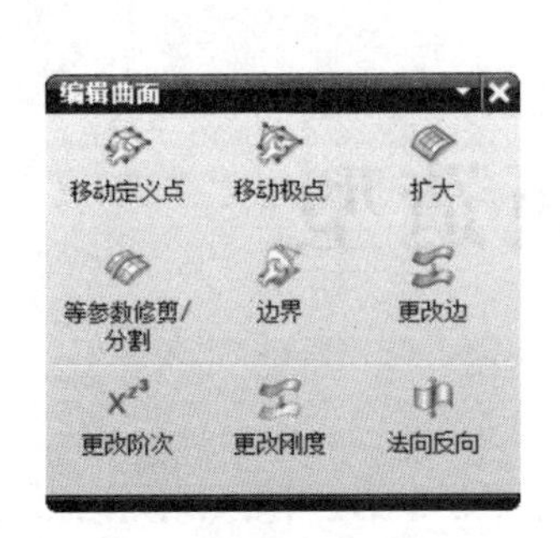


图 9.3 【编辑曲面】工具栏

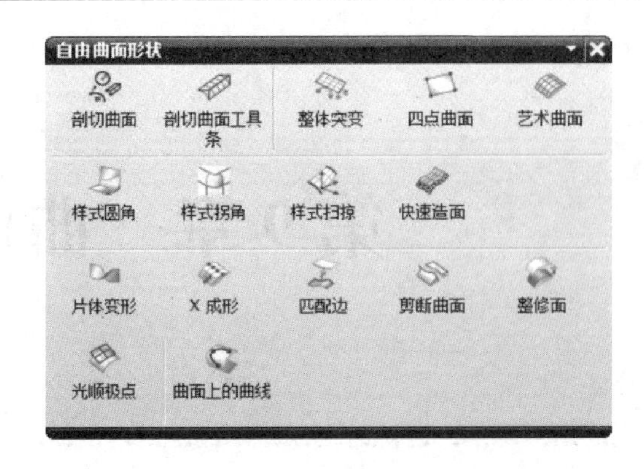


图 9.4 【自由曲面形状】工具栏

**1. 创建常规曲面**

UG NX 10.0 建模环境的【曲面】工具栏中，集合了由点构面、由线构面以及由面构面 3 种曲面构造的常用功能。利用该工具栏可以创建出构造曲面的母面，如通过点、从极点和从点云等，也可以直接创建出光顺度较好的外形曲面，如通过曲线组、通过曲线网格以及扫掠等，还可以通过面的修剪、延伸以及整体变形等操作来变换面的形成。【曲面】工具栏如图 9.2所示。

**2. 编辑曲面**

【编辑曲面】工具栏主要用于对已有曲面的编辑、修改等操作，根据编辑方式可分为参数化编辑和非参数化编辑两种类型。对于由参数生成的曲面，可通过重定义特征参数来修改曲面，如更改阶次、更改刚度以及等参数修剪/分割操作；对于非参数化曲面，可通过移动定义点、移动极点以及片体边界等操作完成。【编辑曲面】工具栏如图 9.3 所示。

**3. 创建自由曲面**

【自由曲面形状】工具栏是一种辅助性工具的集合体，它一般不直接创建曲面（样式扫掠除外），常用于对已有曲面进行风格化外形加工，以创建出丰富的外形资源。

根据加工的特点，它可分为变形和再生两种类型。其中，变形主要针对已有曲面本身进行外形控制，如整体突变、片体变形以及按模板成型等；再生操作是在已有曲面基础上衍生而成的，包括样式圆角、样式拐角以及变换片体等类型。【自由曲面形状】工具栏如图 9.4 所示。

## 9.2 依据点构造曲面

创建曲面的点可以是任意位置上的点，也可以是特定位置上的点（如极点），还可以是一个点云。通过这些类型的点，都可以结合相关命令（即【通过点】、【从极点】、【拟合曲面】）进行曲面的创建，下面分别进行介绍。

### 9.2.1 通过点创建曲面

通过点创建曲面是指依据存在的点或读取文件中的点来构建曲面。其操作方法介绍如下。

9.2.1 视频

3D 文件

**1. 设置曲面参数**

单击【曲面】工具栏中的(通过点)按钮，弹出如图 9.5 所示的【通过点】对话框。该对话框中各选项的含义如下。

(1)补片类型

用于设置片体的类型。如图 9.5(a)所示，其中包含两种类型。

- 单个：创建的曲面由单个补片组成。
- 多个：创建的曲面由多个补片组成。该类型为系统默认的补片类型。

(2)沿…向封闭

用于设置曲面是否封闭以及在哪个方向封闭。曲面是否封闭对形成的几何体影响很大。如果指定两个方向都封闭，则生成的几何体不再是曲面，而是一个实体，因此要慎重选择。如图 9.5(b)所示，其中包含 4 个选项。

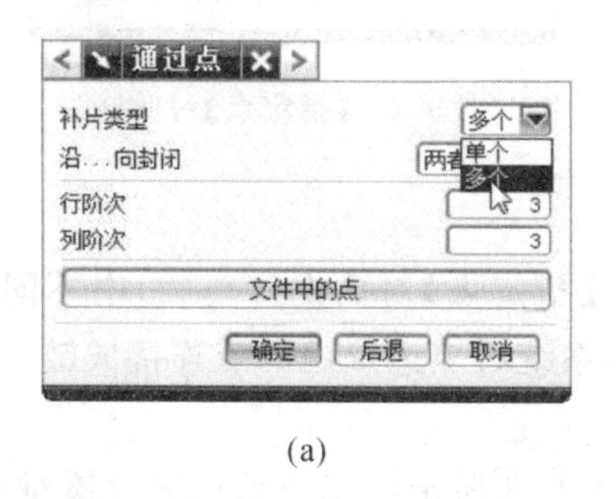

(a)

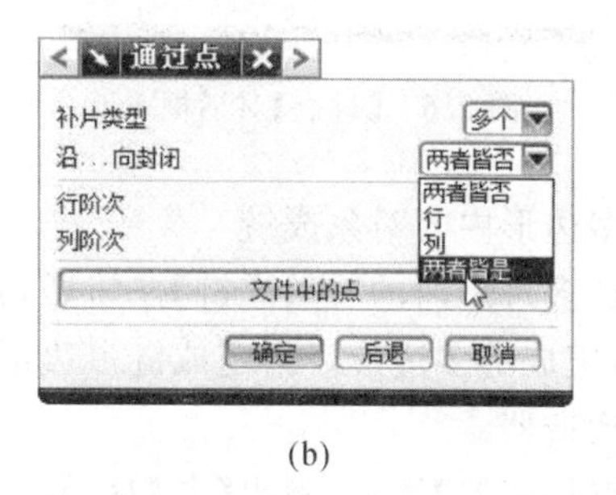

(b)

图 9.5　【通过点】对话框

- 两者皆否：指定义点或控制点的行和列方向都不封闭，形成的曲面是片体，不是实体。该选项是系统默认的选项。
- 行：指曲面在行方向封闭。
- 列：指曲面在列方向封闭。
- 两者皆是：指曲面在行和列方向都封闭。

(3)行阶次

阶次是指曲线表达式中幂指数的最高次数。阶次越高，曲线的表达式越复杂，曲线也越复杂，运算速度也越慢。系统默认的阶次是 3 次，推荐用户尽量使用 3 次或 3 次以下的曲线表达式，这样的表达式简单，运算速度快。

行阶次用于指定曲面行方向的阶次。

(4)列阶次

列阶次用于指定曲面列方向的阶次。

(5)文件中的点

该按钮用于读取文件中的点创建曲面。单击该按钮，系统弹出【点文件】对话框，提示用户指定后缀为.dat 的文件。

**2. 指定选择点的方法**

完成以上设置后，单击如图 9.5 所示对话框中的【确定】按钮，弹出如图 9.6 所示的【过点】对话框。该对话框用于指定选择点的方法，其中各选项的含义如下。

(1)全部成链

单击【全部成链】按钮，弹出如图 9.7 所示的【指定点】对话框。在绘图区选择一个点作为起始点，然后再选择一个点作为终点，系统将自动将起始点和终点连接成链。

(2)在矩形内的对象成链

单击【在矩形内的对象成链】按钮，弹出【指定点】对话框。与(1)中不同的是，此时鼠标变成十字架形式，系统提示用户指定成链矩形。指定成链矩形后，系统将矩形内的点连接成链。

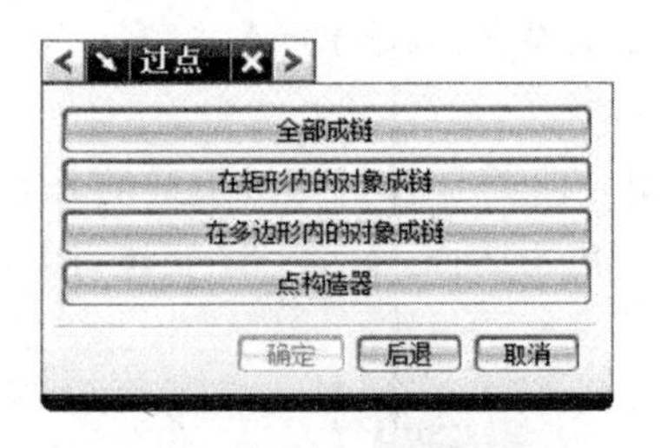


图 9.6 【过点】对话框 1

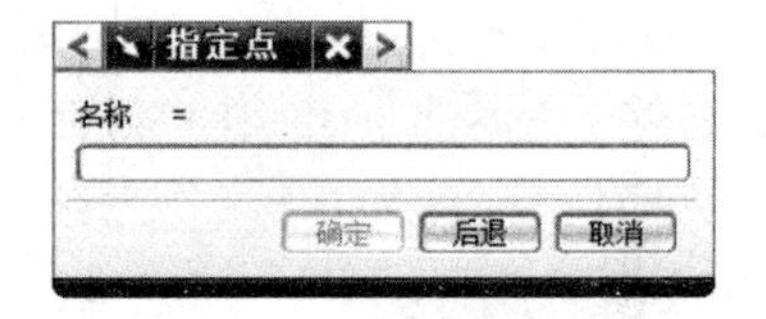


图 9.7 【指定点】对话框

(3)在多边形内的对象成链

单击【在多边形内的对象成链】按钮后，弹出【指定点】对话框。与(2)中不同的是，系统提示用户指定成链多边形。指定成链多边形后，系统将多边形内的点连接成链。

(4)点构造器

单击【点构造器】按钮，弹出【点】对话框，如图 9.8 所示。用户可以通过该对话框新建若干点来构建曲面。

**3. 创建曲面**

当选择好构建曲面的点以后，如果选择的点满足了构建曲面的参数要求，单击【确定】按钮，弹出如图 9.9 所示的【过点】对话框。该对话框中包含以下两个选项。

图 9.8 【点】对话框

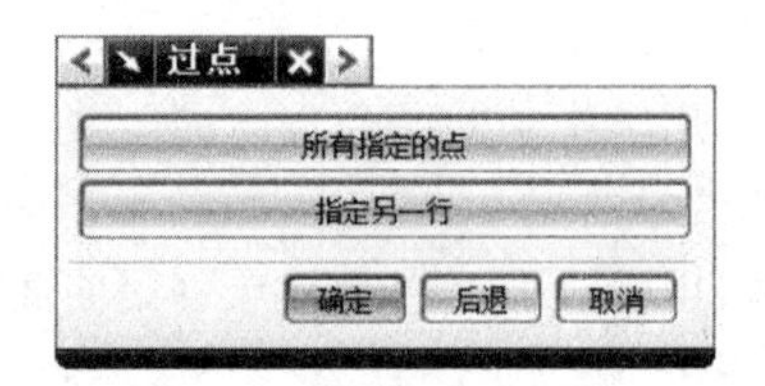


图 9.9 【过点】对话框 2

(1)所有指定的点

如果用户已经正确选择了所有构建曲面的点,单击【所有指定的点】按钮,系统将依据这些指定的点创建曲面。

(2)指定另一行

如果用户需要指定另一行点,单击【指定另一行】按钮,系统再次弹出【指定点】对话框,用户可以继续指定构建曲面的点,直到指定成功所有的点。

通过点创建的曲面不具有参数化设计的特性,即构建曲面的点修改后,依据点创建的曲面并不更新。下面要介绍的【从极点】创建曲面和【拟合曲面】创建曲面的方法也不具有参数化设计的特性。

### 9.2.2　从极点创建曲面

9.2.2 视频

【从极点】创建曲面的操作方法与【通过点】创建曲面的操作方法基本相同。单击【曲面】工具栏中的(从极点)按钮,弹出【从极点】对话框,如图 9.10 所示。

【从极点】创建曲面和【通过点】创建曲面,两者之间最大的不同点是计算方法不同。用户指定相同的点后,创建的曲面不一样。【通过点】方法创建的曲面通过用户指定的点,即用户指定的点在创建的曲面上;而【从极点】方法创建的曲面不通过用户指定的点,即用户指定的点不在创建的曲面上。使用【通过点】方法创建的曲面可以很好地控制形体,使用【从极点】方法创建的曲面可以更好地控制形体的外形。

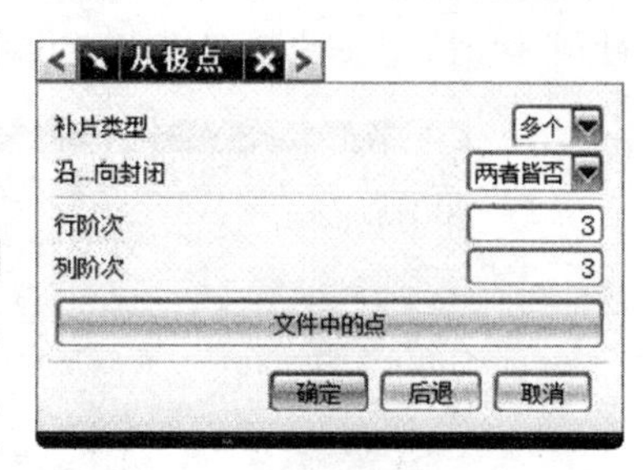


图 9.10　【从极点】对话框

### 9.2.3　拟合曲面

9.2.3 视频

【拟合曲面】创建曲面是指用户指定点群后,系统将依据用户指定的点群来创建曲面。从曲面外形看,它近似于一个大的点云,通常由扫描和数字化产生。虽然有一些限制,但该功能使用户可以从很多点中用最少的交叉生成一个片体,并且比【通过点】创建曲面的方式得到的片体要光顺得多。其操作方法介绍如下。

**1. 设置曲面参数**

单击【曲面】工具栏中的(拟合)按钮,弹出如图 9.11 所示的【拟合曲面】对话框。对话框中的各选项说明如下。

(1)类型

提示用户在绘图区选择构建曲面的点群。

(2)目标

用于选择小平面图、点集或点组来构建曲面。

(3)参数化

U 向阶次是指曲面行方向的阶次,V 向阶次是指曲面列方向的阶次。在【U 向阶次】和【V 向阶次】文本框中输入控制片体的阶次值即可。

U 向补片数指曲面行方向的补片数；V 向补片数指曲面列方向的补片数。

(4)拟合方向

它用于改变 U 方向、V 方向的向量以及片体法线方向的坐标系统。当改变该坐标系统后，其产生的曲面也会随着坐标系统的改变而产生相应的变化。

**2. 创建曲面**

当设置好曲面参数后，在绘图区选择点集或点组，然后单击【确定】按钮即可创建曲面。

### 9.2.4 扫掠创建曲面

9.2.4 视频

3D 文件

【扫掠】创建曲面的方法是把截面线串沿着用户指定的路径扫掠获得曲面。移动的曲线轮廓叫作【截面】，移动的路径叫作【引导线】。该方式是所有曲面创建类型中最复杂、功能最强大的一种，它需要使用引导线串和截面线串两种参数对象才能完成曲面的创建。

单击【曲面】工具栏中的(扫掠)按钮，系统弹出【扫掠】对话框，如图 9.12 所示。创建扫掠曲面时，定义的截面线串、引导线串或脊线有不同的功能。

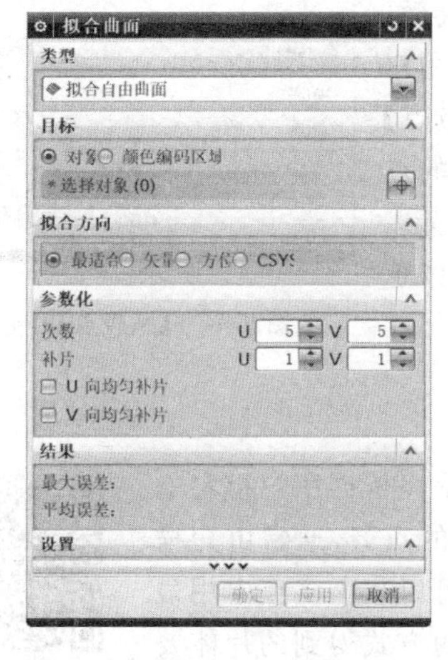


图 9.11 【拟合曲面】对话框

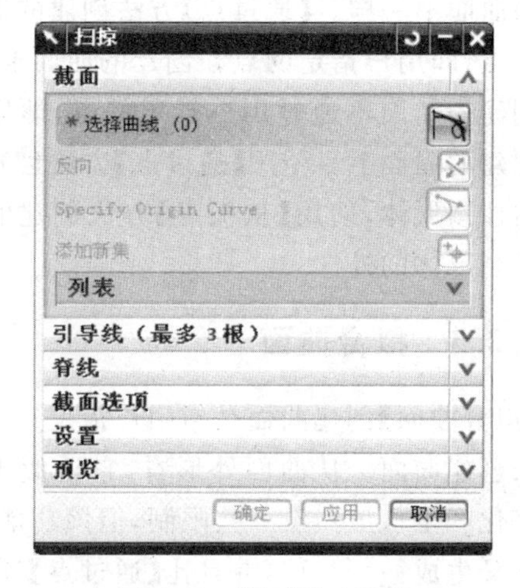


图 9.12 【扫掠】对话框

**1. 截面**

截面线串控制着曲面的大致形状和 U 向方位，它可以由多条或单条曲线组成，每条曲线可以是曲线、实体边缘或实体表面等。截面不必光顺，而且每条截面内的曲线数量可以不同，一般最多可选择 150 条，并且只需要 G0 连续即可。

**2. 引导线**

引导线在扫掠方向上控制曲面的方向和比例，它可以由多条或单条曲线组成，并且可选择样条曲线、实体边缘和面的边缘等类型作为引导线。引导线最多可选择 3 条，并且需要 G1 连续。

(1)一条引导线

一条引导线不能完全控制截面大小和方向变化的趋势,需要进一步指定截面变化的方向。在【截面选项】选项组的【方位】下拉列表中提供了 7 种方法来确定截面的变化趋势,分别为【固定】、【面的法向】、【矢量方向】、【另一条曲线】、【一个点】、【角度规律】和【强制方向】。

当指定一条引导线线串时,还可以施加比例控制,以便允许沿引导线扫掠截面时,截面尺寸可以增大或缩小。在【缩放】下拉列表中有 6 种方式,分别为【恒定】、【倒圆函数】、【另一条曲线】、【一个点】、【面积规律】和【周长规律】。

(2)两条引导线

使用两条引导线时,可以确定截面线沿引导线扫描的方向趋势,但是大小可以改变。在【缩放】下拉列表中有【横向缩放】和【纵向缩放】两种方式。

(3)三条引导线

当选择 3 条引导线时,可以完全指定扫掠的方向和比例趋势,还可以提供截面线串的剪切和不独立的轴比例。

## 9.3　依据曲面构造曲面

依据曲面构造曲面的方法有【曲面延伸】、【规律延伸】、【偏置曲面】、【修剪和延伸】、【桥接曲面】等。以下介绍前面三种方法。

9.3.1 视频

3D 文件

### 9.3.1　曲面延伸

【曲面延伸】功能主要用于扩大曲面片体,即在已经存在的曲面的基础上建立延伸曲面。延伸通常采用近似方法建立。

单击【曲面】工具栏中的(曲面延伸)按钮,弹出【曲面延伸】对话框,如图 9.13 所示。对话框中各选项功能如下。

**1. 边延伸和拐角延伸**

- 边延伸:边延伸是对延伸曲面的等参数边界进行延伸。
- 拐角延伸:只有【百分比】延伸方式具有拐角延伸方法。如需要拐角延伸,而拐角延伸的边需要与相邻边对齐时采用该方法。拐角延伸时系统临时显示两个方向矢量,指定曲面的 U 和 V 方向,可以分别指定不同的延伸百分比。

**2. 相切**

相切延伸功能从将要延伸的曲面的边缘拉伸一个曲面,生成的曲面与基面相切。在【方法】选项中选择【相切】。相切延伸有两种方式,一种是【按长度】延伸方式,另一种是【百分比】延伸方式。

(1)按长度

需要输入延伸的长度值。选择要延伸的曲面,光标变为十字,提示选择要相切的边,单击【确定】按钮,生成的延伸曲面。

图 9.13　【延伸曲面】对话框

(2)百分比

延伸长度根据原来的基面长度的百分比确定。

**3. 圆弧**

圆弧方法延伸是沿着曲面的圆弧连接方向生成延伸曲面。

## 9.3.2　规律延伸

9.3.2 视频

【规律延伸】创建曲面的方法是以用户指定的基本曲线作为始边，根据参考曲面或参考矢量，按照一定规律的长度和角度原则延伸基面得到新的曲面。长度原则和角度原则可以是线性规律的，也可以是二次曲线规律的，还可以是根据方程规律的。

单击【曲面】工具栏中的(规律延伸)按钮，弹出【规律延伸】对话框，如图 9.14 所示。系统根据所选择的起始弧及起始弧的位置定义矢量方向，并按所选择的顺序产生曲面。如果所选择的曲线都为闭合曲线，则会产生实体。

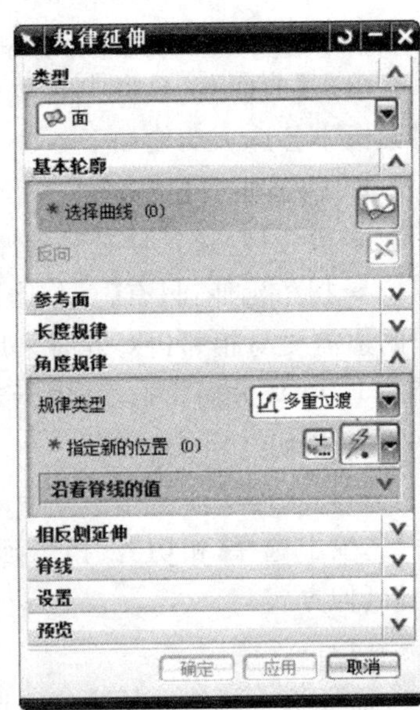


图 9.14　【规律延伸】对话框

利用【规律延伸】对话框创建曲面的操作步骤如下。

**1. 指定类型**

在【类型】下拉列表中包括【面】和【矢量】两个选项。

- 面：提示用户选择一个或多个面来定义用于构造延伸曲面的参考方向。
- 矢量：提示用户通过使用标准的矢量方式或矢量构造器指定一个矢量，用它来定义构造延伸曲面时所用的参考方向。

当选择【面】选项时，【参考面】选项组中的选项被激活，需要指定参考面；当选择【矢量】选项时，【参考矢量】选项组中的选项被激活，需要指定参考矢量。

**2. 选择几何体**

指定好参考类型后，需要选择用于创建曲面的几何体信息，这些几何体信息包括基本轮廓、参考面或参考矢量和脊线等。

(1)基本轮廓

提示用户选择一条基本曲线或边界线串，系统在其基础上定义曲面轮廓。

(2)参考面

提示用户选择一个或多个面来定义用于构造延伸曲面的参考方向。如果选择多个面，它们可以在同一个实体或片体上，也可以在不同的实体或片体上，也可以通过一次选择面的操作选择整个片体。该步骤的使用前提是在【类型】下拉列表中选择【面】选项。

(3)参考矢量

提示用户通过使用标准的矢量方式或矢量构造器指定一个矢量，用它来定义构造延伸曲面时所用的参考方向。该步骤的使用前提是在【类型】下拉列表中选择【矢量】选项。

(4)脊线

指定可选的脊线串会改变系统确定局部坐标系方向的方法，这样垂直于脊线串的平面决定了测量角度所在的平面。角的 0°方向平行于局部参考方向的投影，该平面和基本曲线串交叉。如果平面和基本曲线串不相交，则没有截面进行计算。

**3. 定义规律**

用户需要分别定义长度规律和角度规律。【规律类型】下拉列表中有 8 个选项，分别为【恒定】、【线性】、【三次】、【沿脊线的线性】、【沿脊线的三次】、【根据方程】、【根据规律曲线】和【多重过渡】，如图 9.15 所示。

### 9.3.3 偏置曲面

9.3.3 视频

【偏置曲面】创建曲面的方法是指定某个曲面作为基面，然后指定偏置的距离，系统将沿着基面的法线方向偏置基面。偏置的距离可以是固定值，也可以是变化值；偏置的方向可以是基面的正法线方向，也可以是基面的负法线方向。

单击【曲面】工具栏中的(偏置曲面)按钮，弹出如图 9.16 所示的【偏置曲面】对话框。利用该对话框创建曲面的操作步骤如下。

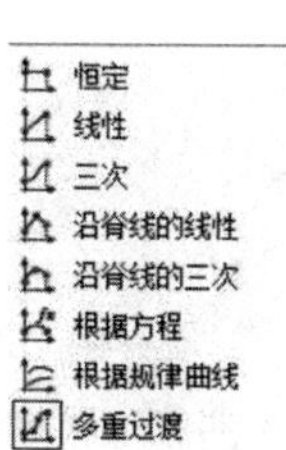


图 9.15　【规律类型】下拉列表

图 9.16　【偏置曲面】对话框

**1. 选择基面**

【偏置曲面】对话框弹出后,系统提示用户选择基面。被选择的基面会在绘图区高亮度显示,并以箭头形式显示基面的正法线方向,指引线显示默认偏置距离为10mm,如图9.17所示。

**2. 输入偏置距离**

在【偏置曲面】对话框中或在绘图区的【偏置1】文本框中输入基面的偏置距离,如果【预览】选项组中的【预览】复选框已被勾选,那么偏置得到的曲面显示在绘图区。如果要看到曲面偏置后的真实效果,可以单击(预览)按钮,则偏置后的真实效果显示在绘图区,如图9.18所示。

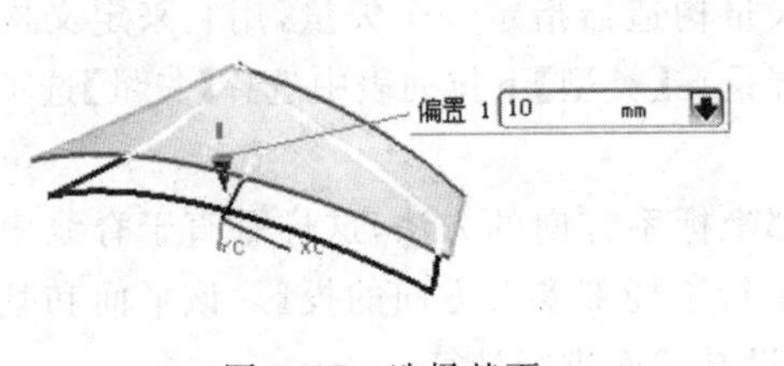

图9.17 选择基面

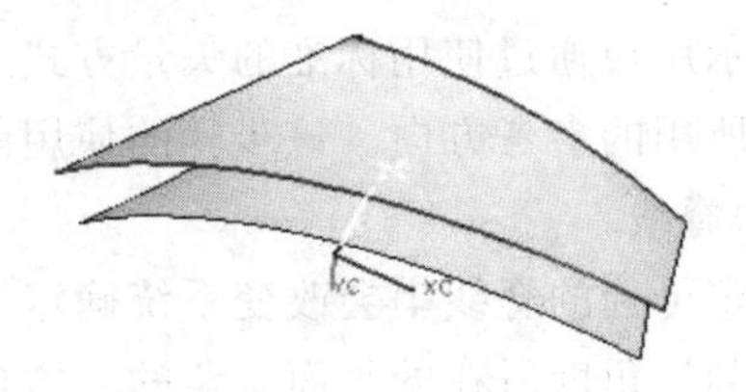

图9.18 偏置真实效果

**3. 其他设置**

如果用户需要对偏置曲面设置更多的参数,则可以在【特征】和【设置】选项组中对输出方式、公差等进行设置。

## 9.4 本章小结

本章介绍了曲面造型基础,包括曲面特征的设计、曲面特征编辑和设计范例等。在曲面特征的设计内容中,由于UG NX 10.0的曲面设计功能非常强大,为了使用户更好地理解和掌握这些创建曲面的方法,本章对这些方法进行了大致的分类,分为依据点构造曲面、依据曲线构造曲面和依据曲面构造曲面。使用最多的是依据曲线创建曲面的方法。这些方法都是参数化设计,用户修改曲线后,依据曲线创建的曲面将自动更新。相反,依据点创建曲面的方法属于非参数化设计,因此使用不多。

# 参考文献

[1] 展迪优. UG NX 10.0 机械设计教程[M]. 北京:机械工业出版社,2018.
[2] 刘言松,王芸. UG NX 6.0 产品设计[M]. 北京:化学工业出版社,2009.
[3] 凯德设计. UG NX5 中文版技术应用从业通[M]. 北京:中国青年出版社,2008.
[4] 史鹏涛,袁越锦,舒蕾. UG NX 6.0 建模基础与实例[M]. 北京:化学工业出版社,2009.

# 习　题

## 一、问答题

9.1　曲面编辑有什么作用？

9.2　可以通过哪些方式对曲面进行编辑？

9.3　片体边界的作用是什么？

## 二、作图题

9.4　绘制如题图所示图形。

9.5　绘制如题图所示图形。

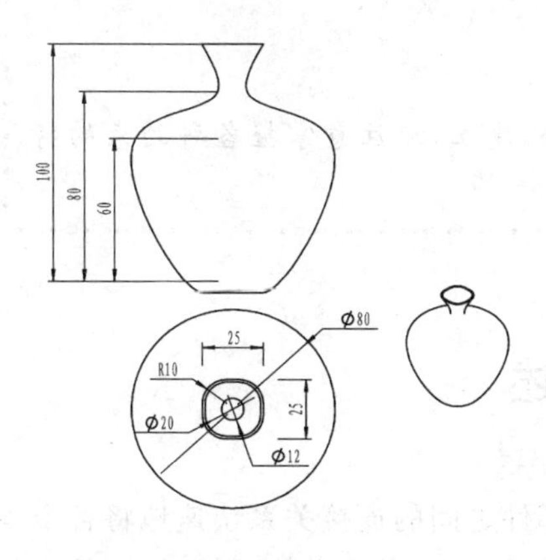


题 9.4 图

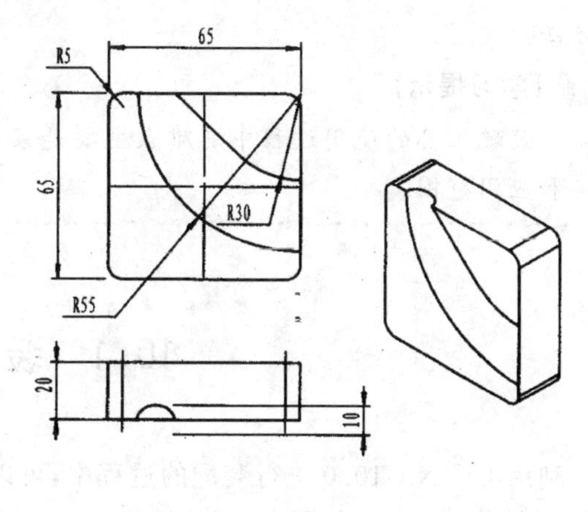


题 9.5 图

9.6　绘制如题图所示图形。

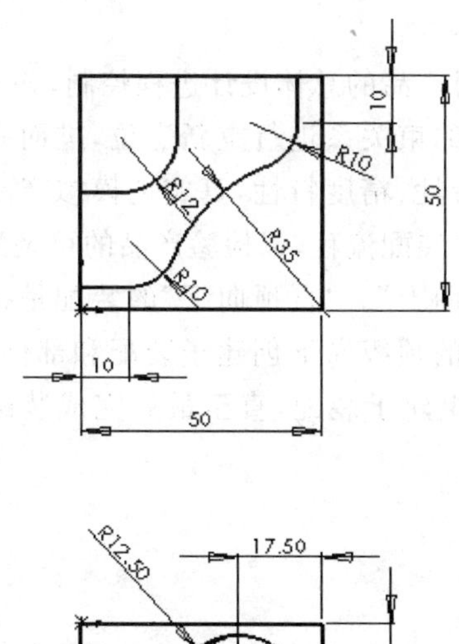


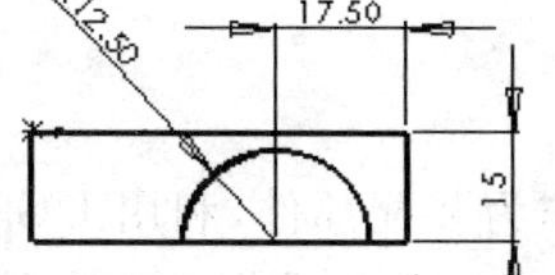


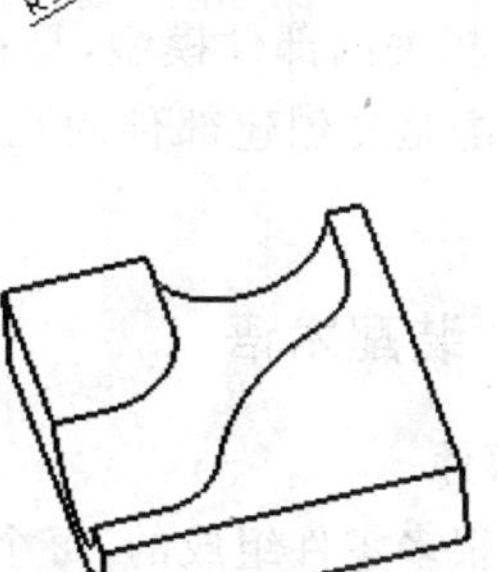

题 9.6 图

# 第10章　装配设计

**【内容提要】**

本章首先介绍了装配的基础知识和工具的使用，然后叙述了爆炸图的建立与编辑方法。

**【学习提示】**

装配工具的使用过程中其难点主要是装配约束的建立，应注意掌握各种约束的特点和应用范围。

## 10.1　装配概述

利用 UG NX 10.0 进行装配的过程中，可以参照部件之间的连接关系快速地将各个零部件组合成产品。在装配中，部件的几何体是被装配引用的，编辑其中的部件时，因整个装配部件保持关联性，装配部件会自动更新。

### 10.1.1　虚拟装配的概念

虚拟装配技术是在虚拟设计环境下，完成对产品的总体设计进程控制，并进行具体模型定义与分析的过程。它可以将一种零件模型按约束关系进行重新定位，进而有效地分析产品设计的合理性，并可以根据产品设计的形状特性、精度特性，真实地模拟产品三维装配过程，使用户能够以交互方式控制产品的三维模拟装配流程，以检验产品的可装配性。

虚拟装配有两种方法，"自顶向下"和"自底向上"。"自顶向下"的装配是指在装配中创建与其他部件相关的部件模型，是在装配部件的顶级向下创建子装配和部件的装配方法；"自底向上"装配是先创建部件的几何模型，再组建子装配，直至最后完成装配部件的装配方法。

### 10.1.2　装配术语

**1. 装配部件**

机器是由很多零件组成的，每个零件都可以作为装配部件，利用 UG NX 10.0 可以将各个零件装配成装配体。当进行装配时，各部件的实际几何数据并非存储在装配部件文件中，而是存储在相应的零件文件中。

**2. 子装配**

子装配是在高一级装配中被用作组件的装配，拥有自己的组件。子装配是一个相对的概念。

**3. 主模型**

主模型是供UG NX 10.0模块引用的部件模型。同一主模型可同时被工程图、装配、加工等模块引用，当主模型修改时，相关应用自动更新。

**4. 引用集**

引用集是为优化模型装配过程而提出的概念，它包含了组件中的几何对象，在装配时它代表相应的组件。

**5. 配对条件**

配对条件是组件的装配约束关系的集合，它由一个或多个配对约束组成，通过这些约束可以限制装配组件的自由度。

### 10.1.3 进入装配环境

进入装配环境有以下两种方法。

单击菜单栏中的【装配】菜单，在弹出的菜单中可以进行装配相关操作，如图10.1所示。

在菜单栏的空白处右击，然后在弹出的快捷菜单中单击【装配】菜单，弹出【装配】工具栏，如图10.2所示。

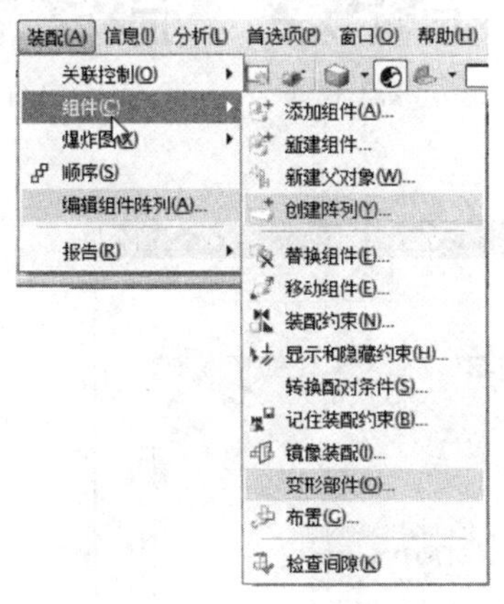


图10.1 【装配】菜单

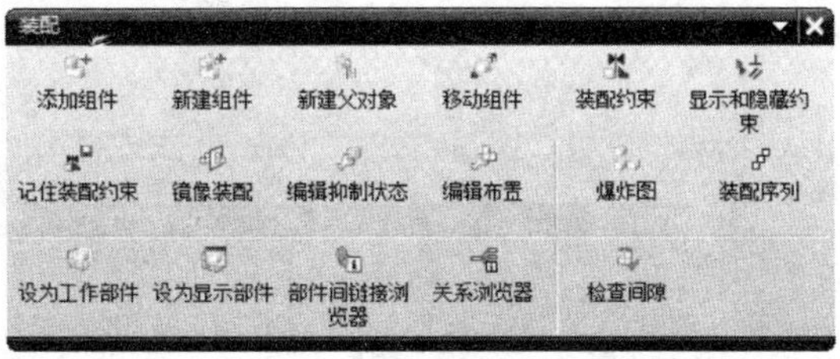

图10.2 【装配】工具栏

### 10.1.4 装配导航器

【装配导航器】可以清楚地表示各个组件的装配关系，也可以方便快速地选择和编辑各个部件。【装配导航器】默认位于绘图区的左侧，如图10.3所示。

在【装配导航器】中，各个项目前面不同的图标代表不同的含义，具体介绍如下。

- 黄色图标：表示该组件在工作部件内部。
- 灰色图标：表示该组件是非工作部件。
- 红色图标☑：表示该组件处于显示状态。
- 灰色图标☑：表示该组件处于隐藏状态。
- 方格□：表示该组件处于关闭状态。

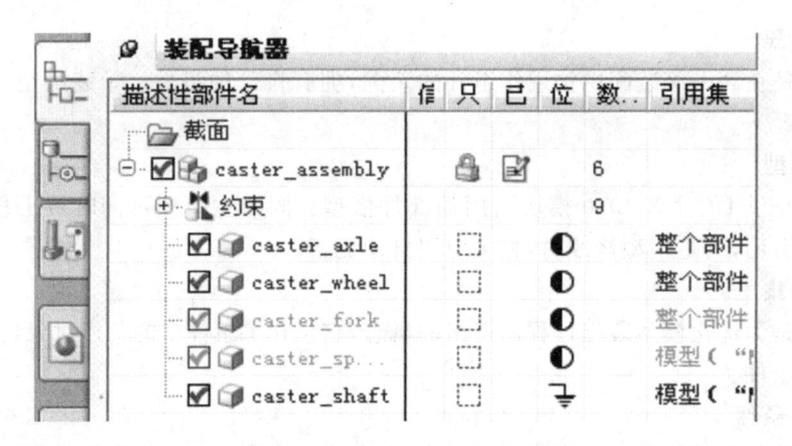


图 10.3 装配导航器

## 10.2 装配常用工具

### 10.2.1 添加组件

10.2.1 视频

3D 文件

打开 UG NX 10.0 软件，单击【标准】工具栏中的 (新建)按钮，弹出【新建】对话框。在【模板】选项组中选择【装配】选项，如图 10.4 所示，单击【确定】按钮，弹出【添加组件】对话框，如图 10.5 所示。

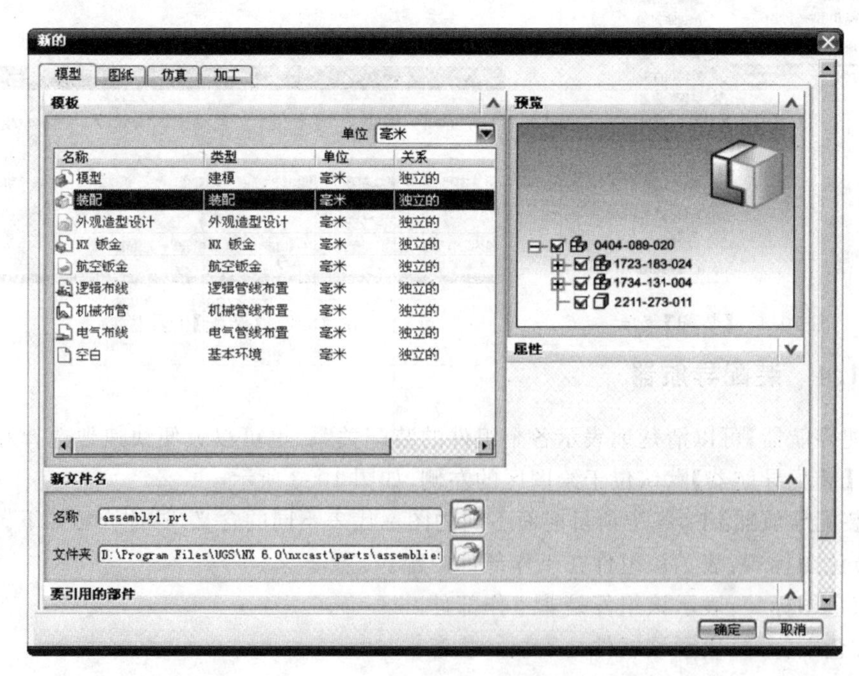


图 10.4 【新建】对话框

在【打开】选项组中单击(打开)按钮，弹出【部件名】对话框。在目录中选择组件，单击【确定】按钮，进行组件的加载，如图 10.6 所示。选择要添加的组件，弹出【组件预览】窗口，如图 10.7 所示，展开【添加组件】对话框中的【放置】选项组，在【定位】下拉列表中选择【绝对原点】。展开【设置】选项组，在【名称】文本框中输入组件名称；在【应用集】下拉列表中选择【整个部件】；在【图层选项】下拉列表中选择【原始的】，如图 10.8 所示。单击【应用】按钮，即将所选组件添加到绘图区中，结果如图 10.9 所示。

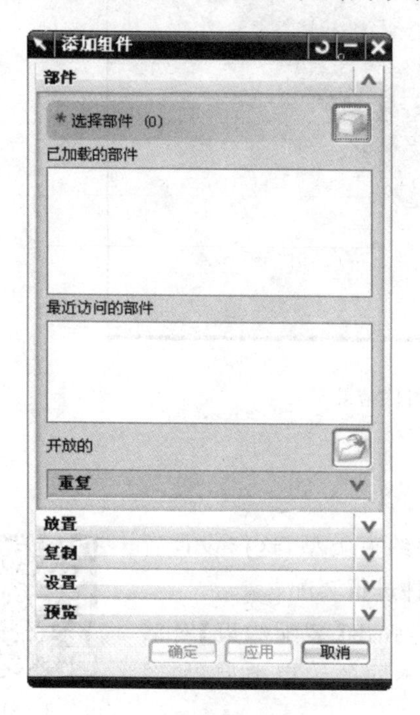


图 10.5　【添加组件】对话框 1

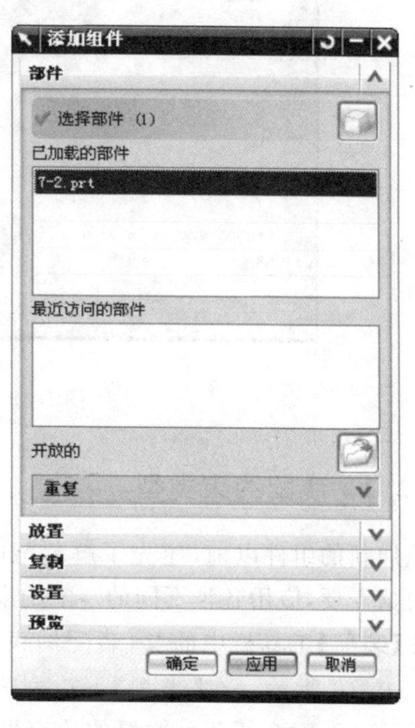


图 10.6　【添加组件】对话框 2

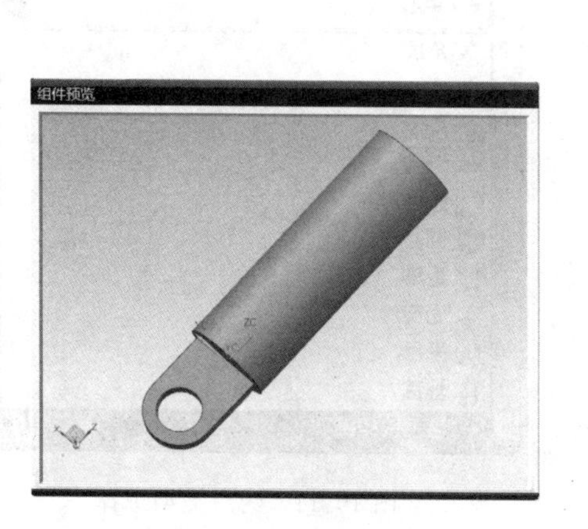


图 10.7　【组件预览】窗口

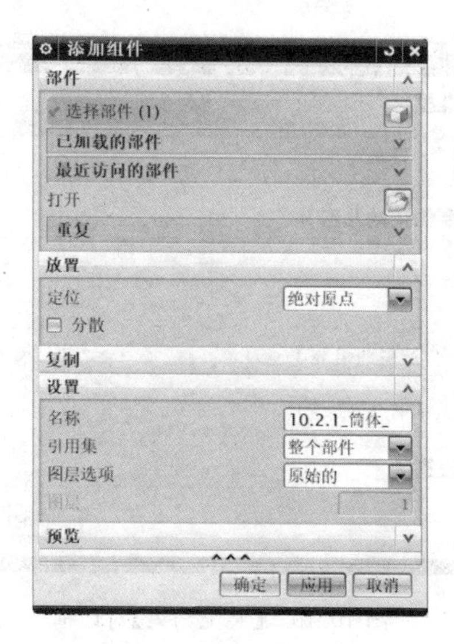


图 10.8　添加组件设置

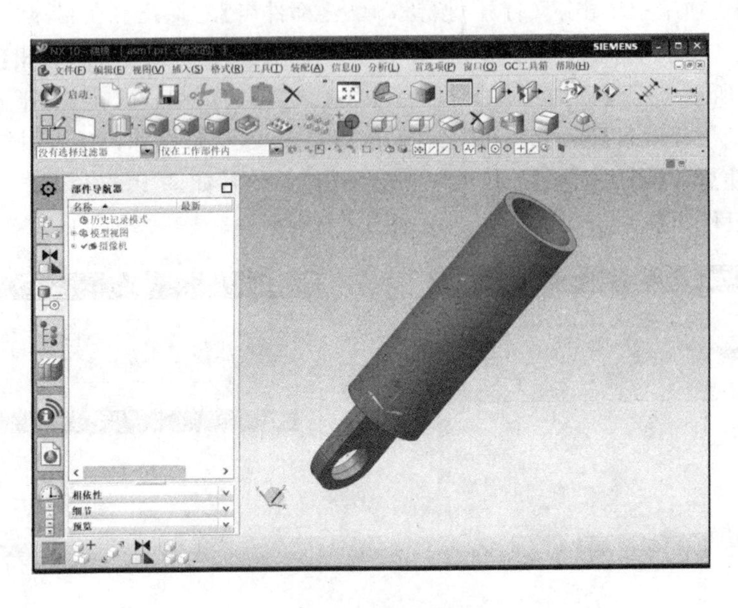

图 10.9 添加组件结果

### 10.2.2 装配约束类型

在添加新的组件以前，应先了解装配的各种约束类型，这样设计者就可以根据需要，应用各种不同的装配约束对组件进行装配。

10.2.2 3D文件

单击【装配】工具栏中的(装配约束)按钮，弹出【装配约束】对话框，如图 10.10 所示。在【类型】下拉列表中有不同的约束类型，如图 10.11 所示。下面介绍几种主要的约束类型。

图 10.10 【装配约束】对话框

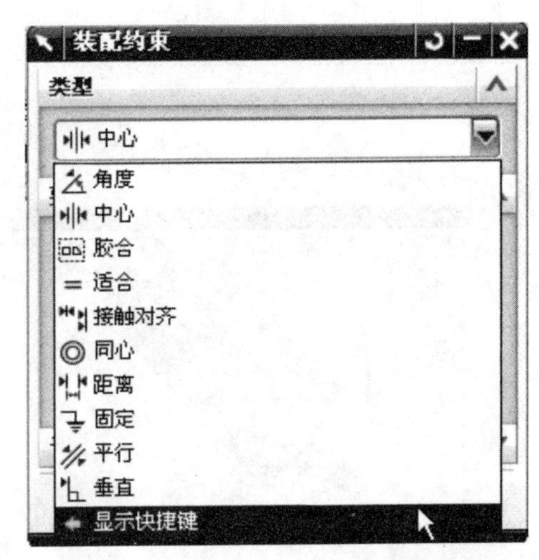


图 10.11 约束类型选择

- (角度)约束:约束装配对象方向矢量间的角度。
- (中心)约束:约束装配对象的中心对齐。
- (胶合)约束:约束组件“焊接”在一起。
- (适合)约束:约束两个装配对象中具有等半径的圆柱面相结合。
- (接触对齐)约束:约束两个装配对象彼此接触或对齐。
- (同心)约束:约束两个组件的圆形边界或椭圆边界中心重合。
- (距离)约束:约束两个装配对象之间的最小 3D 距离。
- (固定)约束:约束组件固定到某个位置。
- (平行)约束:约束两个装配对象的方向矢量互相平行。
- (垂直)约束:约束两个装配对象的方向矢量互相垂直。

### 10.2.3　添加组件、设置约束

10.2.3 视频

3D 文件

打开文件,单击【装配】工具栏中的(添加组件)按钮,弹出【添加组件】对活框。选择“10.2.2 活塞.prt”部件,如图 10.12 所示,弹出【组件预览】窗口,如图 10.13 所示。

在【放置】选项组中的【定位】下拉列表中选择【通过约束】,单击【确定】按钮,弹出【装配约束】对话框,如图 10.14 所示。在【类型】下拉列表中选择【接触对齐】约束选项,在【要约束的几何体】组中,从【方向】列表中,选择【自动判断中心/轴】约束选项,然后分别选择要约束的几何体。

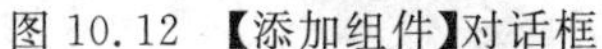

图 10.12　【添加组件】对话框

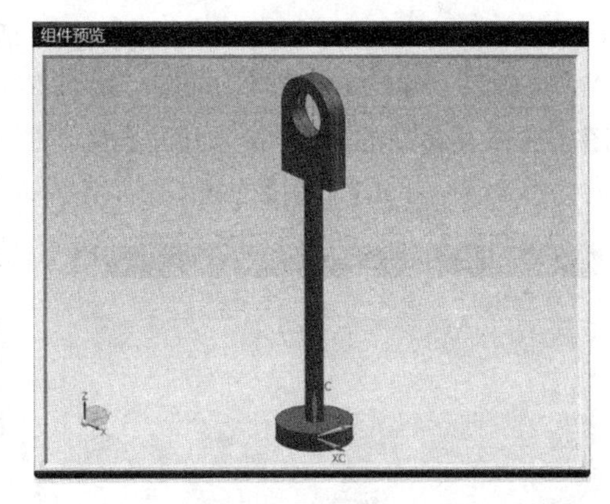


图 10.13　组件预览

分别选择要进行装配的两个圆柱面,如图 10.15 所示。单击【确定】按钮,完成装配,结果如图 10.16 所示。

图 10.14 【装配约束】对话框

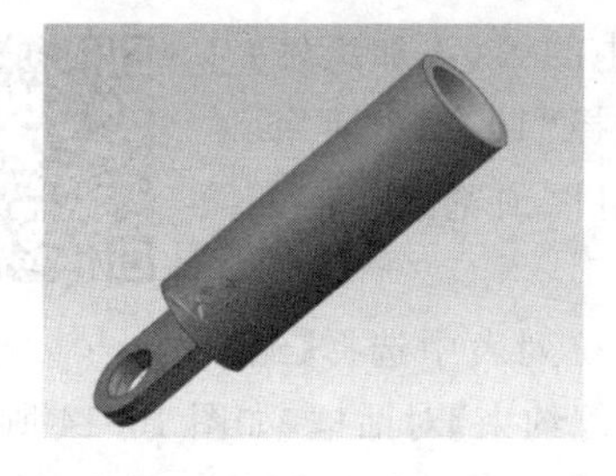

图 10.15 选择两个圆柱面

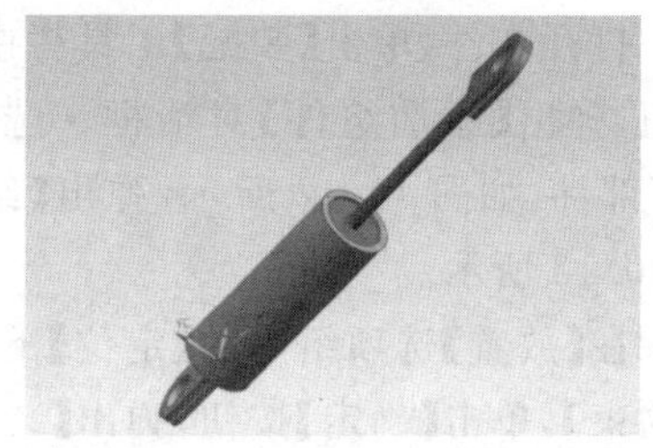

图 10.16 装配结果

### 10.2.4 移动组件

10.2.4 视频

3D 文件

在上步建立的文件中，单击【装配】工具栏中的 (移动组件)按钮，弹出【移动组件】对话框，如图 10.17所示。在【类型】下拉列表中选择【动态】；在绘图区选择要移动的组件，接着单击【指定方位】，在【动态 CSYS】上拖动 ZC 移动手柄，使活塞向内移动 70，单击【应用】按钮，移动结果如图 10.18 所示。

图 10.17 【移动组件】对话框

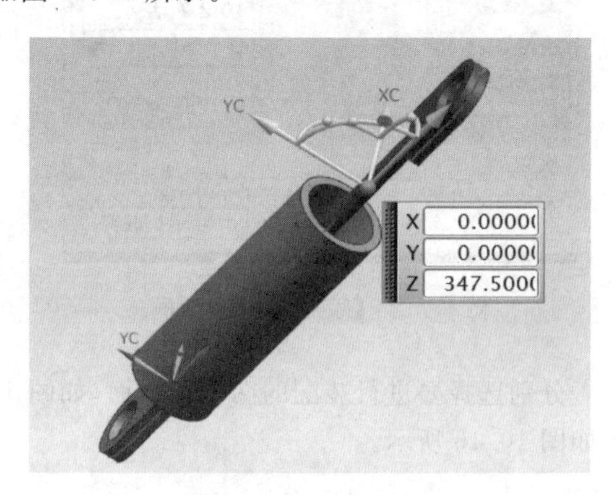


图 10.18 移动结果

### 10.2.5　替换组件

10.2.5 视频

3D 文件

设计者可以利用 UG NX 10.0 中的【替换组件】命令，将一个组件替换成一个新的组件。打开如图 10.19 所示文件，单击【装配】工具栏中的（替换组件）按钮，弹出【替换组件】对话框。此时选择需要替换的旧组件，再选择替换它的新组件，此处选择 10.2.4.prt 组件作为新组件，单击【应用】按钮，替换结果如图 10.20 所示。

单击【装配】工具栏中的（装配约束）按钮，弹出【装配约束】对话框。在【类型】下拉列表中选择【（接触对齐）】约束选项，对相应元素设置约束，结果如图 10.21所示。

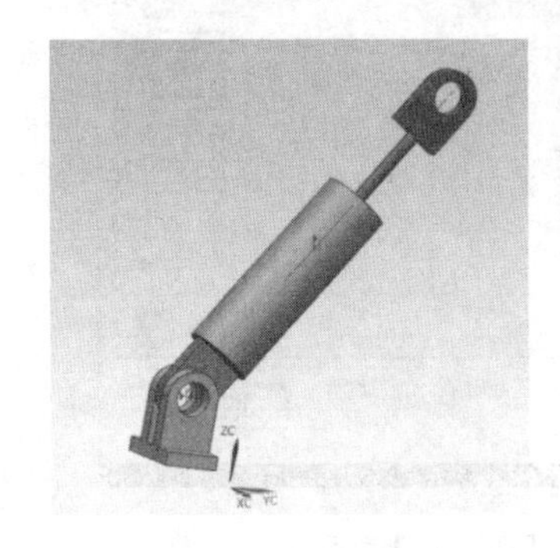

图 10.19　替换前

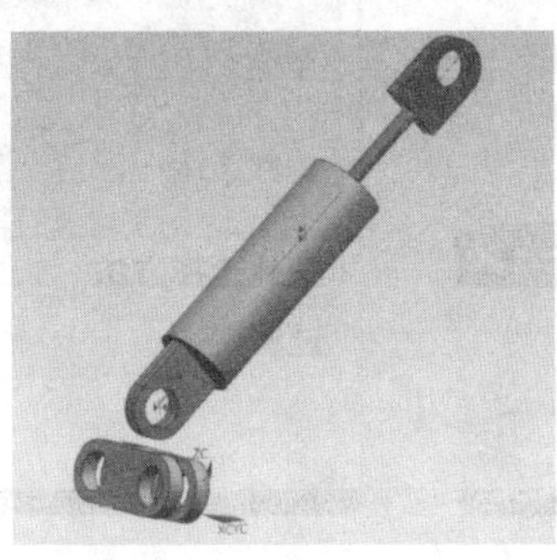

图 10.20　替换后

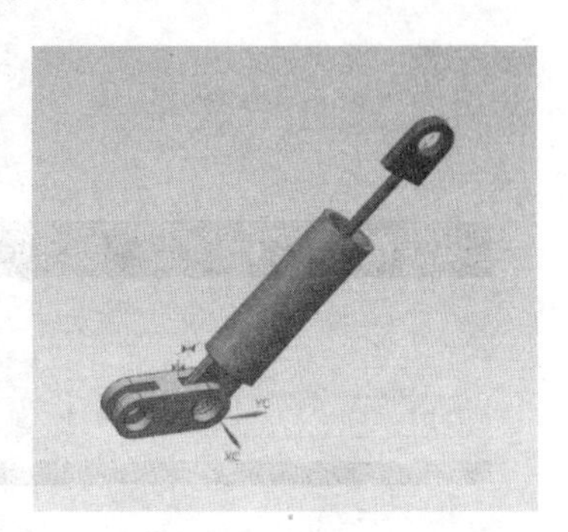

图 10.21　对齐后

## 10.3　爆炸图

爆炸图是使指定的部件或子装配从装配位置移动一定距离进行重定位而生成的视图，爆炸图的创建可以方便用户查看装配中的零件及其相互间的装配关系。

### 10.3.1　建立爆炸图

10.3.1 视频

爆炸图的建立步骤如下：

**1. 创建爆炸图**

打开文件 10.2.5（装配 1），单击【装配】工具栏中的（爆炸图）按钮，弹出【爆炸图】工具栏，如图 10.22 所示。单击（创建爆炸图）按钮，弹出【创建爆炸图】对话框，如图 10.23 所示。使用默认的名称“Explosion 1”，单击【确定】按钮。

图 10.22　【爆炸图】工具栏 1

图 10.23　【创建爆炸图】对话框

**2. 输入参数**

(1)单击【爆炸图】工具栏中的(自动爆炸组件)按钮,如图 10.24 所示,弹出【类选择】对话框,如图 10.25 所示。选择活塞,单击【确定】按钮,弹出【爆炸距离】对话框。在【距离】文本框中输入“400”,如图 10.26 所示,单击【确定】按钮,得到爆炸图,如图 10.27 所示。

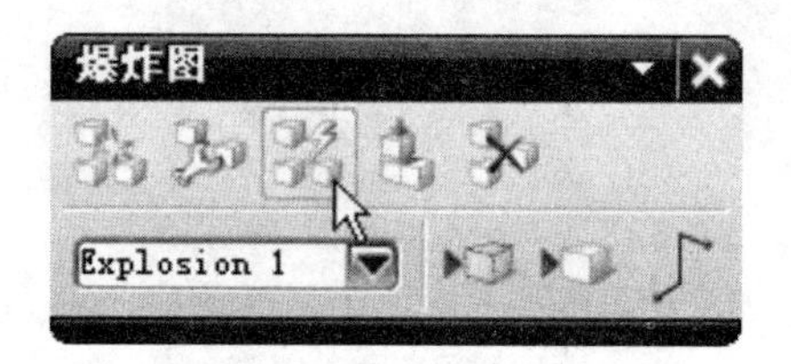


图 10.24 【爆炸图】工具栏 2

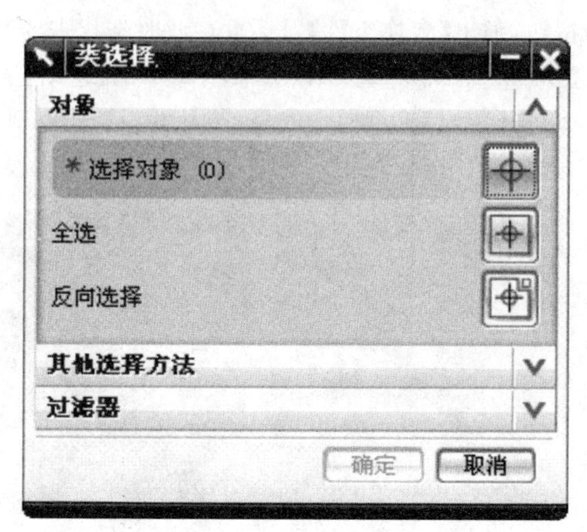


图 10.25 【类选择】对话框

图 10.26 【爆炸距离】对话框

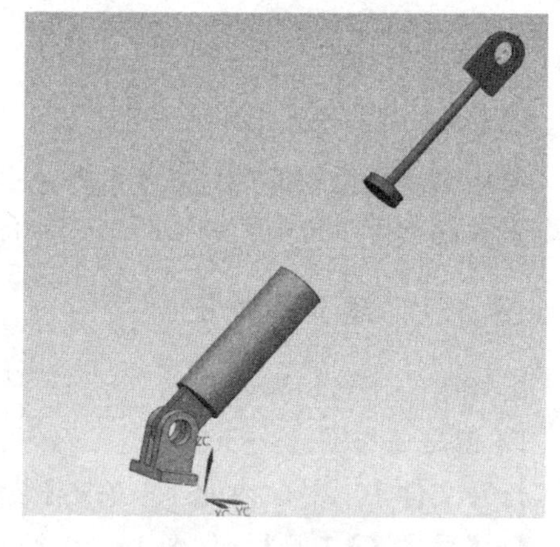

图 10.27 爆炸图 1

(2)继续单击(自动爆炸组件)按钮,弹出【类选择】对话框。选择文件中的“10.2.2”组件,如图 10.28 所示,单击【确定】按钮,弹出【爆炸距离】对话框。在【距离】文本框中输入“400”,单击【确定】按钮,得到爆炸图,如图 10.29 所示。

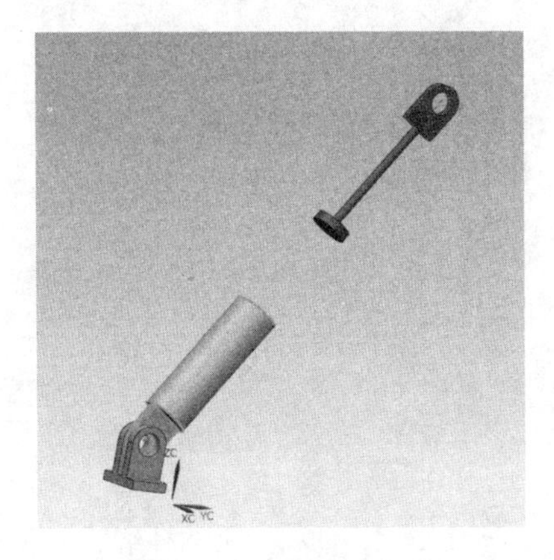

图 10.28　选择组件 1

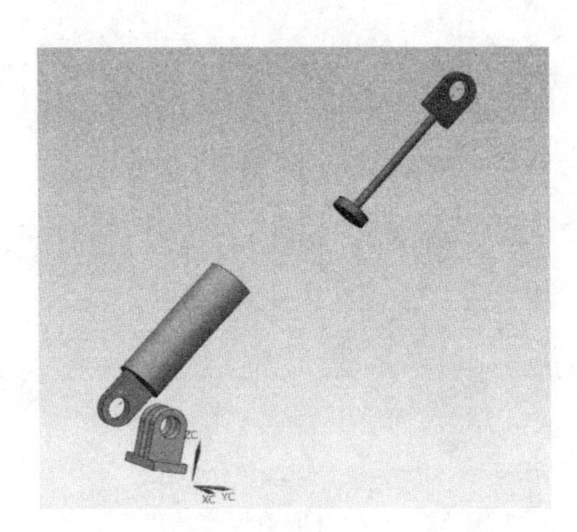

图 10.29　爆炸图 2

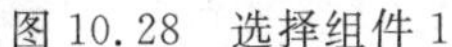

### 10.3.2　编辑爆炸图

10.3.2 视频

单击【爆炸图】工具栏中（编辑爆炸图）按钮，弹出【编辑爆炸图】对话框，如图 10.30 所示。选择编辑爆炸图对象，如图 10.31 所示。在【编辑爆炸图】对话框中点选【移动对象】单选钮，按住鼠标左键即可拖动所选移动对象进行移动，或选择合适的放置点将移动对象放置到所选点上。

图 10.30　【编辑爆炸图】对话框

图 10.31　选择移动爆炸图对象

### 10.3.3　取消爆炸组件

10.3.3 视频

单击【爆炸图】工具栏中（取消爆炸组件）按钮，弹出【类选择】对话框。选择要取消爆炸的组件，如图 10.32 所示，单击【类选择】对话框中的【确定】按钮，即可取消爆炸组件，结果如图 10.33 所示。

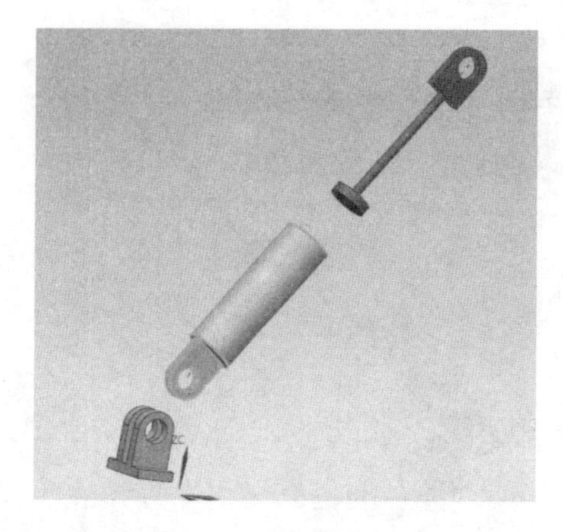

图 10.32 选择要取消爆炸的组件

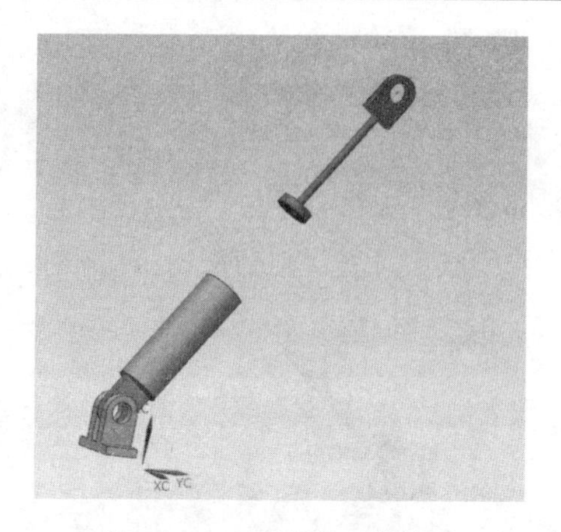

图 10.33 取消爆炸组件结果

10.3.4 视频

### 10.3.4 删除爆炸图

单击【爆炸图】工具栏中 ×（删除爆炸图）按钮，弹出【爆炸图】对话框，如图 10.34 所示。单击【确定】按钮，弹出【删除爆炸图】对话框，显示不能被删除，因为此时视图显示的是 Explosion1 爆炸图。要删除 Explosion1 爆炸图，首先在【爆炸图】工具栏中的工作视图下拉菜单中选择其他爆炸图名称或选择“无爆炸”，此时即可利用上述方法删除爆炸图。

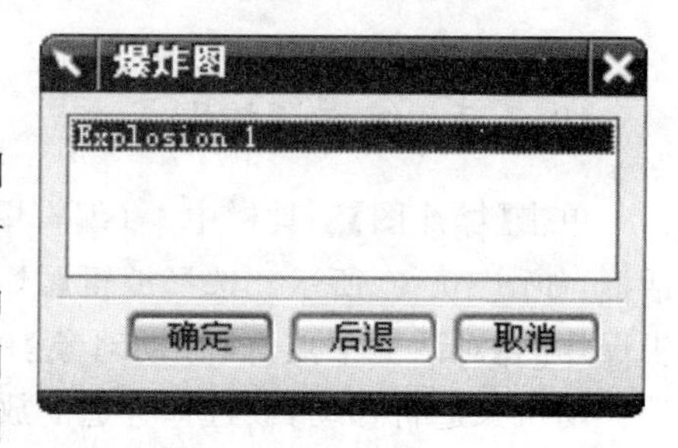


图 10.34 【爆炸图】对话框

## 10.4 本章小结

本章介绍了 UG NX 10.0 中虚拟装配的概念、虚拟装配环境、装配导航器、装配的常用工具、爆炸图等内容。通过本章的学习，读者应掌握虚拟装配的各种常用工具、装配约束的选择方法以及爆炸图的制作方法，并能在装配过程中灵活运用。

## 参考文献

[1] 展迪优. UG NX 10.0 机械设计教程[M]. 北京：机械工业出版社，2018.
[2] 张广礼，张鹏，洪雪. UG18 基础教程[M]. 北京：清华大学出版社，2002.
[3] 云杰漫步多媒体科技 CAX 设计教研室. UG NX 6.0 中文版基础教程[M]. 北京：清华大学出版社，2009.
[4] 刘言松，王芸. UG NX 6.0 产品设计[M]. 北京：化学工业出版社，2009.

# 习　题

10.1　根据图纸完成螺母零件的建模。

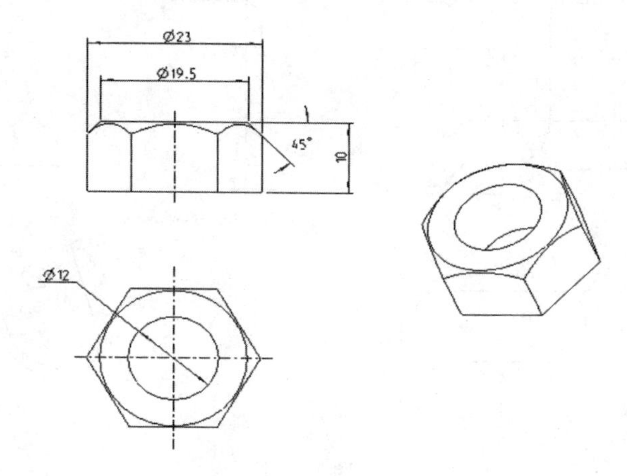


题 10.1 图

10.2　根据图纸完成螺栓零件的建模。

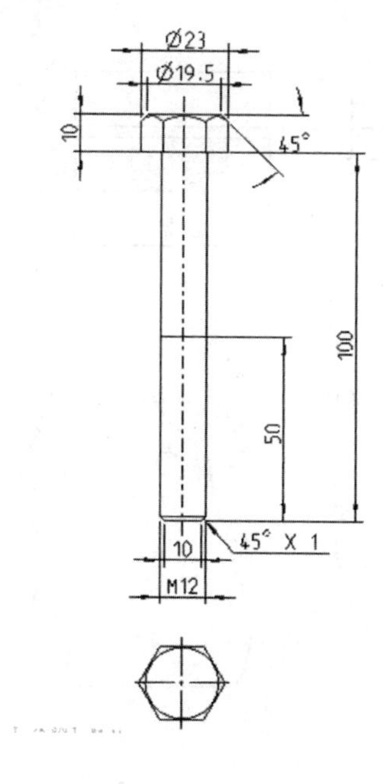


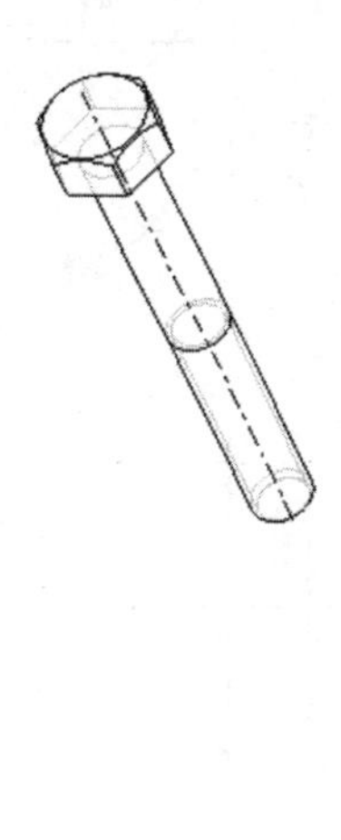

题 10.2 图

10.3 根据图纸完成铰链零件的建模。

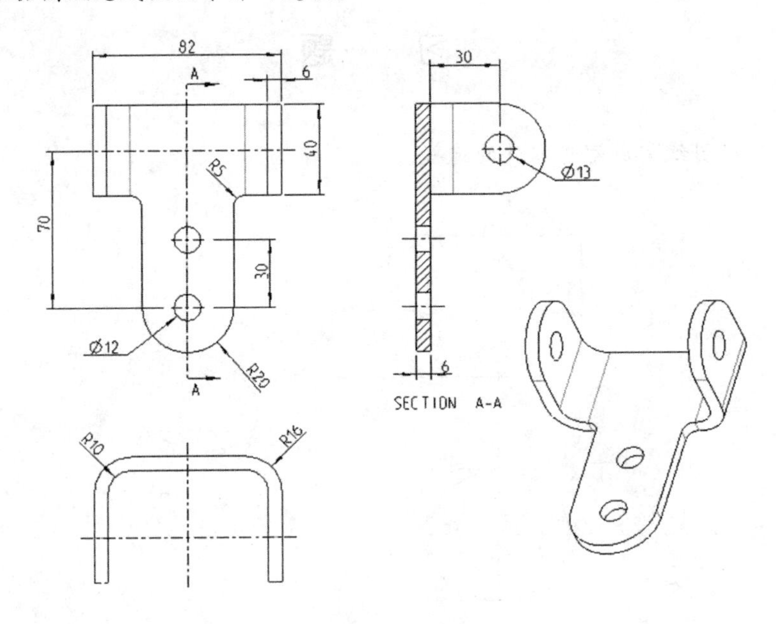


题 10.3 图

10.4 根据图纸完成零件的建模。

10.5 根据前面已经建好的四个零件,完成如题图所示的装配图。

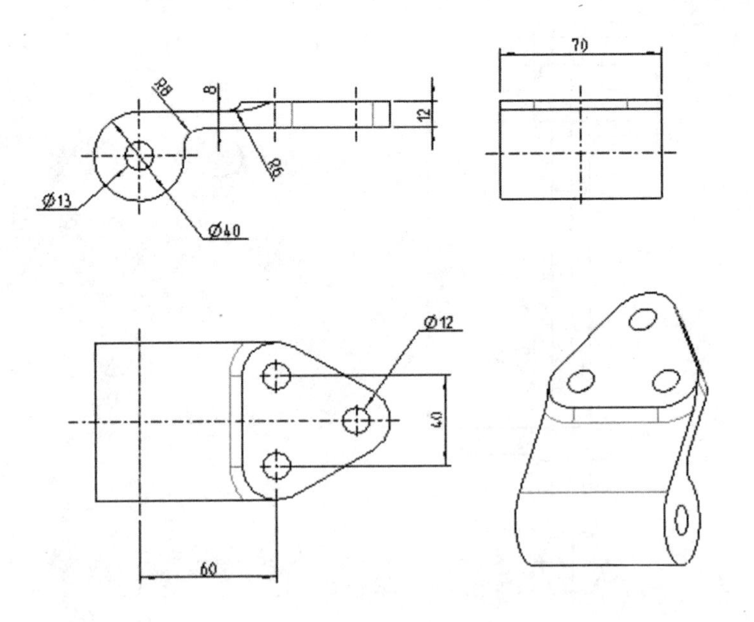


题 10.4 图

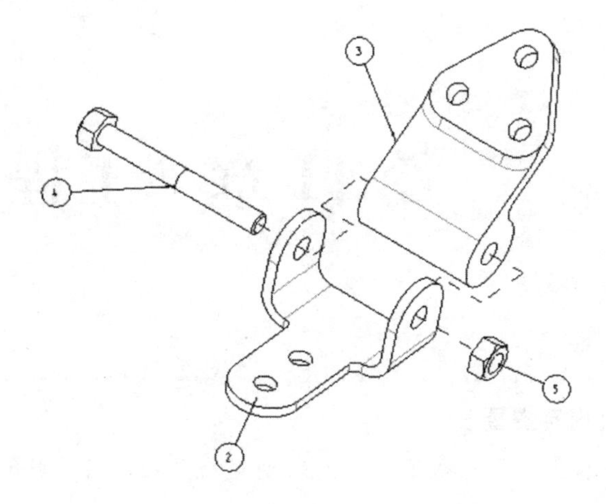


题 10.5 图

# 第 11 章　工程图基础

【内容提要】

本章主要介绍了工程图的创建与视图操作、视图的编辑、剖视图的创建和工程图的标注等内容。

【学习提示】

学习中应注意，工程图的视图设置，标注规范不同国家有不同的标准。读者应结合相应的国家标准进行学习。

## 11.1　工程图的创建与视图操作

### 11.1.1　进入工程图环境

单击【标准】工具栏中的【启动】→【制图】命令，进入工程图工作界面，其中包括【图纸】、【尺寸】、【注释】、【制图编辑】等工具栏。

● 【图纸】工具栏：通过该工具栏可以选择、创建、编辑各种类型的视图，如图 11.1 所示。

● 【尺寸】工具栏：在该工具栏中包含了在图纸上进行尺寸标注的各种命令，如图 11.2 所示。

图 11.1　【图纸】工具栏

图 11.2　【尺寸】工具栏

●【注释】工具栏：通过该工具栏可以在图纸上进行形位公差参数、剖面线等符号的注释，如图 11.3 所示。

●【制图编辑】工具栏：通过该工具栏可以对图纸、文本、坐标等进行编辑和控制，如图 11.4 所示。

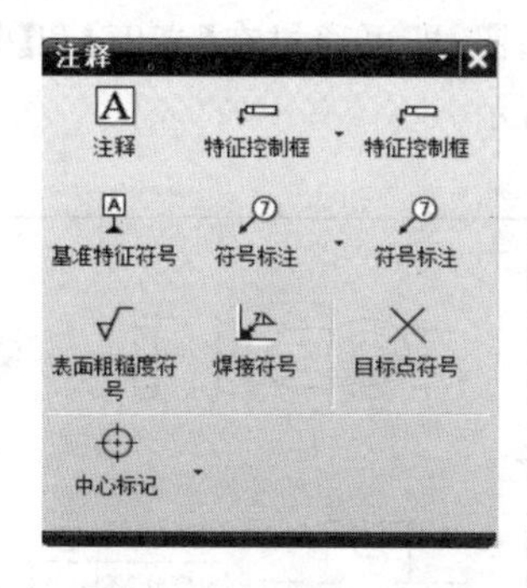


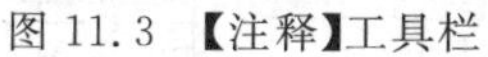
图 11.3 【注释】工具栏

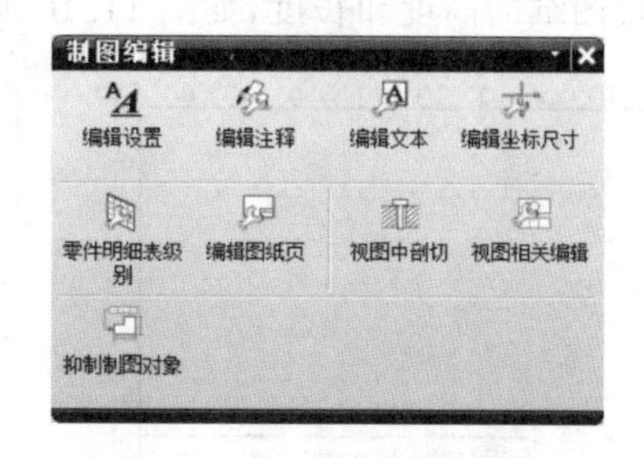


图 11.4 【制图编辑】工具栏

### 11.1.2 创建新图纸

11.1.2 视频

3D 文件

单击【图纸】工具栏中的(新建图纸页)按钮，弹出【图纸页】对话框，如图 11.5 所示。在【大小】选项组中包含【使用模板】、【标准尺寸】、【定制尺寸】3 个选项。点选【使用模板】单选钮，可在显示的列表框中选择制作好的模板，如图 11.6 所示。图纸幅面可在列表框中进行选择，当选择【无视图】选项时，将出现如图 11.7 所示的图纸模板；当选择【视图】选项时，将出现如图 11.8 所示的图纸模板，并自动生成三维实体的工程图。

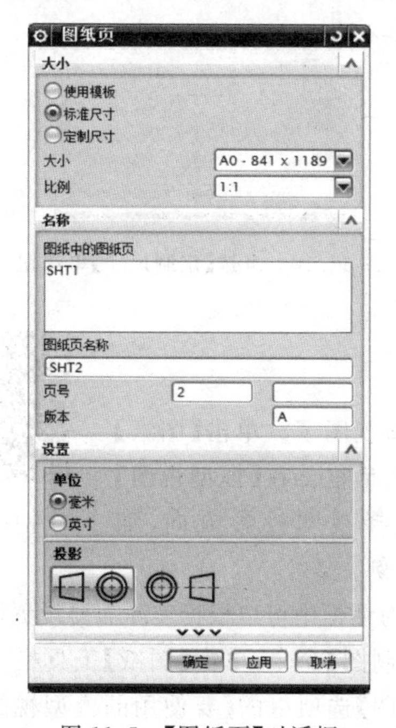


图 11.5 【图纸页】对话框

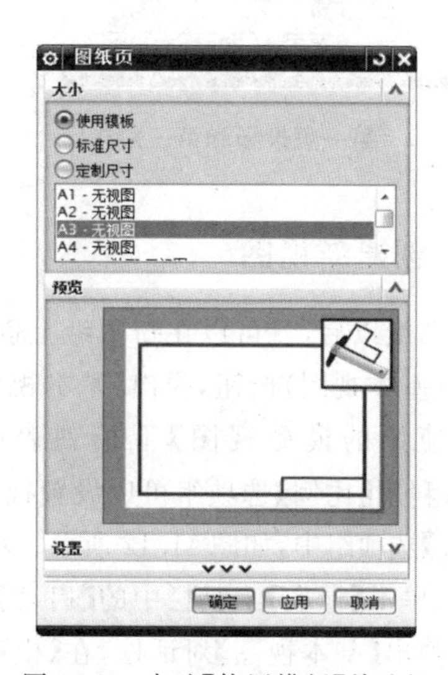


图 11.6 点选【使用模板】单选钮

在【大小】选项组中，如果点选【标准尺寸】单选钮，则出现【大小】和【比例】两个下拉列表。分别在这两个下拉列表中选择合适的图纸尺寸和图纸比例；在【名称】选项组中，可以输入图纸页名称；在【设置】选项组中，可以设置单位和投影方式。投影方式有两种，分别为(第一象限角投影)和(第三象限角投影)，如图 11.9 所示。

在【大小】选项组中，如果点选【定制尺寸】单选钮，即可通过在【高度】和【长度】文本框中输入数值来设置图纸的高度和长度，如图 11.10 所示。

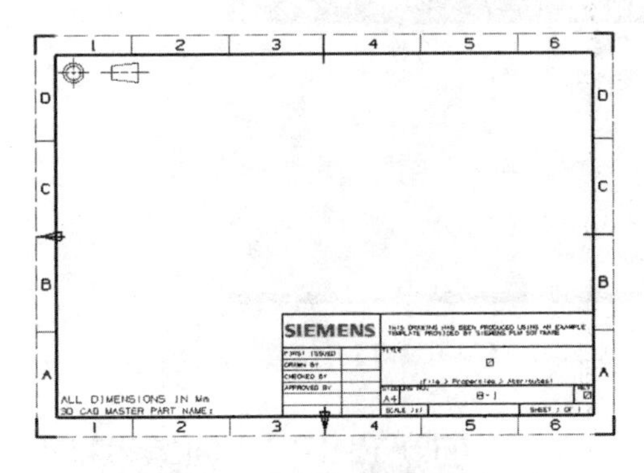


图 11.7　【无视图】图纸模板

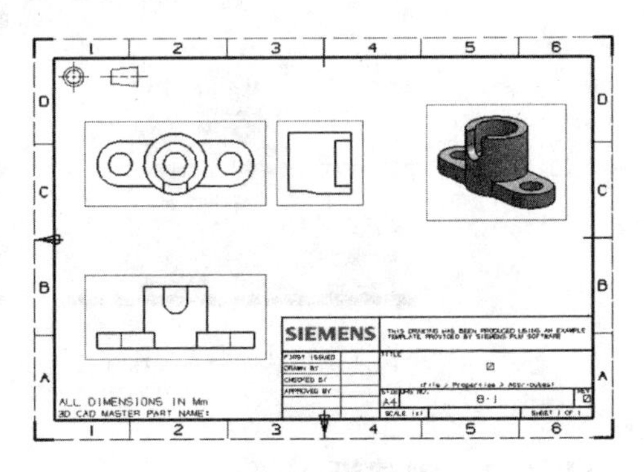


图 11.8　【视图】图纸模板

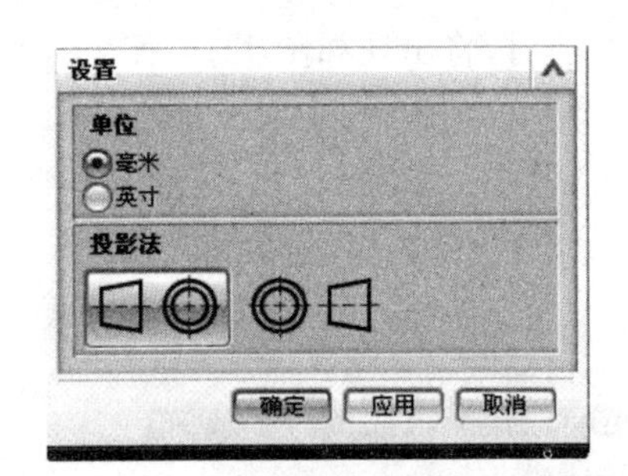


图 11.9　第一角投影和第三角投影

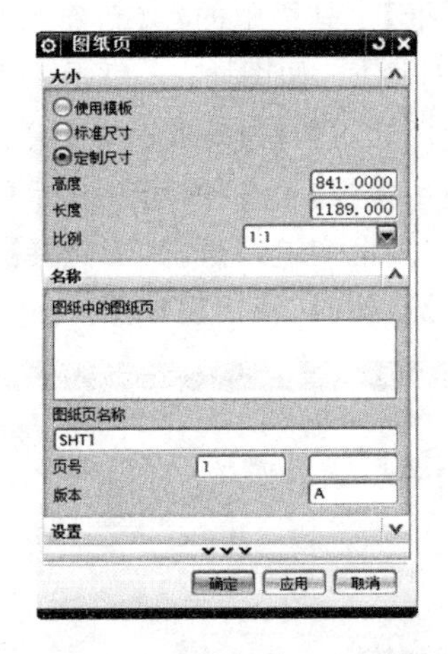


图 11.10　点选【定制尺寸】单选钮

## 11.1.3　创建新视图

11.1.3 视频

在创建新图纸以后，就可以在新图纸上创建新视图了。单击【图纸】工具栏中的(基本视图)按钮，弹出【基本视图】对话框。在【模型视图】选项组的【要使用的模型视图】下拉列表中选择视图投影方向，如图 11.11所示；利用【比例】选项组可以设置视图比例。

点击【设置】选项组中，如图 11.12 所示。在此对话框中可以根据实际需要设置视图样式。

打开文件，单击【标准】工具栏中的【启动】→【制图】命令，单击【图纸】工具栏中的(基本视图)按钮，弹出【基本视图】对话框，在【模型视图】选项组的【要使用的模型视图】下拉列表中选择视图投影方向【前视图】，在【大小】选项组中点选【标准尺寸】单选钮；在【大小】下拉列表中选择“A4-210×297”；在【刻度尺】下拉列表中选择“1 : 1”。展开【设置】选项组，在【单位】选项组中点选【毫米】单选钮作为单位；在【投影】选项组中选择（第一象限角投影）。单击【确定】按钮，即可创建一个新图纸。

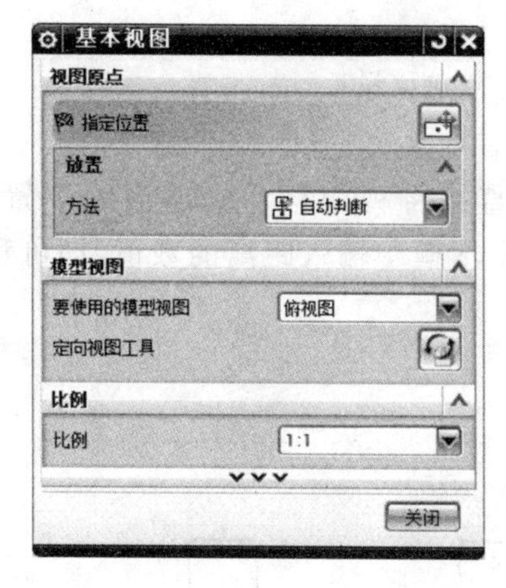


图 11.11　【基本视图】对话框

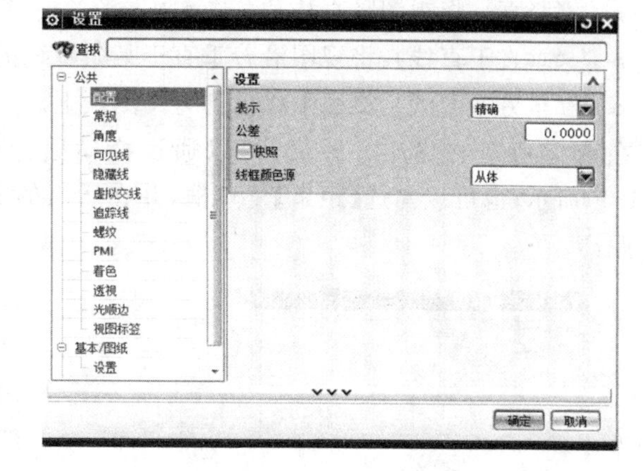


图 11.12　【设置】对话框

在如图 11.13 所示的位置放置主视图，弹出如图 11.14 所示的【投影视图】对话框。展开【铰链线】选项组，在【矢量选项】下拉列表中选择【自动判断】选项。利用铰链线的方向可以自动生成其他方向的视图，并放置到相应位置，如图 11.15 所示。

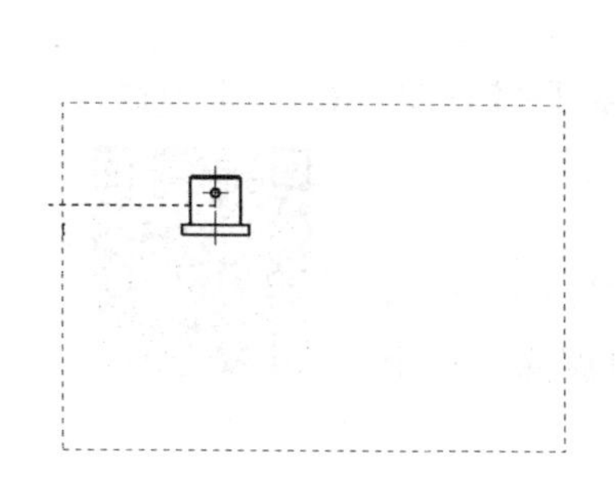

图 11.13　主视图

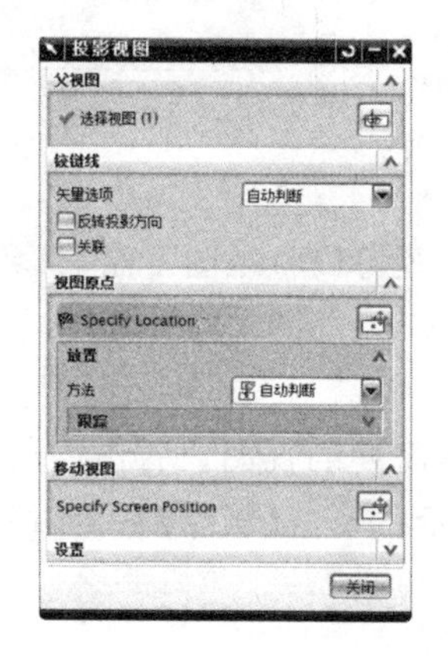


图 11.14　【投影视图】对话框

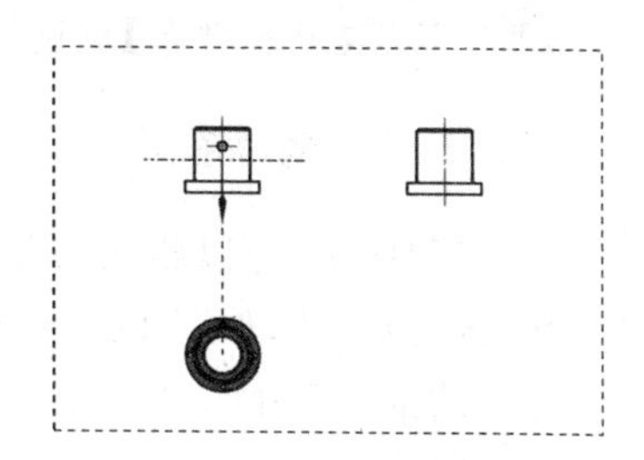

图 11.15　自动生成其他视图

# 11.2　视图的编辑

11.2.1 视频

## 11.2.1　移动和复制视图

工程图的移动有两种方式，可以单击视图外方框，然后按住鼠标左键，将视图拖到相应的位置；也可以利用【图纸】工具栏中的（移动/复制视图）按钮，来移动工程图视图。

单击【图纸】工具栏中的（移动/复制视图）按钮，弹出【移动/复制视图】对话框，如图

11.16 所示。首先选择所要移动的视图,再选择移动方式。移动方式有以下 5 种。

- (至一点):将视图移动至图纸上的一点。
- (水平):将视图水平移动。
- (竖直):将视图竖直移动。
- (垂直于直线):将视图沿着垂直于某条直线的方向移动。
- (至另一图纸):将视图移动到另一图纸上。

在选择相应的移动方式后,可以通过拖动鼠标直接将视图移动到适当的位置,如图 11.17所示;也可以勾选【距离】复选框,并在后面的文本框中输入距离的数值,即可移动相应距离。

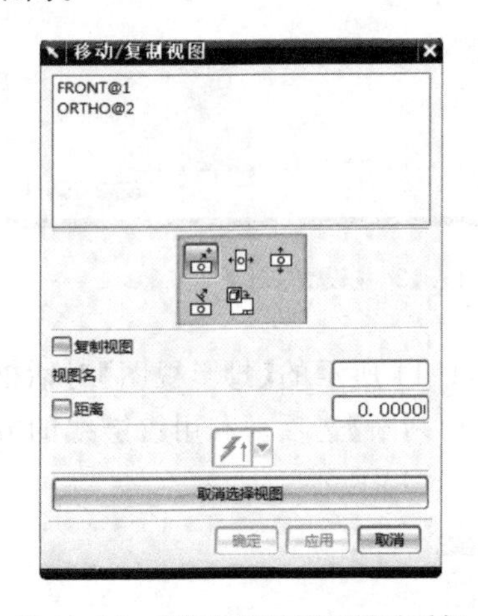


图 11.16 【移动/复制视图】对话框

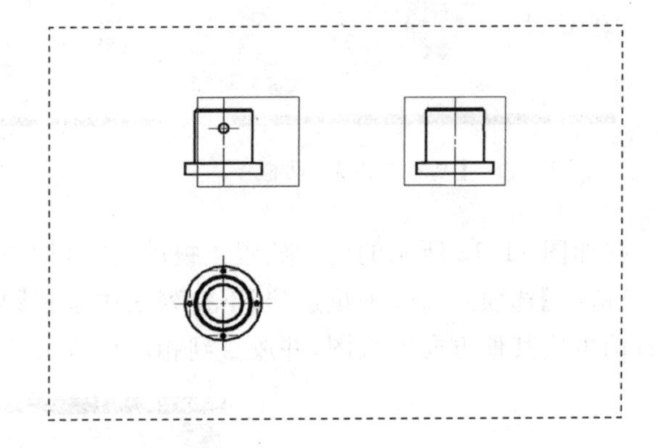

图 11.17 移动视图

如果勾选【复制视图】复选框,则可以将视图复制,其名称可在【视图名】文本框中输入。

## 11.2.2 删除视图

11.2.2 视频

在工程图中,可以删除部分不需要的视图。右击需要删除的视图边框,弹出快捷菜单,如图 11.18 所示。单击【删除】命令,即可删除被选中的视图,结果如图 11.19 所示。

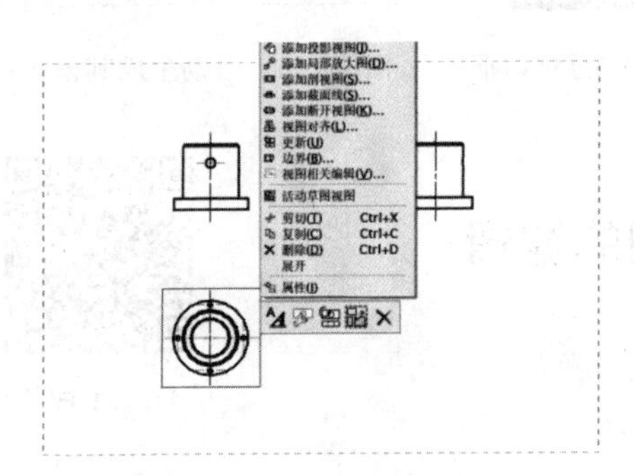


图 11.18 视图【删除】命令

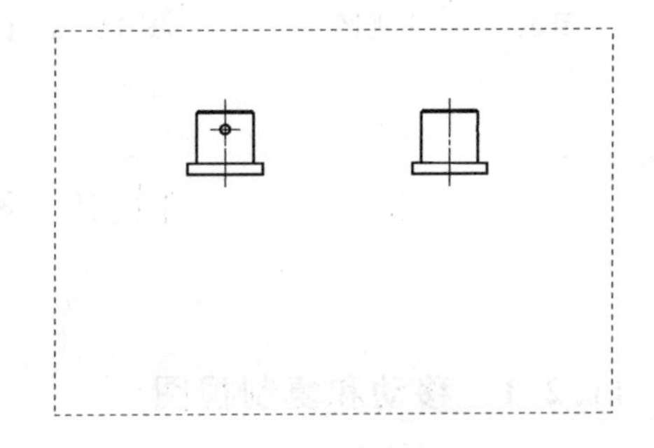

图 11.19 视图删除结果

# 11.3　剖视图的创建

【视图】表达方法，可以很好地表达三维实体的外部结构。当三维实体内部结构非常复杂时，采用【视图】方法就不能很好地表达其结构特征了，往往需要用一个假想的剖切平面将其剖开，即采用【剖视图】方法来表达。在 UG NX 10.0 中可以采用全剖视图、半剖视图、阶梯剖视图、旋转剖视图等方法来表达三维实体的内部结构。

## 11.3.1　创建剖视图

11.3.1 视频

单击【图纸】工具栏中的(剖视图)按钮，可以用一个假想的剖切平面将已经选择的视图进行剖切而得到全剖视图。

打开文件，单击【图纸】工具栏中的(剖视图)按钮，弹出【剖视图】对话框，如图 11.20 所示。单击设置按钮，弹出【设置】对话框，如图 11.21 所示。利用【尺寸】选项组可以设置剖视图的样式，如图 11.22 所示；利用【显示】选项组可以设置剖切符号的样式和箭头的大小等，如图 11.23 所示。各选项设置好后，单击【确定】按钮。

图 11.20　【剖视图】对话框 1

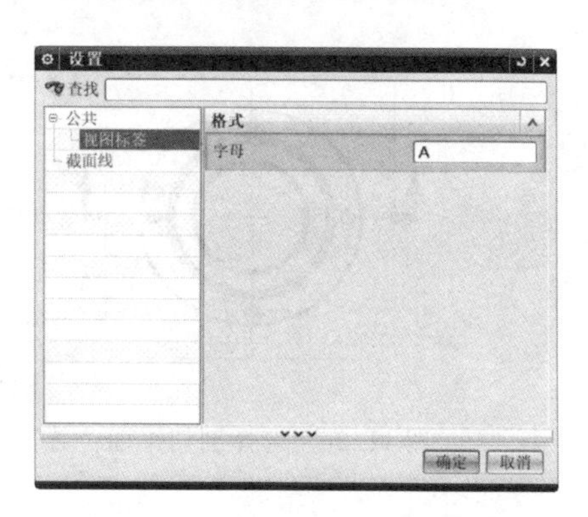


图 11.21　【剖切线首选项】对话框

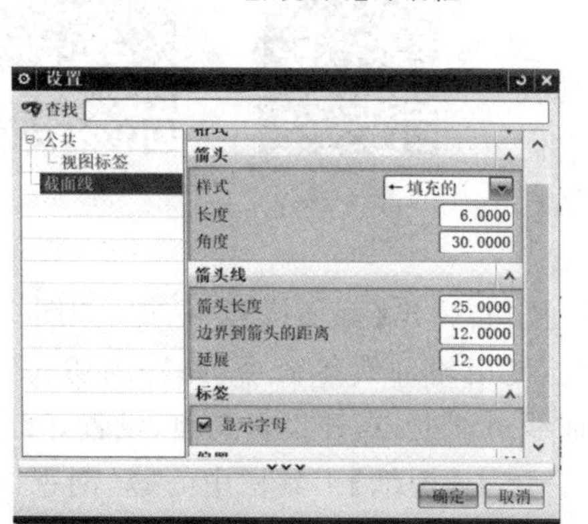


图 11.22　【尺寸】选项组

图 11.23　【设置】选项组

选择文件中的视图，如图 11.24 所示，弹出【剖视图】对话框，此时【铰链线】和【截面线】两个选项被激活，如图 11.25 所示。利用自动捕捉功能，选择圆心位置作为剖切点，如图 11.26 所示。沿竖直方向将光标移动到适当位置，单击，得到如图 11.27 所示的剖视图。

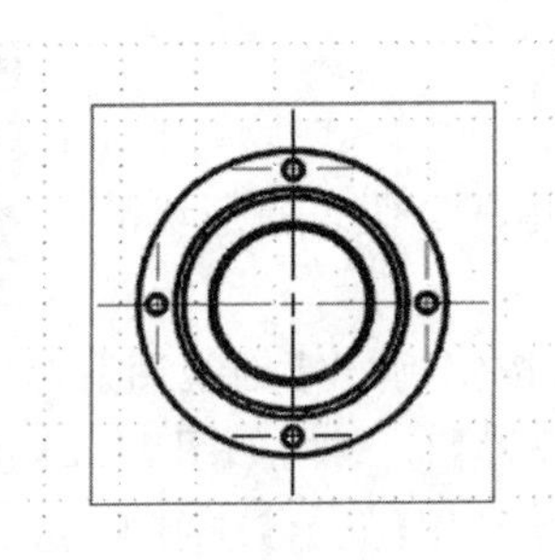

图 11.24　选择视图

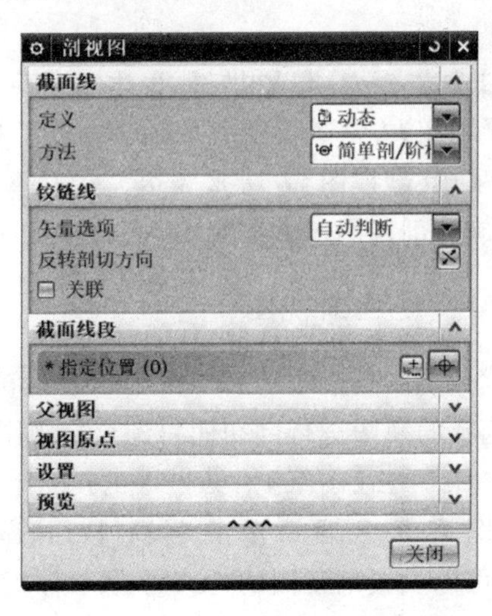


图 11.25　【剖视图】对话框 2

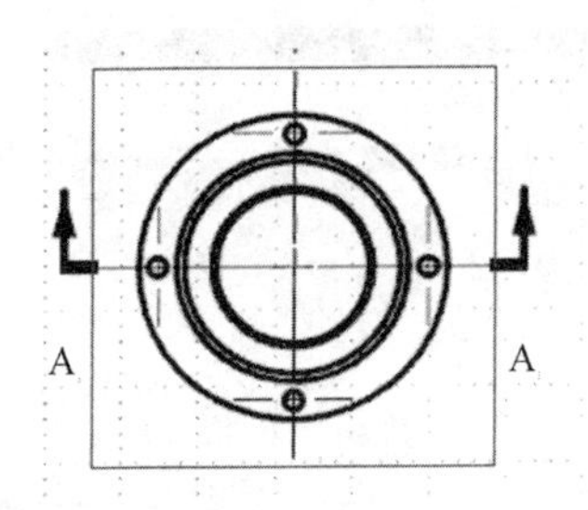


图 11.26　选择剖切平面位置

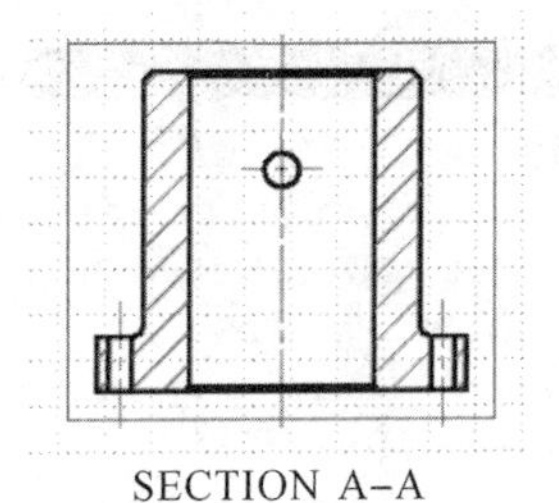


图 11.27　生成的剖视图

## 11.3.2　创建阶梯剖的剖视图

11.3.2 视频

3D 文件

当三维实体在平行于某一投影面的方向上具有两个以上不同形状和大小的复杂的内部结构，而它们的轴线又不在同一平行平面内时，要用几个相互平行的剖切平面来进行剖切，即创建阶梯剖视图。

打开文件，单击【图纸】工具栏中的(截面线)按钮，弹出【截面线】对话框，如图 11.28 所示。先选择剖切视图，系统自动进入草图模式。使用轮廓线等命令，画好剖切线，如图 11.29 所示，然后点击完成草图，系统自动回到截面线对话框，点开设置选项，设置好剖切线的格式，然后【确定】生成剖切线，如图 11.30 所示。单击【图纸】工具栏中的(剖视图)按钮，在出现的剖视图对话框里，在截面线选项里的定义里选择【选择现有的】，用鼠标在绘图区选择刚才创建的剖切线，然后选择阶梯剖的放置位置，鼠标左击，结果如图 11.31 所示。

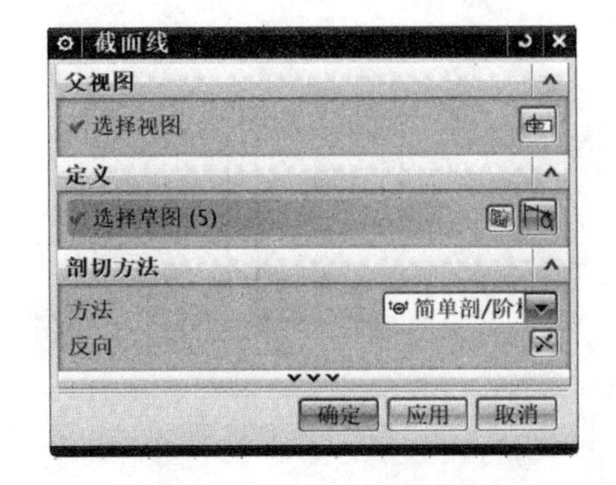


图 11.28　选择剖切平面位置

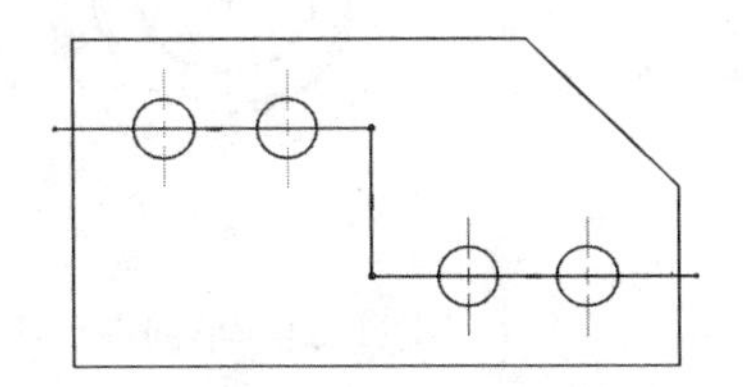

图 11.29　选择添加段位置

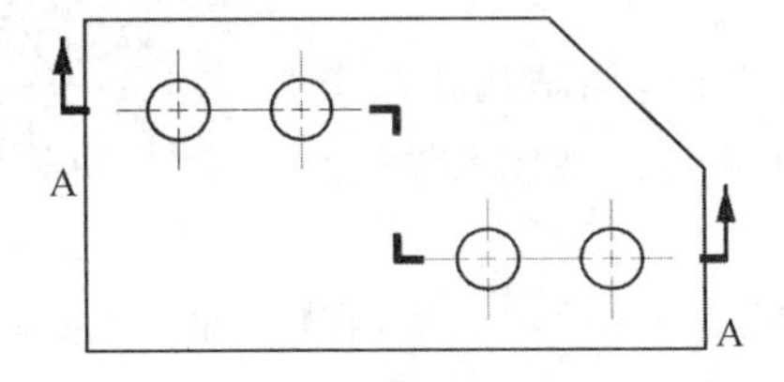


图 11.30　移动剖切线位置

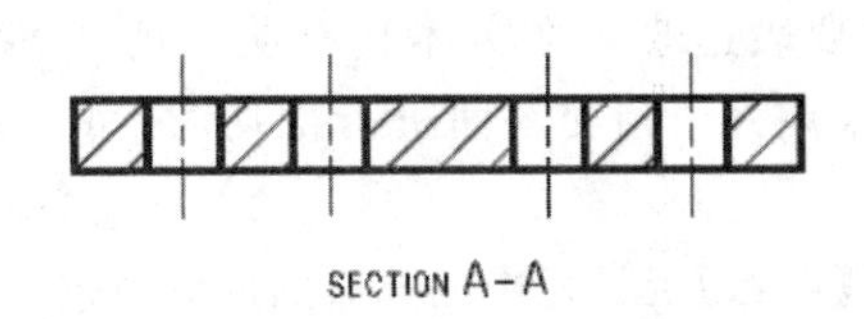


图 11.31　【阶梯剖视图】结果

## 11.3.3　创建半剖视图

11.3.3 视频

当所要表达的三维实体内部、外部形体都很复杂时，可以把视图分为两部分：一半采用【视图】表达方式，另一半采用【剖视图】表达方式来表达，即采用【半剖视图】的表达方法。

单击【图纸】工具栏中的(剖视图)按钮，出现剖视图对话框，在【截面线】选项里的【方法】选项选择半剖，如图 11.32 所示，单击设置按钮，弹出【设置】对话框，用与上面介绍的相同的方法可以设置半剖视图的样式，如图 11.33 所示。在视图上画出剖切线位置，如图 11.34所示；沿竖直方向将光标移动到适当位置，单击，即可得到半剖视图，结果如图 11.35所示。

图 11.32　【剖视图】对话框半剖选项

图 11.33　【设置】对话框

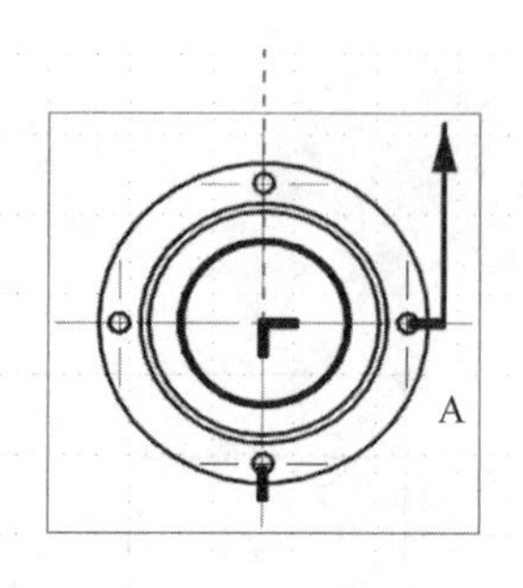


图 11.34　半剖剖切线

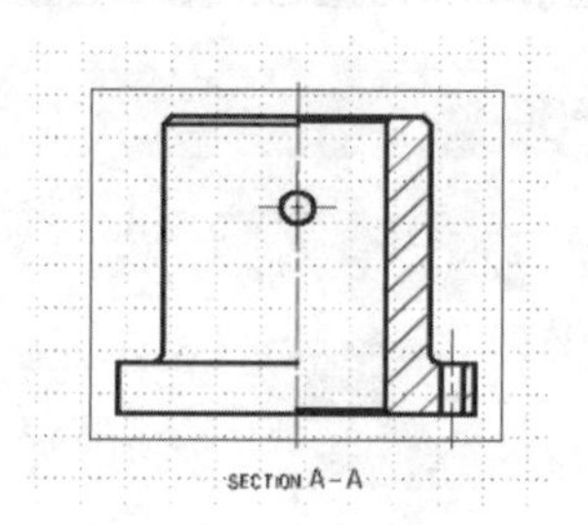


图 11.35　半剖视图

### 11.3.4　创建旋转剖视图

11.3.4 视频

当需要表达的三维实体具有明显的回转轴线，且内部结构比较复杂，需要采用几个相交平面进行剖切时，可以采用【旋转剖视图】的表达方法。

单击【图纸】工具栏中的 (剖视图)按钮，出现【剖视图】对话框，在【截面线】选项里的【方法】选项选择【旋转】，用前面介绍的方法可以设置旋转剖视图的样式，如图 11.36 所示。

单击【截面线段】选项卡里的【指定旋转点】选项，如图 11.37 所示，在视图中选择旋转剖的旋转中心点，然后确定两条旋转边的位置，如图 11.38 所示，最后确定旋转剖视图，如图 11.39 所示。

图 11.36　【剖视图】对话框半剖选项

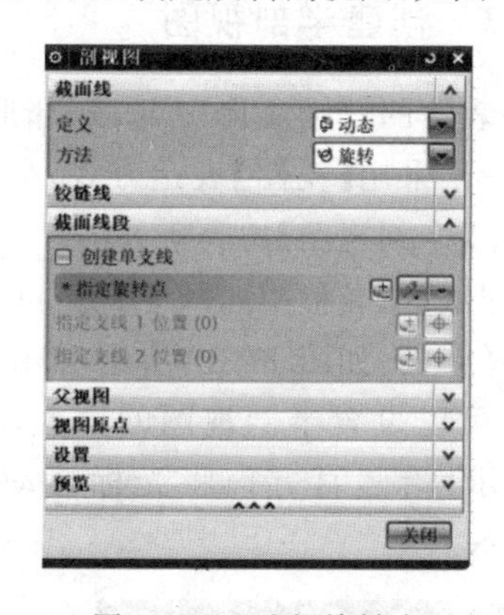


图 11.37　选择旋转点

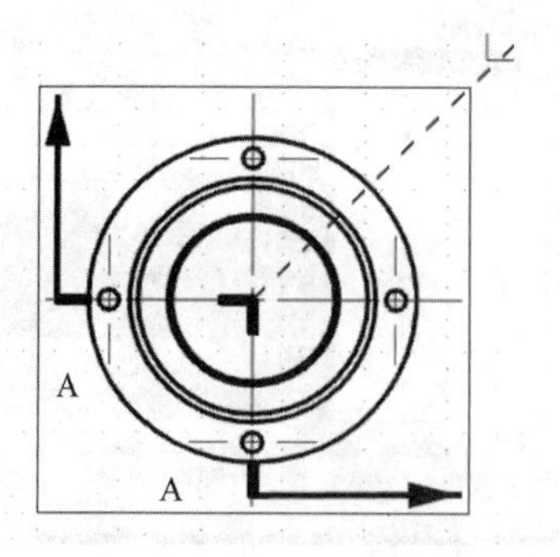


图 11.38　旋转剖剖切线

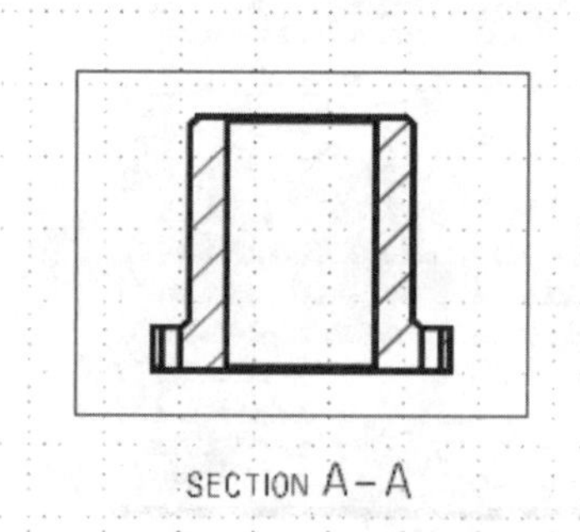


图 11.39　旋转剖视图

# 11.4　工程图的标注

## 11.4.1　创建尺寸

11.4.1　3D 文件

【尺寸】工具栏，其中包含用于创建尺寸的多种工具。选择不同的尺寸标注工具即可标注不同类型的尺寸，分别介绍如下。

- (自动判断)按钮：自动选用尺寸标注的类型进行尺寸标注。
- (水平)按钮：标注两点间的水平尺寸。
- (竖直)按钮：标注两点间的垂直尺寸。
- (平行)按钮：标注与所选对象平行的两点间的尺寸。
- (垂直)按钮：在一个直线或中心线以及一个点之间创建一个垂直尺寸。
- (倒斜角)按钮：标注倒角的尺寸。

注意：此处的倒角是用【倒斜角】命令创建的倒角或用【曲线倒斜角】命令创建的倒角。

- (成角度)按钮：标注两条不平行直线间的角度。
- (圆柱形)按钮：标注圆柱的直径，数值前面可自动添加 $\Phi$，用于圆柱在非圆视图上的标注。
- (孔)按钮：标注圆形特征的尺寸，标注样式采用单一指引线。
- (直径)按钮：标注圆形特征的直径尺寸，标注样式采用双箭头。
- (半径)、(过圆心的半径)、(折叠半径)按钮：可以标注圆形特征的半径尺寸，样式不同。【半径】命令的标注样式采用一个箭头从尺寸值指向圆弧；【过圆心的半径】命令标注样式的尺寸线从圆弧中心开始绘制；【折叠半径】命令创建一条折叠指引线进行标注。
- (厚度)按钮：标注两条曲线之间的距离尺寸。
- (圆弧长)按钮：标注圆弧的弧长。
- (周长)按钮：自动计算周长尺寸，并进行标注。
- (水平链)按钮：标注一组相连的水平尺寸。
- (竖直链)按钮：标注一组相连的垂直尺寸。
- (水平基线)按钮：创建一组同一条基准线的水平尺寸。
- (竖直基线)按钮：创建一组同一条基准线的垂直尺寸。
- (坐标)按钮：创建一个原点的位置，以这个点作为参考点，确定所选对象的坐标。

## 11.4.2　标注形位公差

11.4.2 视频

在实际加工过程中，构成零件几何特征的点、线、面的实际形状或相互位置与理想几何体规定的形状和相互位置不可避免地存在差异，这就要在工程图上标注形位公差。

打开文件，单击【注释】工具栏中的(特征控制框)按钮，弹出【特征控制框】对话框，如图 11.40 所示。在【帧】选项组中包括【特性】、【框样式】、【公差】3 个选项。其中，在【特性】

下拉列表中可以选择形位公差类型；在【框样式】下拉列表中可以选择标注外框样式；在【公差】选项中可以选择公差标注数字及符号，如图 11.40 所示。

图 11.40 【特征控制框】对话框

在【帧】选项组的【特性】下拉列表中选择形位公差为【圆跳动】；在【框样式】下拉列表中选择外框样式为【单框】；在【公差】选项中，输入“0.01”，【主基准参考】选择“A”；展开【指引线】选项组，如图 11.41 所示，单击【Select Terminating Object】选项后面的(选择终止对象)按钮，在工程图上选择标注端点，如图 11.42 所示，得到形位公差标注。

图 11.41 【指引线】选项组

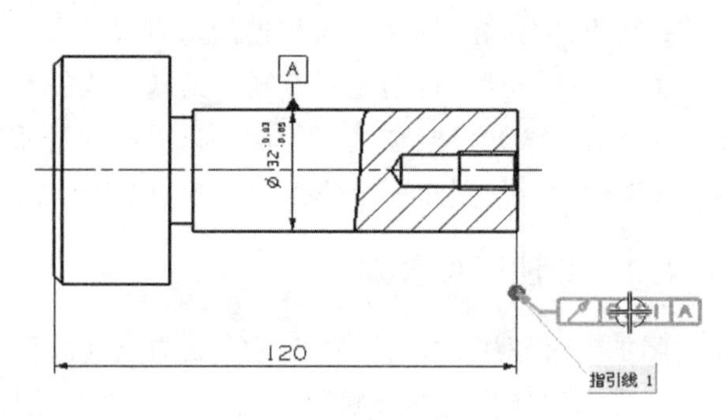


图 11.42 选择指引线标注端点

### 11.4.3　添加尺寸公差

11.4.3 视频

在实际加工过程中，总存在一定的误差，所以在工程图上应该添加尺寸公差。

打开文件，单击【尺寸】工具栏中的（圆柱形）按钮，弹出【圆柱尺寸】对话框。单击【设置】选项组中的按钮，如图 11.43 所示，弹出【尺寸样式】对话框，在【尺寸】选项卡【精度和公差】设置尺寸和公差，如图 11.44 所示，切换至文字选项卡，设置【公差】格式，如图 11.45 所示。然后在图中选择需要标注的圆柱，并将尺寸公差放到适当的位置，即可添加尺寸公差，结果如图 11.46 所示。

图 11.43　【圆柱尺寸】对话框

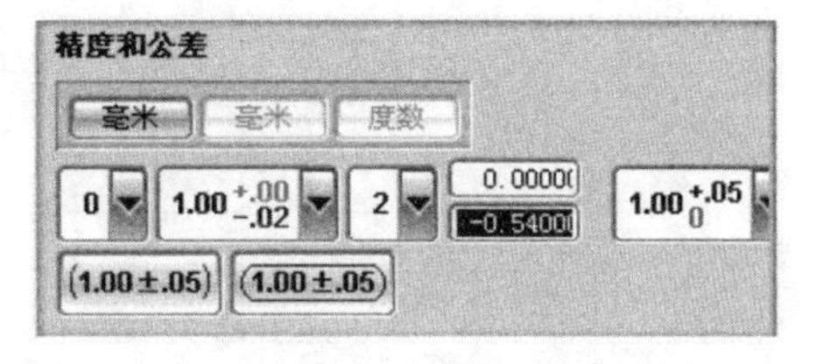


图 11.44　公差【小数位数】下拉菜单

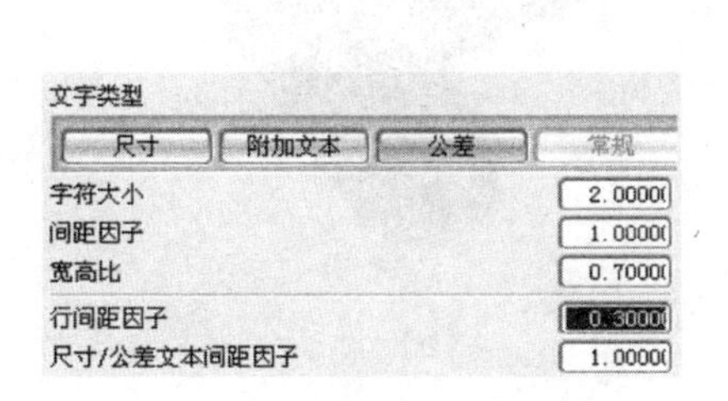


图 11.45　【公差】文字类型设置

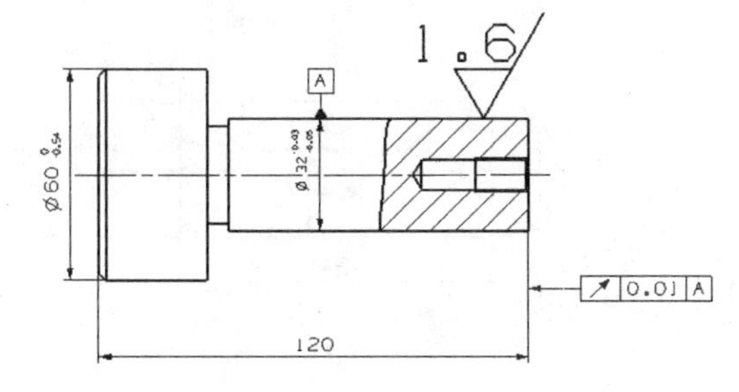


图 11.46　标注尺寸公差结果

## 11.5　本章小结

本章介绍了 UG NX 10.0 中工程图的创建方法，包括工程图的创建与视图操作、视图的编辑、剖视图的创建、工程图的标注等内容，并分别讲解了视图、全剖视图、半剖视图、旋转剖视图等表达方法。通过学习，读者可以自如地根据工程图的实际要求选择恰当的方法来表达实际的工件。

## 参考文献

[1] 展迪优. UG NX 10.0 机械设计教程[M]. 北京：机械工业出版社，2018.

[2] 刘言松，王芸. UG NX 6.0 产品设计[M]. 北京：化学工业出版社，2009.

[3] 凯德设计. UG NX 5 中文版技术应用从业通[M]. 北京:中国青年出版社,2008.
[4] 史鹏涛,袁越锦,舒蕾. UG NX 6.0 建模基础与实例[M]. 北京:化学工业出版社,2009.

## 习 题

11.1 根据第7章的三维模型及装配模型,分别创建零件图和装配图。

11.2 根据题图(a)尺寸完成零件,并生成题图(b)所示的工程图。

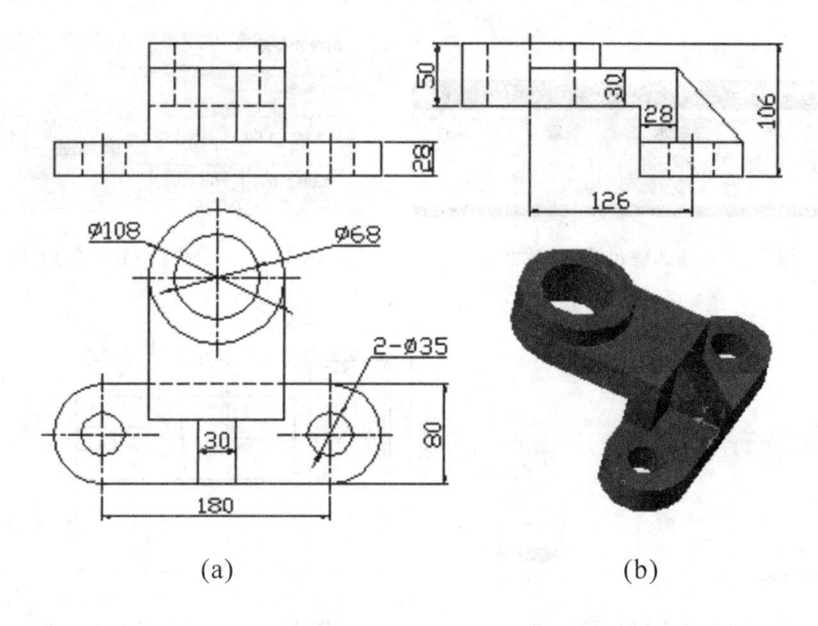


题 11.2 图

# 第三篇　模具设计篇

# 第12章　UG NX 10.0 注塑模具设计基础

【内容提要】

本章通过概述注塑成型基本知识，引出对UG注塑模向导模块的基本界面的介绍，并在此基础上对使用注塑模向导进行模具设计的步骤做了详细描述。并进一步概述了分型概念与分型分析，引出孔修补的各种方法。

【学习提示】

学习中应注意首先掌握注塑模的原理、使用UG NX 10.0的注塑模向导进行模具设计的界面、工具和步骤，使用UG NX 10.0修补工具是使用注塑模向导进行模具分型操作经常用到的技能，一定要熟练掌握。

## 12.1　UG NX 10.0 注塑成型基础知识

UG NX 10.0 注塑模向导(MoldWizard，以下简称 MW)是针对注塑模具设计的一个专业解决方案。在利用 MW 进行模具设计时，通过加载产品模型、设置顶出方向、收缩率、型腔布局、分型图、型腔和型芯、模架和标准件、浇注系统和冷却系统等操作，模拟完成整套的模具设计过程。

MW 配有常用的模架库与标准件库，方便用户在模具设计过程中选用，而标准件的调用非常简单，只需设置好相关标准件的关键参数，软件便自动将标准件加载到模具装配中，大大地提高了模具设计速度和标准化程度。同时，还可利用运用 UG WAVE 技术编辑模具的装配结构、建立几何联结、进行零件间的相关设计。

### 12.1.1　注塑成型基础知识

**1. 注塑成型原理**

注塑又称注塑成型，是热塑性塑料制件的一种主要成型方法，该成型方法可制成各种形状的塑料制品，成型周期短，能够一次成型外形复杂、尺寸精密、带有嵌件的塑料制件，且生产效率高，易于实现自动化生产。

注塑所用的设备是注塑机，如图12.1所示。目前注塑机的种类很多，其中最普遍采用的柱塞式注塑机和螺杆式注塑机。注塑成型所使用的模具即为注塑模，如图12.2所示。

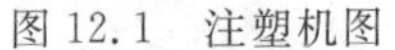

图 12.1 注塑机图

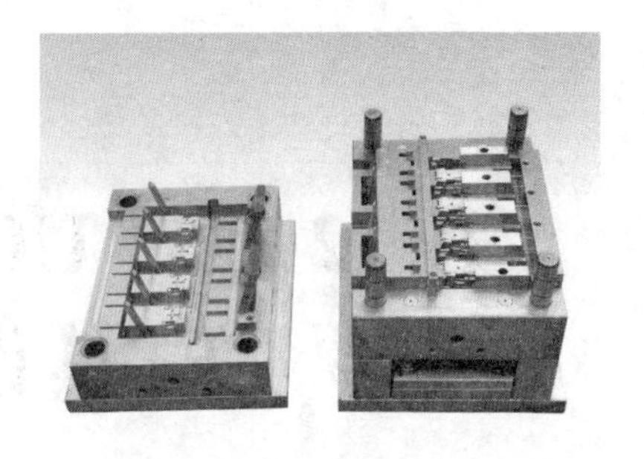

图 12.2 精密注塑模具

注塑成型的原理是：将颗粒或粉粒状塑料从注塑机的料斗加热的料桶中经过加热融塑成为黏流状熔体，在注塑机柱塞或螺杆的高压推动下，以很大的流动速度通过注入模具型腔，经过一定时间的保压冷却定型后，可保持模具型腔所赋予的形状，然后开模成型获得成型塑件，即可完成一次注塑工作循环。注射成型工艺过程如图 12.3 所示。

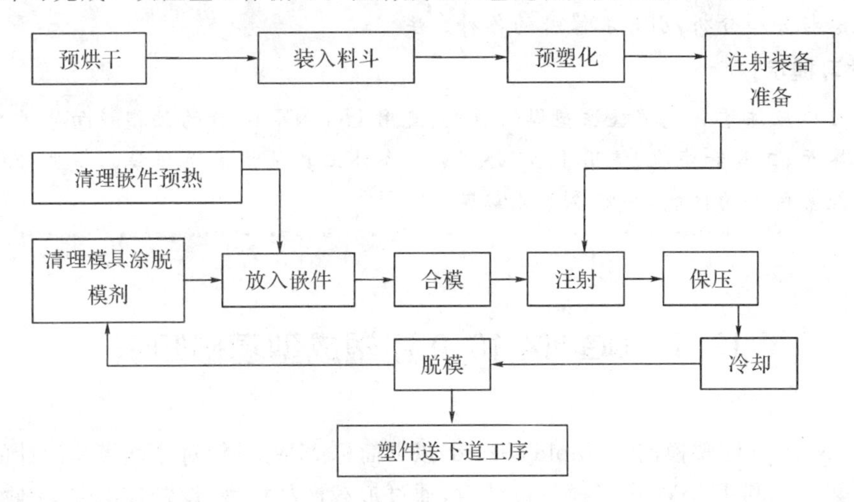


图 12.3 注射成型工艺过程

**2. 模具机构设计原则**

从注塑成型的操作原理可以看出，模具机构设计在整个注塑操作中起着决定性作用。模具包括以下系统：

(1)成型部分：包括型腔部分和型芯部分，是注塑成型的主要部分。或者叫上模、下模，定模、动模，前模、后模。(2)侧向分型与抽芯机构：主要包括斜滑块和斜顶块。(3)分型面：根据产品的特征，分为平面和曲面。(4)浇注系统：由流道和浇口组成。流道分为热流道和冷流道，浇口有很多形式。(5)顶出和复位系统。(6)导向系统。(7) 冷却系统。(8)排气系统。

注塑模具设计不仅要考虑使用要求，而且还要考虑塑件的结构工艺性，并且要尽可能使得模具结构简化。因为这样不仅能够保证成型工艺的稳定性，保证塑件的质量，而且又可使生产成本降低。因此在进行注塑模具机构设计时，可考虑以下设计原则：

(1)在保证塑件的使用性能、物理化学性能、电性能和耐热性能等前提下，力求模具机构简单、壁厚均匀和成型方便。

(2)在设计模具结构时,应当多考虑模具型腔易于制造,模具抽芯和推出机构简单。

(3)在设计模具时,应考虑原料的成型工艺性,塑件形状有利于分型、排气、补缩和冷却。

(4)塑件的内外表面形状应在满足使用要求的前提下尽可能易于成型,再进行模具设计时适当改变塑件的机构,尽可能避免侧孔和侧凹,以简化模具的结构。

**3. 常用注塑材料特性**

(1)苯乙烯—丙烯腈共聚物(AS)

AS 是一种坚硬、透明的材料。苯乙烯成分使 AS 坚硬、透明并易于加工;丙烯腈成分使 AS 具有化学稳定性和热稳定性。AS 具有很强的承受载荷的能力、抗化学反应能力、抗热变形特性和几何稳定性。其主要应用于电气、日用商品、汽车工业、家庭用品和化妆品包装等领域。

(2)聚苯乙烯(PS)

大多数商业用的 PS 都是透明的、非晶体材料。PS 具有非常好的几何稳定性、热稳定性、光学透过特性、电绝缘特性以及很微小的吸湿倾向。它能够抵抗水、稀释的无机酸,但能够被强氧化酸如浓硫酸所腐蚀,并且能够在一些有机溶剂中膨胀变形。典型的收缩率在 0.4%～0.7%之间。典型应用范围:文具、杯子、食品容器、家电外壳、电气配件、电气(透明容器、光源散射器、绝缘薄膜等)等。

(3)ABS 树脂

ABS 由丙烯腈(A)、丁二烯(B)和苯乙烯(S)三种单体的共聚物所组成,它是一种常用于制作小玩具的材料,有时也用在手机外壳上。

(4)聚碳酸酯(PC)

PC 是工程塑料中的一种,作为被世界范围内广泛使用的材料,PC 有着其自身的特性和优缺点,PC 是一种综合性能优良的非晶型热塑性树脂,具有优异的电绝缘性、延伸性、尺寸稳定性及耐化学腐蚀性,较高的强度、耐热性和耐寒性;还具有自熄、阻燃、无毒、可着色等优点。

### 12.1.2　MW 简介

MW 按照注塑模具设计的一般步骤来模拟整个设计过程。导入产品三维模型后,用户可以沿着从确定和构造拔模方向、模腔布置、设置收缩率、建立分型面、建立型芯和型腔,再到滑块与顶块设计、选取模架与标准件,最后到设计浇注系统、冷却系统、模具零部件清单等设计流程,即可建立一整套与产品造型参数相关的三维实体注塑模具。

在 MW 中,模具相关概念的知识使用 UG/WAVE 和 Unigraphics 主模型技术组合起来,模具设计过程中可利用 UG 的 WAVE 技术编辑模具的装配结构、建立集合联结、进行零件间的相关设计。模具设计参数预设置功能允许用户按照自己的标准设置如颜色、图层以及路径等系统变量。

# 12.2 MW 界面与注塑模具设计步骤简介

## 12.2.1 MW 界面简介

使用 UG NX 10.0 软件进行注塑模设计，首先要进入该软件的操作环境，执行模具操作。可使用新建模型文件的方法进入建模环境，或者打开模型文件方式进入建模环境。然后选择【标准】工具栏中的【开始】→【所有应用模块】→【注塑模向导】选项，即可进入 MW 设计环境。

在 UG NX 10.0 软件中进行注塑模设计需要使用专业的工具，即【注塑模向导】工具栏，如图 12.4 所示。这个工具栏包括注塑模设计的全部工具，也就是说注塑模设计的每个环节都是使用这些工具实现的，熟练掌握各个工具的使用方法，能够起到事半功倍的效果。

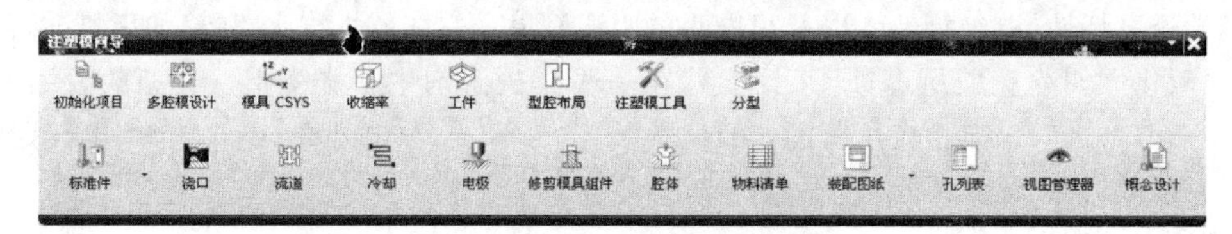


图 12.4 【注塑模向导】工具栏

下面对 MW 的各个图标的功能作简要说明，方便读者理解模具设计的流程和每个图标的功能。

- (项目初始化)：加载产品模型，它是模具设计的第一步。
- (多腔模设计)：适用于要成型不同产品时的多腔模具。
- (模具坐标)：使用该图标可以方便地设置模具坐标系，因为所加载进来的产品坐标系与模具坐标系不一定相符，这样就需要调整坐标系。
- (收缩率)：由于产品注塑成型后会产生一定程度的收缩，因此需要设置一定的收缩率来补偿由于产品收缩而产生的误差。
- (工件)：依据产品的形状设置合理的工件，分型后成为型芯和型腔。
- (模腔布局)：适用于成型同一种产品时，模腔的布置。
- (模具工具)：使用该工具可以方便地对模型进行修补孔等操作。
- (分型)：使用该工具可以进行 MPV 分析、建立与编辑分型线、创建过渡对象、创建与编辑分型面、抽取区域、创建型芯与型腔等操作。
- (标准件)：MW 为用户提供各种标准件库，方便用户调用，主要是通过选择类型和修改关键尺寸来完成标准件的定义。
- (标准模架)：MW 为用户提供了各种常用标准模架，主要有 DME、FUTABA、HASCO、LKM 等公司的标准模架库，在模具设计时用户可以根据需要选用合适的模架。
- (顶杆)：主要是用来对加载的标准顶杆进行后处理，即将顶杆修剪到合适的尺寸。

• (滑块)：根据模具结构定义相应的滑块类型，只要把滑块的主要参数定义好，系统自动在模具中装配滑块。

• (镶件)：为了模具加工的方便，使用该功能可在型腔或型芯中拆分出成型镶件。

• (浇口)：MW 为用户提供了各种常用浇口的设计，用户可以通过相应的向导来设计模具的浇口。

• (流道)：这是 MW 专门为用户提供的流道设计向导，只要定义好流道路径和流道截面，MW 就自动生成流道。

• (冷却水道)：模具设计需要设计运水来冷却模具与产品，用户可以使用该向导方便地进行运水的设计。

• (电极)：这是模具设计中的电极设计向导，只要指定放电区域及电极的基本参数，MW 将自动生成电极。

• (模具修剪)：使用该工具，用户可以方便地将模具零件修剪到指定位置。

• (建腔)：该工具用来在模具部件中建立空腔。

• (材料清单)：依据该向导，可以快速生成 BOM(材料清单)报表。

• (装配图)：用于创建模具工程图。与一般零件的工程图类似，也可添加不同的视图和截面图等。

• (视图管理)：对模具中的各部件的显示模式进行管理，方便用户查看。

### 12.2.2　注塑模具设计步骤简介

模具的设计对于产品的制造成本影响很大，而模具设计是否适当与设计阶段是否有周密的规划、研讨与沟通都有密切关系。所以在使用 MW 模块进行模具设计时，要按一定的设计流程进行，用户对每一个流程都要经过细心的考虑。使用 MW 进行注塑模具设计完整的流程如图 12.5 所示。总的来讲，使用 MW 进行模具设计主要有如下几个工作阶段。

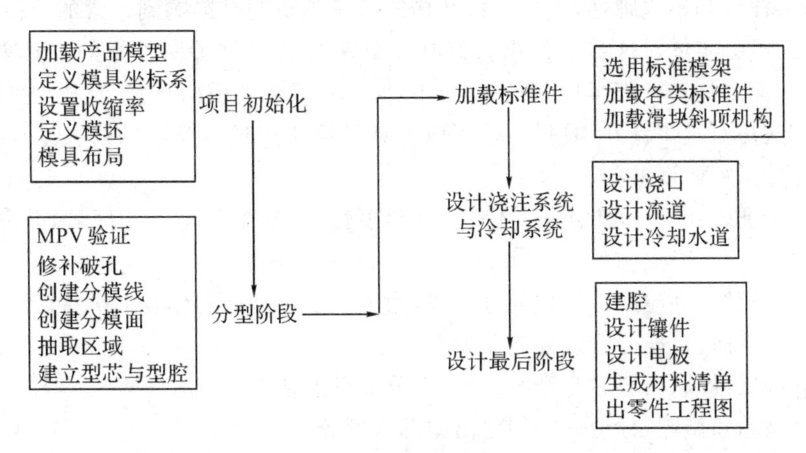


图 12.5　MW 环境中注塑模具设计流程

**1. 模具设计准备阶段**

(1)装载产品模型：加载需要进行模具设计的产品模型，并设置有关的项目单位、文件路径、成型材料及收缩率等。

(2)设置模具坐标系:在进行模具设计时需要定义模具坐标系,模具坐标系与产品坐标系不一定一致。

(3)设置产品收缩率:注塑成型时,产品会产生一定量的收缩,为了补偿这个收缩率,在模具设计时应设置产品收缩率。

(4)设定模坯尺寸:在 MW 中,模坯称之为工件,就是分型之前的型芯与型腔部分。

(5)设置模具布局:对于多腔模或多件模,需要进行模具布局的设计。

在 UG NX 注塑模环境中,利用项目初始化工具将该参照零件导入模具环境。接着执行设置坐标系、收缩率、工件和型腔布局等操作,从而使该零件在模具型腔中具有正确位置和布局。图 12.6 显示手机外壳模具一模四腔的布局情况。

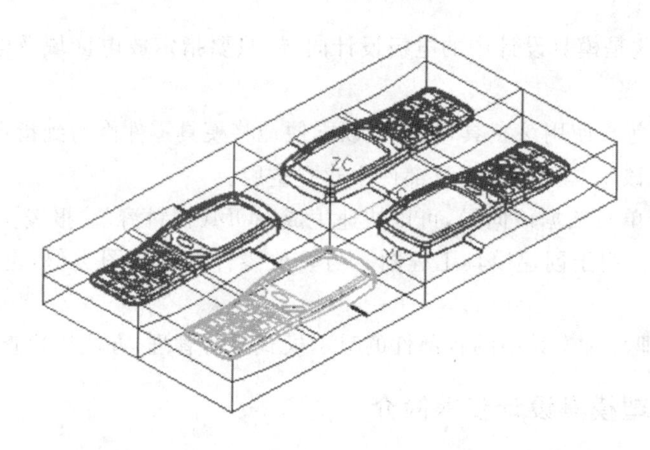


图 12.6 模具型腔布局

**2. 分型阶段**

(1)修补孔:对模具进行分型前,需先修补模型的靠破位,包括各类孔、槽等特征。由于参照零件的多样性和不规则性,例如一些孔槽或者其他机构会影响到正常的分模过程,于是需要创建曲面或者实体对这些部位进行修补。MW 模块提供了一整套的工具来为产品模具进行实体和面修补和分割操作,即注塑模工具。单击【注塑模向导】工具栏中的【注塑模工具】按钮,打开【注塑模工具】工具栏。使用该工具可快速实现该模型的修补工作,为创建分型面和分割型芯、型腔做准备。

(2)模型验证(MPV):验证产品模型的可制模性,识别型腔与型芯区域,并分配未定义区域到指定侧。

(3)构建分模线:创建产品模型的分型线,为下一步分型面的创建做准备。

(4)建立分模面:根据分型线创建分型面。

(5)抽取区域:提取出型芯与型腔区域,为分型做准备。

(6)建立型芯和型腔:分型——创建出型芯与型腔。

创建分型面从而形成模具型腔和型芯是模具设计的最主要的环节,其他的所有操作都是该操作的辅助操作。要执行分型操作,首先在 MW 环境中创建产品模型的分型线和分型段,然后提取型芯和型腔区域,最后使用该模块中的工具将该模坯执行分割操作,从而形成型芯和型腔。通过该工具创建零件的模具型芯和型腔如图 12.7 与图 12.8 所示。

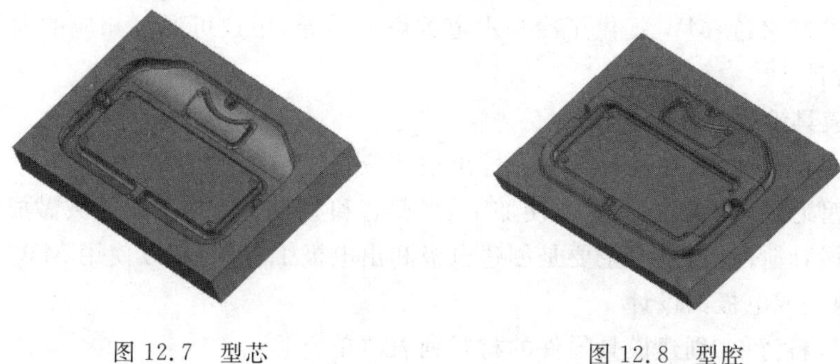

图 12.7　型芯　　　　图 12.8　型腔

**3. 加载标准件阶段**

(1)加载标准模架：MW 提供了常用的标准模架库，用户可从中选择合适的标准模架。

(2)加载标准件：为模具装配加载各类标准件，包括顶杆、螺钉、销钉、弹簧等，可直接从标准件库中调用。

(3)加载滑块、斜顶等抽芯机构：适用于有侧抽芯或内抽芯的模具结构，可以通过标准件库来建立这些机构。

在该阶段主要用来加载标准模架和标准件，并且加载滑块、斜顶等抽芯机构，其中模具标准件是指模具定位环、主流道衬套、顶杆和复位杆等模具配件。MW 中的标准件管理系统是一个经常使用的组件库，同时也是一个能安装调整这些组件的系统，图 12.9 显示的是标准模架。

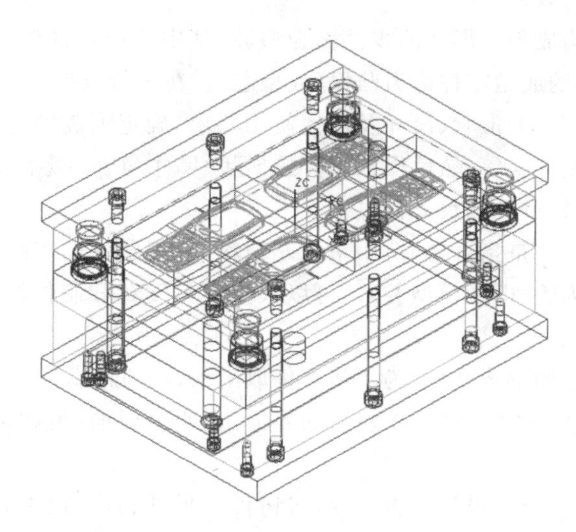

图 12.9　标准模架

**4. 浇注系统与冷却系统设计阶段**

(1)设计浇口：MW 提供了各类浇口的设计向导，用户可通过相应的向导快速完成浇口的设计。浇注系统是指模具中由注塑机喷嘴到型腔之间的进料通道，普通浇注系统一般由主流道、分流道和冷却穴三部分组成。

(2)设计流道：MW 提供了各类流道的设计向导，用户可通过相应的向导快速完成流道的设计。

(3)设计冷却水道:MW 提供了冷却水道的设计向导,用户可通过相应的向导快速完成冷却水道的设计。

**5. 完成模具设计的其余阶段**

(1)对模具部件建腔:在模具部件上挖出空腔位,放置有关的模具部件。

(2)设计型芯、型腔镶件:为了方便加工,将型芯和型腔上难加工的区域做成镶件形式。

(3)电极设计阶段:该阶段主要是创建电极和出电极工程图,可以使用 MW 提供的电极设计向导快速完成电极的设计。

(4)生成材料清单:创建模具零件的材料列表清单。

(5)出零件工程图:出模具零件的工程图,供零件加工时使用。

## 12.3 分型的概念与分型分析

### 12.3.1 分型的概念

在使用 UG 的 MW 模块进行分型之前,需首先对参照模型上的孔槽或其他结构执行修补操作,即封闭参照模型的所有内部开口,以保证分型操作的顺利进行。分型操作是为了便于从密闭的模腔内取出塑件、安放嵌件或取出浇注系统,从而形成型腔和型芯部件,以便能够获得分割成型工件的效果。

直接与塑料接触构成塑件形状的零件称为型腔,其中构成塑件外形的成型零件称为凹模,构成塑件内部形状的成型零件称为凸模(或型芯)。在进行成型零件的结构设计时,首先应根据塑料的性能和塑件的形状、尺寸及其他使用要求,确定型腔的总体结构、浇注系统及浇口位置、分型面、脱模方式等,然后根据塑件的形状、尺寸和成型零件的加工及装配工艺要求,进行成型零件的结构设计和尺寸计算。

型腔有两层含义。一是指合模时,用来填充塑料、成型塑件的空间(即模具型腔);二是指凹模中成型塑件的内腔(即凹模型腔)。可以根据模具设计和制作的需要,创建单一型腔或多型腔模具布局形式。

塑料在模具型腔凝固形成塑件,为了将塑件取出来,必须将模具型腔打开。分型面就是将模具的各个部分分开以便于取出成型品的界面,也叫合模面,也就是各个模,如上模、下模、滑块等的接触面。

分型面的位置选择、形状设计是否合理,对铸件的尺寸精度、成本和生成完整的零件都有决定性的影响。分型面的选择应便于模具的加工,简化模具的结构,尽量使模具内腔便于加工。因此必须根据具体情况合理选择,一般来说,在选择分型面注意以下几点:

- 应选择在压铸件外形轮廓尺寸的最大断面处。
- 应保证铸件的表面质量、外观要求及尺寸和形状精度。
- 分型面应有利于排气,并要能防止溢流。

### 12.3.2　分型分析

**1. 几何体的品质**

在开始注塑模设计之前，应该仔细检测产品模型，因为高品质的模具设计需要有高品质的产品模型。

在 UG 中使用检查几何体(Examine Geometry) 功能，来找出全部有问题的区域，并修整。检查几何体功能在 UG 的分析(Analysis)菜单下，首先打开设计模型，并单击【分析】菜单下的【检查几何体】命令，打开【检查几何体】对话框。在该对话框中选择检查对象与检查项目，点击 检查几何体 按钮即可进行检查操作。

**2. 实体或面模型修补**

MW 分型过程可以使用实体模型或者没有形成实体的缝补曲面。但如果可能的话，尽量使用实体模型，因为实体模型可以生成实体的型腔和型芯模型。实体的型腔和型芯模型在制图和加工中更方便。

**3. 成型性**

有些产品模型的斜度(拔模斜度)的设置可能不正确或者可能导致模具的封口区域不合理，必须修补这些产品模型，以保证能正确完成型腔和型芯。以一个正确的产品模型为基础设计模具，会使分型更容易，并能提供为加工做准备的型腔型芯。

**4. 模制部件验证(Molded Part Validation, MPV)**

MPV 是 UG 中一个非常有用的检查产品模型的工具，位于主菜单的分析/模制部件验证(Molded Part Validation)。MPV 的使用无须初始化 MW 工程。使用 MPV 检测产品模型方法将在 13.2 节中详细介绍。

## 12.4　修补工具

在进行分型前，有些产品上有开放的凹槽或孔，这时就需要在分型前修补该产品体，否则 UG 就识别不出来包含这样特征的分型面。UG 的 MW 模块中的模具工具为设计者提供了一整套的修补工具，可以封闭所有开口，为分型做准备。单击【注塑模向导】工具栏中的【注塑模工具】按钮，打开如图 12.10 所示【注塑模工具】工具栏。以下将分别介绍该工具栏中的主要修补和分割工具的使用方法。

图 12.10　【注塑模工具】工具栏

### 12.4.1 片体修补

**1. 曲面补片**

【曲面补片】命令可以通过【面】、【体】、【移刀】3 种方式完成孔的修补。通过【面】的曲面补片是最简单的修补方法，通常用于修补完全包含在单一面上的孔。要执行该操作，可单击【注塑模工具】工具栏中的【曲面补片】按钮，类型选择【面】。在绘图区选取包含孔的曲面，系统自动高亮显示要补的孔，在该对话框【环列表】选取轮廓线，单击【应用】即可执行曲面补片操作。

通过【移刀】是指通过选择一个闭合的曲线/边界环来修补一个开口区域，这样在选择完成之后，注塑模向导将创建一个片体来修补开口区域。要执行该操作，可单击【注塑模工具】工具栏中的【曲面补片】按钮，类型选择【移刀】，如图 12.11 所示。在绘图区选择边或曲线，然后单击对话框里的【分段】选项里的对应按钮（见图 12.12），完成环的创建。注意，点选曲线前必须把设置里的【按面的颜色遍历】√去掉。完成所有环后，单击环列表里创建的环，单击【应用】按钮，即可完成补片操作。

图 12.11 【移刀】选项

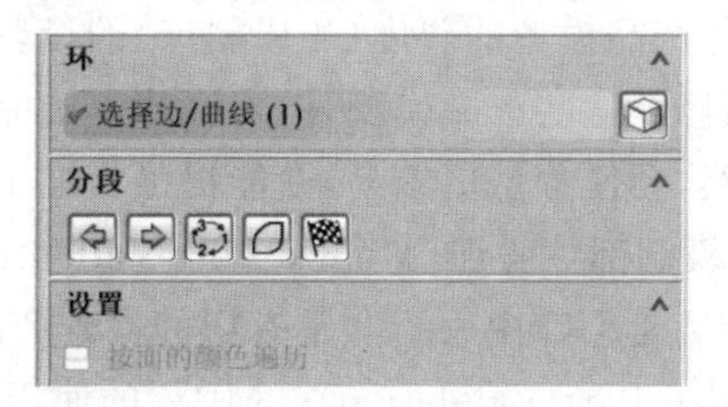


图 12.12 【遍历环】选项

通过【体】进行修补，可以完成型腔侧面、型芯侧面或所指定面上孔的修补，功能是使用曲面的基本修补方法自动修补产品上所有的通孔。要执行该操作，可单击【注塑模工具】工具栏中的【曲面补片】按钮，类型选择【体】。在绘图区域选择要修补的体，系统会自动高亮显示修补的环，并在环列表里添加上，单击【应用】，可自动补上需要的曲面。

**2. 修剪区域补片**

【修剪区域补片】命令是通过在产品模型开口区域中选择封闭区域曲线来完成修补片体的创建的。在使用此命令前，必须先要创建一个合适大小的修补块，并且要保证该修补块能够完全覆盖住开口边界。

**3. 扩大曲面补片**

要执行该操作，可单击【注塑模工具】工具栏中的【扩大曲面补片】按钮，如图 12.13 所示，然后在绘图区选择要补面的已有面，系统自动补面，然后选择保留或放弃的区域，单击【应用】完成操作。

**4. 拆分面**

【拆分面】命令是用来分割模型上的跨越区域面。跨越区域面的一部分在型腔区域，另一部分在型芯区域。对于产品模型上的跨越区域面，首先要将其分割为两个或者多个面，然后将分割出来的面分别定义为型腔区域和型芯区域，为模具分型做准备。

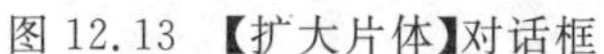
图 12.13 【扩大片体】对话框

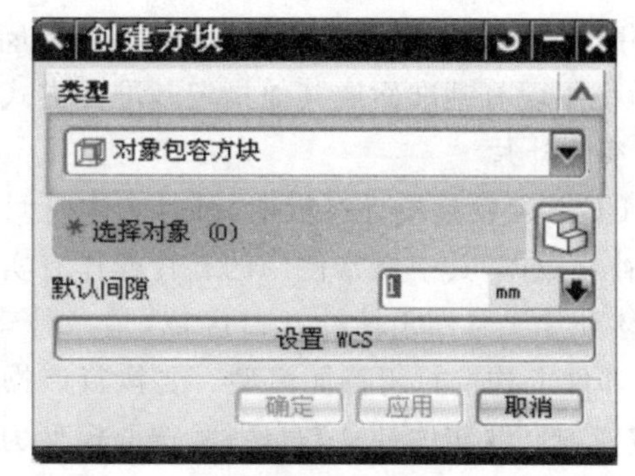


图 12.14 【创建方块】对话框

## 12.4.2 实体修补

**1. 创建方块**

使用方块工具创建一个实体块，这样可以很方便地创建滑块面和抽芯头。在进行实体补片修补方式时，用它来修补实体。

要创建方块结构，可首先单击【注塑模工具】工具栏中的【创建方块】按钮，打开【创建方块】对话框，如图 12.14 所示。有一般方块和对象包容方块两种创建方块的方式，具体操作方法如下所述。

(1)对象包容方块

对象包容方块利用对象边框创建方块，在使用该方式创建方块时，选取对象区域后将自动根据区域大小确定方块整体尺寸。要执行该操作，可在设置间隙补偿值后，在绘图区中选取要创建方块的区域即可。

(2)一般方块

一般方块使用常规框创建方块，在使用该方式创建方块时，将在指定点的位置分别确定所建方块的长、宽、高。要执行该操作，可捕捉所创建方块区域上的点，分别设置长、宽、高的数值即可生成方块。

**2. 分割实体与拆分面**

在 UG NX 中，可使用指定工具将型腔和型芯分割出一个镶件或滑块，也可以将一个实体分割成型腔和型芯镶块的镶件，还允许将单个曲面分割为两个面。

(1)分割实体

分割实体是指使用该工具从型腔或型芯中分割出一个镶件或滑块。要执行操作，可单击【注塑模工具】工具栏中的【分割实体】按钮，打开【分割实体】对话框。首先在绘图区选取被分割对象，并单击【工具体】按钮选取分割对象。选取剪切对象后，打开【修剪方法】对话框，并显示执行修剪操作的箭头，直接单击【确定】按钮即可执行分割实体操作。

(2)拆分面

拆分面是指通过在某个曲面上的线段将该选定面拆分。但如果确认全部的分型线都位于产品的边缘，就没有必要使用该功能。要执行该操作，可单击【注塑模工具】工具栏中的

【拆分面】按钮，打开【拆分面】对话框。选取实体侧面作为轮廓面，接着单击该对话框中的【选择曲线/边】按钮，以创建的线段作为拆分线，单击【确定】按钮，完成面拆分的创建。此外也可使用【基准面】方式作为拆分面对象执行拆分操作，即选取拆分面后，单击【基准面】按钮，然后使用现有基准面或其他指定基准面方式选定基准面，同样获得拆分面效果。

**3. 实体补片**

在 UG NX 模具设计过程中，可对实体模型上的封闭开口区域、孔面和封闭的区域或边界执行补片操作，其中最常使用的补片操作有实体补片、曲面补片和边缘补片。

实体补片工具用于填补开口区域，是一种建造模型来封闭开口区域的方法，可实现在 parting 部件上构造封闭特征模型。要执行该操作，可单击【注塑模工具】工具栏中的【实体补片】按钮，打开【实体补片】对话框，选取模型为目标体，修补块为工具体进行实体修补，即可将修补的工具体并到 parting 部件模型上。

12.5 视频

## 12.5 设计范例

### 12.5.1 实例介绍

本节通过对如图 12.15 所示的一产品外壳进行模具设计，帮助读者初步了解使用 MW 进行模具设计前期准备工作的基本思路与流程。

12.5.1 3D 文件

图 12.15 产品外壳

### 12.5.2 操作步骤

**1. 项目初始化**

启动 UG NX 10.0，在工具栏中单击 注塑模向导 图标，进入 MW 模块，这时会弹出 MW 专用工具栏。在工具栏中单击【项目初始化】按钮，此时弹出文件选择对话框，加载该分模产品，然后弹出如图 12.16 所示的对话框。在对话框中设置好投影单位、项目文件保存路径、部件材料等相关参数，然后单击【确定】按钮，系统自动对模具部件进行克隆装配。

单击图形窗口【装配导航器】图标，系统自动弹出如图 12.17 所示的克隆文件装配结构总图，模具里的所有装配文件都按一定的结构排列在此表中。读者可以通过此表来了解模具各部件间的装配结构以及获得有关部件的相关信息。

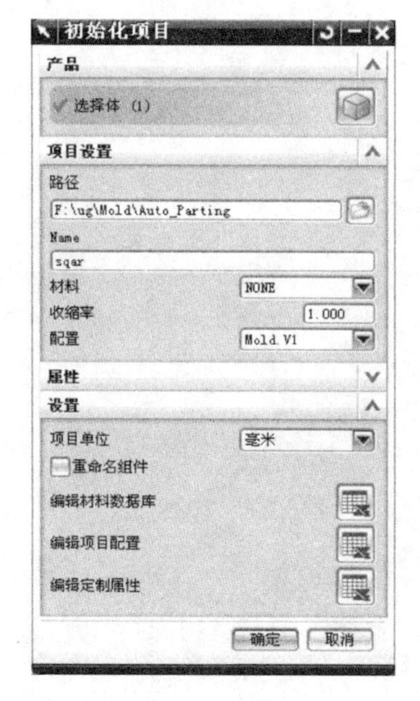


图 12.16　【项目初始化】对话框

图 12.17　克隆文件装配结构总图

**2. 设置模具坐标**

单击【注塑模向导】工具栏中的【模具坐标】图标，系统自动弹出【模具坐标系】对话框，如图 12.18 所示。设置好模具坐标系后，单击【确定】按钮。此时坐标系按设定自动更新，设置好后的模具坐标系如图 12.19 所示。

**3. 设置模坯**

单击【注塑模向导】工具栏中的【工件】图标，弹出如图 12.20 所示的【工件尺寸】对话框，根据产品模型设置好模坯，单击【确定】按钮，完成模坯的设置工作。

**4. 修补破孔**

单击【注塑模向导】工具栏中的【模具工具】图标，弹出【注塑模工具】工具栏，单击【模具工具】中的【曲面补片】图标，选择模型中有孔的曲面，系统会自动对其中的孔进行修补，修补完好后单击【取消】按钮。修补完成后的模型如图 12.21 所示。

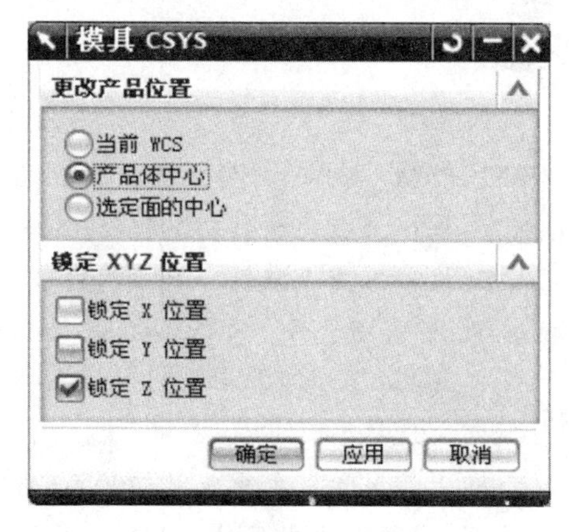


图 12.18　模具坐标系

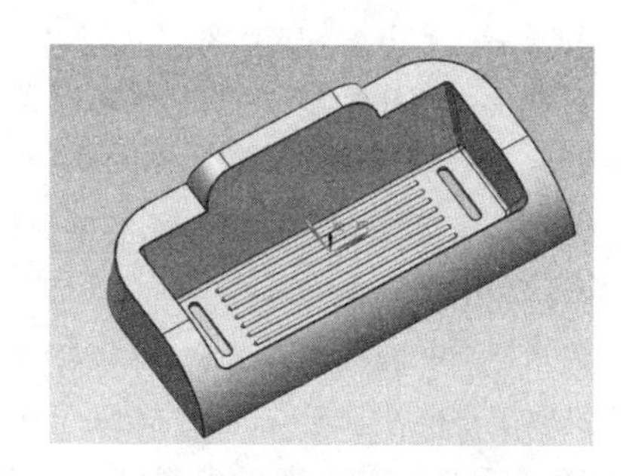

图 12.19　【模具坐标系】对话框

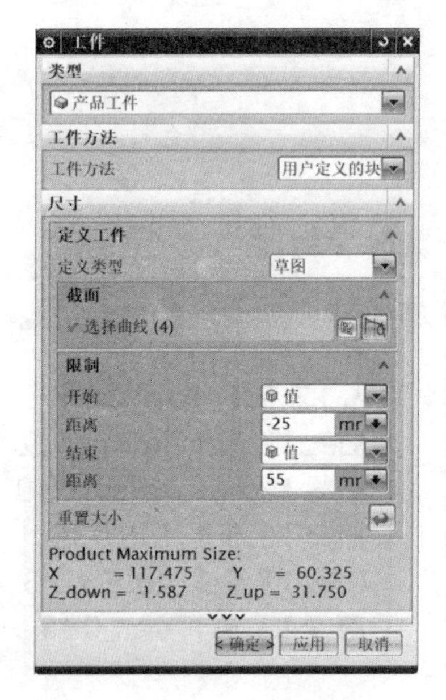


图 12.20 【工件尺寸】对话框

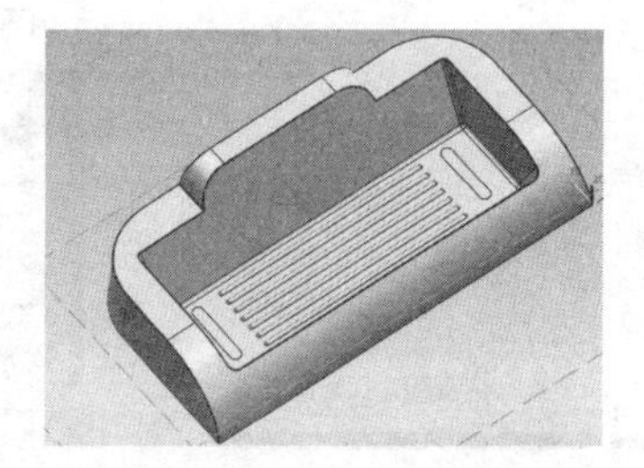

图 12.21 修补完成后的模型

## 12.6 本章小结

本章介绍了注塑成型基本知识、注塑模向导的界面以及注塑模设计的基本步骤。注塑模向导工具栏包括注塑模设计 5 个阶段的操作工具，介绍了 MW 模块参数预设置、定义模具坐标系、定义产品收缩率、设置工件与多型腔布局等内容；进一步介绍了 MW 修补工具的使用方法。包括曲面修补、边缘修补、自动孔修补、现有曲面修补和实体补片等操作。在本章的最后，通过一个产品外壳进行模具设计过程的介绍，帮助读者初步了解使用 MW 进行模具设计前期准备工作的基本思路与流程。

## 参考文献

[1] 杨勇强，李小莹，郭敏杰. UG NX 6 注塑模设计[M]. 北京：化学工业出版社，2009.
[2] 齐晓杰. 塑料成型工艺与模具设计[M]. 北京：机械工业出版社，2005.
[3] 许发樾. 实用模具设计与制造手册[M]. 北京：机械工业出版社，2000.
[4]《塑料模具技术手册》编委会. 塑料模具设计手册[M]. 北京：机械工业出版社，1997.
[5] 周永泰. 中国模具工业的现状与发展[J]. 航空制造技术，2007(12)：37-39.
[6] 冯炳尧. 模具设计与制造简明手册[M]. 上海：上海科学技术出版社，2005.
[7] 骆俊廷，张丽丽. 塑料成型模具设计[M]. 北京：国防工业出版社，2005.

# 习　　题

## 一、填空题

12.1　注塑模具主要由________、________、________、________、________、________、________和________八个部分组成。

12.2　模具设计的原则有________、________、________和________。

12.3　聚碳酸酯(PC)是一种综合性能优良的非晶型热塑性树脂，具有优异的电绝缘性、________、________及耐化学腐蚀性，较高的强度、________和耐寒性；还具有自熄、阻燃、________、可着色等优点。

## 二、问答题

习题 12.8 文件

12.4　使用注塑模向导进行模具设计需要掌握哪些 UG 的模块与工具等应用知识？

12.5　使用注塑模向导进行模具设计的步骤有哪些？

12.6　分型分析的目的是什么？

12.7　为什么分型前要进行修补？

## 三、作图题

习题 12.9 文件

12.8　打开二维码中的 up_cover.prt 文件，零件如题图所示，结合前面所学的内容对手机上盖进行参数设置并进行补孔。

12.9　打开二维码中的 filter_cover1.prt 文件，零件如题图所示，结合前面所学的内容对吸尘器上盖进行参数设置并进行补孔。

习题 12.10 文件

12.10　打开二维码中的 filter_cover2.prt 文件，零件如题图所示，结合前面所学的内容对吸尘器上盖进行参数设置并进行补孔。

题 12.8 图

题 12.9 图

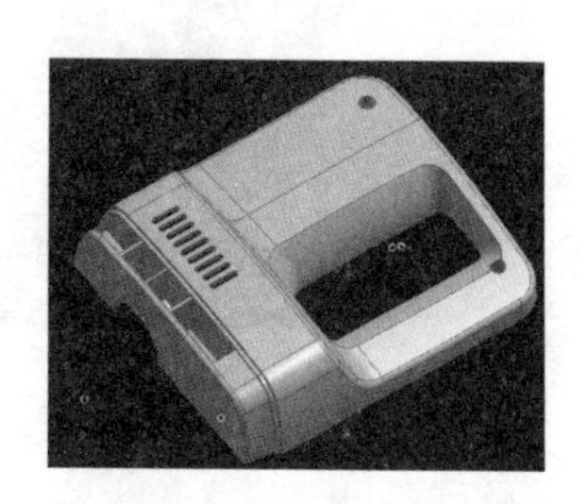

题 12.10 图

# 第13章　分模设计

【内容提要】

本章主要介绍了模具分型的方法，包括分型工具条界面、检查区域、定义区域、创建曲面补片、分型导航器、设计分型面、定义型腔和型芯、交换模型、备份分型/补片片体等内容

【学习提示】

使用 UG NX 10.0 MW 创建分型面是模具设计的关键环节，要想顺利进行分型，一定要多进行实例练习。

## 13.1　分型工具条

模具分型工具条包含允许模具设计人员在模具设计过程中使用所有分型功能。单击【注塑模向导】工具栏中的【模具分型工具】按钮，弹出如图13.1所示的对话框。在对话框中，分型对象作为节点显示在对话框右侧的分型管理器中，通过勾选分型对象左侧的复选框，设计人员可以控制分型对象的可见性。

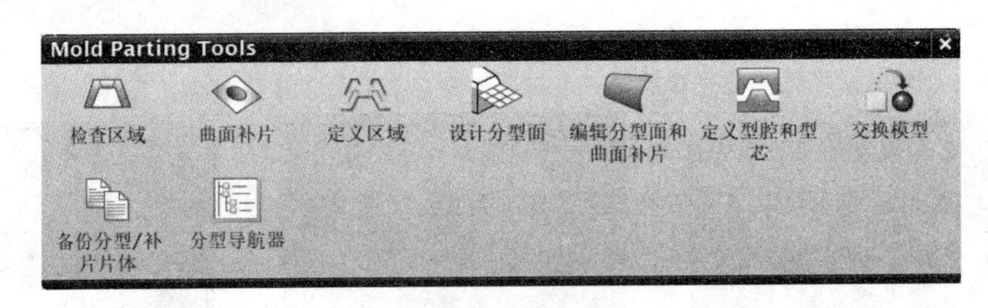


图13.1　模具分型工具

### 13.1.1　检查区域

检查区域功能是帮助模具设计人员分析产品模型，并为型腔和型芯的分型做好准备。单击检查区域按钮，弹出如图13.2所示的【检查区域】对话框，同时模型高亮显示，并显示开模方向。在【计算】选项卡里选中【保持现有的】，然后单击【计算】，系统开始对产品模型进行分析计算。在【区域】选项卡下，设计者可以通过【设置区域颜色】按键，找出“型腔区域”

图 13.2　【检查区域】对话框

和“型芯区域”,并给这些面指定颜色,如图 13.3 所示。在设计区域中用选择塑件中未定义的区域的面,并指定为属于型腔区域或者型芯区域。在【面】选项卡下,设计者可以找出没有足够拔模角度的面(见图 13.4);搜索产品实体模型的所有底切区域和边界,搜索交叉面,执行面拔模分析等。在【信息】选项卡下,设计者可以进行面、模型属性的查询。

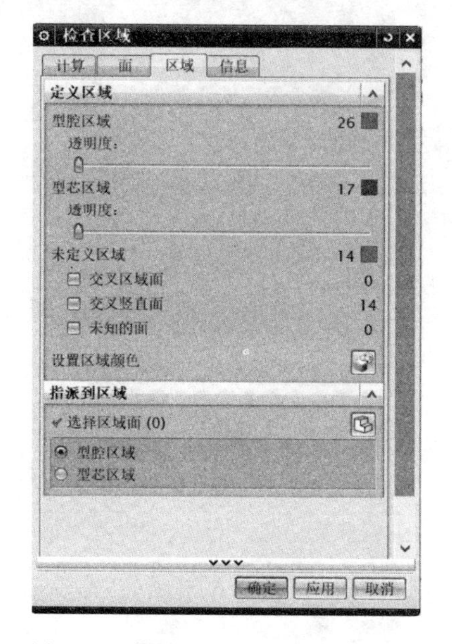


图 13.3　【检查区域】的【区域】选项卡

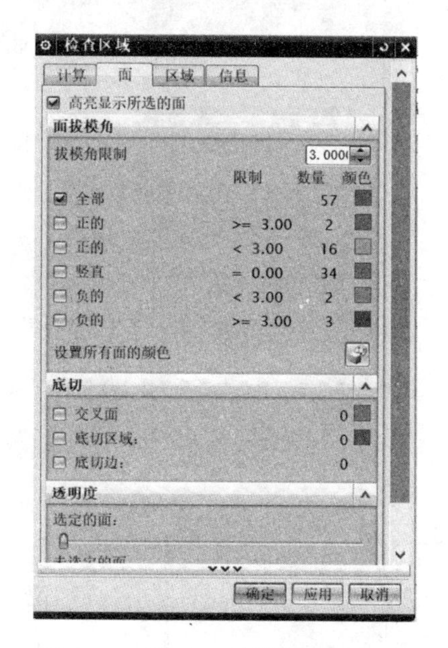


图 13.4　【检查区域】的【面】选项卡

【检查区域】是模具分型之前应完成的工作,也可以对没有进行初始化的产品模型进行分析。通过检测,可以提前预知产品在结构上的缺陷,从而做出必要的修改,因此,模型验证是保证设计出优良模具的前提。

### 13.1.2　定义区域

该功能根据前面步骤的结果抽取型芯和型腔区域,并自动生成分型线。另外也提供以往的抽取型芯和型腔区域的方法。

分型前必须先抽取区域,否则不能进行分型。抽取分型线是为后续的分模面工作做准备。区域是由一系列的面连接组成的,可以说是一个面的集合。区域分为型腔区域和型芯区域,用来切割工件已形成目标零件的形状。

单击【模具分型工具】工具条中的【定义区域】按钮,弹出【定义区域】对话框,如图 13.5 所示,勾选【创建区域】和【创建分型线】复选框,单击【应用】按钮,抽取区域和生成分型线。【定义区域】面板的列表框中显示的是某模型完成孔修补和抽取分型线后的结果,如图 13.5 所示,总面数=型腔面数+型芯面数,即 57=40+17。抽取区域时,必须保证区域总面数=区域型腔面数+区域型芯面数,否则在后续的分模过程中将会出错。另外,单击【创建新区域】按钮可以选择新的区域面。

### 13.1.3 创建曲面补片

分型工具中包含【创建曲面补片】功能,该功能使用面修补、边缘修补的方法修补塑件上的通孔,与【模具工具】中的【曲面补片】功能相同。单击【模具分型工具】工具条中的【曲面补片】按钮,弹出如图 13.6 所示的【曲面补片】对话框。

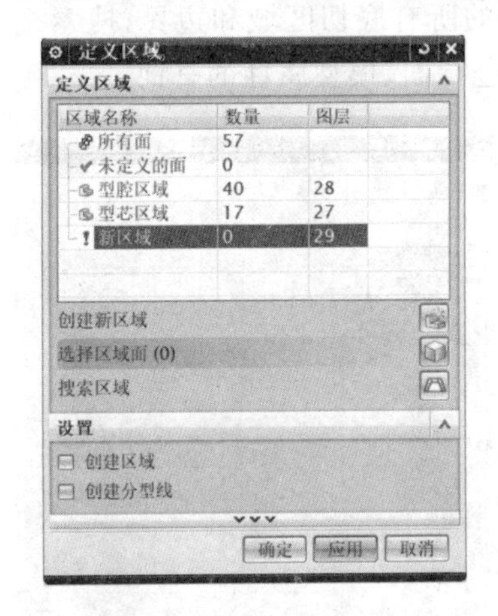


图 13.5 【定义区域】对话框

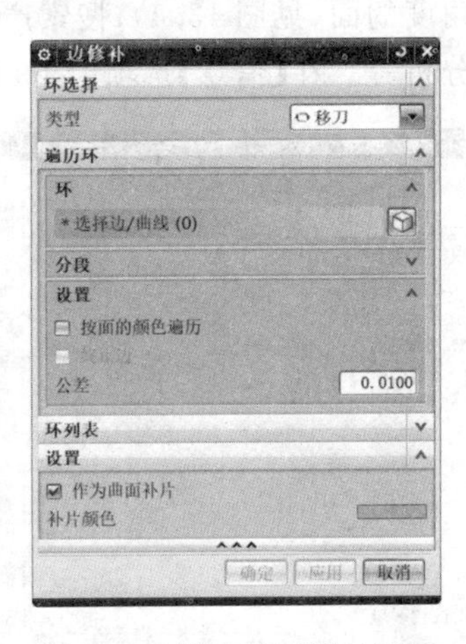


图 13.6 【曲面补片】对话框

### 13.1.4 分型导航器

分型导航器主要是用来控制分型对象是否显示,打√的对象是显示的,分型导航器对话框如图 13.7 所示。

### 13.1.5 设计分型面

该功能用于创建分型面。

单击【模具分型工具】工具条中的【设计分型面】按钮,弹出如图 13.8 所示的【设计分型面】对话框。对话框中各主要选项的含义如下。

**1. 编辑分型线选项**

在创建分型面前,首先要创建(抽取)分型线。分型线可通过上文中【定义区域】命令中的勾选【创建分型线】来创建,也可以通过此选项来创建。单击如图 13.9 所示对话框中的

【遍历分型线】命令，系统会自动弹出如图 13.10 所示的【遍历分型线】对话框，然后在图形区域选择模型上要分型的一条边，系统会根据实际情况生产闭环的分型线或在分叉处让操作者进行选择，用以完成分型线的操作。

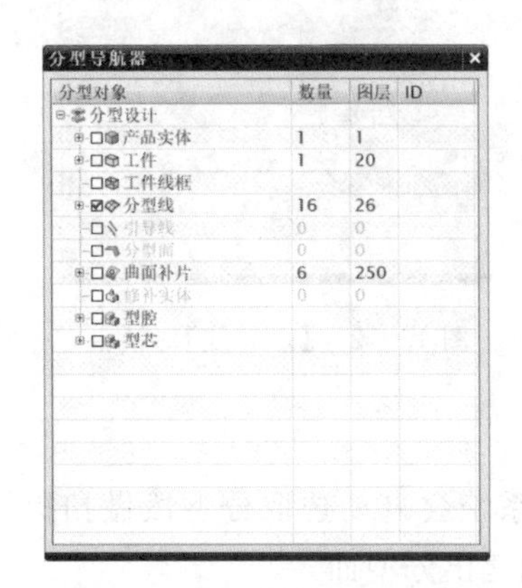


图 13.7　【分型导航器】对话框

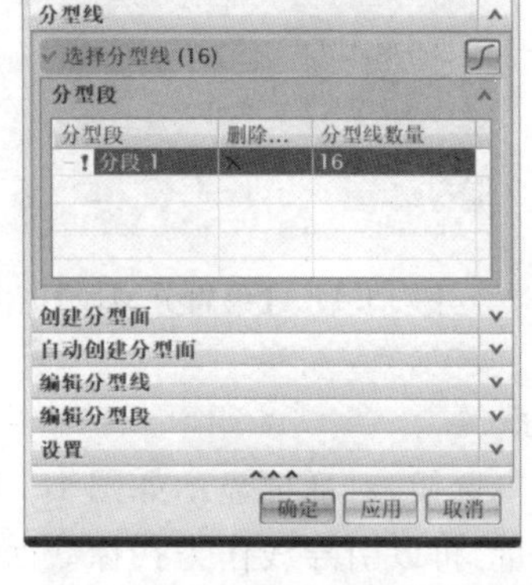


图 13.8　【设计分型面】对话框

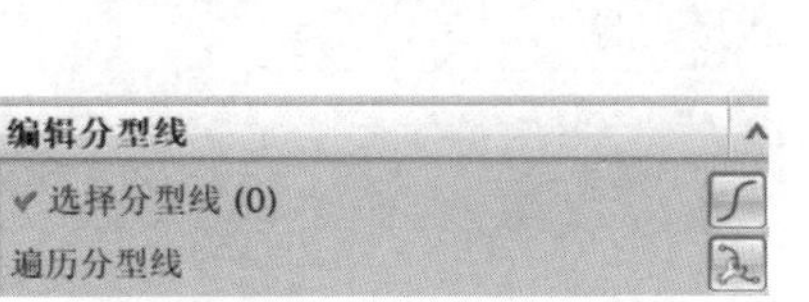


图 13.9　【编辑分型线】选项

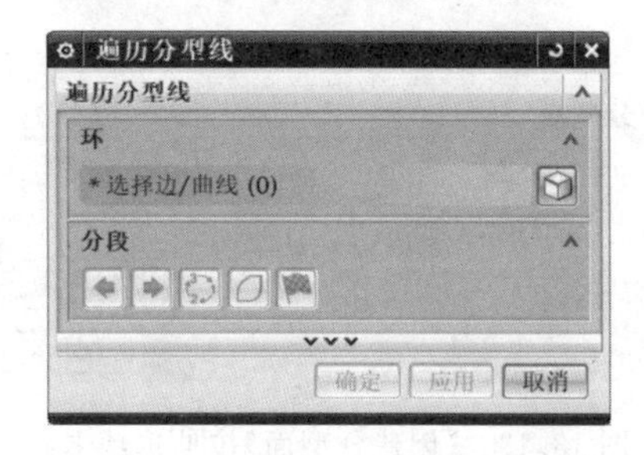


图 13.10　【遍历分型线】对话框

**2. 创建过渡对象**

该功能用于定义分型线环上的转换点。有些分型线并不是一条曲线，也不在一个平面上，它可能是处于不同平面的多段线，对于这些比较复杂的分型线必须对其进行分段。单击如图 13.11 所示【编辑分型段】选项中的【选择过渡曲线】，然后在绘图区域选择作为过渡对象的线段，然后单击【应用】按钮，完成过渡对象的创建。

**3. 创建引导线**

如果分型线不在同一平面上或者拉伸方向不在同一方向，系统不能自动识别出拉伸方向，这时需要在主分型线上设计引导线，用来定义分型面的拉伸方向，或者在使用扫描方式创建分型面时，引导线可以作为扫描轨迹。单击如图 13.11 所示【设计分型面】对话框中【编辑分型段】选项中的【编辑引导线】命令，系统会自动弹出如图 13.12 所示的【引导线】对话框，在绘图区域依次选择分型线上的线段，生成对应的引导线。

**4. 创建分型面**

分型面的创建是在分型线及其引导线创建完成之后进行的，UG NX 10 的 MW 提供了多种创建分型面的方法，主要有拉伸、扫掠、有界平面和条带曲面等。

(1)拉伸

点选该单选钮，对话框显示如图 13.13 所示，可以看到拉伸只需要一个方向，与建模模块中的【拉伸】命令相似。

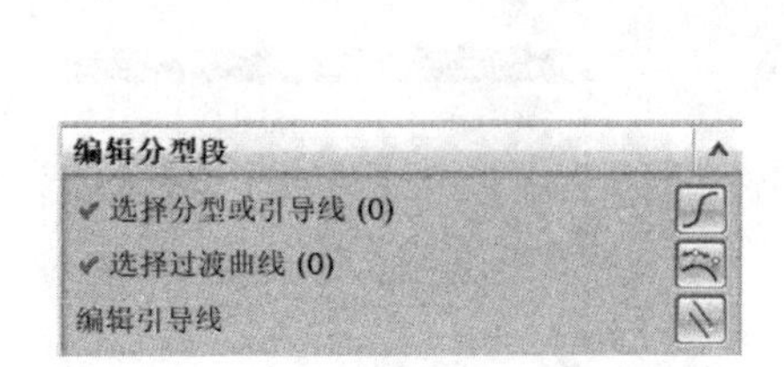


图 13.11 【编辑分型段】选项卡

图 13.12 【引导线】对话框

(2)扫掠

点选该单选钮,对话框显示如图 13.14 所示,系统会自动选取分型段做扫掠轨迹,然后确定扫描矢量,再以引导线作为扫掠截面并最终创建出分型面。

图 13.13 【创建分型面】拉伸选项卡

图 13.14 【创建分型面】扫掠选项卡

(3)有界平面

点选该单选钮,对话框显示如图 13.15 所示,使用【有界平面】功能需要提供两个方向。

(4)条带曲面

点选该单选钮,对话框显示如图 13.16 所示。此方法是由无数条平行于 $XY$ 坐标平面的曲线沿着一条或多条相连的引导线而生成分型面。

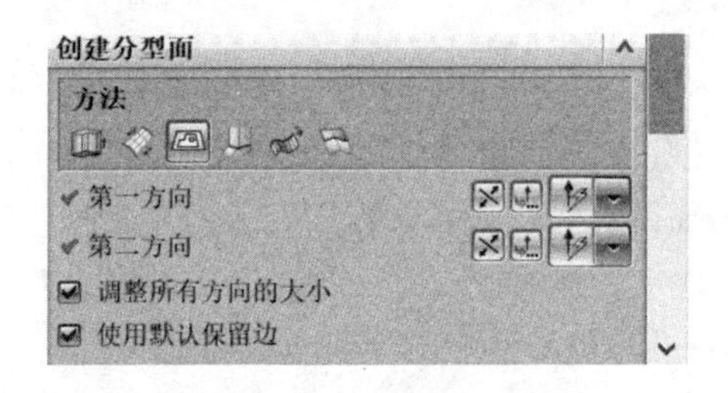


图 13.15 【创建分型面】有界平面选项卡

图 13.16 【创建分型面】条带曲面选项卡

### 13.1.6 定义型腔和型芯

该功能用于创建两个修剪的片体,一个属于型芯,另一个属于型腔,其快捷按钮为▭。在创建型芯和型腔之前,必须完成产品模型中开放凹槽或破孔的修补、型芯区域和型腔区域的抽取和分型面的创建，而且分型面必须大于等于工具的最大外形尺寸。单击【模具分型工具】上的该命令，会自动弹出如图 13.17 所示的【定义型腔和型芯】对话框。对话框里还包含【抑制分型】命令，该功能用于变更分型设计完成后产品模型的复杂变化，其快捷按钮为。抑制分型功能就是在分型工作完成之后，对零件进行复杂的更改，并暂时抑制住分型功能，允许模具设计人员对原始零件进行修改。

图 13.17　【定义型腔和型芯】对话框

### 13.1.7　交换模型

该功能将项目中的模型同另外一个类似的模型进行交换，如果两个模型类似则可以共享一些公共的操作，对于产品更改权不在自己手里的情况比较适合。其快捷按钮为。

### 13.1.8　备份分型/补片片体

该功能主要是将分型面和补片片体进行备份保存。

13.2 视频

3D 文件

## 13.2　设计范例

### 13.2.1　实例介绍

当零件越复杂，分型就越困难。本节以如图 13.18所示盒子为例，讲解分型的基本过程和步骤，目的是向读者展示分型的基本思路。

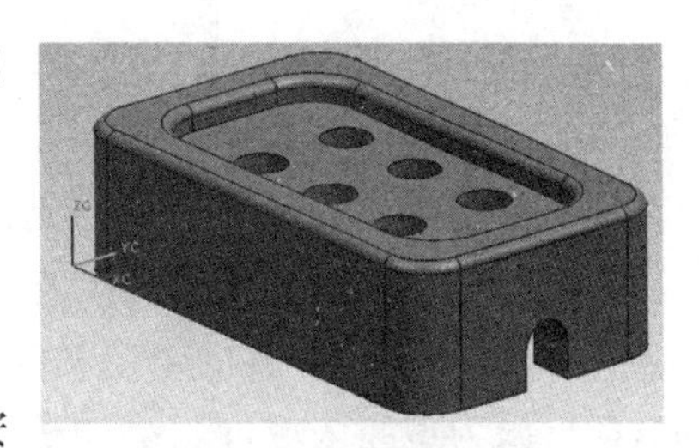

图 13.18　盒子模型

### 13.2.2　操作步骤

**1. 加载产品**

单击【注塑模向导】工具栏中的【初始化项目】按钮，选择二维码中的 hezi. prt 文件，设置材料为 ABS，项目单位为毫米，系统将自动打开该零件。

**2. 设置模具坐标系**

单击【注塑模向导】工具栏中的【模具 CSYS】按钮，弹出【模具 CSYS】对话框，点选【产品实体中心】单选钮和【锁定 z 位置】单选钮，单击【确定】按钮，改变模具的 WCS 到分型面位置，更改后的模具坐标系如图 13.19 所示。

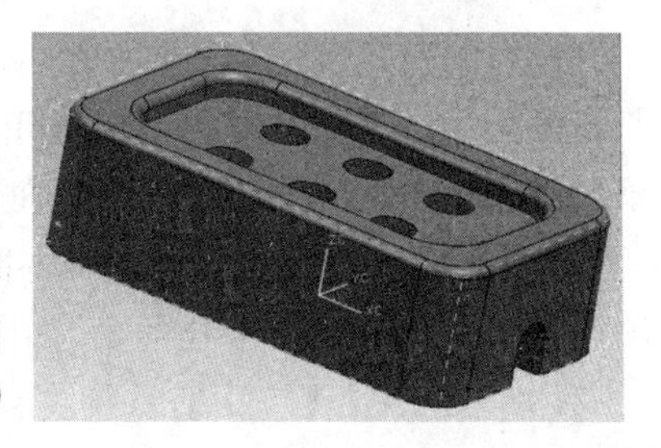

图 13.19　模具坐标系

**3. 设定收缩率**

单击【注塑模向导】工具栏中的【收缩率】按钮，弹出【缩放体】对话框，类型为均匀，收缩率为 1.005，单击【确定】按钮。

**4. 定义工件**

(1)双击【装配导航器】中的 hezi_top_xxx 的子目录 hezi_layout_xxx 的子目录 hezi_prod_xxx 的子目录 hezi_parting-set 中的 hezi_parti_xxx 选项，使其成为工作部件。

(2)单击【视图】工具栏中【带边着色】按钮右侧的下拉式按钮，在弹出的菜单中选择【静态图框】选项，将模型显示由带边着色状态变成静态图框状态。

(3)单击菜单栏中的【格式】→【图层设置】命令，弹出【图层设置】对话框，将工作图层设置为第 2 层。

(4)单击【注塑模向导】工具栏中的【工件】按钮，弹出【工件】对话框，【类型】选产品工件，【工件方法】选用户定义的块，【定义类型】选草图，设定【开始】值为“－25”，【结束】值为“55”，单击【确定】按钮，生成如图 13.20 所示的工件。

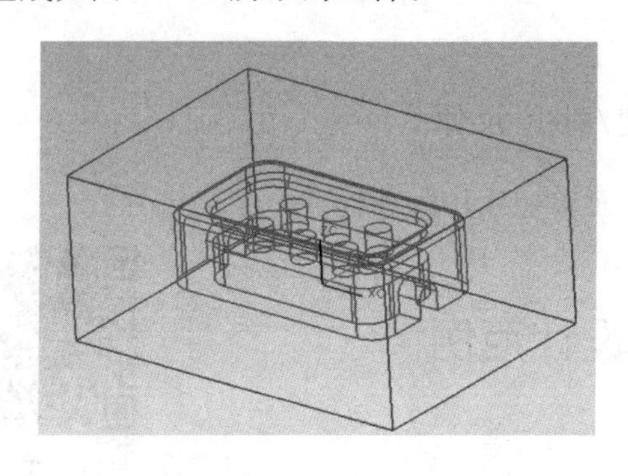

图 13.20　生成工件

**5. 分型**

(1)单击【注塑模向导】工具栏中的【模具分型工具】按钮，弹出【模具分型工具】工具栏。单击其中的【检查区域】按钮，在【计算】选项卡中单击【计算】。

(2)单击【区域】选项卡，如图 13.21 所示，单击【设置区域颜色】，视图区显示型芯和型腔对应的颜色，可以看到未定义区域为 14 个。点选【型腔区域】单选项，单击【选择区域面】，并利用鼠标选择产品零件的未定义区域外表面(选中后会高亮显示)，该外表面共由 8 个面组成，都指派为型腔区域，然后单击【应用】按钮，此时【塑模部件验证】对话框中未定义区域为 6 个。

(3)点选【型芯区域】单选项，单击【选择区域面】，并利用鼠标选择产品零件的 6 个圆孔，都指派为型芯区域，然后单击【应用】按钮，此时未定义区域为 0，如图 13.22 所示。单击【取消】按钮，返回【分型管理器】对话框。

(4)单击【曲面补片】按钮，并在弹出的【曲面补片】对话框中，【类型】选择面，点选绘图区域中零件上有 6 个孔的面，如图 13.23 所示。系统自动在【环列表】中增加 6 个环，如图 13.24 所示。单击【应用】，系统将自动对零件上的 6 个通孔进行修补。单击【取消】，返回到【模具分型工具】。

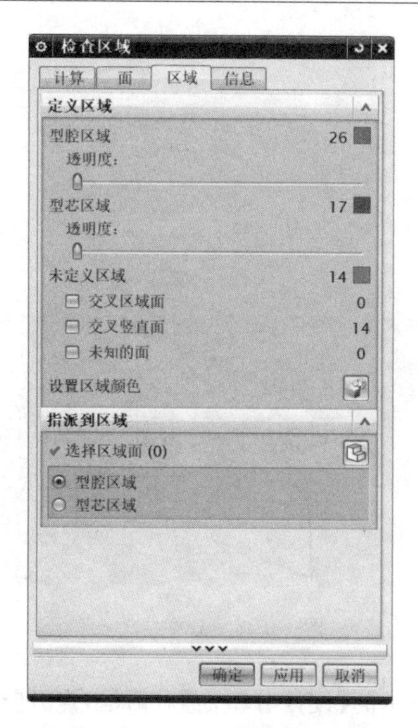


图 13.21 【检查区域】对话框 1

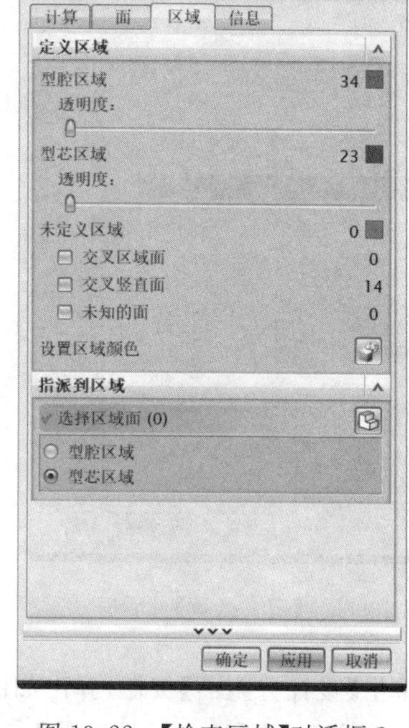


图 13.22 【检查区域】对话框 2

图 13.23 【自动孔修补】对话框

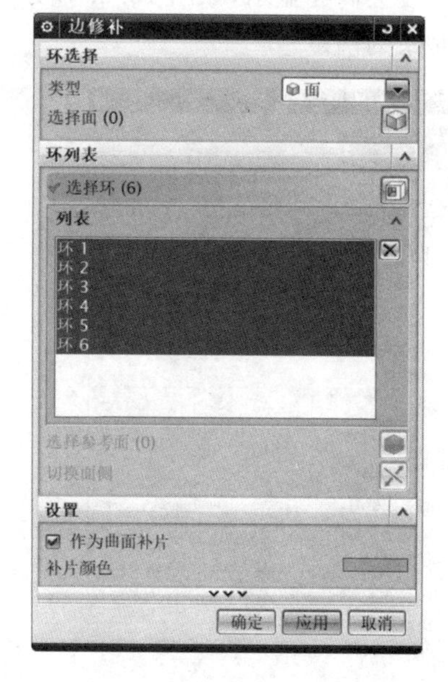


图 13.24 【曲面补片】对话框

(5)单击【模具分型工具】工具栏中的【定义区域】按钮，弹出如图 13.25 所示的【定义区域】对话框。勾选【创建区域】和【创建分型线】，单击【应用】按钮后，单击【取消】按钮返回【模具分型】对话框，完成分型线的创建。单击【分型导航器】，去掉产品实体、工件和曲面补片前的√，剩下的分型线如图 13.26 所示。

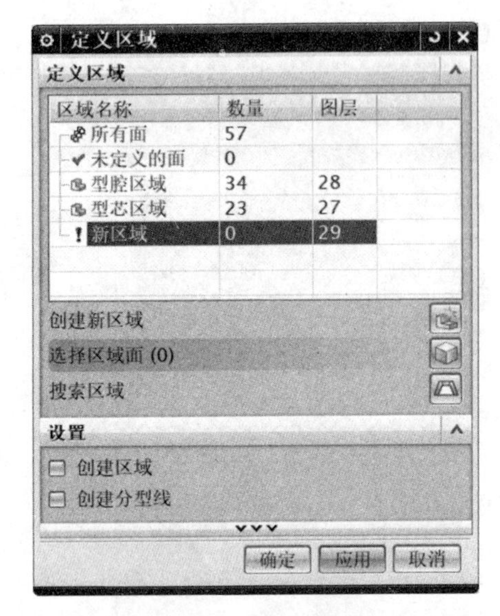


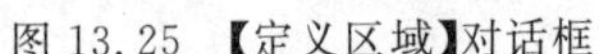
图 13.25 【定义区域】对话框

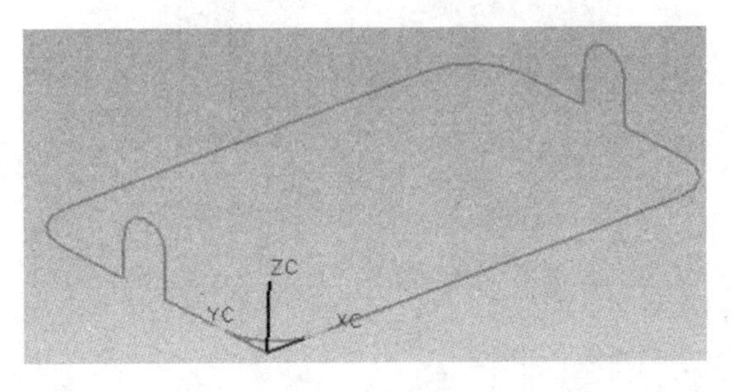


图 13.26 分型线

(6)单击【设计分型面】按钮,弹出如图 13.27 所示的【设计分型面】对话框,点开【选择过渡曲线】选项卡,单击【选择过渡曲线】,利用鼠标选择分型线上的 U 形线段作为过渡对象,选中的线段会高亮显示,如图 13.28 所示。单击【应用】按钮,返回【设计分型面】对话框,完成过渡对象的确定。

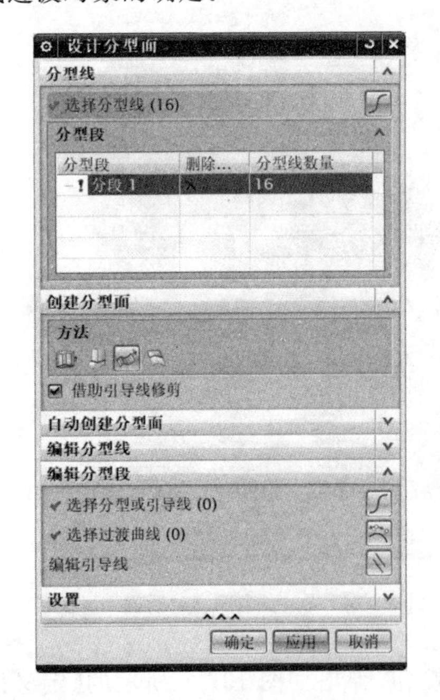


图 13.27 【设计分型线】对话框

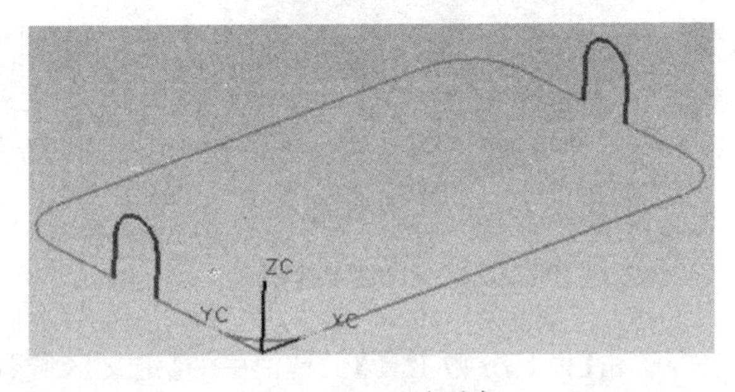


图 13.28 过渡对象

(7)选择【创建分型面】选项卡里的【有界平面】,选择【分型段】中的分段 1,单击【应用】按钮,生成第一块分型面,系统自动跳到分段 2,再单击【应用】,完成分型面的创建,如图 13.29所示。单击【取消】,返回【模具分型工具】。

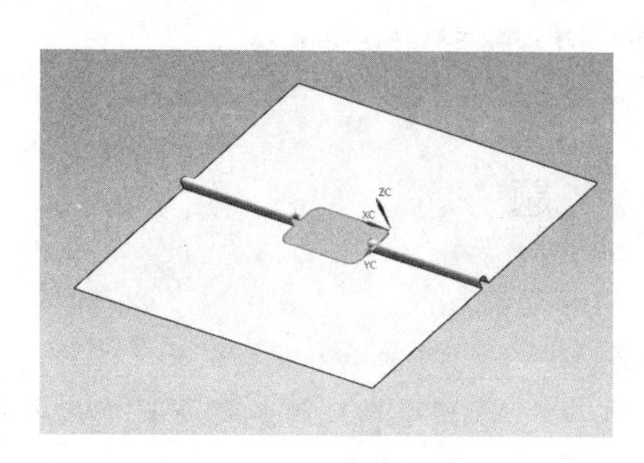


图 13.29　最终的分型面

图 13.30　【定义型腔和型芯】对话框

(8)单击【模具分型工具】对话框中的【定义型腔和型芯】按钮，弹出【定义型腔和型芯】对话框，如图 13.30 所示，选择型腔区域，单击【应用】，系统会在绘图区弹出型腔体，如图 13.31 所示，在弹出的【查看分型结果】对话框中单击【确定】。

(9)用同样的方法，创建出型芯体，如图 13.32 所示。

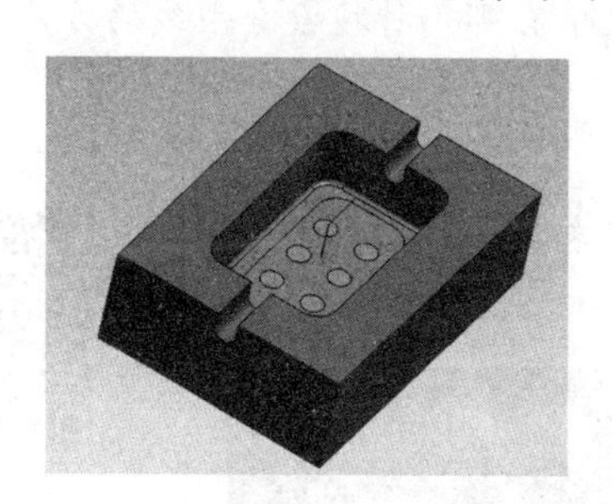

图 13.31　型腔体

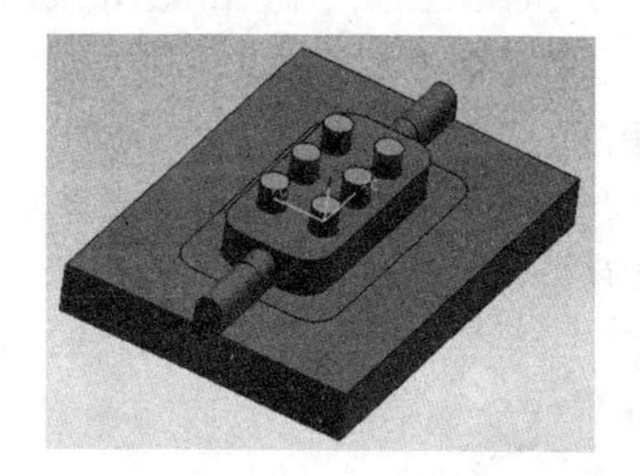

图 13.32　型芯体

## 13.3　本章小结

本章介绍了模具分型工具、检查区域、定义区域、曲面补片、设计分型面以及创建型芯和型腔等内容。在本章的最后，以盒子模型的分型为例讲解分型的基本过程和步骤，目的是向读者展示分型过程的基本思路。

## 参考文献

[1] Unigraphics Solutions Inc. UG 注塑模设计培训教程[M]. 北京：清华大学出版

社,2002.

[2] 杨勇强,李小莹,郭敏杰. UG NX 6 注塑模设计[M]. 北京:化学工业出版社,2009.

[3] 蒋继红,虞贤颖,王效岳. 塑料成型模具典型结构图册[M]. 北京:中国轻工业出版社,2006.

[4] 付宏生. 模具识图与制图[M]. 北京:化学工业出版社,2006.

[5] 俞芙芳. 简明塑料模具使用手册[M]. 福州:福建科学技术出版社,2006

# 习　题

**一、填空题**

13.1　模型验证主要是用来检测模型的________,包括对垂直面、________、拔模角、型芯、________等的检测。通过检测,可以提前预知产品在结构上的________,从而做出必要的修改。

13.2　编辑分型线功能可以自动搜索分型线或按照设计要求向导搜索分型线,对所生成的分型线进行________、________、设定________。

13.3　抑制分型功能就是在分型工作完成之后,对零件进行复杂的________,并暂时抑制住分型功能,允许模具设计人员对________进行修改。

**二、问答题**

13.4　在 UG NX 10.0 的 Mold Wizard 模块中有哪几种搜索分型线的方法?

13.5　分型面的形式通常分为哪几种?

**三、作图题**

13.6　打开二维码中的 phone. prt 文件,零件如图所示,结合前面所学的内容对该零件进行分模。

习题 13.6 文件

题 13.6 图

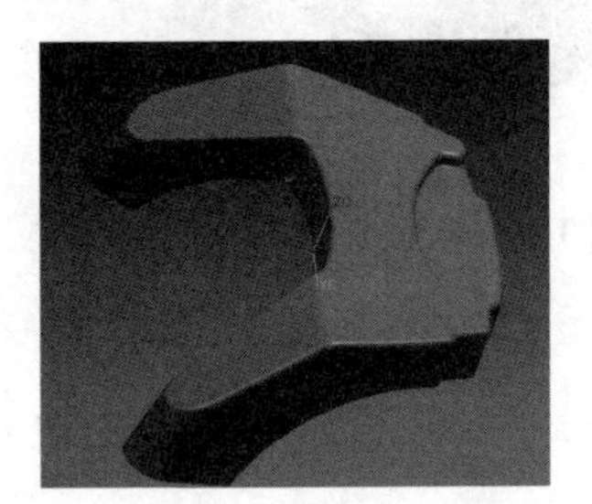

题 13.7 图

13.7　打开二维码中的 game. prt 文件,零件如图所示,结合前面所学的内容对该零件进行分模。

习题 13.7 文件

# 第14章　标准件的使用与模具设计后处理

【内容提要】

本章介绍了标准模架的管理方法，模具标准件的使用方法，浇注系统、冷却水道设计方法及模具设计有限元分析。

【学习提示】

学习中应注意，标准模架、标准件、浇注系统和冷却水道是模具构成中的重要部分，关系到模具设计的质量，读者要根据企业的实际情况和采用标准，灵活掌握。

## 14.1　模架管理

14.1视频

### 14.1.1　模具零件的标准化

我国模具标准化技术委员会对冲压模具和注塑模具模架等通用零件及技术条件等做了标准化规定，有关注塑模具的国家标准有以下3种。

**1. 基础标准**

《塑料模塑件尺寸公差》(GB/T 14486—2008)、《塑料成型模术语》(GB/T 8846—2005)。

**2. 产品标准**

《塑料注射模模架》(GB/T 12555—2006)、《塑料注射模中小型模架》(GB/T 12556.1—1990)。

**3. 工艺与质量标准**

《塑料注射模模架技术条件》(GB/T 12556—2006)、《塑料注射模零件技术条件》(GB/T 4170—2006)等。

### 14.1.2　模架基本结构

模架主要用于型芯以及型腔的装夹、顶出和分离机构。使用模架能够提高生产效率，便于机械化操作，并能在短时间内制造出精密模具、降低成本。标准模架是由结构、形式和尺寸都已标准化、系列化，具有一定互换性的零件组合而成的。注塑模具的主要模架结构如图14.1所示。

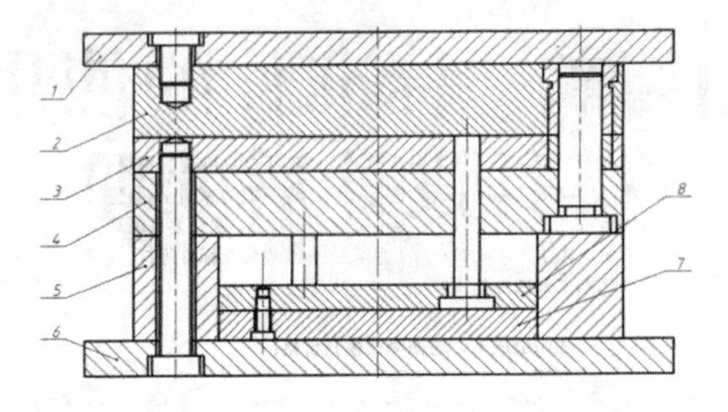

1—定模座；2—定模板；3—动模板；4—支撑板；5—垫板；6—动模座；7—顶杆固定板；8—推板。

图 14.1 注塑模具模架结构

### 14.1.3 标准模架管理

标准模架管理功能用于使用标准模架的情况，可以通过【模架库】对话框来配置。基本参数包括模具长度和宽度、各种板的厚度、开模距离等，这些参数均可在【模架库】对话框中进行编辑。

单击【注塑模向导】工具栏中的【模架】按钮，弹出如图 14.2、图 14.3 所示的【重用库】、【模架库】对话框，在【重用库】中选择所需规格的标准模架，在【模架库】设置参数，并单击【确定】按钮即可完成模架的选择和制定。下面通过对【重用库】和【模架库】对话框进行介绍，来讲解标准模架的选定方法。

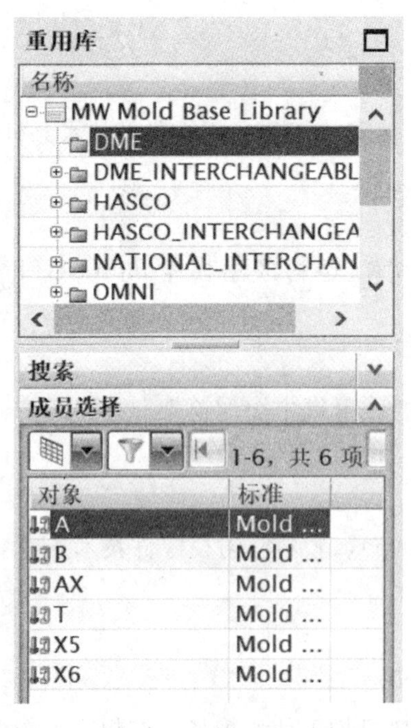


图 14.2 【重用库】对话框

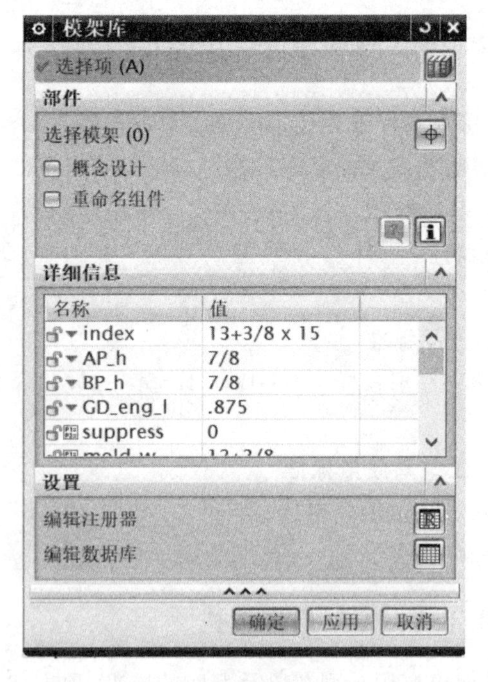


图 14.3 【模架库】对话框

**1. 模架目录**

【重用库】对话框【名称】列表中提供了 10 多个不同厂家的模架，如 DME 公司的模架、HASCO 公司的模架等。

**2. 模架类型**

每一种模架目录提供了不同配置的模架，可以在【成员选择】下拉列表框中查看模架类型，模具设计人员应根据结构来选择合适的模架类型。不同公司或企业其分类标准往往不同。

**3. 模架规格**

模架规格编号以模架的宽度尺寸和长度尺寸来定义，主要根据型腔的长宽尺寸来确定。MoldWizard 会根据布局信息自动确定一个合适的模架编号。

**4. 详细信息**

在【模架库】对话框的【详细信息】列表中提供了模架和各模板的标准参数，选中一个尺寸时，可以在尺寸窗口对其进行编辑。

**5. 布局信息**

【信息】对话框中的图示区用来展示所选模架的大致形状，列出当前型腔的布局尺寸，以便模具设计人员进行观察选用。如图 14.4 所示为 DME 模架，图 14.5 所示为 HASCO-E 模架。

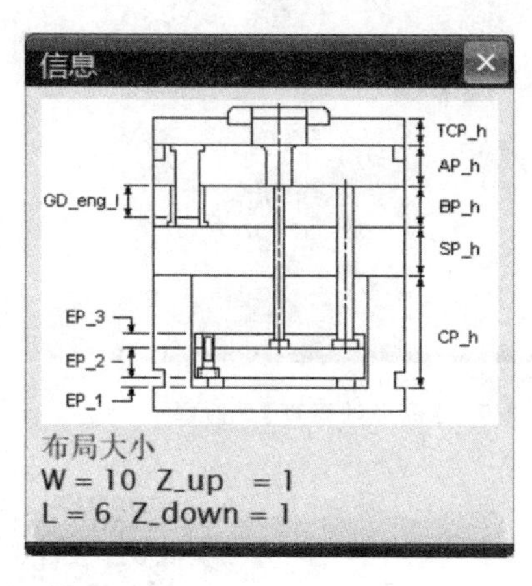


图 14.4　DME 模架

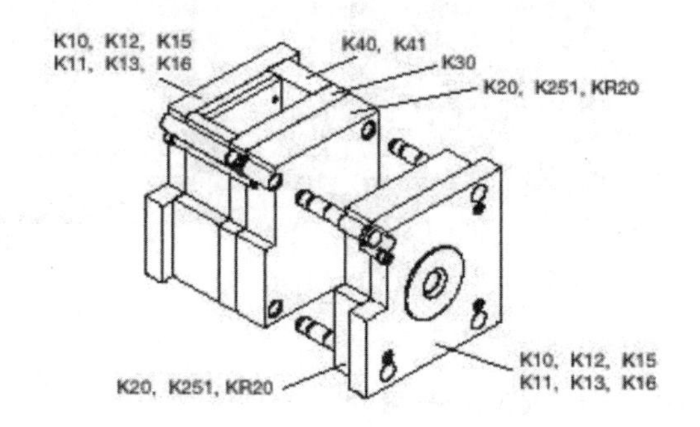


图 14.5　HASCO-E 模架

**6. 模架编辑**

(1)注册文件编辑

单击【模架库】对话框里的【编辑注册文件】按钮，可以打开标准模架的电子表格文件。模具设计人员可以通过该按钮启动 Excel 程序，编辑电子表格。

(2)模架数据库编辑

单击【模架库】对话框中的【编辑数据库】按钮，可以启动 Excel 程序，编辑所选类型模架的有关数据。

(3)旋转模架

单击【模架管理】对话框中的【旋转模架】按钮，可以将模架旋转 90°。当模架设置长度和宽度与型腔的长宽方向不一致时，可以通过该功能来调整。

## 14.2 标准件

标准件是指将模具中标准化的附件。标准件可以广泛应用于模具设计中，模具设计人员可以选择一种标准件，并将其置入模架组合中，以实现标准件的设置和管理。单击【注塑模向导】工具栏中的【标准件】按钮，弹出如图 14.6 所示的【重用库】对话框和图 14.7 所示的【标准件管理】对话框。

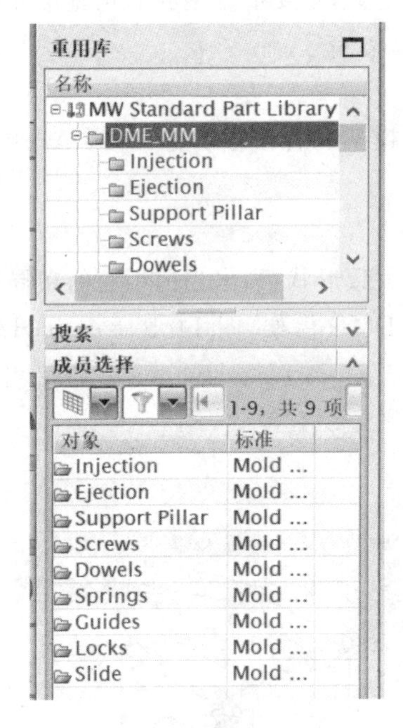


图 14.6 【重用库】对话框

图 14.7 【标准件管理】对话框

### 14.2.1 标准件管理

14.2.1 视频

**1. 目录设置**

单击【重用库】对话框的【名称】列表框，显示不同厂家的标准件库。【成员选择】列表框列出了选定厂家的标准部件。

**2. 位置设置**

将标准件加入模具装配时，必须通过一定的定位方式将其准确地放置在指定的位置上，可以在【标准件管理】对话框的【位置】下拉列表框中选择标准件的定位方式。在【位置】下拉列表框中可以选择添加模具标准件的位置，其功能与装配定位功能相同。

**3. 引用集**

【标准件管理】对话框中的【TRUE】、【FALSE】和【整个部件】单选钮用于控制标准件的显示。

(1)TRUE：点选该单选钮，控制显示标准件几何体。

(2)FALSE：点选该单选钮，控制显示标准件建腔几何体。

(3)整个部件:点选该单选钮,控制显示标准件和标准件建腔几何体。

常用标准件见表 14.1。

**表 14.1　常用标准件**

| 名称 | 注释 | 名称 | 注释 |
|---|---|---|---|
| All Standards | 全部标准件 | Ejector Sleeve | 推杆 |
| Support | 支撑柱 | Gate Bushings | 点浇口嵌套 |
| Locating Ring Interchangeable | 可互换定位环 | Ejector Blade | 扁顶杆 |
| Stop Buttons | 限位钉 | Strap | 拉板 |
| Spruce Bushing | 浇口套 | Spruce Puller | 拉料杆 |
| Slide | 滑块/斜销 | Pull Pin | 尼龙扣 |
| Ejector Pin | 顶杆 | Screws | 螺钉 |
| Lock Uint | 定位杆 | Springs | 弹簧 |
| Return Pins | 复位杆 | Spacers | 垫圈 |

**4. 重命名和关键参数设置**

通过在【标准件管理】对话框中勾选【重命名组件】复选框可以对调用的标准件重命名。勾选该复选框后,标准件加载前会弹出【部件名管理】对话框,用于对标准件进行重命名。通过关键参数列表选用各种尺寸的标准件,关键参数列表位于【标准件管理】对话框的下部,可以通过每项的下拉列表框来选择相应的类型和参数。

**5. 尺寸编辑**

【详细信息】选项卡中的参数主要供模具设计人员修改标准件尺寸使用。标准件的设置参数显示在【详细信息】选项卡图形显示窗口中的标准件模型上,而每一个参数都可以在选项卡下面的列表窗口中找到对应的值。当在列表框中选中某一个尺寸时,该尺寸值会显示在尺寸编辑窗口中,模具设计人员可以通过该窗口编辑尺寸值。

14.2.2 视频

## 14.2.2　顶杆设计及后处理

顶杆加载到模具中的初始结构是标准的长度和形状,而实际上,顶杆的形状需要和塑料产品对应部位的形状相匹配。

顶杆后处理功能可以改变用标准件功能创建的顶杆的长度,并设定配合的距离。因顶杆功能要用到已经形成的型腔和型芯的分型片体,因此在使用顶杆功能之前必须先创建型腔和型芯。在用标准件创建顶杆时,必须选择一个比要求值长的顶杆才能将其调整到合适的长度。

单击【注塑模向导】工具栏中的【顶杆后处理】按钮,弹出如图 14.8 所示的【顶杆后处理】对话框。

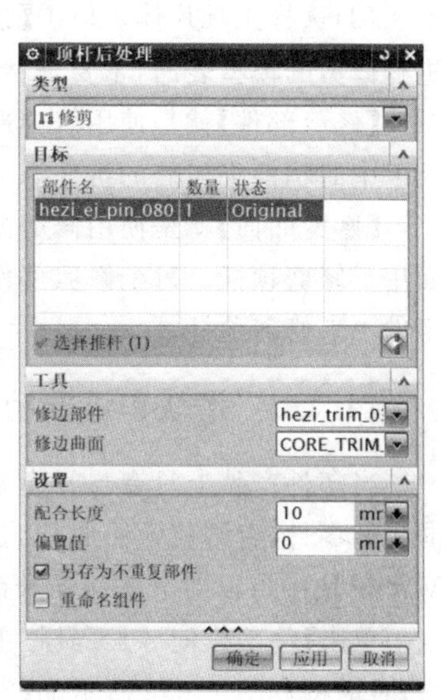


图 14.8　【顶杆后处理】对话框图

**1. 修剪方法**

【顶杆后处理】对话框中包括调整长度、片体修剪、取消修剪3种修剪方式。

(1)调整长度:将顶杆的长度调整到型腔表面的最高点,如图14.9所示。这种方式常用于零件的顶出表面是平面的情况。

(2)片体修剪:通过修剪顶杆使顶杆的头部形状与产品顶出部位的形状保持一致,如图14.10所示。在实际模具设计中,经常使用这种方法来修整顶杆,此方法可用于任何形状的模型表面。

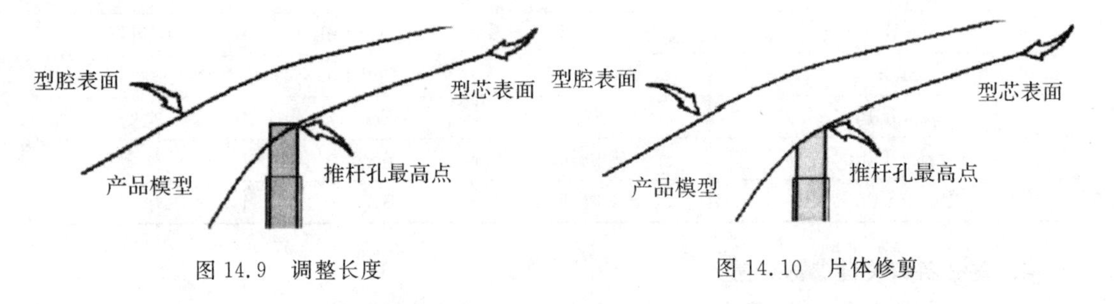


图14.9 调整长度

图14.10 片体修剪

(3)取消修剪:删除对顶杆的修剪。

**2. 修剪步骤**

顶杆修剪的步骤比较简单,主要包括以下两步。

(1)选择目标体。单击【顶杆后处理】对话框中的【目标体】按钮,选择需要进行修剪的顶杆。在【顶杆后处理】对话框中,【配合长度】文本框用于定义顶杆顶部同型芯孔具有配合公差的长度值。该配合长度可以使顶杆同型芯孔之间在推出时具有滑动配合的距离,既可以使顶杆活动,又可以防止塑料进入顶杆孔。

(2)选择工具片体。单击【顶杆后处理】对话框中的【工具片体】按钮,选择对目标体进行修剪的模型表面,主要是型腔和型芯的表面。

【修剪部件】就是使用修剪部件来定义包含顶杆修剪面的文件。可以使用【修剪组件】选项卡中的功能将另外的组件添加到修剪部件中。

【修剪曲面】就是使用修剪曲面来定义【修剪部件】下拉列表框中选择的修剪部件的哪些面用于修剪顶杆。每个修剪部件有多个修剪片体,可以先选择任意面,再将它们连接到顶杆组件中来修剪顶杆。

### 14.2.3 滑块和浮升销设计

当塑件产品上具有与开模方向不一致的侧凹、凸台或侧孔时,在脱模之前必须先抽掉侧向成型零件,否则就无法脱模,这种带动侧向成型零件移动的机构称为侧向分型机构。在MW模块中可以对滑块和浮升销标准件进行调用和修整。

单击【注塑模向导】工具栏中的【滑块和浮升销】按钮,弹出如图14.11所示的【重用库】对话框和图14.12所示的【滑块和浮升销设计】对话框。

图 14.11　【重用库】对话框图

图 14.12　【滑块和浮升销设计】对话框

**1. 滑块设计**

在 MW 模块中，滑块分为滑块头和滑块体两部分。滑块头是滑块上与产品模型直接接触的部位，是产品成型的一部分，因此，滑块头只能由模具设计人员自行设计；滑块体是滑块的运动机构，其带动滑块头在脱模和复位时进行动作，可以采用 MW 模块提供的功能进行设计。

(1)滑块头设计

滑块头的设计有以下几种方法。

1)分出型腔和型芯后，使用轮廓分割功能从型腔或型芯处分割出滑块头。

2)在需要创建滑块的地方创建实体块，然后使用实体修剪工具创建出滑块头。

3)先从滑块标准件中调用滑块体，然后使用模具修剪工具修剪出滑块头。

(2)滑块体设计

滑块头设计完成之后，可从标准件库中调用滑块体。MW 模块提供了 3 种不同的滑块形状：拖拉式滑块(Push-Pull Slide)，单斜导柱滑块(Single Cam-Pin Slide)，双斜导柱滑块(Dual Cam-Pin Slide)。

(3)滑块体的设计步骤

1)定义滑块放置坐标系。

在加载滑块体之前必须定义滑块放置坐标系，系统会按照此坐标系来放置滑块体。MW 模块规定在定义滑块放置坐标系时，WCS 的 YC 轴正方向必须指向滑块的移动方向。MW 模块的标准模块自身附带原点、YC 轴正方向和分型面等放置定位参考。通过 3 个定位参考的设置，就可以将滑块体放置在所定义的坐标系上。

2)根据滑块头的大小及模具结构定义滑块体的各项控制参数。

坐标系定义好后，即可根据模具的结构及有关尺寸在【滑块和浮升销设计】对话框的【详细信息】选项卡中设置滑块体的各项控制参数。如图 14.13 所示为在【信息】对话框中拖拉式滑块的各项控制参数。在【滑块和浮升销设计】对话框的【详细信息】选项卡中选中某项参数后，可以在对话框下面的文本框中来修改值的大小。设置好所有参数值后，单击【确定】按钮，系统会自动将滑块加载到模具中，并通过参考要素对齐所定义的滑块坐标系。

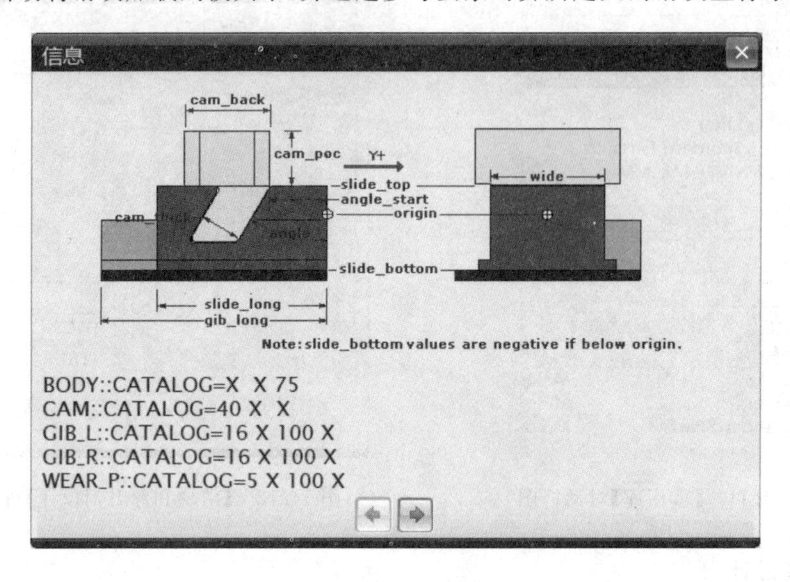


图 14.13 滑块【信息】栏

**2. 浮升销设计**

在某些塑料产品模型中，模型内部有些倒扣位，产品在模具中成型后不能直接脱模，需要先通过一定的机构脱出倒扣位，产品才能脱模。产品内部有倒扣位时，常常使用浮升销成型倒扣位，利用浮升销的斜度可以在脱模过程中脱出倒扣位。浮升销在模具设计中经常用到，为了加快模具设计速度，MW 模块提供了两种比较常见的浮升销标准件。

浮升销的设计主要包括以下几步。

(1)浮升销类型的选择及各项控制参数的设定。

MW 模块为模具设计人员提供了两种常用的浮升销，分别是 Dowel Lifter 和 Sankyo-Lifter。选定浮升销类型之后，可以根据模具设计的需要对浮升销的各项控制参数进行设置，使之符合设计要求，单击对话框中的【详细信息】选项卡，可以对该浮升销各项参数进行设置。

(2)定义放置浮升销的坐标系。

与滑块设计一样，加载浮升销标准件前需要设定坐标系。加载时，浮升销坐标系自动和 WCS 一致，从而实现浮升销的定位。MW 模块对浮升销坐标系的要求与对滑块的要求是一样的，即要求 WCS 的 YC 轴正方向必须指向浮升销的移动方向。

(3)使用模具修剪工具修剪浮升销。

浮升销加载到模具装配后，还需要使用模具修剪工具对浮升销的关键部位进行修剪，以满足模具设计要求。

# 14.3　浇注系统设计

浇注系统组成：普通浇注系统一般由主流道、分流道和浇口组成。

主流道是指从注射机喷嘴与模具接触处开始到有分流道支线为止的一段料流通道，该通道将熔体从喷嘴引入模具型腔，其尺寸的大小直接影响熔体的流动速度和填充时间。MW 模块提供的浇口套标准件可以完成主流道的设计，浇口套的内孔就是浇注系统的主流道。

分流道是主流道与型腔进料口之间的一段流道，主要起分流和转向作用，使熔体以平稳的流态均匀地分配到各个型腔。在 MW 模块中，通过【注塑模向导】工具栏中的【流道】按钮来实现分流道的设计。

浇口也称为进料口，它是塑料经过分流道后进入型腔的关键部分，也是浇注系统中最短的一段，其形状的设计与塑料的特性和产品有关。浇口的尺寸狭窄短小，目的是使熔体进入型腔前加速，使塑料充满型腔，而且有利于封闭型腔口，防止熔体倒流，也便于成型后的冷料与塑料产品分离。在 MW 模块中，通过【注塑模向导】工具栏中的【浇口库】按钮来实现浇口的设计。

## 14.3.1　浇口设计

14.3.1 视频

单击【注塑模向导】工具栏中的【浇口库】按钮，弹出如图 14.14 所示的【浇口设计】对话框，下面对其中的主要选项进行详细介绍。

**1. 平衡、位置和方法设置**

(1)平衡

平衡是指多模腔模具的浇口位置创建于每个阵列型腔的相同位置。在【浇口设计】对话框的【平衡】选项组中包括【是】和【否】两个选项。如果要求多模腔模具中的各型腔都使用相同位置的浇口，需要用到平衡式浇口。

(2)位置

浇口根据不同的类型可以安装在型腔、型芯或者两者之上。一般情况下，潜伏式浇口和扇形浇口只安装在型腔侧或型芯侧。

(3)方法

方法是指对已有的浇口进行修改或者添加浇口的方法，包括添加和修改两种操作方式。

**2. 浇口点设置**

【浇口设计】对话框中的【浇口点表示】按钮用来设置浇口点的放置位置或者删除浇口点。单击【浇口点表示】按钮，弹出如图 14.15 所示的【浇口点】对话框。在【浇口点】对话框中设置浇口的放置位置时，有点子功能、面/曲线相交等 6 种方法。

(1)点子功能

单击【点子功能】按钮，会弹出【点】对话框，用于创建浇口放置点。

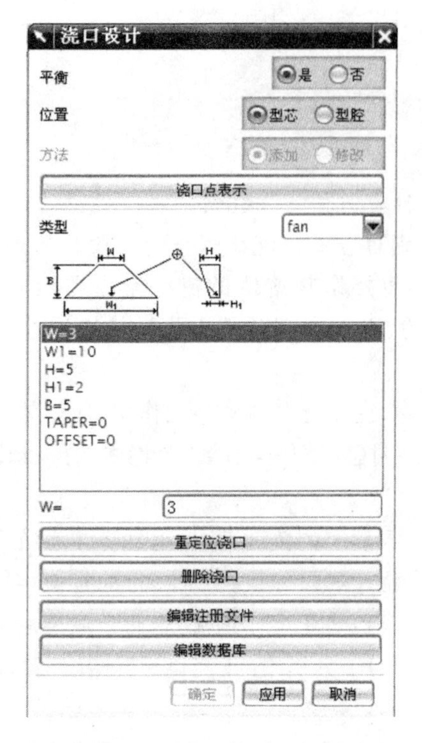


图 14.14 【浇口设计】对话框

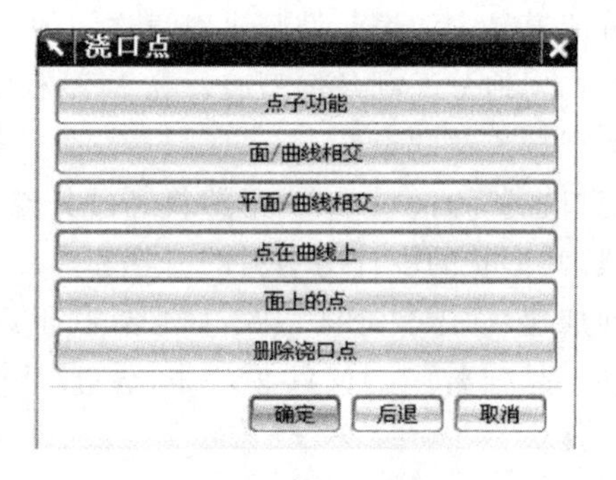


图 14.15 【浇口点】对话框

(2)面/曲线相交

单击【面/曲线相交】按钮,会弹出【曲线选择】对话框。在视图区选择用于相交的曲线,会弹出【面选择】对话框,在视图区选择与曲线相交的表面,系统创建所选曲线和所选表面相交的点作为浇口放置点。

(3)平面/曲线相交

单击【平面/曲线相交】按钮,会弹出【曲线选择】对话框。在视图区选择用于相交的曲线,会弹出【平面】对话框。利用【平面】对话框中的选项创建平面,系统创建所选曲线和所选平面相交的点作为浇口的放置点。

(4)点在曲线上

单击【点在曲线上】按钮,会弹出【曲线选择】对话框。在视图区选择所需的曲线,曲线上显示曲线起点到终点的方向矢量,同时弹出【在曲线上移动点】对话框,利用曲线的长度百分比或者弧长来确定浇口位置,点在所选曲线上的放置位置。

(5)面上的点

面上的点方法是指在所选曲面上创建浇口放置点。单击【面上的点】按钮,会弹出【面选择】对话框。在视图区选择所需的面,会弹出【Point Move on Face】(点在面上移动)对话框。可以在【Point Move on Face】(点在面上移动)对话框中点选【XYZ Value】(XYZ 值)单选钮,设置浇口放置点的坐标以定义其位置;也可以在该对话框中点选【矢量】单选钮,弹出【矢量】对话框,在【矢量】对话框中设置放置矢量后,会弹出【Point Move on Face】(点在面上移动)对话框。在【Point Move on Face】(点在面上移动)对话框中单击【指定矢量】按钮,可以重新设置矢量,或者利用该对话框中的【长度】文本框来移动合适的距离。

(6)删除浇口点

在视图区选择所要删除的浇口点,单击【删除浇口点】按钮,系统删除所选的浇口点。

**3. 浇口编辑**

(1)类型

【浇口设计】对话框的【类型】下拉列表框中包括【fan】(扇形浇口)、【submarine】(潜伏式浇口)、【film】(薄膜浇口)、【pin point】(针点状浇口)、【pin】(针状浇口)、【rectangle】(矩形浇口)、【step pin】(阶梯销状浇口)和【tunnel】(耳状浇口)8 种浇口类型。

(2)表达式列表及编辑区

在【浇口设计】对话框的列表框中选择需要编辑的选项,然后在列表框下面的文本框中输入所需的数值,即可实现浇口的编辑。

(3)重定位浇口

【重定位浇口】按钮用于对创建的浇口进行重定位。在视图区选择已创建的浇口后,单击【浇口设计】对话框中的【重定位浇口】按钮,会弹出【重定位】对话框,在该对话框中可以对所选的浇口进行变换或旋转操作。

(4)编辑数据库

单击【浇口设计】对话框中的【编辑数据库】按钮,弹出电子表格文件,可以通过该按钮启动 Excel 程序,编辑电子表格。

### 14.3.2　分流道设计

14.3.2 视频

在分流道设计中,分流道截面的尺寸和形状都可以在分流道路径上变化。分流道设计功能可以创建和编辑分流道的路径和截面。分流道管道通过沿引导线扫掠截面的方法来创建,创建的管道是一个单一的部件文件,需要在设计确认后从型芯和型腔中删除。

分流道与分流道腔体是相关的,如果改变分流道的形状和位置,则相关的腔体也随之变化。当删除一个分流道时,腔体也会被删除掉。单击【注塑模向导】工具栏中的【流道】按钮,弹出如图 14.16 所示的【流道】对话框。

在【流道】对话框中,利用 MW 模块进行分流道设计的步骤如下。(1)定义引导线串。(2)在分型面上投影。(3)创建流道通道。下面对【流道】对话框中的选项进行详细介绍。

**1. 定义引导线串**

引导线串的设计应该根据浇道管道、分型面和参数调整要求的综合情况来考虑,单击【流道】对话框中的【引导线】选项组中的【创建草图】按钮,弹出如图 14.17 所示的【创建草图】对话框,选择草绘平面后可绘制相应的引导线串。

**2. 定义截面类型和流道尺寸参数**

在【流道】对话框【截面】选项组的【截面类型】下拉列表中列出了 5 种流道的截面,选中一种后,可在对话框的【参数】选项组中给出该种截面的相关参数,用户可以对此进行编辑。

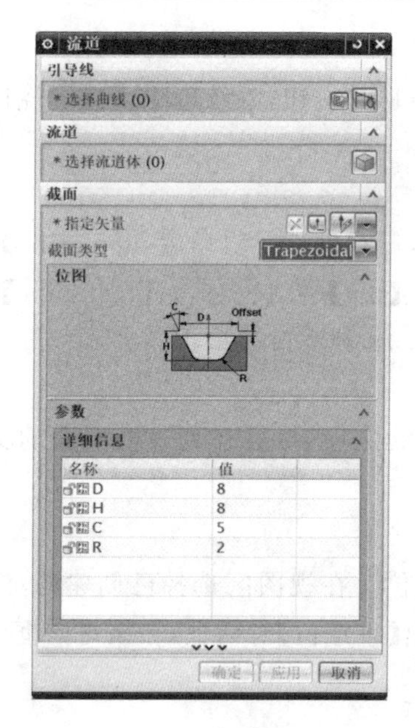


图 14.16 【流道】对话框

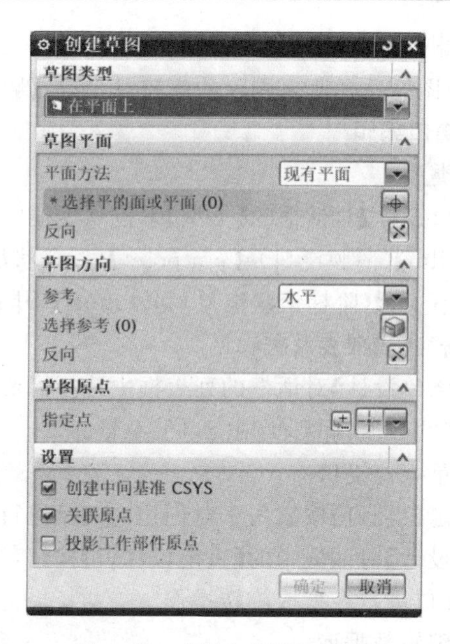


图 14.17 【创建草图】对话框

# 14.4 冷却水道设计

## 14.4.1 冷却水道设计概述

MW 模块提供了两种方法用于生成冷流道，一种是手工方法，一种是标准件方法。

单击【注塑模向导】工具栏中的【模具冷却工具】按钮，弹出如图 14.17 所示的对话框，在其中单击【冷却标准件库】按钮，系统会弹出【重用库】和【模具冷却工具】选项卡。在【重用库】对话框的【名称】列表中如果选择【Water】作为冷却介质，则在【成员选择】列表中提供冷却水道、喉塞、连接水嘴、水塞等标准件供用户调用。

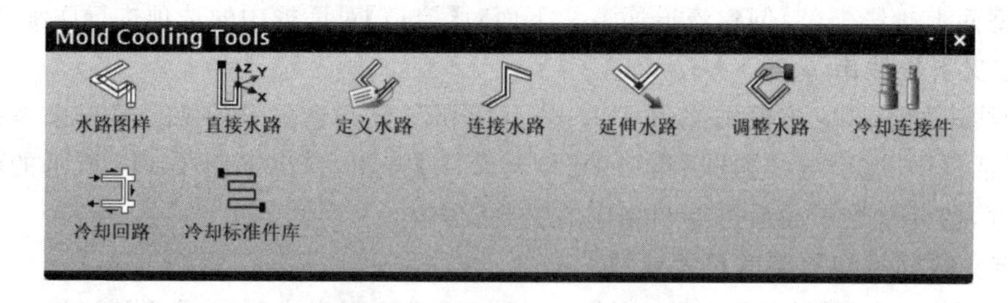


图 14.18 【模具冷却工具】对话框

## 14.4.2 冷却水道的生成

单击【模具冷却水道】工具栏中的【冷却标准件库】按钮，会弹出【冷却组件设计】对话框，用户可以在其【详细信息】选项组中定义水道的参数，包括水道的长度直径等。在【放置】选项组中提供了水道的放置位置，该选项组中【位置】下拉列表提供了多种放置方式，在水道设计时常使用【PLANE】方式，即选择一个平面（型芯、型腔或模板的侧面）作为放置面。单击【冷却组件设计】对话框的【应用】按钮，系统弹出【点】对话框，并在所选平面的中心位置定义一个参考坐标系，用户可以参考该坐标系进行水道放置点的定义。

## 14.5　腔　体

在进行了生成各类标准件、浇注系统和冷却系统后，这些部件在模具装配中都占有一定的位置和空间，因此需要在相应的模板上建立和这些部件相对应的空腔来放置这些部件，这个过程称为建腔。

## 14.6　模具设计有限元分析

### 14.6.1　UG NX 有限元分析简介

UG NX 是一套 CAD/CAM/CAE 一体化的高端工程软件，它的功能覆盖从概念设计到产品生产的整个过程。在模具设计过程中，可以利用 UG 系统提供的高级仿真模块进行有限元分析。UG NX 6.0 高级仿真模块包含 NX 前、后处理和 NX Nastran 求解 3 个基本的组成部分。NX Nastran 源于有限元软件 MSC. Nastran，通过多年的发展和版本的不断升级，也集成了其他优秀的有限元软件，其分析种类越来越多，解算功能越来越强，其分析结果已成为航天航空等级工业 CAE 标准，获得 FAA 认证。

UG NX 6.0 高级仿真已经具备了在众多领域中解决工程问题的解算类型，其中 NX Nastran 6.1 是在结构分析中广泛使用的解算类型，下面对其进行简单介绍。

**1. SESTATIC 101：静力学分析**

静力分析是工程结构设计人员使用最频繁的分析手段，主要用来求解结构在与时间无关或时间作用效果可忽略的静力载荷（如集中载荷、分布载荷、螺栓预紧载荷、温度载荷、强制位移、惯性载荷等）作用下的响应，得出所需的节点位移、节点力、约束反力、单元内力、单元应力和应变能等。该分析还提供结构的重量、重心和惯性矩等数据。NX Nastran 支持全范围的材料模式，包括均质各向同性材料、正交各向异性材料、各向异性材料、复合层压材料和随温度变化的材料等。

**2. SEMODES 103/103：响应仿真/动力学分析**

动力学分析功能包括特征模态分析、直接瞬态响应分析、直接频率响应分析、模态瞬态响应分析、非线性瞬态分析、模态频率响应分析、模态综合和动力灵敏度分析等。

**3. SEBUCKL 105：屈曲响应分析**

屈曲分析主要用于研究结构在特定载荷下的稳定性以及确定结构失稳的临界载荷，NX Nastran 中的屈曲分析包括两类：线性屈曲分析和非线性屈曲分析。线性屈曲分析又称为特征值屈曲分析，可以考虑固定的预载荷，也可使用惯性释放。非线性屈曲分析包括几何非线性屈曲分析，弹塑性屈曲分析以及非线性后屈曲(Snap-Through)分析。

**4. NLSTAIC 106：非线性静力学分析**

非线性静力分析中主要包括几何非线性(如大变形、大应变、大转动)静力分析、材料非线性(如塑性、蠕变)静力分析、接触非线性静力分析等。

除上述分析以外，高级仿真模块还包括其他的解算类型和高级分析功能，比如热传导、流—固耦合分析、声学分析和空气动力弹性及颤振分析，等等。

## 14.6.2 编辑环境

三维模型在 UG 高级仿真中也称为主模型，它是有限元分析和计算的基础，并且仿真模型和三维主模型是关联的，因此，构建合理的、参数化的主模型，可以大大提高仿真和优化计算的速度和效率。当然，也可以导入由其他 CAD 软件构建的模型(一般为实体模型)。为提高计算的效率，对仿真计算和分析结果影响不大的细节结构，通过建模中的编辑、简化体和特征抑制等手段，对细节结构进行处理，不让它们进入后续的高级仿真模块。另外，对于导入其他格式的数字模型，在分析几何体的基础上，可以采用强大的同步建模技术对它们进行清理和优化，这为大、杂、繁类型的三维模型前处理提供了极大的便利。

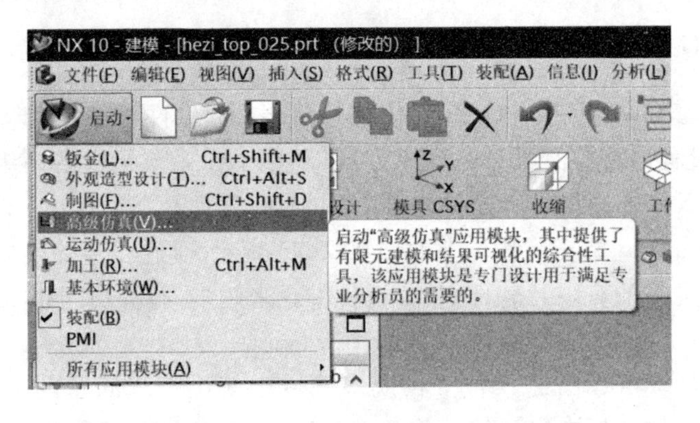


图 14.19　进入高级仿真环境

构建好三维模型后，如图 14.19 所示，依次单击菜单【启动】、【高级仿真】即可进入高级仿真环境，高级仿真工具条如图 14.20 所示。在仿真导航器的树状列表框中，选中要仿真计算的主模型，单击鼠标右键后出现一个快捷菜单，即如图 14.21 所示的 3 个命令选项。其中，【新建 FEM】是指在主模型或者优化模型的基础上创建一个有限元模型节点，需要设置的主要内容包括模型材料属性、单元网格属性和网格类型；【新建 FEM 和仿真】是指同时创建有限元模型节点和仿真节点，其中仿真模型需要创建的内容包括边界约束条件、载荷类型；【新建装配 FEM】是指像装配 Part 模型一样对 FEM 模型进行装配，非常适合对大装配部件进行高级仿真之前的处理。

如果主模型中有细节特征或者几何要素对整个分析结果影响不大，在高级仿真的环境中也可以对此类的几何结构进行抑制或者删除，选中理想化模型并单击鼠标右键，单击【设为显示部件】即可进入理想化模型编辑环境，在构建有限元模型之前对主模型进行优化处理。

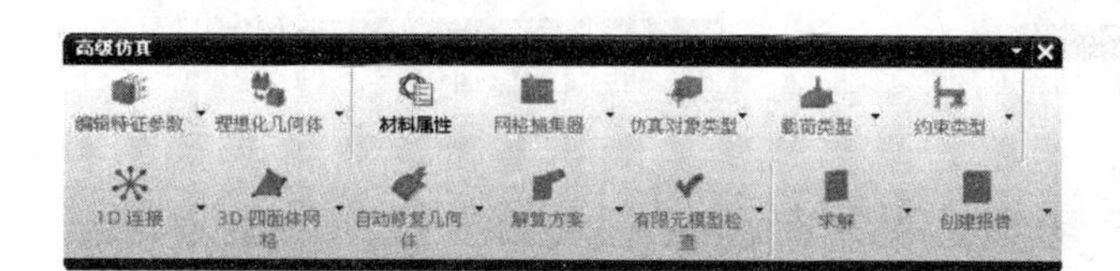


图 14.20　高级仿真工具条

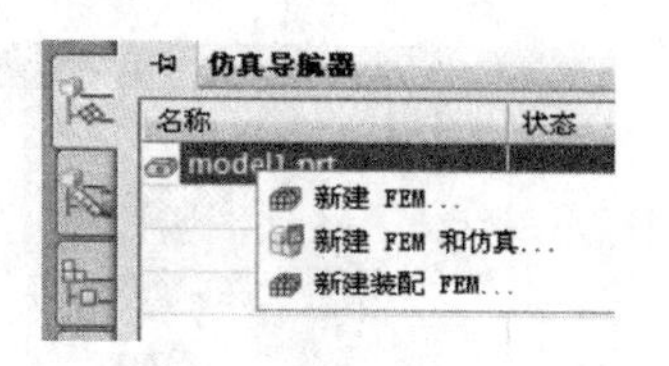


图 14.21　新建 FEM

### 14.6.3　建立有限元模型

操作步骤主要包括用【材料属性】命令对优化模型赋予材料属性、用【物理属性】命令创建模型的物理属性、用【网格捕集器】命令定义单元类型(包括 0D、1D、2D、3D 和 1D 接触、2D 接触)和网格类型，最后根据相应的网格类型命令(如【3D 四面体网格】命令)划分网格(建议采用自动划分单元大小)。如果主模型或者优化模型有变动，网格划分操作需要更新；如果需要提高计算精度，也可以在完成解算的基础上，进一步对网格划分进行细化，既可以减小模型中所有单元的密度大小，也可以局部减小敏感单元的密度大小。

完成有限元模型设置操作后，可以利用【节点/单元信息】命令，查看各个节点或者单元的编号；建议利用【有限元模型检查】命令和【有限元模型汇总】命令来检查节点、单元是否合理，查看单元的单元宽高比(Aspect Ratio)、翘曲(warp)、歪斜(Skew)、雅可比(Jacobian Ratio)等性能指标是否达到要求，并且各个指标可以通过【阈值】进行客户化定制。如图 14.22 所示为系统默认的四节点阀值设置及不同单元类型。这些指标类型和具体数值有所不同。

### 14.6.4　有限元模型解算

通过【约束类型】命令设置仿真模型的边界条件；利用【仿真对象类型】命令，设置模型之间的接触条件；利用【载荷类型】命令，设置各个类型的载荷及其大小(模态分析可以省略该步骤)。

在模型求解之前，可以通过【仿真信息汇总】命令来查看边界条件和载荷情况设置是否合理；通过【有限元模型检查】命令来查看上述操作设置是否存在不合理之处，如有错误提示，则分别在仿真模型环境或者返回到有限元模型环境做进一步的检查和修改。

在检查完毕后单击【求解】命令，弹出【求解】对话框，如图 14.23 所示，求解提交方案有 4 种模式：直接求解；写入求解器输入文件；求解输入文件；写入、编辑并求解输入文件。直接求解为默认方式，也是一般结构计算中最常用的一种。

根据求解需要，可以对解算方案属性进行编辑，如图 14.24 所示对求解器参数进行编辑，如图 14.25 所示。在求解过程中，可以借助【解算监视器】来查看求解过程及其求解结果是否会收敛等信息。等待【作业分析监视器】的列表框内出现【Completed】后表示整个求解过程完成，可以关闭【信息】、【解算监视器】和【作业分析监视器】3 个对话框，同时，在【仿真导航器】中出现【Results】节点，意味着可以进入后续的仿真后处理操作了。

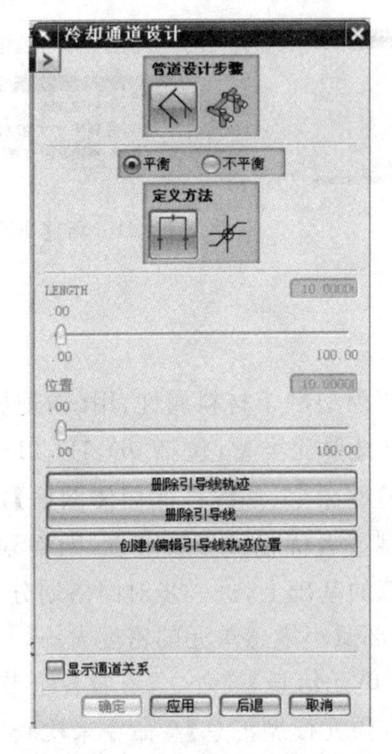


图 14.22　【冷却通道设计】对话框 1

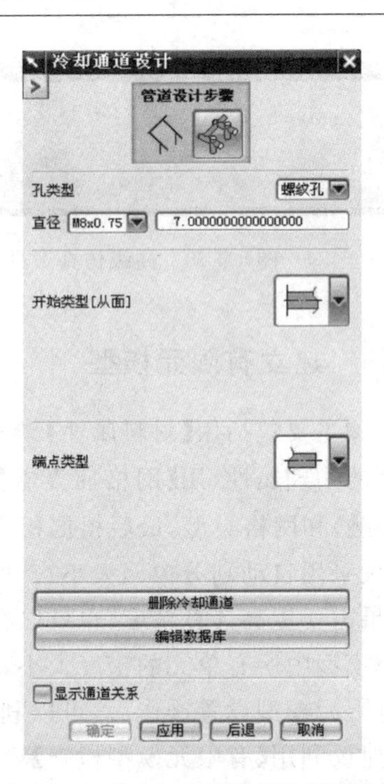


图 14.23　【冷却通道设计】对话框 2

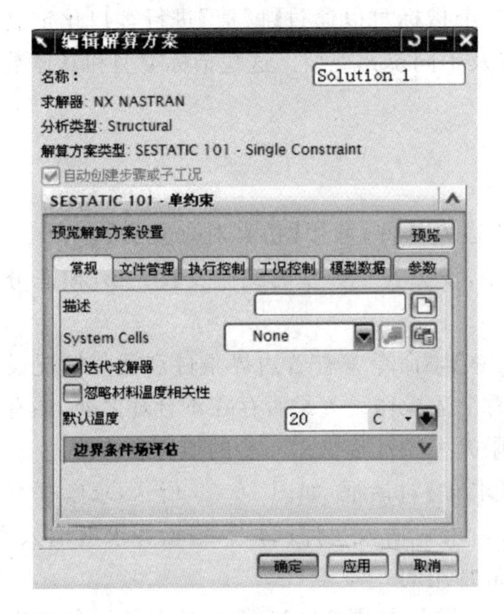


图 14.24　编辑解算方案对话框

图 14.25　求解器参数对话框

### 14.6.5　有限元模型后处理

双击【仿真导航器】窗口中出现【Results】节点即可进入【后处理导航器】窗口，一般都有【位移—节点的】、【旋转—节点的】、【应力—基本的】等查看的选项和指标。单击【结果】按钮，会出现【光顺绘图】对话框，可以选择显示结果的坐标系、单位、比例和绝对值等。

上述解算结束后可以单击【Report】命令，在仿真导航器窗口出现【Report】及其相关内容的子节点(如标题、介绍、解释方案汇总等),还可以对相关节点内容进行编辑或者抓取相关图像(或者动画),最后通过【导出】命令,得到一份完整的分析报告。

## 14.7　本章小结

本章主要介绍了标准模架的管理和模具标准件的使用方法,浇注系统、冷却水道设计方法及模具设计有限元分析。其中标准模架的管理包括模架目录设置、模架类型设置、模架图示功能区功能介绍以及模架编辑等功能;模具标准件的管理包括目录设置、分类设置、标准件显示设置以及尺寸编辑等功能;另外,还介绍了顶杆设计、滑块和浮升销设计功能;浇注系统的设计包括浇口设计和分流道设计两部分,分别对应平衡、位置和方法设置、浇口点设置、浇口编辑、定义引导线串、在分型面上的投影以及创建流道通道等功能;冷却水道设计对应功能有生成引导线路径和生成冷却管道功能。

## 参考文献

[1] Unigraphics Solutions Inc. UG 注塑模设计培训教程[M]. 北京:清华大学出版社,2002.

[2] 杨勇强,李小莹,郭敏杰. UG NX 6 注塑模设计[M]. 北京:化学工业出版社,2009.

[3] 洪如瑾. UG NX 4 高级仿真培训教程[M]. 北京:清华大学出版社,2007.

[4] 耿鲁怡,徐六飞. UG 结构分析培训教程[M]. 北京:清华大学出版社,2005.

[5] 赵昌盛. 使用模具材料应用手册[M]. 北京:机械工业出版社,2005.

## 习　　题

**一、问答题**

14.1　MoldWizard 模块中哪有几种标准模架?

14.2　MoldWizard 模块中提供了哪些标准件?

14.3　MoldWizard 模块中顶杆设计的基本步骤是怎么样的?

14.4　MoldWizard 模块中设计滑块头有哪几种方法?

14.5　MoldWizard 中有哪几种浇口类型?

14.6　在 UG NX 10.0 的 MoldWizard 中冷却水道的设计步骤是怎么样的?

**二、作图题**

14.7　打开二维码中的 cup.prt 文件,零件如题图所示,结合前面所学的内容对该零件进行分模及相关模具零件设计。

习题 14.7 文件

题 14.7 图

14.8 打开二维码中的 tray. prt 文件,零件如题图所示,结合前面所学的内容对该零件进行分模并进行相关模具零件的设计。

习题 14.8 文件

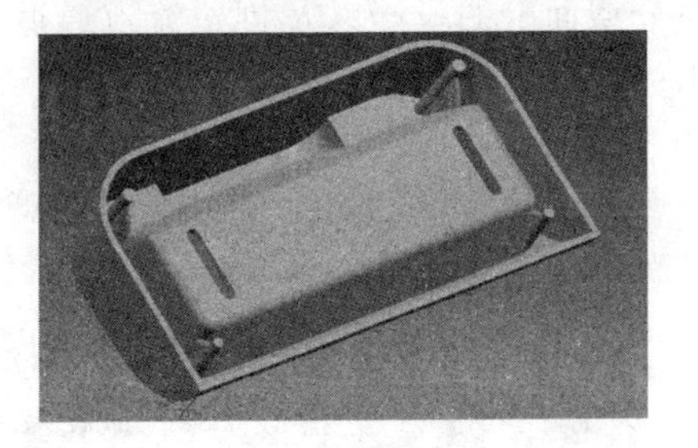

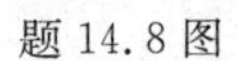

题 14.8 图

# 第四篇　数控加工篇

# 第 15 章　PowerMILL 数控加工

【内容提要】

本章首先对 PowerMILL 数控加工模块进行概述，然后引出 PowerMILL 数控加工编程的各种方法，主要分为创建毛坯、创建刀具、定义设置选项、产生粗加工策略、产生精加工策略、模拟并仿真产生的刀具路径、产生 NC 程序并输出为后处理 NC 数据文件。

【学习提示】

使用 PowerMILL 数控加工编程，需要对数控加工工艺与机床刀具有一定的基础。

## 15.1　PowerMILL 数控加工概述

### 15.1.1　PowerMILL 数控加工编程简介

PowerMILL 是英国 Delcam Plc 公司出品的功能强大、加工策略丰富的数控加工编程软件。它采用全新的 Windows 用户界面，通过提供完善的加工策略，帮助用户产生最佳的加工方案，从而提高加工效率，减少手工修整，快速产生粗、精加工路径，并且任何方案的修改和重新计算几乎瞬间完成，既可以缩短刀具路径计算时间，也能够对 2～5 轴的数控加工包括刀柄、刀夹进行完整的干涉检查与排除。PowerMILL 具有集成一体的加工实体仿真，方便用户在加工前了解整个加工过程及加工结果，节省加工时间。PowerMILL 可以接受不同软件系统所产生的三维电脑模型，让使用众多不同 CAD 系统的厂商不用重复投资。PowerMILL 是独立运行的、智能化程度最高的三维复杂形体加工 CAM 系统。PowerMILL 的 CAM 系统与 CAD 分离，在网络下实现一体化集成，更能适应工程化的要求，代表着 CAM 技术最新的发展方向，与当今大多数的曲面 CAM 系统相比有无可比拟的优越性。实际生产过程中设计（CAD）与制造（CAM）地点不同，侧重点亦不相同。当今大多数曲面 CAM 系统在功能上及结构上属于混合型 CAD/CAM 系统，无法满足设计与制造相分离的结构要求，PowerMILL 实现了 CAD 系统分离，并在网络下实现系统集成，更符合生产过程的自然要求。

### 15.1.2 PowerMILL 数控加工编程兼容数据

PowerMILL 支持包括 IGES、VDA-FS、STEP、ACIS、Parasolid、Pro/E、CATIA、UG、IDEAS、SolidWorks、SolidEdge、Cimatron、AutoCAD、Rhino 3DM、DelcamDGK 和 DelcamParts 在内的广泛的 CAD 系统数据资料输入，它具有良好的容错能力，即使输入模型中存在间隙，也可产生出无过切的加工路径，如果模型中的间隙大于公差，PowerMILL 将提刀到安全 Z 高度；如果模型间隙小于公差，刀具则将沿工件表面加工，跨过间隙。

### 15.1.3 PowerMILL 加工策略

**1. 三维偏置精加工**

此策略无论是对平坦区域还是对陡峭侧壁区域均使用恒定行距，因此使用这种类型的精加工策略可得到完美的加工表面。在使用螺旋选项的螺旋偏置精加工策略时，由于刀具始终和工件表面接触并以螺旋方式运动，因此，可防止刀具在切削表面留下刀痕。

**2. 等高精加工**

这是一种刀具在恒定 Z 高度层上切削的加工策略。可设置每层 Z 高度之间刀具的切入和切出，以消除刀痕。也可选择此策略中的螺旋选项，产生出无切入切出的螺旋等高精加工刀具路径。

**3. 最佳等高精加工**

高速精加工要求刀具负荷稳定，方向尽量不要出现突然改变。为此，PowerMILL 引入了一个组合策略，即能对平坦区域实施三维偏置精加工策略，而对陡峭区域实施等高精加工策略的最佳等高精加工策略。

**4. 螺旋等高精加工**

PowerMILL 中的另一独特的精加工策略是螺旋等高精加工策略。这种加工技术综合了螺旋加工和等高加工策略的优点，刀具负荷更稳定，提刀次数更少，可缩短加工时间，减小刀具损坏概率。它还可改善加工表面质量，最大限度地减小精加工后手工打磨的需要。既可将这种方法应用到标准等高精加工策略中，也可应用到综合了等高加工和三维偏置加工策略的混合策略——最佳等高精加工策略中。使用此策略时，模型的陡峭区域将使用等高精加工方法加工，平坦区域则使用三维偏置精加工方法加工。

**5. 变余量加工**

PowerMILL 可进行变余量加工，可分别为加工工件设置轴向余量和径向余量。此功能对所有刀具类型均有效，可用在 3 轴加工和 5 轴加工上。变余量加工尤其适合于具有垂直角的工件，如平底型腔部件。在航空工业中，加工这种类型的部件时，通常希望使用粗加工策略加工出型腔底部，而留下垂直的薄壁供后续工序加工。PowerMILL 除可支持轴向余量和径向余量外，还可对单独曲面或一组曲面应用不同的余量。此功能在加工模具镶嵌块过程中会经常使用，通常型芯和型腔需加工到精确尺寸。而许多公司为了帮助随后的合模修整，也为了避免出现注塑材料喷溅的危险，一般在分模面上留下一小层材料。

**6. 高速精加工**

PowerMILL 提供了多种高速精加工策略，如二维偏置、等高精加工和最佳等高精加工、螺旋等高精加工等策略。这些策略可保证切削过程光顺、稳定，确保能快速切除工件上的材料，得到高精度光滑的切削表面。

**7. 赛车线加工**

PowerMILL 中包含有多个全新的高效初加工策略，这些策略充分利用了最新的刀具设计技术，从而实现了侧刃切削或深度切削。其中最独特的是 Delcam 拥有专利权的赛车线加工策略。在此策略中，随刀具路径切离主形体，粗加工刀路将变得越来越平滑，这样可避免刀路突然转向，从而降低机床负荷，减少刀具磨损，实现高速切削。

**8. 摆线加工**

摆线加工是 PowerMILL 推出的另一全新的粗加工方式。这种加工方式以圆形移动方式沿指定路径运动，逐渐切除毛坯中的材料，从而可避免刀具的全刀宽切削。这种方法可自动调整刀具路径，以保证安全有效的加工。

**9. 自动摆线加工**

这是一种组合了偏置粗加工和摆线加工策略的加工策略。它通过自动在需切除大量材料的地方使用摆线粗加工策略，而在其他位置使用偏置粗加工策略，从而避免使用传统偏置粗加工策略中可能出现的高切削载荷。由于在材料大量聚积的位置使用了摆线加工方式切除材料，因此降低了刀具切削负荷，提高了载荷的稳定性，因此，可对这些区域实现高速加工。

**10. 残留粗加工**

残留刀具路径将切除前面大刀具未能加工到而留下的区域，小刀具将仅加工剩余区域，这样可减少切削时间。PowerMILL 在残留粗加工中引入了残留模型的概念。使用新的残留模型方法进行残留粗加工可极大地加快计算速度，提高加工精度，确保每把刀具能进行最高效率切削，这种方法尤其适合于需使用多把尺寸逐渐减小的刀具进行切削的零件。

**11. 固定轴 5 轴加工**

倾斜主轴后，PowerMILL 的全部策略均可应用于“3＋2”轴加工。这样可加工倒勾型面或使用短刀具加工深型腔。

**12. 连续 5 轴加工**

PowerMILL 提供了很多可广泛应用于航空航天工业、汽车工业以及精密加工领域的 5 轴加工策略。连续 5 轴加工允许用户在复杂曲面、实体和三角形模型上产生刀具路径。PowerMILL 丰富的加工策略及全部切入切出和连接都可用在 5 轴加工上，可使用全系列的切削刀具进行 5 轴加工编程，且全部刀具路径都经过了过切检查，它仅用两次工件装卡设置就可完成全部加工。

## 15.2　PowerMILL 界面

双击桌面上的 PowerMILL 快捷键图标，启动 PowerMILL 程序，界面如图 15.1 所示。

**1. 菜单栏**

单击菜单栏(见图 15.2)中的某个菜单名称(例如【文件】)，打开相关的下拉菜单列表以及子菜单命令。菜单文本右边如果有一小箭头，表示该菜单下包含子菜单(例如【文件】→【新近项目】)。将鼠标置于该箭头旁，屏幕上即弹出该子菜单中所包含的命令/名称(例如，

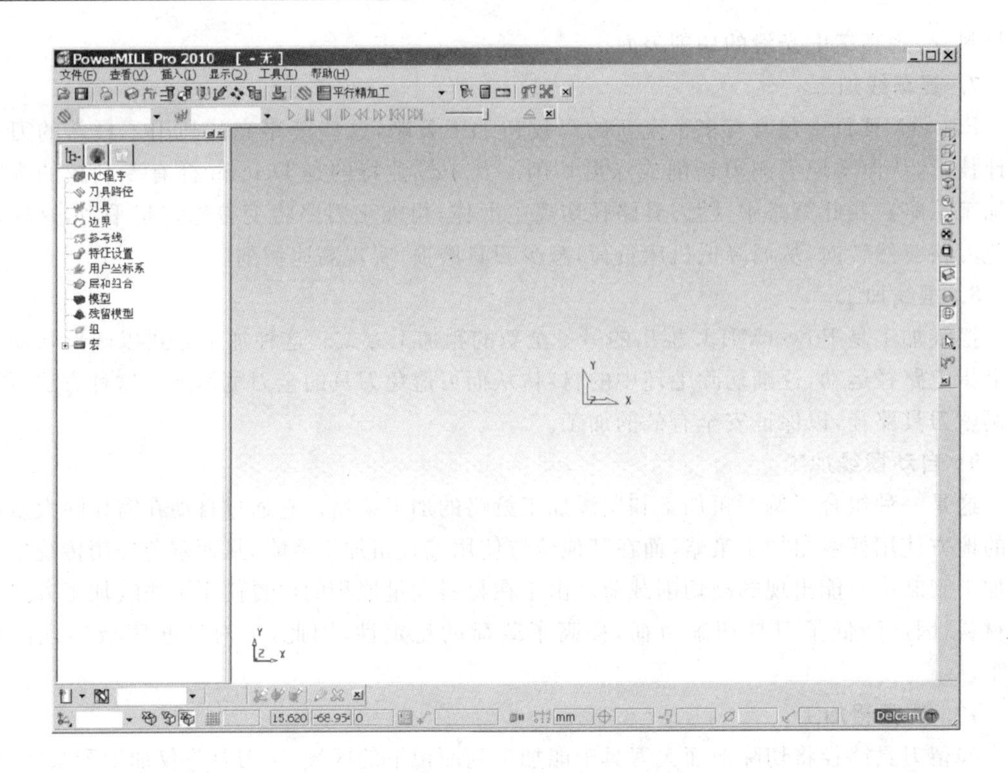


图 15.1　PowerMILL 界面

【文件】→【新近项目】将显示出新近打开过的项目文件，点击这些文件可直接打开这些项目。

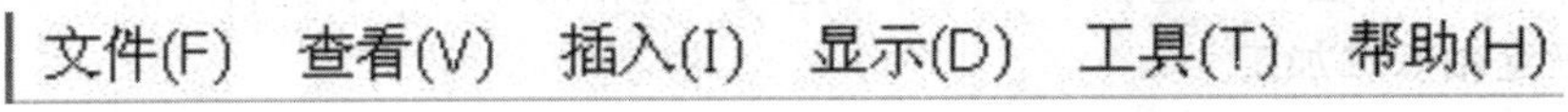

文件(F)　查看(V)　插入(I)　显示(D)　工具(T)　帮助(H)

图 15.2　菜单栏

**2. 主工具栏**

主工具栏如图 15.3 所示，在此可快速访问 PowerMILL 中最常用的一些命令。

图 15.3　主工具栏

**3. 浏览器**

如图 15.4 所示，浏览器提供控制选项和用来保存 PowerMILL 运行过程中产生的元素。

**4. 图形视窗**

浏览器右边的一个大的直观显示和工作区域。

**5. 查看工具栏**

如图 15.5 所示，查看工具栏可快速访问标准查看以及 PowerMILL 的阴影选项。

**6. 信息工具栏**

此区域提供了一些激活设置选项的信息，如图 15.6 所示。

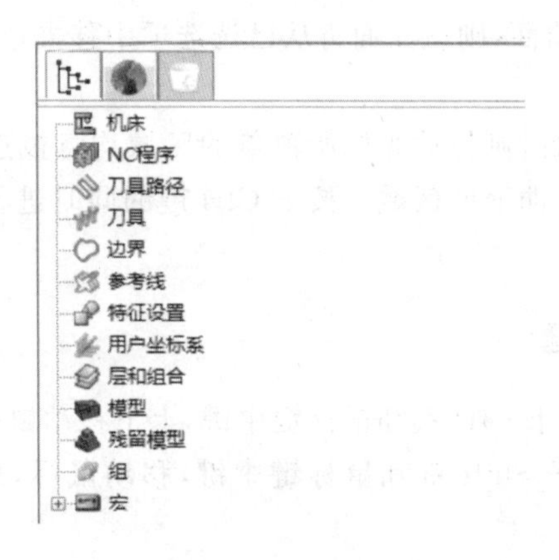


图 15.4　浏览器

图 15.5　查看工具栏

图 15.6　信息工具栏

**7. 刀具工具栏**

这是 PowerMILL 的快速刀具生成工具。

除以上系统缺省工具栏外，PowerMILL 还提供了一些其他非缺省工具栏，这些工具栏在 PowerMILL 启动后不会显示在屏幕上。使用【查看】→【工具栏】下的相应选项可显示这些工具栏，例如选取【查看】→【工具栏】→【刀具路径】即可显示刀具路径工具栏。

## 15.3　PowerMILL 鼠标键

三个鼠标按键在 PowerMILL 中分别具有不同的动态操作功能。

### 15.3.1　鼠标键左键

使用此按键可从下拉菜单和表格中选取选项，在图形视窗中选取几何元素。

选取方式由查看工具栏中的两个选项图标控制，缺省设置是方框选取。

**1. 方框选取方法**

将光标置于某个元素上，例如曲面模型上的某个位置，按下左鼠标键后，该几何元素将变为黄色，表示该几何元素被选取。

此时如果点取另一曲面，则另一曲面被选取，而全部当前选项将不再被选取。

按下 Shift 键的同时使用左鼠标键选取，则原始选项和新选项将同时被选取。

按下 Ctrl 的同时单击曲面,则该曲面将从已选选项中移去。

**2. 拖放光标选取方法**

选取此选项后,拖放光标,则拖放光标所覆盖的区域均将被选取,这种方法尤其适合于在模型中快速选取包含多张曲面的区域。按下 Ctrl 键的同时进行拖放,则可取消拖放区域的几何元素选取。

### 15.3.2　鼠标键中键

1. 放大和缩小:同时按下 Ctrl 键和鼠标键中键,上下移动鼠标,可放大或缩小视图。

2. 平移模型:同时按下 Shift 键和鼠标键中键,移动鼠标,可将模型按鼠标移动方向平移。

3. 方框放大:同时按下 Ctrl 键和 Shift 键以及鼠标键中键,拖放出一个方框,可放大方框所包含的区域。

4. 旋转模式:按下并保持鼠标键中键,移动鼠标,屏幕上将出现一跟踪球,模型可绕跟踪球中心旋转。

### 15.3.3　鼠标键右键

按下此按键后将调出一个相应菜单,菜单的内容取决于光标所处位置。比如 PowerMILL 浏览器中的一个几何元素名称或是图形区域中的某个物理元素。如果光标下无几何元素,则调出【查看】菜单。

## 15.4　简单 PowerMILL 加工范例

15.4 视频

通过此范例读者可快速对 PowerMILL 有一个初步了解。在此,我们将针对一个气门室模型来进行加工编程,产生几个简单的刀具路径并输出这些刀具路径。为简化编程,范例中我们将尽可能使用系统的缺省设置。

基本操作步骤如下:

1. 启动 PowerMILL。
2. 输入模型。
3. 通过零件定义毛坯。
4. 选取将使用的切削刀具。
5. 定义设置选项。
6. 产生粗加工策略。
7. 产生精加工策略。
8. 模拟并仿真产生的刀具路径。
9. 产生 NC 程序并输出为后处理 NC 数据文件。
10. 保存 PowerMILL 项目到某个外部目录。

### 15.4.1　输入模型

15.4.1 文件

从主下拉菜单中选取【文件】→【输入模型】，并选取模型文件：EG-Started.dgk。

### 15.4.2　定义毛坯

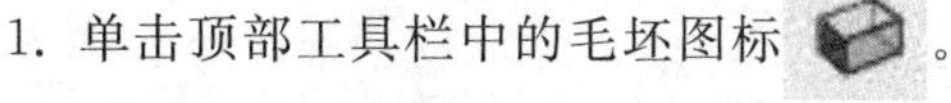

1. 单击顶部工具栏中的毛坯图标 。

【毛坯】对话框用来定义 3D 工作限界，它可以是实际尺寸的原材料，也可以是用户定义的零件中某一特殊位置的 3D 体积。

【毛坯】对话框中的缺省设置是由包括模型全部的方框定义毛坯，即【由…定义】—【方框】，单击【计算】后将计算出该方框的尺寸。可分别按需要编辑或锁住(灰化)对话框中的各个值，也可在扩展方框中输入所需的毛坯偏置值。

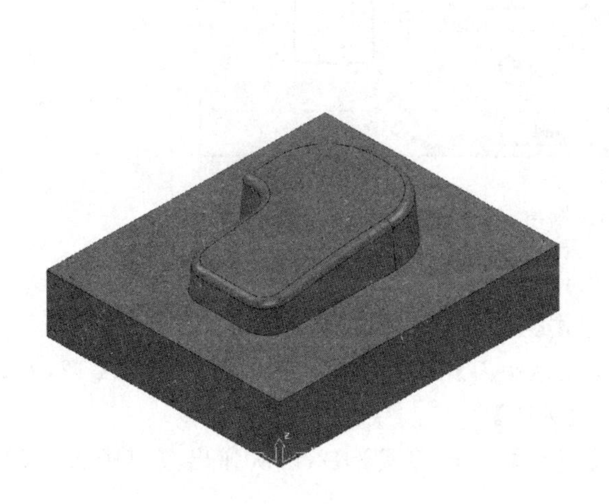

图 15.7　EG-Started 模型图

图 15.8　【毛坯】对话框

2. 单击【计算】按钮。
3. 单击【接受】按钮。

### 15.4.3　定义切削刀具

点取图形视窗左下部【刀具工具栏】中的相应刀具图标，可打开相应的【刀具定义】对话框。在此范例中我们将定义两把刀具，一把刀尖圆角端铣刀用于粗加工，一把球头刀用于精加工。

1. 点取下拉箭头，打开全部产生刀具图标 。屏幕上出现全部可定义刀具的图标。

2. 选取刀尖圆角端铣刀图标 。

于是弹出【刀尖圆角端铣刀】对话框，如图 15.9 所示，在此可设置刀具参数。输入【直径】值后，【长度】域自动按缺省设置为刀具直径的 5 倍。长度值也可根据需要改变。最好是为刀具起一个容易理解和记忆的名称，在此，可将刀具重新命名为 D12t1。如果合适，可将指定的刀具编号输出到 NC 程序。若机床具有换刀装置，则此编号将为刀具在刀库中的卡盘或链上的编号。

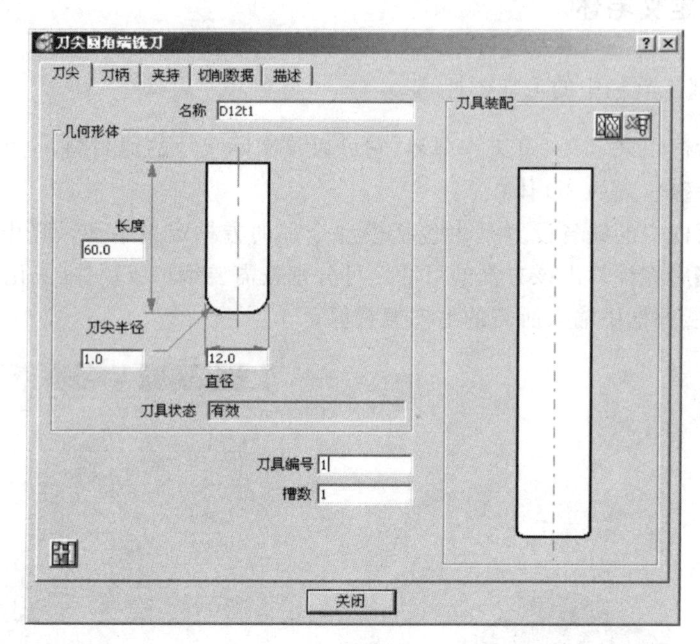


图 15.9　【刀尖圆角端铣刀】对话框

3. 在对话框中【直径】输入 12，【刀尖半径】输入 1。

4. 在【名称】方框中输入 D12t1，最后单击【关闭】。

5. 重复定义刀具操作，这一次选取【定义球头刀】图标，在对话框中【直径】输入 12，刀具编号 2，将刀具名称改变为 BN12，最后单击【关闭】。

6. 打开屏幕左侧【浏览器】窗口中的【刀具】，右击刀具 D12t1，从弹出菜单中选取【激活】选项。

一次只能激活一把刀具，该刀具的局部菜单中的【激活】选项前会出现一勾。打开加工策略对话框后，系统将自动选取当前激活的刀具。浏览器中将突出显示激活刀具名称且其名称前带一前缀‘>。

## 15.4.4　定义快进高度

用户可使用【快进高度】对话框（见图 15.10）来控制刀具在工件上的安全快速移动。【安全 Z 高度】是刀具撤回后在工件上快进的高度。【开始 Z 高度】是刀具从【安全 Z 高度】向下移动到－Z 高度，转变为工进的高度。PowerMILL 以红色的点画线代表快进移动；以浅蓝色的线代表下切移动；以绿色线代表切削移动。如图 15.11 所示。

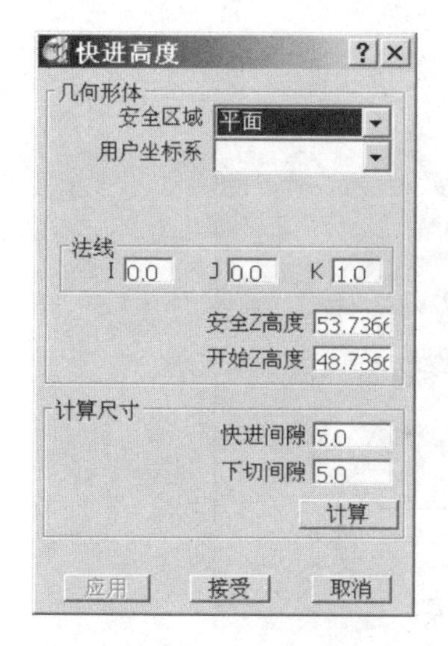


图 15.10　【快进高度】对话框

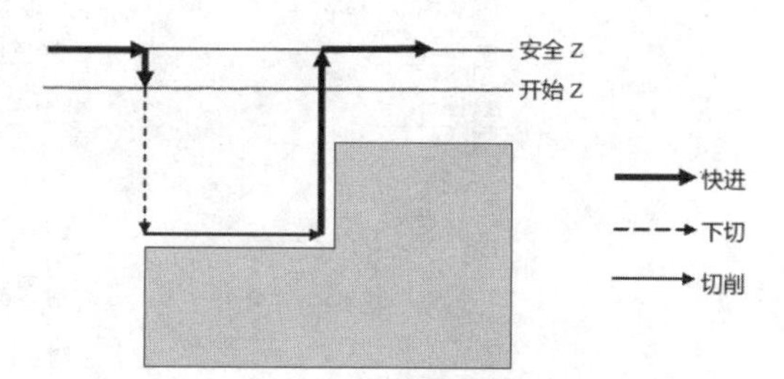


图 15.11　安全高度图示

1. 单击【快进高度】图标 。

2. 单击【快进高度】对话框中的【安全高度重设】按钮。

3. 单击【接受】按钮。

### 15.4.5　刀具开始点、结束点和设置进给转速

1. 单击【开始点】和【结束点】图标。

用户可使用【开始点】和【结束点】对话框定义加工策略的刀具路径的开始点和结束点的位置。刀具的【开始点】位置的缺省设置为“毛坯中心安全高度”，而缺省结束点设置为“最后一点安全高度”。如果需要一个不同的位置，则可从对话框的方法域中选取不同的选项。这些选项包括【毛坯中心安全高度】、【第一/最后一点安全】、【第一/最后一点】和【绝对】。

2. 使用缺省设置，单击【接受】按钮。

现在刀具 D12t1 即位于毛坯中心安全位置，用户可开始产生第一条刀具路径。

3. 可为当前刀具和刀具路径单独设置进给率，也可通过数据库装载预先定义好的进给率值。单击顶部工具栏中的进给和转速图标，打开【进给和转速】对话框。如图 15.12 所示，在其中的【切削条件】段输入【主轴转速】1200，【切削进给率】400，然后单击【接受】按钮。

### 15.4.6　产生粗加工策略

1. 从主工具栏选取刀具路径策略图标。
2. 选取【三维区域清除】页面。
3. 选取【模型区域清除】选项，打开如图 15.13 所示对话框。
4. 输入新的刀具路径名称 D12t1-a1。
5. 编辑【余量】值为 0.5。这是加工后工件上留下的材料。
6. 设置【行距】为 10。这是每条平行路径之间的距离(切削宽度)。

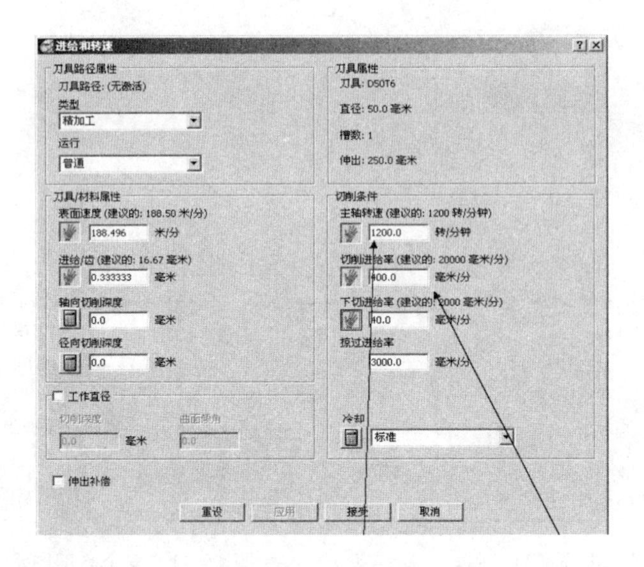


图 15.12 【进给和转速】对话框

7. 设置【下切步距】(切削深度)为其缺省值 5mm。

8. 单击【计算】,处理此加工策略。

图 15.13 【模型区域清除】对话框

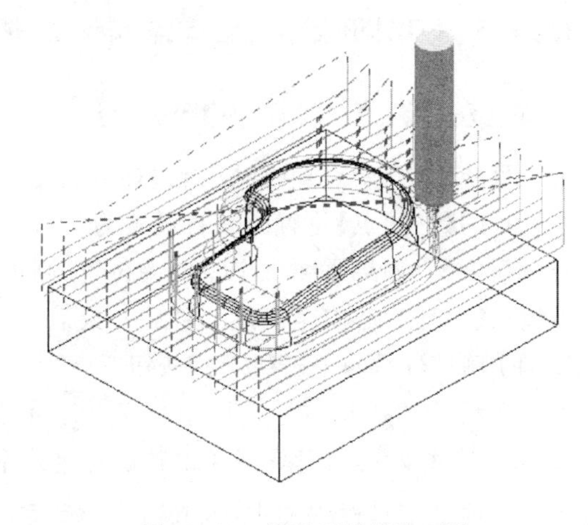

图 15.14 模型区域清除刀路

9. 选取【查看】→【工具栏】→【仿真】,打开仿真工具栏。

10. 从仿真工具栏的第一个域中选取刀具路径 D12t1-a1,随后单击【运行】按钮,开始仿真。工具栏中的其他一些按钮可用来在仿真过程中回倒或单步运行仿真。模型区域清除刀路如图 15.14 所示。

### 15.4.7 产生精加工策略

1. 右击【浏览器】中的刀具 BN12,从弹出菜单中选取【激活】选项。

2. 从【主工具栏】选取【刀具路径策略】图标。

3. 选取【精加工】页面。

4. 选取【平行精加工】选项，打开如图 15.15 所示的对话框。

5. 输入刀具路径名称 Bn12-a1。

6. 设置【行距】为 1.0。

7. 单击【计算】，处理此刀具路径策略。

平行精加工参考线根据刀具几何形状和加工设置，沿 $Z$ 轴向下将参考线投影到部件上。

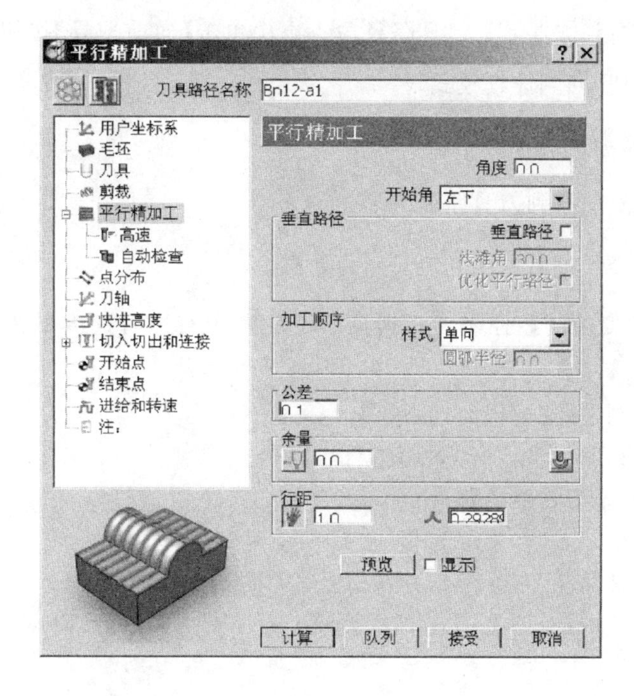


图 15.15　【平行精加工】对话框

### 15.4.8　刀具路径模拟和 ViewMILL 仿真

PowerMILL 提供了两种主要的刀具路径仿真手段，一个是模拟仿真，它显示刀具的刀尖沿刀具路径的运动轨迹；另一个则提供了切削过程中沿刀具路径毛坯材料被切削的阴影图像仿真。

**1. 刀具路径模拟**

右击【浏览器】中的刀具路径 D12t1-a1，从弹出的菜单中单击【激活】，激活该刀具路径（呈勾取状态）。

再次右击浏览器中的粗加工刀具路径 D12t1-a1，从弹出菜单中选取【自开始仿真】。

于是刀具路径【仿真工具栏】即出现在屏幕。工具栏中显示了【刀具路径】和【刀具名称】以及控制仿真的一些按钮。

以下是各个按钮的功能：

▷【运行】：开始仿真并以连续模式运行仿真。

【暂停】:暂停仿真。

【下一步】:向前一步仿真刀具移动。速度设置越快(使用速度控制 定义),步距越大。再次单击【下一步】按钮查看下一移动,或是单击【运行】按钮,重新开始连续模式仿真。

【上一步】:向后一步仿真刀具移动。单击【运行】按钮回到连续模式。

【向前搜寻】:仿真下一刀具路径段。再次单击【向前搜寻】按钮可查看下一部件,或是单击【运行】按钮,回到连续模式。

【向后搜寻】:仿真上一刀具路径段。

【到末端】:前移到刀具路径末端。

【回到路径始端】:返回到刀具路径始端。

【速度控制】:控制模拟速度。滑块置于右边时速度最快,置于左边时速度最慢。

使用上面的控制按钮【模拟刀具路径】。

激活精加工刀具路径 Bn12-a1,重复模拟过程。

完成后单击【卸载刀具路径】。

**2. ViewMILL**

激活粗加工刀具路径 D12t1-a1,并在仿真工具栏选取它。

从顶部菜单中选取【查看】→【工具栏】→【ViewMILL】,打开 ViewMILL 工具栏,如图 15.16 所示。

单击第一个按钮 ,切换【ViewMILL 视窗】,进入 ViewMILL 模式。

于是 ViewMILL 即被高亮显示。

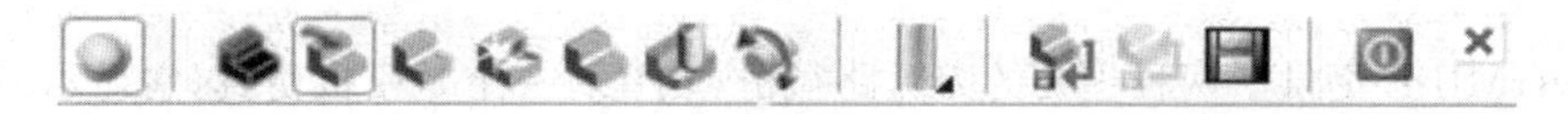

图 15.16 ViewMILL 工具栏

单击第四个按钮 ,选取【普通阴影图像】。

选取【刀具】图标 ,显示刀具,随后单击【运行】图标 ,如图 15.17 所示。

选取仿真工具栏中的 ViewMILL 退出图标 ,退出 ViewMILL 模块。

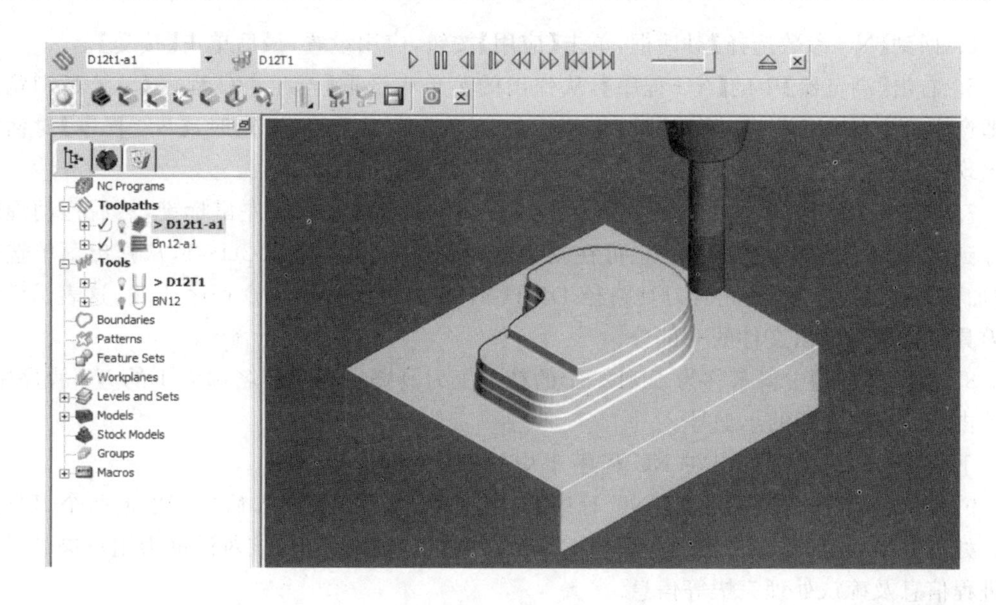


图 15.17　ViewMILL 仿真

## 15.4.9　NC 程序(后处理并输出 NC 数据)

15.4.9 文件

1. 从主下拉菜单选取【工具】→【自定义路径】选项，打开 PowerMILL 路径对话框，在 PowerMILL 路径对话框中选取【NC 程序输出】选项。

2. 单击【增加路径到列表顶部】图标，在【选取路径】对话框中浏览到所需位置如：C:\temp\NCPrograms，最后单击【接受】。

3. 右击【浏览器】中的【NC 程序】，打开子菜单，选取【NC 程序】子菜单中的【参数选择】选项，打开如图 15.18 所示的【NC 参数选择】对话框。

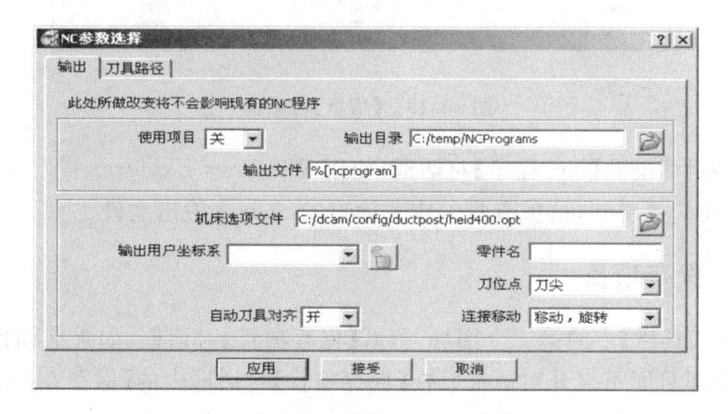


图 15.18　【NC 参数选择】对话框

4.【输出目录】(文件夹)的缺省位置已通过【工具】→【自定义路径】定义。

在【NC 参数选择】对话框中单击【机床选项文件】图标，在打开的对话框中选取 heid400，最后单击【打开】。

5. 回到【NC 参数选择】对话框，单击【应用】按钮，应用设置，最后单击【接受】。

6. 右击【浏览器】中的【NC 程序】，从弹出的菜单中选取【产生 NC 程序】。于是浏览器中即产生一空的 NC 程序，随后即可将相应的加工策略指派给它，同时，【NC 程序】对话框也出现在图形视窗。

7. 将光标置于浏览器中的刀具路径 D12t1-a1 上，点取并保持左鼠标键，然后拖动虚幻图像到名称为 1 的 NC 程序上。也可在浏览器中右击刀具路径 D12t1-a1，从弹出菜单选取【增加到】→【NC 程序】。此时刀具路径 D12t1-a1 的名称出现在 NC 程序 1 中，这表示已将该刀具路径作为输出文件的一部分。

8. 在【浏览器】中将名称为 BN12-a1 的精加工刀具路径拖动到名称为 1 的 NC 程序中，并单击 NC 程序 1 旁的小加号。

下面就可以后处理列出在 NC 程序 1 中的刀具路径。

9. 单击显示在图形区域的【 NC 程序】对话框中的【写入】按钮，后处理以上两个刀具路径。处理完毕后，屏幕上将出现如图 15.19 所示的【信息】对话框，该对话框为用户提供了处理进程信息及确认处理完毕等信息。

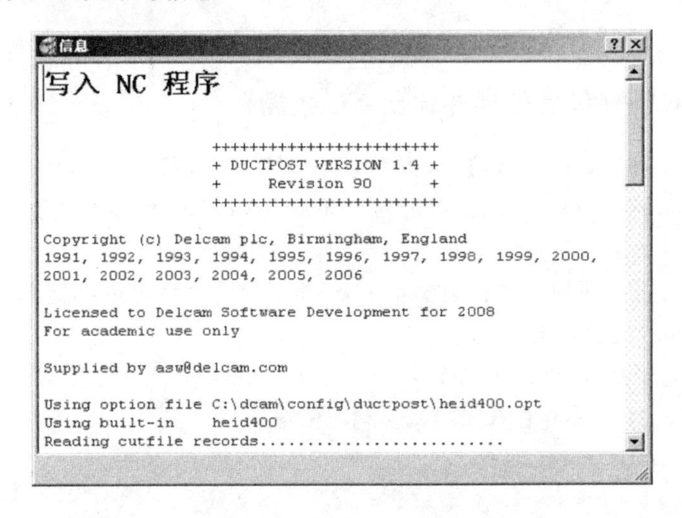


图 15.19 【信息】对话框

关闭【信息】对话框及【NC 程序】对话框，使用 Windows Explorer 查看文件夹 C:\temp\NCPrograms，我们可看到，这里有我们刚才输出的 ncdata 输出文件 1. tap。

### 15.4.10 保存项目

1. 左击【主工具栏】中的第二个图标，打开【保存项目】对话框，如果前面已经保存项目，系统将直接更新项目而不打开对话框。在【保存项目】对话框中的【保存在】方框中选取路径 D:\users\training\COURSEWORK\PowerMILL-Profects\EG-Started-1。

2. 单击【保存】按钮，将项目保存在某个外部目录（对话框将自动关闭）。

# 15.5　PowerMILL 常用设置

15.5 视频

## 15.5.1　直接访问常用文件夹设置

可以使用【输入模型】对话框中的用户可定义按钮 用户路径 1 和 用户路径 2 快速访问常用的模型。

1. 从主下拉菜单选取【工具】→【自定义路径】。

2. 选取【文件对话视窗按钮 1】，随后选取【增加路径到列表顶部】图标，然后浏览查看：D:\users\training\PowerMILL_Data\Models。

3. 重复最后一步，但这次设置【文件对话视窗按钮 2】，使它可直接访问：D:\users\training\PowerMILL_Data。

## 15.5.2　装载模型到 PowerMILL

15.5.2 文件

1. 从主下拉菜单选取【文件】→【输入模型】。

2. 使用【快捷键按钮 1】或浏览查看：D:\users\training\PowerMILL_Data\Models。

注：PowerMILL 可接受多种类型的模型。点取对话视窗中的【文件类型】下拉列表可将所需类型的文件显示在对话视窗中。

3. 选取文件 speaker_core.dgk，打开模型。

4. 从图形视窗右边的【查看】工具栏中选取【从顶部查看】图标，然后选取【全屏重画】图标。

## 15.5.3　定向模型：使用用户坐标系产生加工原点

下面我们来产生一用户坐标系并使它绕 $Z$ 轴旋转 90°，从而使模型较低的最长边和机床的正面对齐，也即沿 $X$ 轴。

1. 使用拖放方法选取全部模型。

2. 如图 15.20 所示在 PowerMILL 浏览器中右击【用户坐标系】，从弹出菜单中选取【产生用户坐标系】选项。用户坐标系是可在全局范围进行移动和重新定向的附加原点。任何时候都只能有一个用户坐标系激活，如果不存在激活的用户坐标系，则原始的全局坐标系就是原点。

【用户坐标系】即出现在已选模型零件的顶部中央。新的用户坐标系也同时注册于 PowerMILL 浏览器中。应养成产生某个元素后及时在浏览器中重新命名所产生元素的习惯，这样便于随后识别和管理。

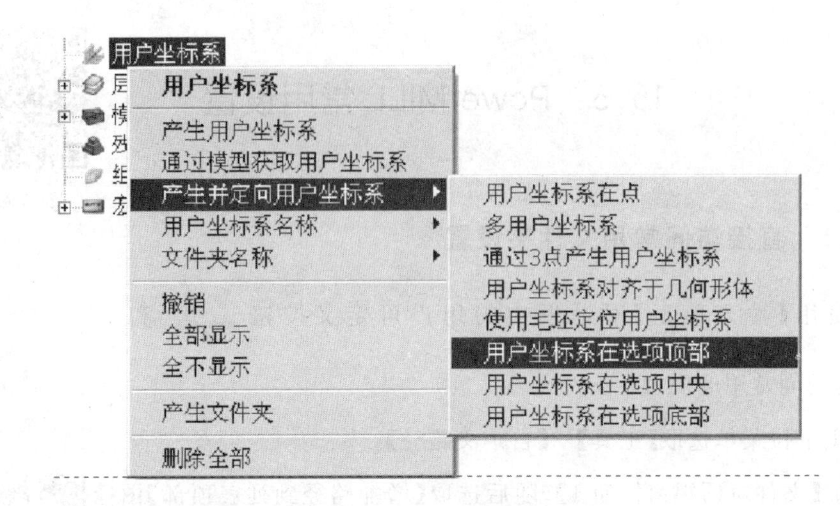


图 15.20　产生用户坐标系

3. 在 PowerMILL 浏览器中右击刚才产生的【用户坐标系】，从弹出菜单选取【重新命名】。

4. 将【名称】改为 Datum。

5. 右击【用户坐标系】Datum，从弹出菜单选取【激活】。

6. 从相同弹出菜单中选取【用户坐标系编辑器】，打开【用户坐标系】编辑工具栏。

如图 15.21 所示是旋转这个新产生的激活用户坐标系以间接地重新定向模型，使其长边和 $X$ 轴对齐。

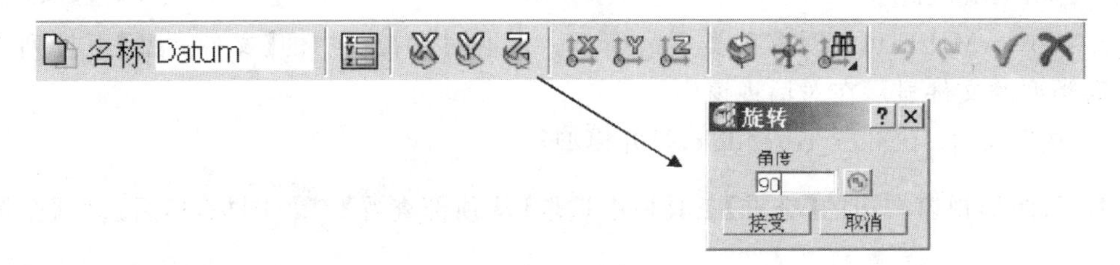


图 15.21　旋转用户坐标系

7. 输入【角度】90.0，然后单击【接受】。选取工具栏中绿色钩，接受改变。

8. 选取【沿 Z 轴向下查看】，查看旋转结果，如图 15.22 所示。可见，模型在激活用户坐标系中的位置更适合于模型加工。将模型输入到 PowerMILL 后并不是在所有情况下都需产生一新的用户坐标系并对它进行移动或旋转。是否需要进行上面的操作，取决于从其他 CAD 软件输出模型时模型的原点和方向。

9. 查看模型属性可获取相对于世界坐标系或激活的用户坐标系（如果存在）的模型尺寸。右击浏览器中的【模型】，从弹出菜单中选取【属性】。可将【模型属性】对话框中的值复制（Ctrl C）和粘贴（Ctrl V）到其他对话框中（例如，用来修改用户坐标系位置）。

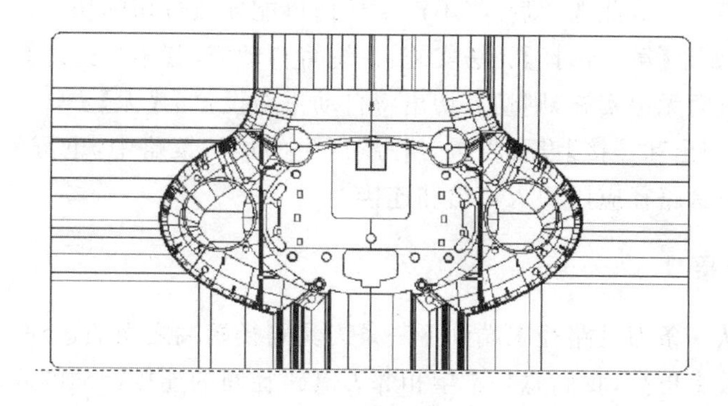

图 15.22　旋转后的工件位置

## 15.6　PowerMILL 切入切出和连接参数设置

如果允许刀具从刀具路径末端开始加工，那么它将首先下切到残留毛坯深度，然后突然改变方向，沿刀具路径进行切削，这样很容易产生刀痕，同时使刀具发生振动，从而导致刀具和机床的额外磨损。对刀具路径进行适当的【切入切出】移动设置，可避免刀具负荷的突然改变。

15.6 视频

刀具路径间的空程移动会增加大量的额外加工时间，应用适当的【连接】移动，可极大减少刀具路径间的这种空程移动。

### 15.6.1　Z 高度

【掠过距离】和【下切距离】用来控制刀具在零件之上快速移动的高度。通过设置适当的【安全 Z 高度】和【开始 Z 高度】，可最大限度减小加工过程中刀具低速移动和不必要的空程移动。

【掠过距离】是刀具在模型之上从一条刀具路径末端提刀到下一刀具路径始端进行快速移动的相对高度。刀具在【掠过距离】所设定的高度之上做快进移动，快速跨过模型，到达下一下切位置。

【下切距离】是工件表面之上的一相对距离，刀具下切到此距离值后将由“快进速率”下切改变为以【下切速率】下切。

### 15.6.2　切入与切出

【切入】控制刀具在切削路径开始前的运动；【切出】控制切削路径末端离开刀具路径时的运动。可使用的切入选项有：【无】，【垂直圆弧】，【水平圆弧】，【左水平圆弧】，【右水平圆弧】，【延伸移动】，【加框】和【斜向】。【切出】可使用的选项和【切入】可使用的选项除没有【斜向】选项外，其他部分完全相同。

【切入切出】和【连接】是刀具路径的有效延伸，因此必须对其进行过切保护处理。为此一定要设置【刀具路径切入切出】和【连接】对话框中的【过切检查】选项（缺省设置为已勾取),以免发生过切。点取此选项后,将不产生任何可能导致过切的切入切出。

任何情况下,如果【第一选择】无法实施,系统将自动应用【第二选择】。如果两种选择均因过切选项的勾取而无法实施,则切入切出将自动重新设置为【无】。

当前的【切入切出和连接】设置将包含在新产生的加工策略中,也可使用浏览器在策略产生后对【激活】刀具路径应用切入切出和连接。

### 15.6.3 连接

连接运动是从一条刀具路径末端到下一条刀具路径始端之间的运动。为使刀具在跨过零件过程的运动效率更高,我们总是希望相邻刀具路径间的连接运动的高度尽可能低,在不出现过切的情况下,离工件外表越近越好。

【短/长分界值】用于区分“长/短连接”,任何比此值短的值将被认为是“短连接”,任何比此值长的连接将会被认为是“长连接”。

【短连接】可使用的选项有:【安全】、【相对】、【掠过】、【在曲面上】、【阶梯下切】、【直线】、【圆形圆弧】。

【长连接】有如下选项:【安全】、【相对】和【掠过】。

【安全连接】选项仅用在刀具路径的始端和末端,可使用的选项有【安全】、【相对】和【掠过】。对于允许在快进运动过程中进行修圆处理的机床控制系统,可勾取【修圆快速移动】方框并选取合适的基于刀具直径单位 TDU 的半径值,这个选项尤其适合于高速加工。

## 15.7 PowerMILL 边界

15.7 视频

边界由一个或多个闭合的(线框)段组成,其主要功用是将加工策略限制在零件的某个特定区域。前面我们使用过边界来裁剪加工策略,使某些策略的加工仅出现在零件所需区域。例如,使用等高精加工策略来加工陡峭的侧壁,而使用平行精加工策略来加工浅滩区域。系统提供了若干标准的边界产生选项。

### 15.7.1 用户定义边界

这种类型的边界通过额外子菜单中的一些选项产生。和其他的主边界选项不同的是,这种类型的边界一般来说仅牵扯到已有线框转换,而其他主边界选项和 PowerMILL 中的其他元素相关。对话框中边界、参考线和刀具路径被灰化,除非选取了合适的元素。【模型】:插入已选模型边缘。【勾画】:启用自由形状坐标输入。【曲线造型】:打开复合曲线产生器。【线框造型】:打开 PowerSHAPE 线框造型器。

15.7.1 文件

1. 通过【文件输入】选择模型:D:\cowling。如图 15.23 所示。

2. 选取定义中央型腔和圆倒角的曲面,如图 15.24 所示。

3. 在浏览器中右击【边界】并选取【定义边界】→【用户定义】,在【用户定义边界】对话框中单击【模型】图标。于是绕模型中的已选部分边缘产生了一边界段,如图 15.25 所示。选取【从顶部查看(Z)】,关闭“阴影查看”但保留“线框查看”。

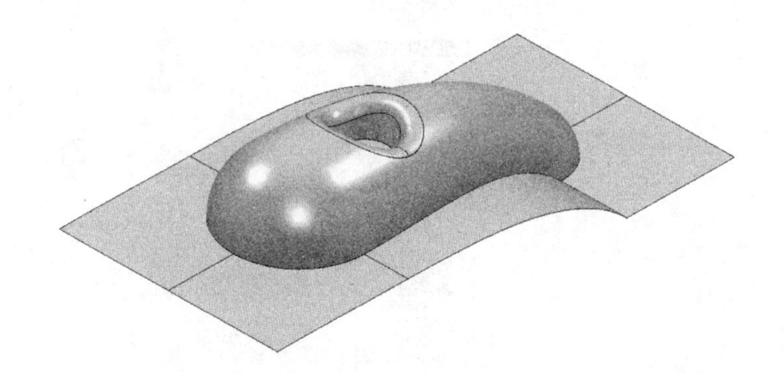

图 15.23　cowling 模型

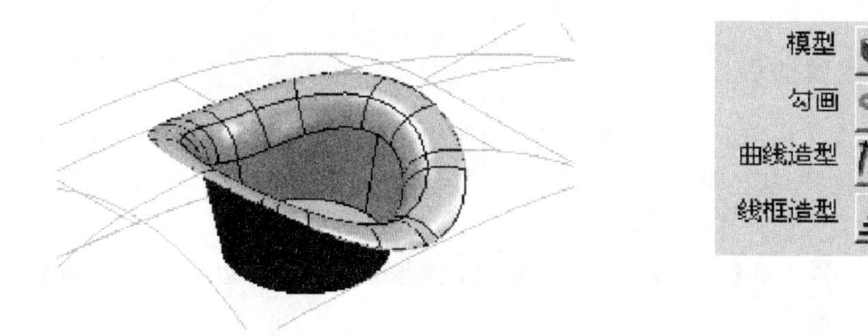


图 15.24　选取模型曲面

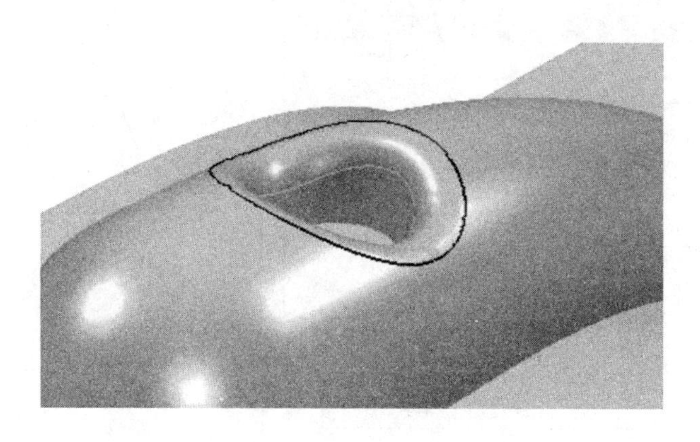

图 15.25　用户定义模型边界

### 15.7.2　已选曲面边界

“已选曲面边界”定义了一个或多个边界段，这些段是激活刀具和“已选曲面”失去接触的位置。这些段代表了激活刀具的刀尖轨迹。

1. 按【方框】定义一毛坯，类型为“模型”。

2. 产生一直径为 16 的球头刀 bn16。

3. 选取包括圆倒角在内的定义中心型腔的那些曲面。

4. 右击浏览器中的【边界】，从弹出菜单中选取【定义边界】→【已选曲面】。如图 15.26 所示。

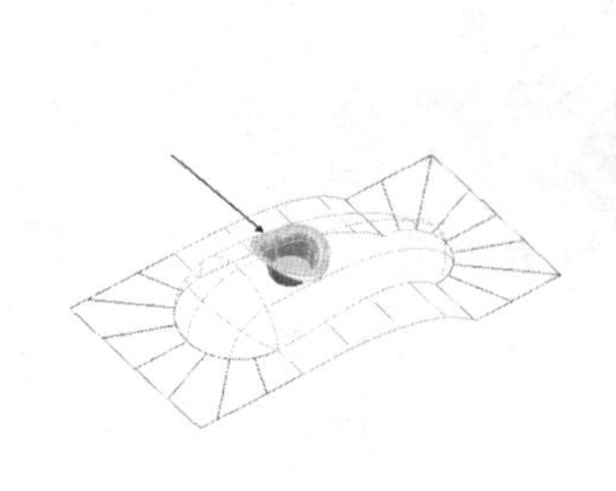
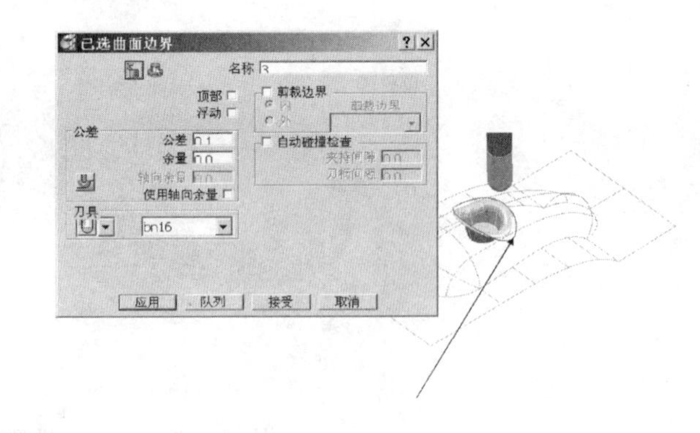


图 15.26 已选曲面边界

### 15.7.3 浅滩边界

浅滩边界定义了模型上由上限角和下限角所限定的一个模型区域，它用来将模型分成陡峭和浅滩两个区域，从而对这两个区域分别使用等高和参考线策略，提高加工效率。该边界相对于激活刀具参数计算。

1. 右击浏览器中的【边界】，从弹出菜单中选取选项【定义边界】→【浅滩】，弹出如图 15.27所示对话框。

2. 使用如图 15.27 所示设置，单击【应用】，产生如图所示边界段。

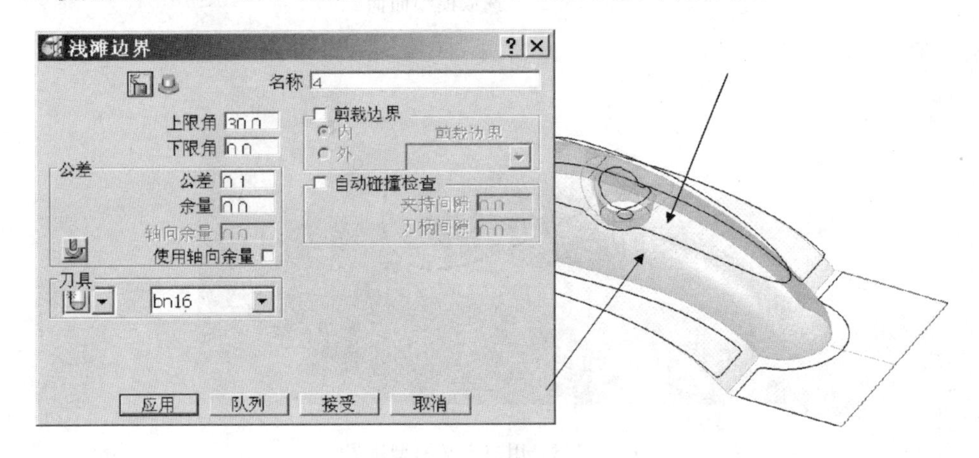


图 15.27 浅滩边界

### 15.7.4 残留边界

这种类型边界定义了指定的参考刀具无法加工的区域，它同时需要指定一激活的(小)刀具，否则不能产生边界段。

1. 产生一直径为 8 的球头刀 bn8。

2. 删除全部已有边界(在浏览器中右击【边界】，从弹出菜单中选取【删除全部】)。

3. 右击浏览器中的【模型】，从弹出菜单中选取【删除全部】，删除目前已经不完整的零件。

4. 输入原始(完整)模型(D:\cowling)。

5. 在浏览器中右击【边界】。

6. 从弹出菜单中选取【定义边界】并在其子菜单中选取【残留选项】,打开【残留边界】对话框。

7. 将对话框中的值做如下修改:【扩展区域】为 0,【刀具】为 bn8,【参考刀具】为 bn16,最后单击【应用】,产生如图 15.28 所示的残留边界。

8. 单击【接受】。

9. 选取【沿 Z 轴向下查看】图标,不显示模型。

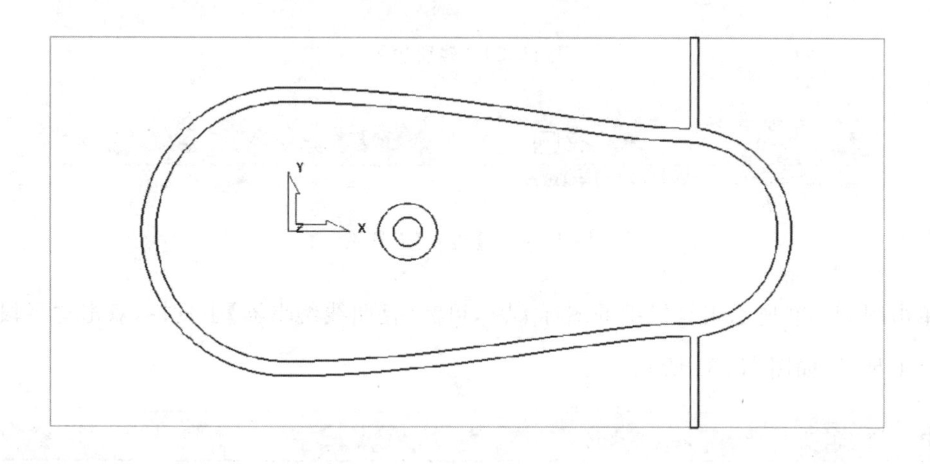


图 15.28　残留边界

图 15.28 中的边界区域代表那些使用 16mm 的球头刀 bn16 无法加工到而 8mm 球头刀 bn8 可加工到的区域。仔细查看模型中央的型腔区域可发现,该区域如果使用平底刀具加工会更合适,同时,如果能去掉外沿的两个突出部分,产生的刀具路径将会更平滑。这两个突出区域可随后使用单独的刀具路径加工。

### 15.7.5　编辑边界

PowerMILL 提供了多个选项供用户修改边界几何形状。它们包括【曲线造型】、【曲线编辑器】和【线框造型】。

1. 在浏览器中右击【残留边界(6)】图标,从弹出的下拉菜单中选取【编辑】→【复制边界】选项,产生一复制的【边界(6_1)】。

2. 右击浏览器中原始残留【边界(6)】,从弹出菜单中选取【重新命名】选项,将边界重新命名为 master。

3. 将复制的【边界(6_1)】重新命名为 Rest。

4. 在浏览器中点击(关掉)【边界(master)】旁的灯泡,将该边界从图形视窗中移去。

5. 使用方框方法选取【边界(残留)】上的两个内部边界段,然后使用键盘上的 Delete 键删除这两个边界段,如图 15.29 所示。

6. 边界产生后,可使用【边界】工具栏中提供的多个工具进行修改,如图 15.30 所示。

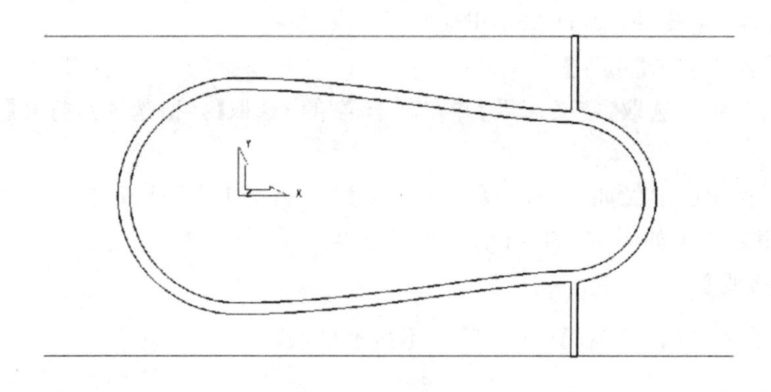

图 15.29 残留边界

图 15.30 【边界】工具栏

单击图 15.30 所示工具栏中的图标，可激活【曲线编辑器】工具栏，双击边界段也可打开该工具栏，如图 15.31 所示。

图 15.31 【曲线编辑器】工具栏

7. 点编辑选项仅可应用于【连续直线(折线)】段。右击 PowerMILL 浏览器中的【边界】，从弹出菜单选取【工具栏】。单击工具栏中的【曲线编辑器】选项，打开【曲线编辑器】工具栏。选取图形区域中的外边的那条边界段。于是在已选边界段上即显示出一些点，如图 15.32 所示。

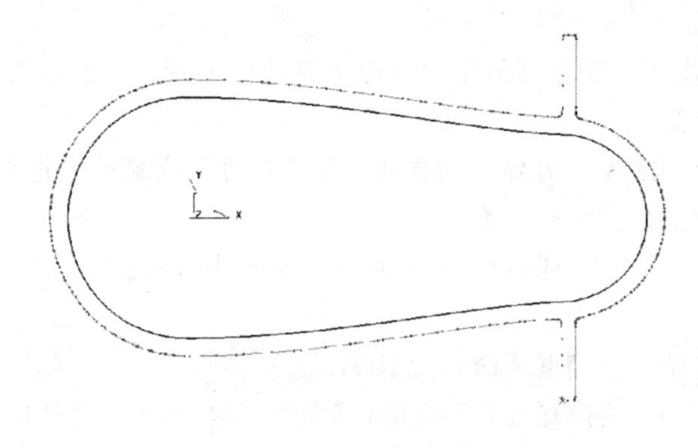

图 15.32 曲线点编辑

8. 放大已选边界段如图 15.33 所示区域，选取定义小柱的全部点(按下 Shift 键使用左鼠标键选取)。单击【曲线编辑】工具栏中的【删除点】图标，将小柱点从边界段删除。对另一部分的小柱重复以上操作。

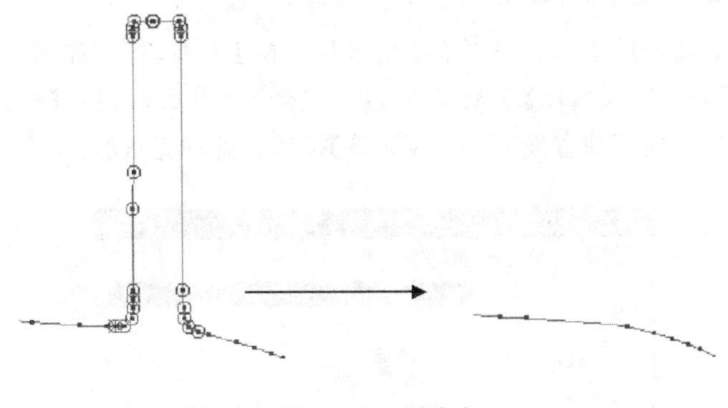

图 15.33　删除点

9. 从【曲线编辑器】工具栏选取【闭合连接】选项，重新产生一闭合段，如图 15.34 所示。

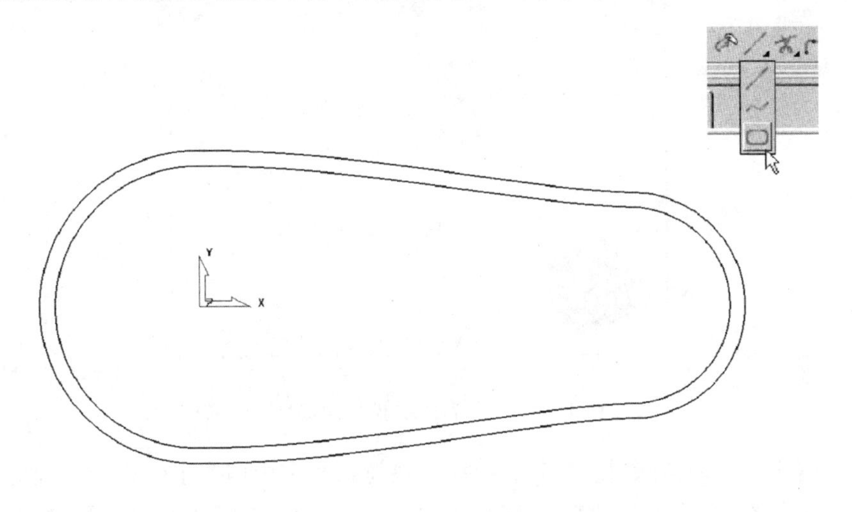


图 15.34　闭合曲线

10. 确认两个边界段都被选取(将不从曲线编辑器返回未选取的边界段)。单击绿色钩，接受改变，退出曲线编辑器。其他一些编辑选项可通过右击浏览器或图形中的【边界】，从弹出菜单选取【编辑】选项访问。

## 15.8　PowerMILL 编程刀具路径策略

### 15.8.1　平行区域(模型区域)清除

平行区域清除策略按激活 Z 高度在毛坯上按零件外形做一系列的线性切削，随后(如果需要)绕零件运行轮廓路径，以在等高切面上留下恒定的余量。该策略还提供了一些对策略进行精细调整的选项。

1. 输入模型 speaker_core.dgk，建立毛坯，创建刀具圆角端铣刀（直径 50mm，圆角半径 6mm）D50T6，从主工具栏中点取【刀具路径策略】图标。

2. 选取【三维区域清除】标签，选取【模型区域清除】选项，打开如图 15.35 所示的对话框，【样式】选择为平行，键入【名称】D50T6_A1，设置【余量】为 0.5，设置【行距】为 20，设置【下切步距】为 10，其他选项使用缺省设置，单击【计算】按钮。处理完毕后，单击【取消】按钮。

图 15.35　平行区域（模型区域）清除

3. 打开【平行区域清除（模型）】对话框后，浏览器视窗中即产生一未经处理的刀具路径（刀具路径的缺省名称在此已改变为 D50T6_A1）。此后可双击【刀具路径】图标来激活或不激活此刀具路径。单击加号＋可展开树，查看用于产生刀具路径的全部数据的记录。

4.【快进移动高度】对话框提供了【安全 Z 高度】和【开始 Z 高度】输入方框。输入合适的值可定义刀具安全运行的高度（安全 Z 高度）、模型之上的水平快进移动以及由快进下切运动改变为进给速率下切运动的开始 Z 高度。单击【重设到安全高度】按钮后，PowerMILL 将会将安全 Z 高度和开始 Z 高度设置到模型或毛坯顶部（取高的那一个）的一个安全距离之上。

【快进移动高度】和【切入切出和连接】相关，它可为刀具路径连接提供更灵活的选择。

5.【安全高度】（缺省设置）快进类型设置了应用到工件之上某个指定高度的下切进给率。这种设置的优点是可预见性强，不需要机床操作者的干预；其缺点是机床空程移动时间长，尤其是对体积大、深度深的零部件。在对话框的【相对高度】部分，除【安全高度】选项外，还有【掠过】和【下切】两个选项供选择。【掠过】：以快进速度提刀到部件最高点之上一相对安全 Z 高度，以线性连接方式移动到下一下切位置，然后下切到相对开始 Z 高度，然后以下切进给率“切入”。考虑到能适用于全部类型机床，在此，此移动使用（紫色）掠过进给率

(G1),而不使用(红色虚线)快进(G0)。【下切】:以快进速度提刀到绝对安全 Z 高度,然后在工件上做快速移动,到达另一下刀位置时,以快进速度下切到相对开始 Z 高度,然后以下切进给率“切入”。和掠过不同的是,下切移动的快进连接出现在绝对安全 Z 高度。

6. 对话框提供了激活刀具路径的一些基本信息以及相关的一些参数。右击 PowerMILL 浏览器中的原始刀具路径(D50T6_A1),从弹出菜单选取激活选项。在同一菜单中选取统计选项,于是打开刀具路径对话框,该对话框中显示出了该刀具路径的有关信息和相关设置。

7. 进行刀具路径仿真和 ViewMILL 仿真。如图 15.36 所示。

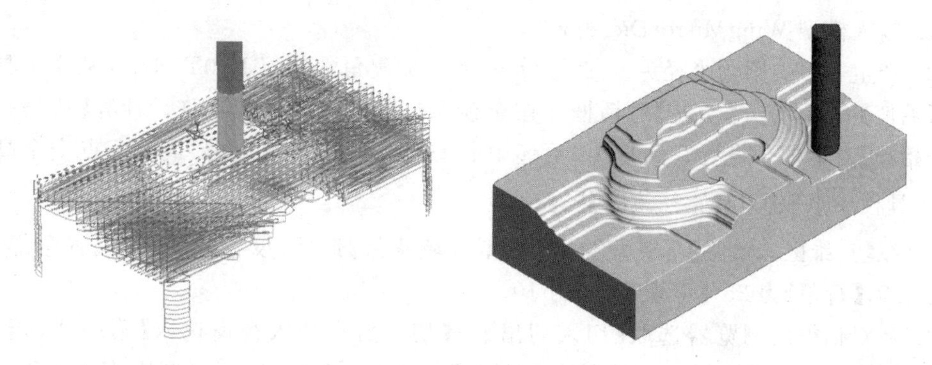

图 15.36　平行区域(模型区域)清除刀路和仿真

### 15.8.2　偏置全部(模型区域)清除

偏置区域清除策略在激活 Z 高度沿毛坯和部件外形进行轮廓加工,随后偏置一个距离,直到加工完毕全部毛坯区域。

1. 输入模型 speaker_core.dgk,建立毛坯,创建刀具圆角端铣刀(直径 50mm,圆角半径 6mm)D50T6,从主工具栏中点取【刀具路径策略】图标。

2. 选取【三维区域清除】标签,选取【模型区域清除】,输入名称 D50T6_A2,选取【样式】→【偏置全部】,设置【余量】为 0.5,设置【行距】为 20,设置【下切步距】为 10,其他值使用缺省值,单击【计算】按钮,处理完毕后,单击【取消】按钮。如图 15.37 所示。

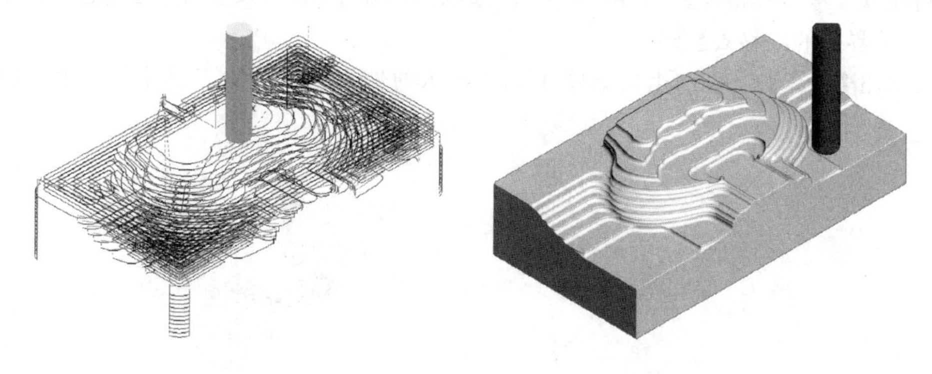

图 15.37　偏置全部(模型区域)清除刀路和仿真

## 15.8.3 模型残留区域清除

15.8.3 文件

在最初的区域清除加工过程中应尽可能地使用大直径的刀具，以尽快地切除大量的材料。但在很多情况下，大直径刀具并不能切入到零件中的某些拐角和型腔区域，为此，这些区域需要在精加工前使用较小的刀具进行一次或多次进一步的粗加工，以在精加工前切除尽可能多的材料。

【模型残留区域清除】选项使用较前一加工策略刀具小的一新刀具来产生一粗加工策略，它将仅加工前一刀具没有能够加工到的毛坯区域。

1. 输入模型 WingMirrorDie. dgk。

2. 产生一刀尖圆角半径为 6、直径为 40 的刀尖圆角端铣刀 D40T6-D1。从主工具栏中单击【毛坯】图标，打开【毛坯】对话框并按全模型尺寸定义和计算毛坯。计算【快进高度】。在【开始点】对话框中设置开始点为“毛坯中心安全高度”，结束点为“最后一点安全高度”。从主工具栏中点取【刀具路径策略】图标。

3. 在【三维区域清除】标签里选取【模型区域清除】选项，设置样式为【偏置全部】，【余量】为 0.5，【行距】为 25，【下切步距】为 10。

4. 从对话框的浏览器选取【切入切出】→【切入】，在切入视窗选取【第一选择】→【斜向】，单击【斜向选项】按钮，设置【最大左斜角】为 4，【沿着】为圆形，【圆圈直径】(TDU)为 0.6，【斜向高度类型】为相对，【高度】为 5。

5. 单击【计算】按钮，处理上面的区域清除刀具路径。在偏置区域清除刀具路径中，如果【类型】选取为全部，则刀具路径将同时沿模型和毛坯轮廓进行加工，然后逐渐偏置到每个 Z 高度上的剩余材料区域。

6. 使用参考刀具路径进行残留加工。产生一刀尖圆角半径为 3、直径为 16 的刀尖圆角端铣刀 D16T3。将光标置于浏览器中的如图 15.38 所示的刀具路径并右击鼠标。选取【设置】选项，重新打开【模型区域清除】对话框。单击【复制刀具路径】图标。激活新产生的刀具 D16t3，输入新的名称 D16T3_D1。设置【余量】为 0.5，【行距】为 1.0，【下切步距】为 5.0，勾取【残留加工】方框，在浏览器中显示出残留选项。选取【残留加工参考元素类型】为刀具路径，【参考刀具路径】为 D40T6_D1。选取浏览器中的【不安全段移去】选项。不勾取【将小于分界值的段移去】选项。

7. 单击【计算】按钮，产生出如图 15.38 所示的偏置区域清除刀具路径。单击【取消】按钮。

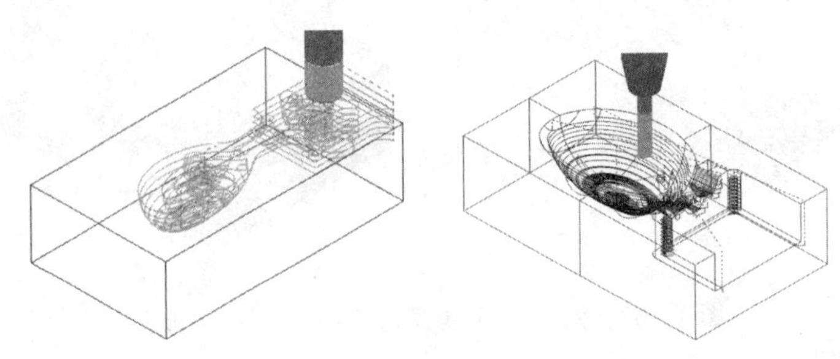

图 15.38 模型残留区域清除刀路

### 15.8.4　偏置模型(模型区域)清除

15.8.4 文件

这是偏置区域清除策略的一种变体，专门为高速加工设计。这种策略具有非常稳定的刀具负荷，但代价是工件上会存在大量的快速移动(对高速加工来说这可以接受)。正确应用这个策略可显著降低刀具和机床磨损。

这种策略基于部件在每个 Z 高度上的轮廓，在每个 Z 高度上连续进行偏置切削，直到完成全部材料毛坯加工。

1. 输入模型 Handle. dgk。

2. 在浏览器中激活刀具 D16T3。从主工具栏中单击【毛坯】图标，打开【毛坯】对话框并按【模型尺寸】计算毛坯。锁住最大 Z 和最小 Z 值，输入扩展值 10，再次单击【计算】。单击【快进高度】对话框中的【计算】按钮。从主工具栏中点取【刀具路径策略】图标。

3. 从打开的【三维区域清除】对话框中选取【模型区域清除】选项，打开如图 15.39 所示对话框，然后严格按图所示在对话框中输入相应数据。

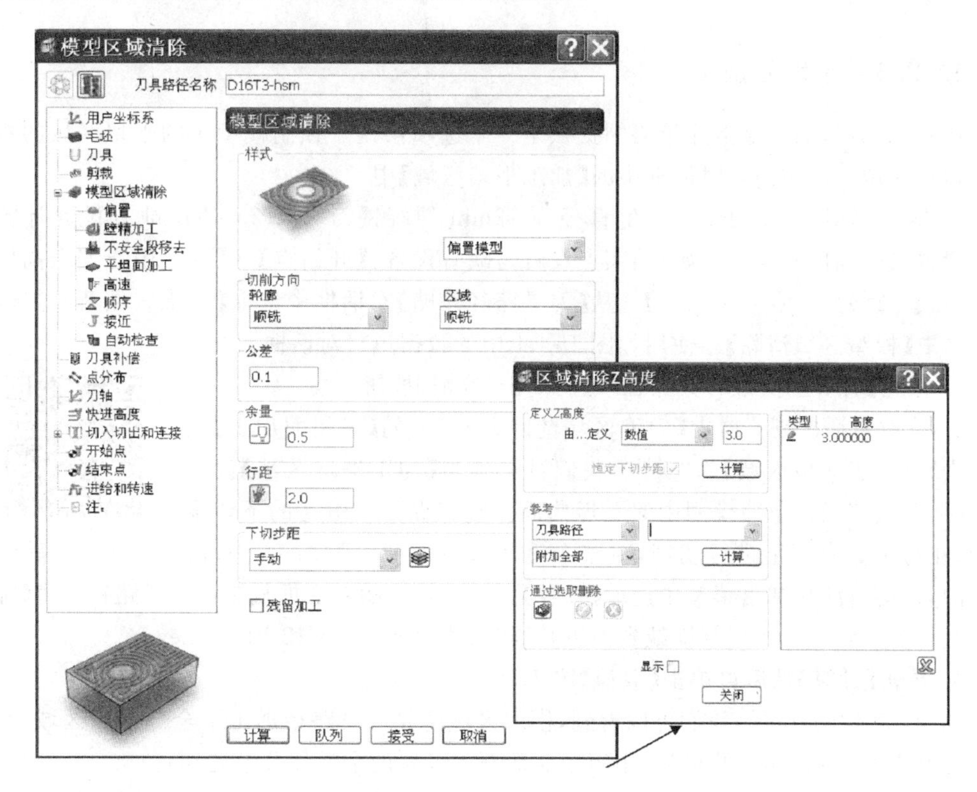


图 15.39　偏置模型区域清除设置

4. 在【模型区域清除】对话框中【下切步距】选取“手动”，然后单击【Z 高度】图标，打开【区域清除 Z 高度】对话框。在【区域清除 Z 高度】对话框中设置【由…定义】→【数值】为3.0，然后单击【计算】。(注：如果已存在 Z 高度，单击对话框右下角的蓝色叉，删除这些已存在的Z高度。)关闭此【区域清除Z高度】对话框,然后单击【主模型区域清除】对话框中的【计算】按钮,处理此刀具路径。如图15.40所示。

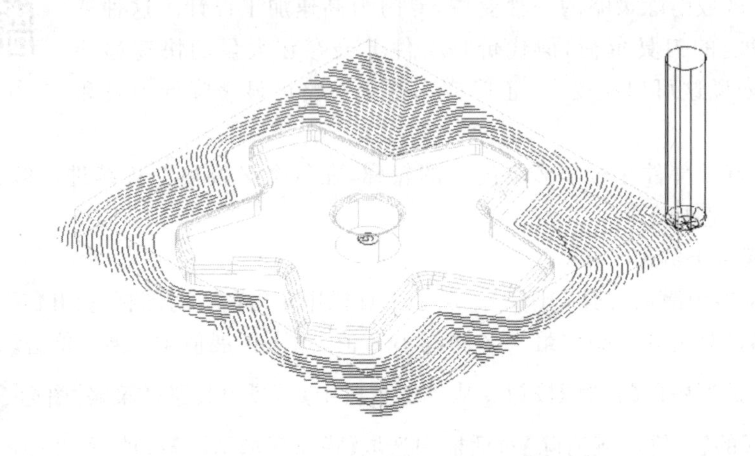

图15.40 偏置模型区域清除刀路

### 15.8.5 平坦面加工

PowerMILL的区域清除策略中提供了一个选项供用户控制模型中的平坦区域的粗加工。该选项位于区域清除对话框中的【加工平坦区域】中。

1. 输入模型Flats.dgk。产生直径为12mm的端铣刀EM12。使用缺省设置计算毛坯。设置快进高度并确认开始/结束点设置为缺省设置:【开始点】→【毛坯中心安全高度】,【结束点】→【最后一点安全高度】。从【刀具路径策略】对话框中选取【三维区域清除】选项,然后选取【模型区域清除】。使用如图15.41中的数据填写对话框。

2. 单击【计算】,处理刀具路径,然后单击【取消】按钮。

15.8.5 文件

3. 选取对话框浏览器中【模型区域清除】条目下的【平坦面加工】选项。设置【加工平坦区域】为"关"。我们可看到当【加工平坦区域】设置为关时,刀具路径将忽略模型中的平坦曲面。它将保持一恒定的下切步距值,在每个Z高度上进行切削,对整个毛坯进行区域清除加工。右击激活的刀具路径,从弹出菜单中选取【设置】。通过打开的对话框复制该刀具路径。将【加工平坦区域】选项改变为"层"(即缺省设置)。将名称改变为EM12-Flats_Level。

4. 单击【计算】然后再单击【取消】按钮。

如图15.42(a)所示,我们可以看到,模型区域清除刀具路径加工了全部毛坯区域,在每个平坦面上留下0.6mm的材料(相当于对话框中设置的余量和公差之和)。

5. 右击激活的刀具路径,从弹出菜单中选取【设置】。通过打开的对话框复制该刀具路径。将【加工平坦区域】选项改变为"区域"。将名称改变为EM12-Flats_Area。

图 15.41　模型区域清除对话框

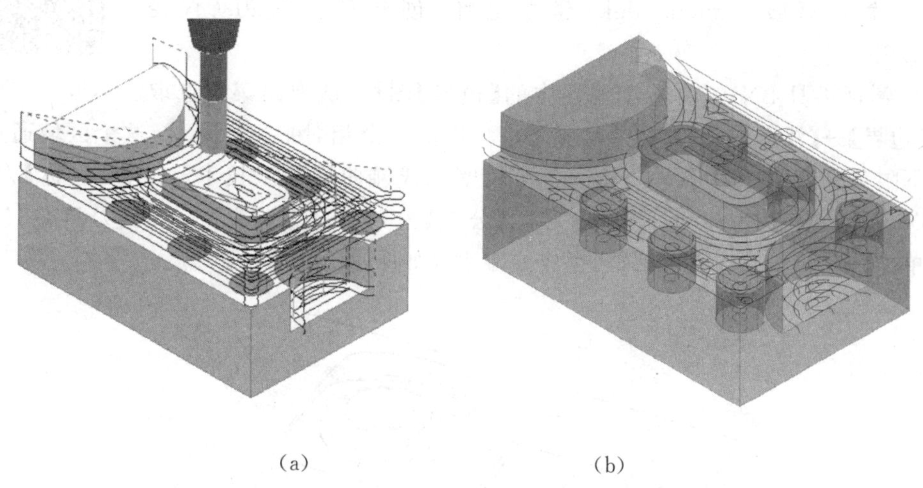
(a)　　(b)

图 15.42　EM12-Flats_Level 刀路和 EM12-Flats_Area 刀路

6. 单击【计算】按钮然后再单击【取消】按钮。

如图 15.42(b)所示,我们可以看到,模型区域清除刀具路径在此仅局部加工每个平坦区域,并在平坦曲面上留下 0.6mm 的材料(相当于对话框中设置的余量和公差之和)。

## 15.8.6　平行精加工

15.8.6　3D 文件

1. 输入模型 chamber. dgk,建立毛坯,创建刀具圆角端铣刀(直径 12mm,圆角半径 1mm)D12T1。

2. 从顶部工具栏中单击刀具路径策略图标,点选平行精加工图标,然后单击【接受】。将刀具路径命名为 Raster_basic,设置【公差】为 0.02,【余量】为 0,【顺序】

为双向,【行距】为 1mm,单击【计算】按钮,然后单击【取消】按钮。放大查看刀具路径,可看到刀具路径中存在大量方向发生突然变化的尖角路径。选取策略对话框浏览器中的【高速】栏下的【修圆拐角】选项,设置修圆半径到最大半径,0.2TDU,可修圆这些尖角。如图 15.43 所示。

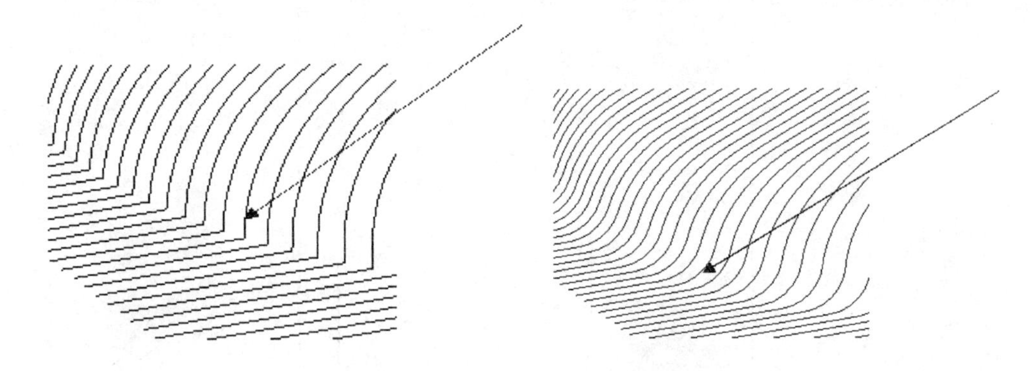

图 15.43 修圆拐角前后刀路对比

### 15.8.7 三维等高精加工

15.8.7 3D 文件

1. 输入模型 Camera.dgk,建立毛坯,创建球头铣刀(直径10mm)BN10。

2. 激活刀具 BN10,右击浏览器中的【边界】图标,从弹出菜单选取【定义边界】→【浅滩】。浅滩边界定义了模型中的一个相对平坦的区域,这个区域通过上限角和下限角来确定。因此它尤其适合于峭壁和浅滩曲面加工技术。设置【名称】为 ShallowBN10,【上限角】为 30,【下限角】为 0,【公差】为 0.02,【余量】为 0,确认刀具 BN10 被激活。单击【应用】然后接受对话框,生成浅滩边界如图 15.44 所示。

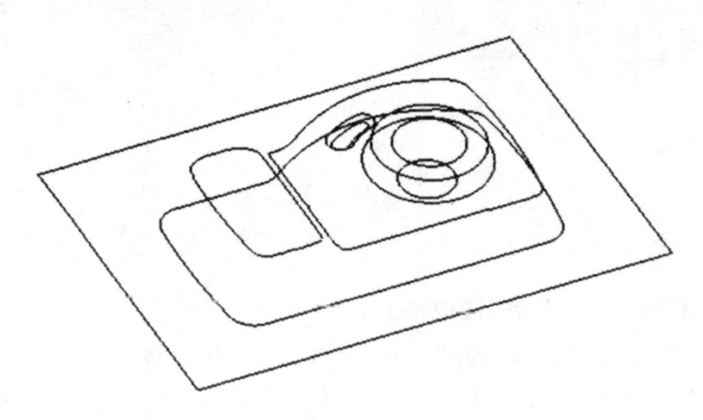

图 15.44 浅滩边界

3. 从顶部工具栏中单击【刀具路径策略】图标,从对话框中选取【等高精加工】选项,然后单击【接受】。输入【名称】ConstantZBN10,设置【公差】为 0.02,【切削方向】为顺铣,【最小下切步距】为 1,【裁剪】为"保留外部"。单击【计算】按钮,然后取消【等高精加工】对话框。得到等高加工刀路如图 15.45 所示。

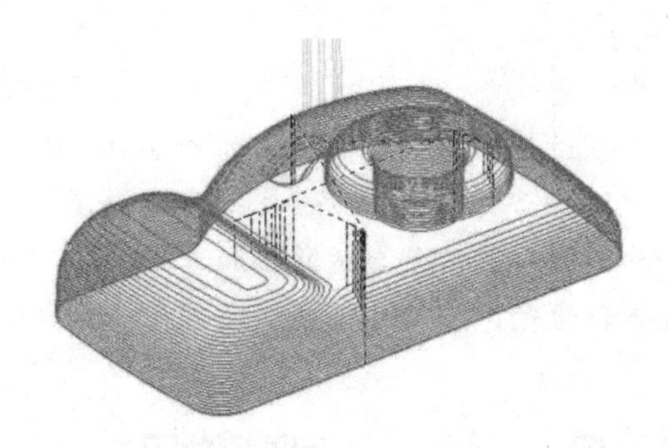

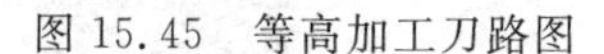
图 15.45　等高加工刀路图

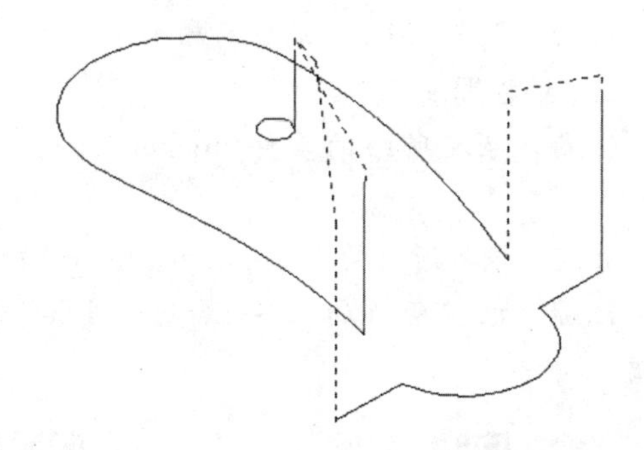

图 15.46　笔式清角精加工刀路

### 15.8.8　清角精加工

15.8.8　视频

清角精加工策略主要用来切除前一刀具路径中的大刀具无法切除的拐角中的材料。有 3 种不同类型的策略，它们分别是：笔式清角、缝合清角以及沿着清角。其中笔式清角策略是用来沿尖锐内角进行“单路径”的加工，其他的两个策略用来对大刀具不能到达的区域进行局部区域加工（残留加工）。所有的清角精加工策略都可指定分界角。分界角用来确定在选取陡峭或浅滩类型时，区别陡峭和浅滩区域的临界角度。PowerMILL 按分界角将刀具路径限制在此角度的两侧，这样可解决刀具在陡峭斜坡向上切削和向下切削的潜在问题。例如，用户可使用缝合策略来加工陡峭区域，使用平行策略来加工浅滩区域。同样也可在浅滩区域使用较快的进给率，而在陡峭区域为避免刀具高负荷切削，使用较小的进给率。

打开【刀具路径策略】对话框，从对话框中选取【笔式清角精加工】选项。输入名称 Pencil_ShalloW，选取【输出】→【浅滩】，设置【公差】为 0.02，在【笔式清角精加工】对话框的浏览器中选取【刀具】页面，确认刀具 BN10 被选取且激活，单击【计算】，产生仅包含浅滩路径的刀具路径。如图 15.46 所示。

## 参考文献

[1] 韩思明. PowerMILL 10.0 数控编程基本功特训[M]. 北京：电子工业出版社，2013.
[2] 吴福忠，吕森灿. 数控编程与加工实训[M]. 杭州：浙江大学出版社，2013.

## 习　题

**一、问答题**

15.1　PowerMILL 编程的基本流程是怎么样的？
15.2　PowerMILL 编程的边界有哪些种类？
15.3　PowerMILL 编程的粗加工策略有哪些？

15.4 PowerMILL 编程的精加工策略有哪些？

**二、编程题**

15.5 根据所给的零件 bucket.dgk，选择合适的刀具，编制合适的粗加工、精加工刀路。

15.6 根据所给的零件 phone.dgk，选择合适的刀具，编制合适的粗加工、精加工刀路。

15.7 根据所给的零件 swheel.dgk，选择合适的刀具，编制合适的粗加工、精加工刀路。

习题 15.5 3D 文件

习题 15.6 3D 文件

习题 15.7 3D 文件